普通高等教育"十三五"规划教材
国家自然科学基金青年科学基金项目（61501034）

仿生机械概论

Introduction to Biomechanics

◎ 罗 霄 罗庆生 编著

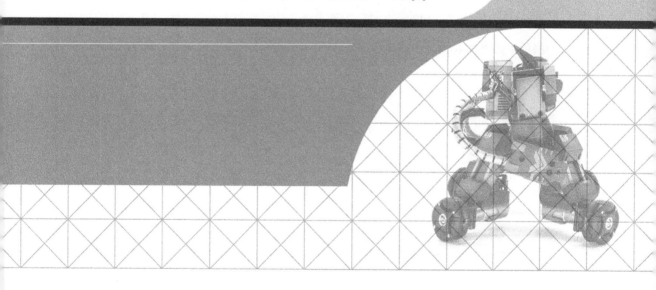

北京理工大学出版社
BEIJING INSTITUTE OF TECHNOLOGY PRESS

内 容 简 介

仿生机械是指人们通过模仿生物的形态、结构、组织、材料、生活习性、运动特点、调节机制和控制原理来设计、制造出的功能更强、效率更高并具有生物特征的机械。研究仿生机械的科学称为仿生机械学，它以力学和机械学为基础，与生物学、工程学、电子技术、控制论等相关学科相互渗透、相互融合，是一门涉及多专业范畴的边缘性学科，也是一门涉及多技术领域的综合性学科。它主要对生物机制和生物现象进行力学研究，对生物体结构、形态、动作或功能进行工程分析和仿生设计，其研究内容和应用范围非常深邃与广泛。本书共有 9 章，具体包括绪论、仿生机械学的基本概念、仿生机械学的基础知识、仿生机械结构分析、生物运动特性分析、仿生机械运动学分析、仿生机械动力学分析、仿生机械运动机理及控制方法、仿生机械创新设计的原理与方法。本书详尽介绍了仿生机械学的基本概念、基础知识、理论方法、关键技术及实际应用，全面反映出国内外仿生机械学研究和应用的最新进展情况及其成果，是一部系统、全面、详实、准确的仿生机械学著作和教材。本书可作为普通高等院校机械设计及理论、机械电子工程、机械制造及自动化等机械类专业的本科生和研究生教材，也可作为从事仿生机械技术、机器人技术研究和应用的科研人员的学习参考用书。

图书在版编目（CIP）数据

仿生机械概论/罗霄，罗庆生编著 . —北京：北京理工大学出版社，2019.1（2021.1 重印）
ISBN 978 - 7 - 5682 - 6384 - 9

Ⅰ.①仿… Ⅱ.①罗…②罗… Ⅲ.①仿生机构学 - 高等学校 - 教材 Ⅳ.①TH112

中国版本图书馆 CIP 数据核字（2018）第 221385 号

出版发行／北京理工大学出版社有限责任公司
社　　址／北京市海淀区中关村南大街 5 号
邮　　编／100081
电　　话／（010）68914775（总编室）
　　　　　（010）82562903（教材售后服务热线）
　　　　　（010）68948351（其他图书服务热线）
网　　址／http：//www.bitpress.com.cn
经　　销／全国各地新华书店
印　　刷／北京虎彩文化传播有限公司
开　　本／787 毫米 ×1092 毫米　1/16
印　　张／23　　　　　　　　　　　　　　　责任编辑／王玲玲
字　　数／540 千字　　　　　　　　　　　　文案编辑／王玲玲
版　　次／2019 年 1 月第 1 版　2021 年 1 月第 2 次印刷　责任校对／周瑞红
定　　价／59.00 元　　　　　　　　　　　　责任印制／李志强

在自然界中，广大生物通过物竞天择和长期进化，已对自然环境产生了高度的适应性。它们的协调、适应、感知、决策、指令、反馈、运动、控制等机能组织和器官结构远比人类所制造的机械装置更为完善与合理。随着近代生物学和相关学科的发展，人们发现生物在姿态变化、能量转换、控制调节、信息处理、方位辨别、路径导航和环境感知等方面有着人类难以企及的长处。生物们所具有的优势使得人们开始虚心向其学习。

人类模仿生物的外部形态和内部结构去设计与制造各种机械装置已有十分悠久的历史。然而，在很长一段时间内，人们对生物与机器和机械之间到底存在什么共同之处还缺乏深入的认识，因而相关的研究工作及技术成果大多局限在对生物形体的简单模仿上。直到 20 世纪中叶，由于科学技术的发展和社会文明程度的提高，人们迫切要求机械装置应该具有高度的适应性和可靠性，而以往的机械装置无论在功能上，还是在性能上，都难以满足这些要求，因此人类必须寻找更为合适的设计理论和更加理想的技术途径。

人们可以看到，当今在自然界生存和繁衍的无数生物都是经过亿万年漫长的优胜劣汰存续下来的，长期的进化使得它们拥有合理和优化的形态特征与结构特点，以及神奇的生理功能、灵活的运动特性、良好的环境适应能力，因而成为人们建设现代文明世界的各种技术思想和发明创造产物的取之不竭、用之不尽的知识宝库和灵感源泉。自从仿生机械学诞生以来，人们重视学习和模仿生物体的结构、形态、功能和相关原理，以便设计出各种功能更强大、性能更优异、运作更高效并具有某些生物特征的机械装备。

虽然人类在仿生机械学的研究和运用方面取得了许多成就，但这仅是人类向生物学习的万里长征中的第一步。这是因为，如果我们把传统机械称之为一般机械的话，仿生机械就应该是指添加有人类智能的一类机械。众所周知，在物理性能方面，一般机械比人类的体力强出许多，但与人类的智力差距甚远。因此，如果能把人类与机械各自的优势巧妙结合起来，就有可能使一般机械进化为仿生机械。从这一角度出发，我们可以认为仿生机械应该既具有优良的"体能"，又具有优秀的"智能"，可以进行高效的运动、复杂的感知、巧妙的控制，完成人们期望的作业使命。因此，利用生物丰富多彩的外部形态和千奇百巧的内部结构，以及复杂多变的机体技能，来发展仿生机械技术，将是推动人类社会物质文明建设的一个重要课题与发展方向。

人们不仅要研究生物系统在进化过程中逐渐形成的特殊结构和优越机能，更要大力揭示其组织结构的原理，评定其机能关系、适应方法、存活方式和自我更新的手段。把生物系统优越的形态、结构、机能和原理与各种现代科学技术及方法结合起来，人类就可能"青出于蓝而胜于蓝"，得到在某些性能上比自然界形成的生物体系更为完善的仿生机械。

本书作者在仿生机械领域有着多年的研发经验和丰硕的研究成果，在仿生机械相关课程的教学上也有着多年的实战经验。然而，遗憾的是，在以往仿生机械相关课程的教学中，存在仿生机械学的基本概念、仿生机械学的基础知识、仿生机械的结构分析、仿生机械的运动分析、仿生机械动力学分析、仿生机械运动机理及控制方法等仿生机械基础理论知识不足，在与实用技术有机结合过程中，缺乏理论知识的系统学习等问题；另外，由于理论知识介绍较少，在仿生机械创新设计典型实例介绍中，难以系统性地将理论创新与技术创新进行无缝连接。因此，本书作者在认真分析课程理论知识组成、学生上课情况反馈及社会需求的基础上，开展了本书的撰写工作。

本书共有9章，具体包括绪论、仿生机械学的基本概念、仿生机械学的基础知识、仿生机械结构分析、生物运动特性分析、仿生机械运动学分析、仿生机械动力学分析、仿生机械运动机理及控制方法、仿生机械创新设计的原理与方法。本书的编写立足于仿生机械基础理论知识与实际应用技术的无缝连接与有机结合，既注重基础理论和基本方法的系统学习，又强调专业知识和实用技术的综合应用，重视反映当今仿生机械技术发展的新动向和新成就，力求体现仿生机械技术的先进性和实用性，以使本书成为一部系统、全面、详实、准确的仿生机械学著作和教材，使其既可以作为普通高等院校机械设计及理论、机械电子工程、机械制造及自动化等机械类专业的本科生和研究生教材，也可以作为从事仿生机械技术、机器人技术研究和应用的科研人员的学习参考用书。

本书由罗霄、罗庆生担任主编，蒋建锋、李铭浩、乔立军等人分别参与了本书主要章节的写作；吴帆、徐嘉、黄麟、高剑锋、黄焱崧、牛锴、钟心亮等人分别参与了本书主要应用案例的研究。

在本书研究和写作的过程中，得到了北京理工大学有关部门的热情帮助，还得到业界许多同人的无私支持。值本书即将付印出版之际，谨向所有关心、帮助、支持过我们的领导、专家、同事、朋友表示衷心的感谢！

目 录
CONTENTS

第1章

绪　论

1.1　仿生机械学的诞生与发展

1.1.1　仿生机械学的诞生

仿生机械（bio-simulation machinery）是指人们模仿生物的形态、结构、材料，运动机制和控制原理，设计制造出的功能更强、效率更高并具有生物特征的机械。研究仿生机械的科学称为仿生机械学，它是人们在 20 世纪 60 年代末期以力学和机械学作为基础[1]，与生物学、工程学、电子技术、控制论等相关学科相互渗透与融合而形成的一门新兴边缘学科[2,3]，也是一门涉及诸多研究领域、既古老又年轻的综合性学科。它主要对生物机制和生物现象进行力学研究，对生物体结构、形态、动作或功能进行工程分析和仿生设计，以帮助人们制造出结构更好、性能更佳、质量更小、效率更高的智能机械装备，其研究内容和应用范围非常深邃与广泛，主要集中在各种专用机械手和现代机器人领域。

15 世纪欧洲文艺复兴时期，意大利著名科学家、发明家、画家达·芬奇认为人类可以模仿鸟类飞行，并绘制了扑翼机的结构示意图（见图 1–1）。19 世纪时，世界上出现了不同类型的单翼和双翼滑翔机。1903 年，美国莱特兄弟发明了依靠人类提供的动力装置进行飞行的飞机（见图 1–2）。

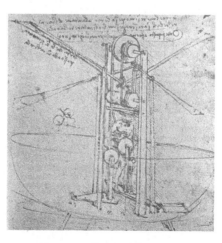

图 1–1　扑翼机结构示意图

图 1-2　莱特兄弟发明的飞机

人类模仿生物的外部形态和内部结构去设计与制造各种机械及其装置已有十分悠久的历史。然而，在很长一段时间内，人们对于生物与机器之间到底存在什么共同之处还缺乏深入的认识，因而大多局限在对生物形体上的简单模仿方面。直到 20 世纪中叶，由于科学技术的发展，人们迫切要求机械装置应该具有高度的适应性和可靠性，而以往的各种机械装置无论在功能上，还是在性能上，都远远不能满足这些要求，因此人类必须寻找合适的设计理论和理想的技术途径。

在自然界中，生物通过物竞天择和长期进化，已对自然环境具有了高度的适应性[4]。它们的感知、决策、指令、反馈、运动等机能组织和器官结构，远比人类所制造的机械装置更为完善与合理。随着近代生物学的发展，人们发现生物在能量转换、控制调节、信息处理、方位辨别、路径导航和环境探测等方面有着人类难以企及的长处。生物们所具有的优势使得人们开始虚心向其学习。近代生物学和控制论的出现奠定了机器与生物可以进行类比的理论基础。1960 年 9 月，在美国召开了全球第一届仿生学讨论会，会议提出了"生物原型是新技术的关键"的论题，从而确立了仿生学学科，以后又进一步形成了许多仿生学的分支学科。1970 年，日本人工手研究会主办了第一届生物机构讨论会，确立了生物力学和生物机构学两个学科，并在此基础上形成了仿生机械学。由于借助于仿生机械学，人们能设计出在形态、结构、功能、材料等各个方面更加合理的机械系统，因而近年来仿生机械学越来越受到人们的重视与青睐。

1.1.2　仿生机械学的发展

当今在自然界生存和繁衍的千万种生物都是经过亿万年漫长的优胜劣汰进化过程发展而来的，长期的进化使它们拥有最合理和最优化的形态特征和结构特点，以及神奇的生理功能、灵活的运动特性、良好的环境适应能力，因而成为人们建设现代文明世界的各种技术思想和发明创造产物的取之不竭、用之不尽的知识宝库和灵感源泉。自从仿生机械学诞生以后，人们重视学习和模仿生物体的结构、形态、功能和相关原理，以便设计出各种功能更强大、性能更优异、运作更高效并具有某些生物特征的机械装备。

目前，人们根据仿生机械的功能特征与应用领域，将其分为几大类，其中包括仿生承力机械、仿生抓取机械和仿生移动机械。仿生承力机械主要是指人们借鉴生物体静态承力结构的相关原理，进行仿生设计而获得的各种承力装置[5]，其可以帮助人们实现节省原材料、增加整体或局部强度、提高稳定性等目的。例如，人们仿照马蹄的结构特点，进行仿生设计而研制成功的抗冲击承力装置。仿生抓取机械主要是指人们模仿生物抓取功能及其结构特点[6,7]，进行仿生设计而获得的各种抓取装置，包括在现代工业和相关领域得到广泛应用的各种各样机械手。仿生移动机械则主要是指人们模仿生物体运动的力学原理和结构特点，进行仿生设计而获得的各种行走或移动装置，包括足式移动、轮式移动、蠕动式移动、履带式移动等形式的仿生机器人。

例如，各种动物的前肢从外形和功能上看虽然不尽相同，但其内部构造却基本一致。两栖类、爬行类、鸟类和哺乳类动物的前肢骨骼都是由肱骨、前臂骨、腕骨和指骨组成的。人的上肢具有较高的操作性、灵活性和适应性[8]。人的一个上肢有 32 块骨骼，由 50 多条肌肉驱动[9]。肩关节、肘关节、腕关节一共构成 27 个空间自由度。其中，肩和肘关节有 4 个自由度，以确定手心的位置；腕关节有 3 个自由度，以确定手心的姿态。手由肩、肘、腕确定位置和姿态，为了实现手的各种精巧、复杂的动作，还要依靠多关节的五指和柔软的手掌来协同工作。手指由 26 块骨骼构成 20 个自由度，因此手指可以完成各种精巧操作[10]。在这么多自由度的协调配合下，肌肉在瞬间运动时可发出很大的力量，最大出力与自重之比远较人类制造的任何机器都高得多。肌肉的控制机构具有多重自动控制机构和安全机构，从脑部来的指令可以到达手的各个部分。虽然目前人类制造的机械手从工程技术上实现这样的机能特征和信息处理还很困难，但机械手正朝着与人的上肢功能接近的方向发展。

又例如，为了提高移动机械对环境的适应性，扩大人类在海底、极地、矿区、星球和沼泽等条件下的活动空间，需要研究和模拟生物的步行机构和步态特性。动物的运动多是通过多关节足来实现的，因此动物足的形态机能、运动控制、姿体稳定等是人们进行仿生机械学中有关步行机研究的关键。

模仿鸟类、昆虫和鱼类的形态特征和构造特点，研制各种适宜在空中、水下活动的机械系统，是仿生机械学的重要内容。自然界中能飞的动物种类接近全部动物的 3/4，其中占主要地位的有 600 多种鸟类和 35 万多种昆虫。这些飞行动物为人类改进飞机性能和制造新型飞行器提供了天然的设计原型。鸟类和昆虫的某些特殊机能，如蚊蝇和蜜蜂等昆虫灵活机动的陡然起飞、翻转翅翼的高频振动、光面悬垂和空中定位等，都是现代飞行器难以望其项背的。但也正是生物们所具有的高强飞行本领，引导着人们不断探索、不断创新，发展着人类自身的飞行事业。

鲸、海豚和各种鱼类经过亿万年的进化，形成了适应水中环境的多姿体形。其中有适于快速航行的纺锤形，适于水底缓慢运动的平扁形，适于穿入泥土或石洞间的圆筒形。脊鳍阔大的剑鱼速度可达 110 km/h，并能在几秒之内就可达到全速游动。鱼类除了有适于航行的形体外，还有特殊的推进和沉浮机能。人们根据水生动物尾鳍摆动式推进系统的生物力学原理，设计出一种摆动板推进系统[11]。它不仅可以使船只十分灵活地转弯和避开障碍，还可以顺利地通过浅水域或沙洲而不搁浅[12]。僧帽水母用感觉细胞控制浮鳔内的气体，使身体自由沉浮；金枪鱼依靠自主控制体内的一种生理化学反应而灵活沉浮。人类根据这些原理研制成潜水艇的沉浮系统[13]。乌贼的体形虽然和鱼类不太相同，但其运动器官十分完善，它靠收缩腹肌把外套膜中的水从喷嘴迅速射出，借此推进身体前进。人类根据这个原理设计出喷水船[14,15]。

虽然仿生机械学的研究和运用取得了许多成就，但这仅是人类向生物学习的万里长征中的第一步。这是因为如果把传统的机械称为一般机械，那么仿生机械就应该是指添加有人类智能的一类机械[16]。众所周知，在物理性能方面，一般机械比人类的体力强出许多，但与人类的智力差距甚远。因此，如果能把人类与机械各自的优势巧妙结合起来，就有可能使一般机械进化为仿生机械。从这一角度出发，我们可以认为仿生机械应该既具有优良的"体能"，又具有优秀的"智能"，可以进行高效的运动、复杂的感知、巧妙的控制，完成人们期望的作业使命。因此，利用生物丰富多彩的外部形态和千奇百巧的内部结构，以及复杂多变的机体技能，来发展仿生机械技术，将是推动人类社会物质文明建设的一个重要方向。

人们不仅要研究生物系统在进化过程中逐渐形成的特殊结构和优越机能，更要大力揭示其组织结构的原理，评定其机能关系、适应方法、存活方式和自我更新的手段。把生物系统优越的形态、结构、机能和原理与各种现代科学技术及方法结合起来，人类就可能"青出于蓝而胜于蓝"，得到在某些性能上比自然界形成的生物体系更为完善的仿生机械。

1.2　仿生机械学的研究内容与研究方法

1.2.1　仿生机械学的研究内容

仿生机械学是一门以力学或机械学为基础，综合了生物学、医学及工程学等多个学科在内的新兴边缘学科[17]，它既把工程技术应用于医学、生物学，又把医学、生物学的知识应用于工程技术。它包含着对生物现象进行力学研究，对生物的运动、动作进行工程分析，并把这些成果根据社会的需求付之商品化和实用化。

从系统的角度进行分析，可把仿生机械学的研究内容归纳如下：

（1）生物材料力学和机械力学

以各种动物的骨或软组织（肌肉、皮肤等）作为研究对象，通过模型实验方法，测定其应力、变形特性，求出力的分布规律；还可根据骨骼、肌肉系统力学的研究，对骨和肌肉的相互作用等进行分析[18]。另外，生物的形态研究也是一大热门。因为生物的形态经过亿万年的不断进化，往往已形成最佳结构，如人体骨骼系统具有最少材料、最大强度的构造形态，可以通过最优论的观点来学习、模拟、仿造工程结构系统。

（2）生物流体力学

生物流体力学主要涉及生物的循环系统[19]。关于血液动力学等的研究已有很长的历史，但仍有许多问题尚未解决，特别是因为它的研究与心血管疾病的关系十分密切，已成为一门备受关注的学科，人们期望通过对生物流体力学的研究提升对心血管疾病的防治水平。

（3）生物运动学

生物的运动十分复杂，因为它与骨骼和肌肉的力学现象、感觉反馈及中枢控制牵连、交织在一起。虽然各种生物的运动或人体各种器官的运动测定与分析都是重要的基础研究，但在仿生机械学中，目前特别重视人体上肢运动及步行姿态的测定与分析，因为人体上肢运动机能非常复杂，而下肢运动分析对动力学研究十分典型。这对人体康复工程的研究也有极大的帮助。

（4）生物运动能量学

生物的形态是最优的，同样，尽可能减少能量的消耗也是生物的基本原则。从运动能量消耗最优性的特点出发对生物体的运动形态、结构和功能等进行分析、研究，特别是对有关能量的传递与变换开展研究是很有意义的。

（5）康复工程学

康复工程学的研究内容包括动力假肢、电动轮椅、病残者专用环境控制系统等的研究与开发，涉及许多学科和共性技术。比如，对于动力假肢，只有在解决了材料、能源、控制方式、信号反馈与精密机械等各种问题之后才能完成，并且这些装置还要作为一种人－机系统进行评价、试用，走向实用化的道路是非常艰难和异常曲折的。

（6）机器人工程学

机器人工程学的研究内容是把生物学的知识应用于工程领域的典型范例，其目的一是省力；二是在宇宙、海洋、原子能生产、灾害现场等异常环境中帮助和代替人类进行作业。机器人不仅要具有精确移动功能的人造手足，还要有灵敏的感觉反馈功能及高度的人工智能。目前研究热点为人造手、步行机械、三维物体的声音识别等。

1.2.2　仿生机械学的研究方法

仿生机械是仿生学研究成果与机械技术有机融合的产物。从机械科学的角度来看，仿生机械是机械科学发展的高级阶段。生物所具备的一些优良特性为仿生机械的设计提供了许多有益的参考与借鉴，使仿生机械可以从生物体上学习如何提高自身的适应性、多样性、灵活性、鲁棒性和可靠性。仿生机械按照其工作环境，可分为陆地仿生机械、空中仿生机械和水下仿生机械等几大类别[20]。此外，还有一些研究机构研究出水陆两栖机器人、水空两栖机器人和地空两栖机器人等具有综合用途的仿生机器人。仿生机械同时具有生物和机械的特点，已经逐渐在反恐防暴、太空探索、抢险救灾等不适合由人来承担任务的环境中凸显出良好的应用前景。

根据仿生机械学的研究内涵，仿生机械学的研究方法可分为以下五种：

（1）运动机理仿生

运动机理仿生是仿生机械学研发的前提，而进行运动机理仿生的关键在于运动机理的数理建模[21]。在具体研究过程中，应首先根据研究对象的具体技术要求，选择性地研究某些生物的结构与运动机理；然后借助高速摄影或录像设备，结合解剖学、生理学和力学等学科的相关知识，建立所需运动的生物模型，并在此基础上进行数学分析和抽象，提取出内部的关联函数，建立仿生数学模型；最后利用各种机械、电子、化学的方法与手段，根据抽象出的数学模型加工出仿生研究的软、硬件模型。

（2）控制机理仿生

控制机理仿生是仿生机械研发的基础。要适应复杂多变的工作环境，仿生机械必须具备强大的导航、定位、控制等方面的能力[22]；要实现多个机器人间的无隙配合，仿生机械必须具备良好的群体协调控制能力；要解决复杂的任务，完成自身的协调、完善及进化，仿生机械必须具备精确和开放的系统控制能力。因此，对于今天的仿生机械学研究人员来说，如何设计核心控制模块与网络，以完成自适应、群控制、类进化等一系列问题，已经成为其在仿生机械研发过程中必须面对的首要难题。

（3）信息感知仿生

信息感知仿生是仿生机械研发的核心[23]。为了适应未知的工作环境，代替人完成危险、有害、单调、困难的工作任务，仿生机械必须具备包括视觉、听觉、嗅觉、接近觉、触觉、力觉、滑觉等多种感觉在内的强大的感知能力。单纯感测信号并不复杂，也不困难，重要的是要充分理解信号所包含的有价值的信息。因此，必须全面运用各时域、频域的分析方法和智能处理工具，充分融合各传感器的信息，相互补充，才能从复杂的环境噪声中迅速提取出人们所关心的正确的敏感信息，并克服信息冗余与冲突造成的困难，提高反应的迅速性，并确保决策的科学性。

（4）能量代谢仿生

能量代谢仿生是仿生机械研发的关键。生物的能量转换效率最高可达100%，肌肉把化学能转变为机械能的效率也接近50%，这远远超过了目前人们所使用的各种工程机械；另外，肌肉还可自我维护、长期使用。因此，要缩短能量转换过程，提高能量转换效率，建立易于维护的代谢系统，就必须重新回到生物原型，模仿生物直接把化学能转换成机械能的能量转换过程。

（5）材料合成仿生

材料合成仿生是仿生机械研发的重点。许多仿生材料具有无机材料无可比拟的特性，如良好的生物相容性和力学相容性，并且生物合成材料时技能高超、方法简单。所以，材料合成仿生的研究目的，一是学习生物的合成材料方法，生产出高性能的材料；二是制造有机元器件。因此，仿生机械的建立与最终实现并不仅仅依赖于机、电、液、光等无机元器件，还应结合和利用仿生材料所制造的有机元器件。

归根结底，仿生机械学的研究方法就是通过从生物所具备的科学合理的外部形态、精妙结实的内部结构、灵活多变的机体技能那里获得启发、产生创意、提炼模型、进行模拟。其研究程序大致分为以下三个阶段：

第一个阶段是对生物原型开展深入细致的研究。根据研究目标或应用需求提出具体的课题，将研究所得的生物资料进行整理和简化，吸收对研究目标和技术要求有益的内容，取消与研究目标和技术要求无关的因素，得到经过筛选的生物模型；第二个阶段是将生物模型提供的资料进行数学分析，使其内在规律和深层联系得以抽象化，再用数学语言把生物模型"翻译"成具有一定意义的数学模型；第三个阶段是运用相关学科与领域中的知识和技术将所得数学模型变成可进行工程实验的实物模型。

应当指出，在开展仿生机械学的研究过程中，人们需要的不是对生物外部形态、内部结构、机体机能的全盘照搬或简单模仿，而是在仿生研究过程中必须有所发现、有所创新、有所前进。经过实践→认识→再实践→再认识的多次重复，才能使仿生研究出来的东西真正符合科学研究与生产实际的需要。这样仿生研究出来的结果，将使最终建成的人造设备与生物原型有所不同，在某些方面甚至会赶上或超过生物原型的性能水平。例如，今天的人造飞机在许多方面都超过了鸟类的飞行能力；电子计算机在复杂的计算中要比人的计算迅速而可靠。AlphaGo机器人以压倒性优势战胜世界围棋冠军李世石就是明证。

还应当指出，仿生机械学的基本研究方法使它具有一个突出的特点，就是整体性。从仿生机械学的整体来看，它把生物看成是一个能与内外环境进行联系和控制的复杂系统[24]。其任务就是研究复杂系统内部各组成部分之间的相互关系，以及整个系统的行为和状态。生物最基本的特征就是生物的自我更新和自我复制，它们与外界的联系是密不可分的。生物从环境中获得物质和能量，才能进行生长和繁殖；生物从环境中接受信息，不断地调整和综合，才能适应和进化。长期的进化过程使生物获得了结构和功能的协调统一，以及局部与整体的协调统一。仿生机械学要研究生物与外界刺激（输入信息）之间的定量关系，即着重于数量关系的统一性，才能进行符合科学原理的模拟。

1.3　仿生机械学的研究热点与发展趋势

1.3.1　仿生机械学的研究现状与研究热点

从本质上分析，仿生机械学的研究内容包括仿生机械设计和仿生机械制造两个方面。其中，仿生机械设计是根据仿生学的研究成果和设计学的方法手段，设计具有生物特征的机械系统，以满足人们对制造仿生机械装置所需设计方案的要求；仿生机械制造则是根据仿生学的研究成果和制造学的技术途径，制造具有生物特征的机械装置，以满足人们对建设高度物质文明的需求。

制造是人类和生命体改造自然的行为，而生命体本身又是自然界的重要组成部分，改造自然当然也包括改造生命体自身在内。因此，在 21 世纪里，制造与生命这种天然的联系将进一步密切和牢固起来。在上述背景下考虑和讨论 21 世纪初期仿生机械学的研究热点和发展趋势，可以预料，它们必将代表 21 世纪初期全球机械科学发展的一个重要方向，成为诸多新兴学科的前沿阵地之一，并在科技创新、社会进步、经济建设中表现出强劲的发展势头。

人们开展对仿生机械学的理论研究和实践探索，其宗旨就是力求通过对生物机理、机构和相关特性的研究，构建和完善仿生机械学的概念、原理、方法，从而为新的仿生机构或装置的研制、开发、生产奠定坚实的理论和技术基础。

毫无疑问，仿生机械学最新兴、最热门的前沿研究领域当属现代机器人。目前，国际上对机器人的概念已达成共识。例如，国际标准化组织（International Organization for Standardization，ISO）就定义："机器人是一种自动的、位置可控的、具有编程能力的多功能机械手，这种机械手具有几个轴，能够借助可编程序操作来处理各种材料、零件、工具和专用装置，以执行各种任务。"[25]

现代机器人的研究领域非常广泛[26]。人们既可从仿生机械学角度出发，对生物运动学和动力学进行分析，使机器人拥有类似生物运动的结构和功能；也可从生理学角度出发，对生物的视觉、触觉及听觉进行探索，研制和开发适用于机器人的信息处理系统；还可应用控制论和计算机技术，对生物肢体运动控制机理与智能信息处理方式等开展深入研究，并将研究成果运用于机器人。

仿生机器人是仿生机械学中的一个最具代表性和最具实用性的应用典范，它从根本上体现了仿生机械学的应用理念，其发展现状基本代表着仿生机械学当前的发展水平。由图 1－3 可知，人类最开始进行的是陆面仿生机器人的探索，如中国三国时期由诸葛亮设计的木牛流马和 1893 年由 Rygg 设计的机械马即是这些探索登峰造极的产物；后来，人类进行了空中仿生机器人的探索，主要是模仿鸟类飞行方式进行扑翼式飞行器设计。1485 年，达·芬奇设计的扑翼式飞机图纸是世界上第一个按照技术规程进行的设计范例；再后来，人类又进行了水下仿生机器人的探索，并取得累累硕果。

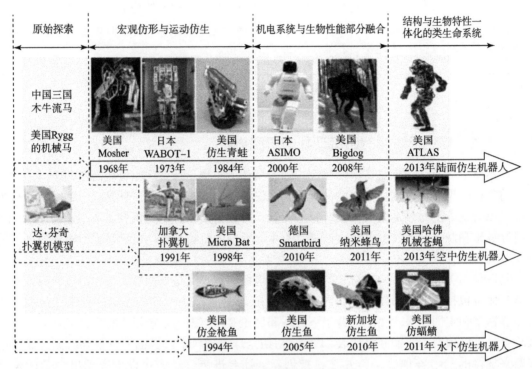

图1-3 仿生机器人的发展历程

纵观仿生机器人的发展历程，迄今为止，总共经历了三个发展阶段。第一阶段是原始探索阶段，该阶段主要是对生物原型进行简单模仿，如原始的飞行器就是简单模拟鸟类的翅膀扑动而飞行，这种原始飞行器主要依靠人力驱动。20世纪中后期，由于计算机技术的突飞猛进和驱动装置的不断革新，仿生机器人进入第二个阶段——宏观仿形与运动仿生阶段。该阶段主要是利用机电系统帮助仿生机器人实现诸如行走、跳跃、飞行等生物功能，并实现了一定程度的人为控制。进入21世纪，随着人类对生物系统功能特征、形成机理的认识不断深化，以及计算机技术的持续发展，仿生机器人进入了第三个阶段——机电系统与生物性能部分融合阶段。该阶段主要是将传统结构与仿生材料进行融合并加强对仿生驱动的运用。当前，随着生物机理认识的深入、智能控制技术的发展，仿生机器人正向第四个阶段——结构与生物特性一体化的类生命系统阶段迈进。该阶段强调仿生机器人不仅应当具有生物的形态特征和运动方式，同时，还应当具备生物的自我感知、自我控制等性能特性，更接近生物原型。随着人类对人脑和神经系统研究的不断深入，仿生脑和神经系统控制成为该领域科学家们日益关注的前沿课题。

我国仿生机械学的研究基础较弱、起步较晚。近30年来，在国家自然科学基金委员会（简称NSFC）的大力资助下，经历了跟踪国外研究、模仿国外成果到局部领域齐头并进三个阶段。如北京航空航天大学孙茂教授利用Navier-Stokes方程数值解和涡动力学理论研究了昆虫翼做非定常运动时的气动力特性，解释了昆虫产生高升力的机理，为微型仿生扑翼飞行器的设计提供了理论支撑，在国际昆虫扑翼飞行机理研究方面占有一席之地。哈尔滨工业大学刘宏教授研制的类人五指灵巧手，能灵活运动并进行物品的可靠抓取，技术指标与国外同类产品相当。尤其是进入 21 世纪以后，我国的仿生机器人研究取得迅猛发展，缩小了与国外先进水平的差距，展现出后来居上的良好势头。

1.3.2　仿生机械学的发展趋势

21 世纪是人类通过有组织、有计划、有目的的活动，恢复自然环境与生态平衡，重建人类与自然和谐共处、协调发展的时代。仿生机械学的发展也必然会顺应这一潮流，实现与生命科学、生物科学在多层次、全方位上的渗透与交融。

目前，仿生机械学的研究重点主要集中在新型仿生机械和现代机器人两大领域[27]。广义上的仿生机械学既包括对模仿各种动物的传统仿生机械装置进行研究，也包括对模仿人类智能的现代机器人进行研究。由于现代机器人集机械、电子、新材料、计算机、传感器、控制论和人工智能等多门学科于一体，不仅是一个国家高科技综合水平的重要标志，而且在人们的生产、生活中有着广泛用途，因此世界各发达国家都不惜投入巨大的人力、物力和财力进行研究开发。

随着计算机技术和人工智能的飞速发展，现代机器人的研究和应用必将取得突破性的进展。在不久的将来，机器人将会像人类一样能看、能听、能说，并且有记忆、会推理、善决策，而且在某些方面（例如计算、推理、记忆、速度、力量、精度、耐力、耐心、可靠性、稳定性、适应性等）会大大超过人类。同时，人类将有可能实现对机器人的互动交流与智能控制，使机器人最终成为人类的忠实助手和亲密伙伴。

随着生物结构和功能逐渐被人们所认知与掌握，仿生机器人技术已逐渐应用于军事、工业生产、日常生活、康复医疗等诸多领域。仿生机器人研究的前提是对生物本质的深刻认识和对现有科学技术的充分掌握，其研究涉及多学科的交叉融合，故其发展趋势应该是将现代机构学和机器人学的新理论、新方法与复杂的生物特性相结合，实现结构仿生、材料仿生、功能仿生、控制仿生和群体仿生的统一，以达到与生物更加近似的性能，适应复杂多变的环境，最终实现宏观和微观相结合的仿生机器人系统，从而给人类带来更多的福音[28]。

自然界的广大生物在 35 亿年的物竞天择与不断进化中，表现出了完美的生物合理性和对自然环境的高度适应性，这为现代机器人的研究提供了新思路、新方法，使得机器人这一学科突破了原有技术的束缚，借大自然之手开辟出仿生机器人这一新的发展道路。随着对仿生机器人研究的不断深入，生物的部分结构特性和功能已经被逐渐揭示出来，人们在仿生结构、仿生材料、生物信息感知等仿生机器人的研究领域取得一系列重要进展，部分研究成果已经在人类的生产和生活中开展了试验性应用，其优良的性能昭示出仿生机器人广阔的发展前景。然而，现有仿生机器人的功能特性在许多方面仍然与被模仿的生物存在很大差距，究其原因，是仿生机器人的研究还存在对生物机理揭示不深，仿生结构、仿生材料、仿生控制、仿生能量的实际效果与生物相应特性差距较大，这都限制了仿生机器人技术的发展。相关的研发经验告诉人们，在仿生机器人未来的发展中，人们应逐步摒弃传统的机器人研究方法，应由生物性能出发，利用多学科优势，使仿生机器人朝着结构与生物材料一体化的类生命系统发展，从而在国民经济建设的伟大征程中发挥更为重要的作用[29,30]。

目前，仿生机械正呈现出如下发展趋势：

（1）微型化

仿生机械微型化是仿生机械发展的必然结果，其关键是实现机电系统的微型化。将驱动器、传动装置、传感器、控制器、电源等集成到一块硅片上，可构成微机电系统，能够为仿生机械微型化提供直接支持。目前，装备着微机电系统的部分微型仿生机械已经由实验室研究阶段进入产业实际应用阶段。

（2）智能化

仿生机械智能化是仿生机械发展的高级产物，仿生机械从传统的纯机械式机器人逐渐转向智能机器人，动作更加人性化，以往只能完成一般的单一动作，现在能够执行复杂的多样动作，并且整个作业过程更加智能、更加高效、更加安全。仿生机械的智能化使其能够根据环境变化而灵活改变作业策略和行动方式，在各种危险、有害、困难、复杂、多变的场合帮助人们完成预期任务。

（3）协作化

仿生机械协作化是仿生机械发展的基本趋势，在当今的工业生产和社会生活中，很多工作任务需要多个仿生机械进行协同配合才能顺利完成，依靠单个仿生机械"独闯天下"在许多场合已经"玩不转了"。各种仿生机械之间必须互相帮助、互相通信，以协作工作。多仿生机械的协同控制研究是当今颇具吸引力和挑战性的课题。需要注意的是，由于受诸多客观条件的制约，多仿生机械的协同控制研究目前还须借助仿真手段来进行。随着多仿生机械协同控制研究的不断深入，多仿生机械仿真系统技术得到了迅速发展。

（4）仿形化

突出仿生机械外部形态与所模仿生物外形的相似性，也是仿生机械研究的热点之一。在军事侦察和特种作战中，如果仿生机械的外部形态与所模仿生物的外形特征完全一致，将能使仿生机械更好地隐蔽自己、更高效地完成任务。

（5）多功能性

21 世纪人类将进入老龄化社会，将面临许多新问题和新挑战[31]。在仿生机械领域中，研发多功能仿人机器人将有效缓解因年青劳动力严重不足所造成的社会压力，彻底解决老龄化社会难以避免的家庭服务和医疗陪护等社会问题，并能开辟新产业，创造新机会。

当前，仿生机器人已经成为机器人家族中的重要成员，其所具有的高度灵活性、强大作业性和优良适应性已受到业界的广泛关注。为妥善解决机器人作业环境复杂化和未知化带来的问题，人类就必须向自然界学习，从自然界广大生物那里获取丰富多彩的设计资料和工作实例，以寻求解决问题的最佳途径，通过对自然界生物的学习、模仿、复制和再造，发现和发展相关的理论和技术方法，使仿生机器人在功能和技术上不断拔高与提升，真正造福于人类社会。

1.4　本书主要内容与教学要求

本书系统讲述了仿生机械学的基本概念、基本原理、基本方法及其具体应用，是一部仿生机械学的通用教材。除了讨论和分析仿生机械学的一般概念、原理、方法以外，还特别阐述了一些新方法、新技术、新应用，并用一定篇幅介绍仿生机械学的学科特色和发展趋势，能够起到承前启后、融会贯通、方便学习、易于提高的作用。

本书主要包含下列内容：

　　①简述仿生机械学的起源与沿革，讨论仿生机械学的定义与内涵，分析仿生机械学的特色与现状，探讨仿生机械学的研究热点与发展趋势，展望仿生机械学的前景与未来，包括国际机器人技术和市场的发展现状及前景预测、国内仿生机器人的发展现状与前景展望。这些内容既丰富多彩，又系统有序，帮助学习者对仿生机械学建立起正确的认识。

　　②介绍了仿生机械的结构和原理，以及仿生机械学的相关基础知识，阐述并分析仿生机械学的特点、机构与分类。

　　③对仿生机械进行运动学分析，阐述了仿生机械运动方程的表示与求解。介绍并分析了机械手运动姿态变换、坐标变换、齐次坐标变换、物体的变换和逆变换，以及通用旋转变换等的概念与方法。这些数学基础知识为后续有关章节研究仿生机械运动学、动力学和控制建模提供了有力的数学工具。

　　④对仿生机械进行动力学分析，阐述了仿生机械动力学方程、动态特性和静态特性。研究了机器人的控制原则和各种控制方法。

　　⑤介绍并讨论了仿生机械的规划问题。在说明机器人规划的作用和任务之后，具体介绍了相关的控制算法和运动原理。

　　⑥探讨并分析了仿生机械学的应用问题。首先论述了应用机器人必须考虑的因素和采用机器人的步骤；然后介绍并分析了仿生机械在相关领域的应用实例。

　　本书可作为本科生和研究生的课程教材。当用作本科生教材时，建议删去部分章节，如仿生机械的运动分析、仿生机械运动控制算法等；当用作研究生教材时，教师可以补充一些反映仿生机械技术最新进展的学术论文和专题资料，以培养研究生的独立工作能力和创新思维能力，并对专题内容有更加深入的了解。

　　本书也可供从事仿生机械学研究、开发和应用的科技人员学习和参考。

1.5　思考与练习

1. 国内外仿生机械学科与技术的发展有何特点？
2. 仿生机械的定义是什么？
3. 人们根据仿生机械的功能特征及应用领域，将其分为哪几大类？
4. 从习惯上说，仿生机械学的研究内容包括哪几个方面？
5. 国际标准化组织给机器人下的定义是什么？
6. 试编写一个仿生机械学大事件年表。
7. 仿生机械学的研究重点是什么？
8. 仿生机械学与哪些学科有密切关系？仿生机械学的发展将对这些学科产生什么影响？
9. 试编写一个图表，用其说明现有工业机器人的主要应用领域及其所占百分比。
10. 人工智能与仿生机械的关系为何？有哪些人工智能技术已在仿生机械学上得到应用？
11. 随着智能制造的逐步升级，仿生机械学会在哪些方面得到应用？
12. 目前仿生机械的发展趋势主要包括哪几个方面？
13. 什么是仿生机械的协作化？

第 2 章

仿生机械学的基本概念

2.1　生物的启迪

自然界中的各种生物通过物竞天择和长期进化，已对外界环境产生了极强的适应性，在能量转换、传感探测、运动控制、姿态调节、信息处理和方位辨别等方面还表现出了高度的合理性，已日益成为人类提升科学研究水平、开发先进技术装备的参照物和借鉴物。

2.1.1　生物不同凡响的探测能力

当人们放眼周围的自然界时，常常会被生物们不同凡响的探测能力所震惊和所倾倒。例如，研究人员发现鲨鱼在搜寻猎物时，其传感器官会采用一种新颖的热探测形式。这种热探测形式之所以新颖，就在于它与一般哺乳动物采用的热探测形式不同。哺乳动物通常会利用冷敏感离子通道来将其身体周围的温度信息转换成能够被热传感神经细胞接收的电信号。但鲨鱼则有所不同，其头部前方生有敏感的"电传感器"，每个"电传感器"由一束传感细胞和神经纤维组成，它们均位于充满胶体的小管中，而小管的开口通过一个小孔通向鲨鱼身体表面。当鲨鱼身体周围的温度发生微小变化时，鲨鱼头部"电传感器"的细胞外胶体会发生明显的电压变化，这样，温度信息便在不需要冷敏感离子通道的情况下被转换成电信号，这种响应快捷、高效，可帮助鲨鱼迅速找到可能提供丰富食物的热锋信息。

2.1.2　生物别具一格的伪装能力

自然界中的许多生物往往都有着自己独特的生存绝技，伪装术就是其中之一[32]。漫长的进化和变异过程，为众多生物赢得了天生"伪装大师"的美称[33]。生物们利用其自身结构和生理特性来"隐真示假"，与人类在军事斗争中采用的伪装术是异曲同工、殊途同归的。

追根溯源，人类战争史及由此产生的军事伪装术仅有数千年的历史，而形形色色的生物伪装术则伴随着物竞天择与适者生存的自然规律不断演化，有着与生物生命史一般久远的发展历程。尤其是隐身、拟态、干扰等生物伪装术花样繁多[34,35]。

按照伪装方式的不同，生物伪装术大致可以分为隐身、拟态和干扰三类。

（1）隐身伪装术

隐身其实就是"隐真"（见图2-1），有些生物会以外部自然环境作为隐身基准，通过改变自身的色调色彩，达到隐蔽自我、迷惑天敌或捕食猎物的目的。例如，生活在丛林里的变色龙就是通过采用掩护色，把自己的肤色调整得与四周环境的颜色一致，以避免猎物发现，从而有利于自己隐蔽前进和发起攻击。生物隐身伪装术可谓是人类军事隐身伪装术的灵感源泉，为人类军事隐身伪装术的发展提供了宝贵的参考与借鉴。

（2）拟态伪装术

拟态伪装其实就是"示假"（见图 2 - 2）。在动物世界里，竹节虫的拟态伪装术可谓炉火纯青，完全能够以假乱真。当竹节虫趴在植物上时，其自身体形与植物形状十分吻合，能够装扮成被模仿的植物，或枝或叶，极其相似；同时，竹节虫还能根据光线、湿度和温度的差异来改变体色，让自身完全融入周围的环境中，使鸟类、蜥蜴、蜘蛛等天敌难以发现其存在。

（3）干扰伪装术

如果说隐身和拟态伪装还属于被动伪装范畴的话，那么乌贼施放烟幕避敌则是生物采用主动干扰方法实施伪装以求生存的典范（见图 2 - 3）。解剖实验表明，乌贼体内有一个专门用来存储黑色液体的"墨囊"，当乌贼遇到侵害时，就会从"墨囊"中喷出与自己形态相似的黑色浓液，悬浮在水中。当敌害碰到时，浓液会"爆炸"，并在周围形成一层浓黑的烟幕。

图 2 - 1　隐身伪装术　　　　图 2 - 2　拟态伪装术　　　　图 2 - 3　干扰伪装术

对生物伪装特性的研究及由此而衍生的生物伪装技术，大大提高了人类军事伪装术的效能。与传统的伪装方法相比，生物伪装术主要有以下四个方面的优点：

（1）取材简单

自然界中的生物在进行合成代谢时，大都以随处可得的物质（如空气、水、植物和矿物质等）为原料，以阳光等为能源，不仅原料成本低，而且取之不尽、用之不竭。

（2）安全可靠

抛开眼花缭乱的表征，生物伪装的实质就是生物化学反应，这类反应大多是在酶的催化作用下进行的，要求输入的能量少，反应条件缓和，工艺和设备简单，操作安全性好。

（3）活性强劲

生物分子通常具有复杂的精细结构，这种结构往往会赋予生物分子特殊的活性，即所谓的"生物特异功能"，例如准确、敏感的感知能力，高效、迅速的搜索能力，牢固、可靠的黏结能力等[36]。

（4）结构紧凑

生物系统中的信息码、功能模块、制造组装单元都是在分子水平上以完美方式自组装起来的，其结构比具有类似功能的人造光学或机械系统紧凑得多。

有关研究表明，当真假目标的数量达到一定比例时，成功的"隐真"和"示假"相当于增加了 10 倍的兵力；当真假目标各被揭露 50% 时，相当于增加了 40% 的兵力；当真目标完全暴露而假目标未被识破时，相当于增加了 67% 的兵力。由此可见，伪装在军事上的作用非同一般。生物在伪装上的招数，无疑为现代军事伪装开拓了新的研究思路，具有广阔的应用前景（见图 2-4）。

图 2-4　伪装在军事方面的应用

2.1.3　生物出类拔萃的通信能力

世界上没有一种动物能够真正单独地生活。动物之间相互联系有着自己独特的方式。例如，蚂蚁在集体生活时，靠特殊的"化学语言"保持联系。这种特殊的"化学语言"其实就是激素，它是由蚂蚁某一器官或组织分泌到体外的一种化学物质[37]。蚂蚁在寻找食物时，会将这种激素散布在来回的路上，同伴们根据留下的气味，就知道去哪里觅食。一同前去的蚂蚁都散发出这种气味，使来往的道路成为"气味长廊"，成群的蚂蚁沿着这条长廊搬运食物、忙碌不息（见图 2-5）[38,39]。蚂蚁还能利用气味辨别谁是同族，谁是异族。如果蚂蚁误入异族巢穴而被发现，其命运就非常可悲了。

图 2-5　蚂蚁集体觅食

猩猩靠声音互相联系。当一只猩猩看到树上结有果实时，它会大声呼啸，告知同伴前来分享；当猩猩遇到敌害时，它也会发出号叫，恳请同伴前来救援。

昆虫的鸣叫是为了吸引异性同类，或是对其他动物进行警告。蝉的腹部生有气室，气室的一边是鼓膜，气室中空气的流动使鼓膜发生振动而吱吱作响。蝗虫用后腿摩擦翅膀发出响声。蟋蟀则用双翅相互擦击发出叫声。

许多时候，动物接收信息靠的是眼睛，而比较容易被眼睛接收的是色彩和动作。雄孔雀开屏时展现绚丽多彩的羽毛，就是将缤纷的色彩作为信息引起雌孔雀的注意，同时也是对其他雄孔雀发出警告。

蜜蜂以婀娜多姿的舞姿为信号，与同伴进行联系。奥地利生物学家弗里茨经过细心的研究，发现了蜜蜂舞蹈的秘密[40]。蜜蜂的舞蹈主要有"圆舞"和"镰舞"两种形式。当工蜂外出回巢后，常做一种有规律的飞舞。如果工蜂跳"圆舞"，就是告诉同伴蜜源与蜂房相距不远，在 100 m 左右；如果工蜂跳"镰舞"，就是告诉同伴蜜源与蜂房相距较远。路程越远，工蜂跳的圈数就越多，频率也越快。

2.2　仿生的源泉

大自然是人类最好的老师，为人类的创造与发明提供了取之不尽的素材和用之不竭的灵感。例如，人们观察蓝藻的光合作用并经深思熟虑以后，发明了光解水装置，为新能源开发展现出光明灿烂的前景；人们观察鲨鱼皮肤的特殊结构并经巧妙模仿以后，发明了仿鲨鱼皮泳衣，将水对人体的阻力大幅度减小；人们观察水母耳朵的结构体系并经成功仿制以后，发明了水母耳风暴预测仪，可对风暴提前做出精准预报。

经过亿万年发展进化的大自然凭借"鬼斧神工"，已创造出各种各样、多姿多彩的广大生物。与人类设计、制造的产品相比，自然孕育的生物，其形态、结构和功能无不精巧细致、尽善尽美，远远优于人造物品。大自然以其强大而又丰富的创造力深深吸引着人类，引导人类开展仿生研究之旅。

人类向自然学习的历史源远流长，可以追溯到远古时期先民们使用的生活用品和捕猎工具，可以说人类从制造这些用品和工具开始，就展开了仿生研究和仿生实践[41]。"鹰击长空，鱼翔浅底"，人类受自然界众多生物的启发，发明了许多改变人类日活方式与文明进程的科技产物。这些仿生学习、研究、实践的过程，既是人类学习自然规律的过程，也是人类不断发展提升自己的过程。人类在历史长河的奔涌前行中，从未停止向自然界学习与借鉴的脚步。

2.2.1　片流膜的发明

在远涉重洋、长途航行的一天下午，德国科学家克雷默博士倚在轮船甲板栏杆上，大西洋的景色没有引起他的兴趣，唯有那群乘风破浪的海豚一直没有离开过他的视野。第二次世界大战以前，克雷默在德国航空研究中心任职，开展抗湍流的研究。这次，他应聘到美国海军某研究所工作。连日来，眼前的这群活泼海豚，伴随着轮船快速游行已有 2 h。但是看上去它们的动作依然是那样地自由自在，没有丝毫倦意。当时，轮船是以 50 km/h 的航速前进，也就是说，这群海豚的游速也达到每小时 50 km。对于多年从事抗湍流研究工作的克雷默来说，他十分清楚空中的飞行物体要经受空气湍流的阻力，在水中运动的物体同样会经受水中湍流的阻力。他不禁问自己，海豚是怎样抗湍流而高速游动的呢？虽然，海豚天生有非常完美的流线型外形，头部和尾部狭尖而中间部分宽厚，具有较理想的身体长度与厚度的比例，浑身光滑少毛，耳壳和后肢都已退化消失，这些无疑都对海豚减少水中湍流阻力十分有利。然而，根据有人做过的试验，拖着一只与海豚大小相仿的物体在海上航行，需要增加 2.6 马力①。而眼前的海豚按其体躯大小来估计，本身是不可能产生那么大的推动力的。海

① 1 马力 = 0.735 kW。

豚能在比空气密度大 800 倍的水中轻松地追随高速航行的轮船，必定有它的奥妙。是不是海豚能以最小的动力达到最大限度地把湍流变成片流呢？如果研究清楚，那么对抗湍流的研究一定会有所帮助。克雷默带着这个问题到了美国。

1956 年，克雷默终于从太平洋的马林兰德得到了梦寐以求的海豚皮样张，立即对它进行仔细的研究，这张海豚皮厚度约 1.55 mm，富有弹性，具有疏水性。经过切片，在显微镜下观察，可见它的组织结构与其他脊椎动物的皮肤一样，也是由表皮、真皮和由胶质纤维与弹性纤维交错的结缔组织组成。但是与众不同的是，海豚的真皮层上面有许多小乳突，根据各部位比较，这些小乳突在额部和尾部特别发达，这些小乳突对抗湍流有什么作用呢？这引起了克雷默的极大注意。他认为这些小乳突形成了很多微小的管道系统，在运动中能经受很大的压力，含有胶质纤维和弹力纤维交错的结缔组织，中间充满了脂肪，增加了海豚皮肤的弹性，皮肤的弹性和疏水性在很大程度上消除了水流由片流变成湍流的振动，并能使水分子集结成环状结构在海豚体表上滚动。正如大家都知道的，滚动摩擦阻力是最小的，从而把水阻力大大地减少了，再加上海豚皮下肌肉能做波浪式运动，使富有弹性的皮肤在水的压力下做灵活的变形，使其和水流的运动相一致，有效地抑制水流高速度流经皮肤时产生的旋涡，这样海豚即便在高速运动时，也能把水阻力降低到最小限度。

据此，克雷默开始研制人造海豚皮，1960 年他在美国橡胶公司工作期间，用橡胶仿造海豚皮肤的结构，研制出一种名叫"片流膜"的人造海豚皮，如图 2-6 所示。这种片流膜也由三层组成：表层和底层都是光滑的薄层；当中的一层设置了许多容易弯曲的小突片，形成微细的管道系统，其内充满了富有弹性的液体，使片流膜具有弹性。将片流膜装配在潜水装置上进行试验，结果果然使湍流减少 50%。于是将片流膜安装在潜水艇的表面，取得了很好的效果，大大提高了潜水艇的航行速度。人们将这种片流膜安装在输送石油的管道的内壁上，同样大大提高了石油输送的效率。

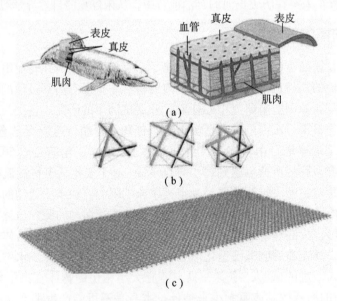

图 2-6 海豚皮与人造海豚皮

（a）海豚皮肤的三层结构；（b）各构型结构；

（c）科学家研发的仿海豚皮柔性表面

2.2.2　人造手的由来

经过约 200 万年的过程，人类为了求取生存，与环境相适应，逐渐学会了使自己的手适应于做各种各样的动作。从打制出简陋的第一块石器工具开始，到缝制出精美的金缕玉衣，再到在一粒象牙米上精雕细琢出唐诗三百首，人手已经展现出完美的结构与惊奇的功能。人手的结构同所有高等动物的前肢一样，都是由肩、上臂、前臂、腕、掌和指组成的。但是，人手的肩关节、肘关节、腕关节和指关节等部位至少有 27 个自由度。人手的优越性在于它的功能的多样性，这是任何动物和机器都难以比拟的。只要去查一下字典，有手字作部首的含有动词意思的字有多少，就足以说明人手能做的动作的多样性。人手的感觉非常灵敏，用手能感觉物体的轻重、软硬、粗细、干湿、大小、冷热、滑涩等。蒙上你的眼睛，摊开手掌，在上面放上一块薄冰，问你这是什么东西，你肯定会不加思索地准确地说出这是块冰，并能说出它是冷的、硬的、薄的、轻的、湿的和滑的等性质来。盲人的手感就更灵敏了，他们可以用手摸盲文，代替了普通人用眼睛看书。

人手是如此的多能，但总有一些人因先天或后天的原因，不幸失去了手或手指，导致手功能缺失或部分缺失，给个人或社会带来遗憾。这些人可以通过装上假手恢复手部的一些功能。早期的假手是在外部用皮带和金属线来进行操纵，利用使用者的肩部运动使它动作，基本上只有手指或开或合这样一个自由度。以后外科医生又用一种叫作"运动形成切断术"的方法把病人的肌肉固定在钢针上，再把钢针用电线连接起来去操纵假手活动。其优点是使用者只要想把手指捏拢，假手指就会捏拢，它是用肌肉本身来操纵假手的。但是，这种操纵方式不适用于肌肉不发达的人。后来人们又进一步用肌电信号直接控制假手（见图 2－7）。那么什么是肌电信号呢？肌电信号是指大脑传给肌肉或器官的神经电脉冲，人手活动是直接受大脑支配的，从大脑传给肌肉的神经电信号使肌肉和骨骼关节按指令动作。由于神经信号的电特性，神经电信号不但能操纵活的肌肉，同样也可以用来操纵机械活动。20 世纪 50 年代，苏联科学家成功制造了能工作的肌电手，这种假手从使用者成对的颉颃肌上引出神经电信号，经电子仪器放大后去控制假手的活动，他们将微型电动机配上电池后安装在假手上，在断肢上再套上一个电极固定圈，使它紧贴皮肤，引导出手指伸肌和手指屈肌的神经电信号；再通过放大器加大电流强度，使假手活动。安装在假肢中的电池耗尽后，可以利用晚上睡觉时进行充电。这种假肢能举起 10 磅①左右的重物，并且能完成一些较精巧的动作。

肌电信号控制技术的研究给人－机合作打下了良好的基础[42]。所谓人－机合作，就是人和机器紧密地结合。人的所有随意动作都是受大脑支配的，由大脑发出神经电信号支配有关肌肉和骨骼关节而完成指定动作。既然能用肌电信号来操纵机械，那么也就有可能直接用大脑的电信号来操纵机械，也就是说，操纵者在荧屏上观察由自己脑电控制的机械设备，只要操纵者想什么，被控制的设备就会按你所想的进行活动。人－机合作的好处是通过遥控，人不必身临险境工作，可以及时解决某些预测不到的问题，要比单独的人或单独的机器工作为好。

---

①　1 磅 = 0.45 kg。

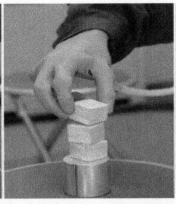

图 2-7　人造肌电信号控制假手

2.2.3　生物鳃与人工鳃

水生脊椎动物用鳃呼吸,陆生脊椎动物用肺呼吸。陆生脊椎动物是由水生脊椎动物演化而来的[43]。虽然鳃和肺的呼吸原理基本相同,都是不断地吸收氧气和呼出二氧化碳。但鳃适应于在水中交换气体,而肺适应于在空气中交换气体。由于空气中的含氧量比水中的含氧量高 20 倍以上,并且氧气在水中的弥散率很低,所以在水中吸取氧气要困难得多。动物从水生到陆生,能否呼吸空气中的氧气是一个必须解决的问题。同样,一些用肺呼吸而在水中生活的动物,例如鲸类,无论其能屏气多长时间,在水中逗留一段时间后,都要浮至水面,吸收空气中的氧气,经换气后才能再潜入水中。动物维持生命必须消耗氧气,于是血液中的二氧化碳就会逐渐增多,而一些陆生动物对血液中的二氧化碳非常敏感,当二氧化碳达到一定浓度时,就会刺激神经中枢,引起强呼吸,这就是一些陆生动物不能长时间屏气的原因。人有时会需要到水中去进行较长时间的作业,这时就必须背上氧气瓶,即使是乘坐潜水器,也必须要有氧气供给装置,这些供氧器既笨重,所携氧气量又不大,并且氧气耗尽后,必须充氧后才能再次下水。人们为了能早日研制出理想的新型供氧器材,就想深入了解水中动物呼吸的奥妙。

鱼终生生活在水中,是动物中最适应水环境的一大类群。在水中呼吸器官中,鱼鳃是发展得最好的。鱼鳃通常由鳃瓣组成,每个鳃瓣由 2 个片状的鳃小瓣构成,每个鳃小瓣由许多背腹方向纵行的鳃丝连接而成,鳃瓣与鳃瓣之间的裂口叫鳃裂[44]。软骨鱼每侧有 9 个半鳃,硬骨鱼每侧有 8 个半鳃。软骨鱼的鳃裂直接开口于体外,而硬骨鱼鳃裂外面有一个鳃盖,这样鳃裂就被保护在鳃腔内,以一个鳃盖裂口与体外相通。软骨鱼两个半鳃间有鳃间隔支持,在鳃间隔内缘有半圆形的鳃弧,其向外的一边有许多红色细丝,这就是鳃丝。鳃丝上布满了微血管,气体交换就在这里进行。鳃弧向内的一边,附有许多突起,叫鳃耙,起着防止泥沙等异物进入鳃内和微小食物逸出的双重作用。硬骨鱼无鳃间隔,两个半鳃完全靠拢。鳃丝微血管的膜非常薄,是一种具有选择性和通透性的生物膜,它能透过氧气和二氧化碳,而水不能透过。鱼进行呼吸时,先将咽部扩大,鳃盖和喉头闭紧,水从口流入后,将口闭合,喉部收缩,水流经鳃进行气体交换,鳃盖张开,让水流出。鳃丝微血管膜的基本结构通常认为是具有疏水性的膜蛋白和不连续的双层磷脂的镶嵌结构。在双层磷脂分子的排列中,膜的中间部分是由磷脂分子的脂肪酸碳氢链形成的非极性区，它对水溶性物质起阻隔作用，膜的选择性输送是由镶嵌在膜上的"载体"蛋白的作用来完成的。载体蛋白在膜内外两面运动，与被运送的物质形成可逆性结合，通过膜的非极性区再释放出来。气体从分压高的地方向低的地方扩散，氧扩散到微血管内与红细胞中的血红蛋白疏松地结合成氧合血红蛋白，随血液扩散到身体的各个组织细胞去。与之相反，二氧化碳由组织产生，扩散入血管，与血红蛋白结合，随血液到鳃排出。当鱼塘中氧气不足时，鱼被迫浮至水面，吞食空气，这种现象叫作"泛塘"，是养鱼业大忌，若不及时处理，会造成鱼的大批量死亡。

美国纽约斯克内克塔迪通用电气公司先进实验室的劳勃博士模拟鱼鳃，用两层硅酮橡胶薄膜制成人工鳃[45]，每层膜仅有 1/10 000 cm 厚。别看这种膜如此微薄，可它却能只允许水中的氧气通过而将水阻隔在膜外，二氧化碳也能从该膜中透过。这种膜要获得实际应用，还需解决一些技术层面的问题。因为一个人在静止时，每分钟至少要吸取 250 mL 左右的氧气，要供应一个人一小时的氧气，这种膜就得要有 2.5 m² 那么大。

美国达克大学玛丽实验室的研究人员研制出一种"人工鳃"，又叫血海绵，它是一种高聚化合物，能从海水中提取出氧气[46]。他们将一种血珠蛋白固定在聚氨基甲酸乙酯上，并保持血珠蛋白的生理活性，利用血珠蛋白从海水中不断地吸取氧气。据说用这种血海绵制成一只宽 5 ft①，长 10 ft 的供氧器可供 150 人使用。

2.2.4　青蛙眼和电子眼

电子蛙眼（见图 2-8）是仿生研究的产物，它是电子眼中的一种，其前部其实就是一个摄像头，成像之后通过光缆传输到电脑设备显示和保存，它的探测范围呈扇状且能转动，类似蛙类的眼睛[47]。

青蛙捕虫的本领十分高强，当有小虫从其眼前飞过时，青蛙便一跃而起，总能用大嘴准确地把小虫咬住。但奇怪的是，青蛙那双凸起的眼睛对静止的东西却往往"视而不见"。即使有青蛙爱吃的美味——苍蝇待在眼前，也不会引起它的注意。科学家们对青蛙的眼睛进行了特殊的实验研究[48]，发现蛙眼视网膜的神经细胞可分成五类：一类只对颜色起反应，另外四类只对运动目标的某个特征起反应，并能把分解出的特征信号输送到大脑视觉中枢——视顶盖中。视顶盖上有四层神经细胞：第一层对运动目标的反差起反应；第二层能把目标的凸边抽取出来；第三层只看见目标的四周边缘；第四层则只管目标暗前缘的明暗变化。这四层特征就好像是在四张透明纸上分别画图，然后叠在一起，呈现一个完整的图像。因此，在迅速飞动的各种形状的小飞虫里，青蛙可立即识别出它最喜欢吃的苍蝇和飞蛾，而对其他飞动着的东西和静止不动的景物都毫无反应。

人们根据蛙眼的视觉原理，已仿生研制出一种电子蛙眼。这种电子蛙眼能像真的蛙眼那样，准确无误地识别出特定形状的物体。把电子蛙眼装入雷达系统后，雷达抗干扰能力大大提高[49]。这种雷达系统能快速而准确地识别出特定形状的飞机、舰船和导弹等。特别是能够区别真假导弹，防止敌人以假乱真。

---

① 1 ft = 0.304 8 m。

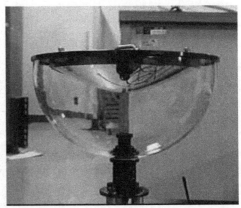

图 2－8　蛙眼和电子蛙眼

2.3　仿生的基本概念

2.3.1　仿生学定义

自然界的广大生物在亿万年的漫长进化过程中，逐步形成了奇异的构造、特殊的功能和有趣的习性。人类通过长期观察和深入研究，从众多生物那里获得宝贵的启示。例如，人们根据蝙蝠喉头发出的超声波可在空中导航和可对猎物定位的原理，发明了雷达[50]；人们根据苍蝇、蜻蜓的复眼结构，发明了复印机和印刷机的关键器件——复眼透镜；人们根据响尾蛇的颊窝能感觉到 0.001 ℃ 的温度变化的原理，发明了能够自动跟踪、追击目标的红外线自动寻的导弹；人们借鉴蛙跳的原理设计了蛤蟆夯；人们模仿警犬的高灵敏嗅觉机理制成了用于侦缉的"电子警犬"。人们按照生物的体形结构和特殊功能，创造发明了无数性能优异的新型机械系统、仪器设备、建筑结构和工艺流程。由此可见，研究生物的结构、功能、习性，有助于人们开阔眼界、放飞思想、巧妙借鉴、大胆联想，从而设计出各种各样的机械蓝图，创制出更加精致、更加完善的技术装置，而这就是仿生学的精髓。

今天，我们放眼四望，无论是设计领域、制造领域，还是工程领域、材料领域的众多发明创造，都与大自然息息相关，都与仿生学环环相扣[51]。那么，如何定义仿生学呢？1960年，美国学者斯蒂尔博士在美国第一届仿生学术会议上将仿生学定义为模仿生物原理来建造技术系统，或者使人造技术系统具有或类似于生物特征的科学。

随着仿生研究的不断深入，仿生学研究的内容也不再局限于生物学领域和机械学领域，力学、材料学、电子学等其他领域对此均有所涉及。尤其是一些新理念、新技术的提出和应用，使仿生学的内涵发生了巨大变化。不同领域的专业人员对仿生学提出了自主看法与不同见解。例如，生物信息学家们认为仿生学是研究与模拟生物感觉器官、神经元与神经网络及高级中枢的智能活动等方面的信息处理过程的科学；工程师们则认为仿生学是探索生物结构与功能的关系，以及进行人工设计与制造的科学。总之，各个领域的专业人士都对仿生学有着自己独特的理解。但总体来说，人们普遍认为仿生学是一门模仿生物的特殊本领，利用生物的结构和功能原理来研制机械或各种新技术的科学[52]。大家公认，仿生学是生物学、数学和工程技术学互相渗透而结合成的一门新兴的边缘科学。仿生学的任务就是要研究生物系统的优异能力及产生的原理，并把它模式化，然后应用这些原理去设计和制造新的技术装备。

2.3.2　仿生学研究内容

仿生学是一门交叉学科，探索领域和研究对象极其广泛。但总体来看，人们对生物进行仿生研究主要集中在形态、结构、功能、材料等几个方面。

（1）形态仿生

所谓形态仿生，是指模仿、参照、借鉴生物体的外部形状或内部构造来设计、制造人工系统、装置、器具、物品等。形态仿生的关键是要能将生物体外部形状或内部构造的精髓及特征巧妙应用在人工系统、装置、器具、物品中，使之"青出于蓝而胜于蓝"。

对于各种模仿、借鉴或参照生物体外部形状或内部构造而制造出的人工系统、装置、器具、物品来说，仿生形态是这些人造物体机能形态的一种形式。实际上，仿生形态既有物体一般形态的组织结构和功能要素，同时又区别于物体的一般形态，它来自设计师对生物形态或结构的模仿与借鉴，是受自然界生物形态及结构启示的结果，是人类智慧与生物特征结合的产物[53]。长期以来，人类生活在奇妙莫测的自然界中，与周围的生物比邻而居，这些生物千奇百怪的形态、匪夷所思的构造、各具特色的本领，自始至终吸引着人们去想象和模仿，并引导着人类制作工具、营造居所、改善生活、建设文明。例如，我国古代著名工匠鲁班从茅草锯齿状的叶缘中得到启迪，制作出锯子。无独有偶，古希腊发明家从鱼类梳子状的脊骨中受到启发，也制作出了锯子。

大自然是物质的世界，也是形态的世界（见图2-9）。事物总是在不断地变化，形态也总是在不断地演变。自然界不停地为人们提供着新的形态，启迪着人类的智慧，引导人类从形态仿生上迈出创新的步伐。

图2-9　生物的形态

现代文明社会的主体是人和人所制造的各种机器。人类发明机器的目的是用其代替人来完成繁重、复杂、艰苦、危险的体力劳动。但是机器能在多大程度上代替人类劳动，尤其是人类的智力劳动？会不会因机器的大量使用而给人类造成新的问题？这些问题应该引起当今世界的重视。大量机器的使用让工作岗位出现了前所未有的短缺。人类已经在这种现代文明所导致的生态失调状况下开始反思并力求寻找新的出路[54]。建立人与自然、人与机器的和谐关系，重塑科技价值和人类地位，在人与机器、生态自然与人造自然之间建立共生共荣的新型结构，从人造形态的束缚中解脱出来，转向从自然界生物形态中借鉴设计形态，是当代生态设计的一种新策略和新理念。

首先，形态仿生的宜人性可使人与机器形态更加亲近[55]。自然界中生物进化和物种繁衍都是在不断变化的生存环境中，以一种合乎逻辑与自然规律的方式进行着调整和适应。这都是因为生物机体的构造具备了生长和变异的条件，它随时可以抛弃旧功能，适应新功能。人为形态与空间环境的固化功能模式抑制了人类同自然相似的自我调整与适应关系。因此，设计要根据人的自然和社会属性，在生态设计的灵活性和适应性上最大限度地满足个性需求。

其次，形态仿生蕴含着生命的活力。生物机体的形态结构为了维护自身、抵抗变异，形成了力量的扩张感，使人感受到一种生命的活力，唤起人们珍爱生活的潜在意识，在这种美好和谐的氛围下，人与自然融合亲近，消除了对立心理，使人感到幸福与满足。

再次，形态仿生的奇异性丰富了造型设计的形式语言。自然界中无数生物丰富的形体结构、多维的变化层面、巧妙的色彩装饰和变幻的图形组织，以及它们的生存方式、肢体语言、声音特征、平衡能力，为人工形态设计提供了新的设计方式和造美法则。生物体中体现出来的与人沟通的感性特征将会给设计师们新的启示[56]。

如果说结构仿生是形态静的创造的话，那么，形态仿生便是结构动的发明了。例如，看到"鹰击长空，鱼翔浅底"的动态情景，发明家以它们为借鉴物，利用形态仿生发明了飞机和轮船。同样，利用"静在动中，动中有静"的自然现象及其法则，以形态相似法作武器和工具，可以获得发明创造的成功。例如，北京航空航天大学高歌教授发明沙丘驻涡火焰稳定器的研究过程就有力地说明了这一点。

航空史上曾有过很多这样的记载：喷气式飞机在高空飞行时，发动机燃烧室里突然气流激振，发出震耳的嚗哨声，接着一声爆响，飞机猛然熄火停车，并向下坠落，10 000 m，8 000 m，6 000 m……飞行员虽然多次在空中重新开车，但仍点不着火，飞机还在急剧下降，终致机毁人亡。这类事故的导演者——喷气发动机加力燃烧室内 V 形火焰稳定器不稳定问题，成为世界航空界近半个世纪无法解决的难题。在我国西北沙漠中奋斗了将近十年的高歌，攻读博士期间，一直与这个难题打交道。一天他回想起：在沙漠各种各样移动的沙丘形态中，有一种形似新月的沙丘总是处于静态，即不管风怎么吹，这种沙丘也"静在动中，动中有静"，不改变其形状。究其原因，是因为气流后面的流场绕过沙丘时所形成的旋涡特别稳定。"沙丘—新月"这种相似关系深深铭刻在高歌心里，他将其运用到火焰稳定器的研究上，终于以博士论文《沙丘驻涡火焰稳定器的设计原理及方法》解决了困扰航空界长达半个世纪的难题，从理论和实践上突破了专家和权威们的论断，创造性地建立起独具特色的沙丘驻涡火焰稳定器的理论体系。

在某种意义上，人们可以认为：模仿是仿生学的基础，借鉴是仿生学的方法，移植是仿生学的手段，妙用是仿生学的灵魂。例如，枫树的果实借助其翅状轮廓线外形从树上旋转下落，在风的作用下可以飘飞得很远。受此启发，人们发明了陀螺飞翼式玩具，而这又是目前人类广泛使用的螺旋桨的雏形。

形态仿生是人们模仿、借鉴、参照自然界中广大生物外部形态或内部结构而设计人工系统、装置、器具、物品的一种充满智慧和创意的活动，这种活动应当充满创新性、合理性和适用性。因为对生物外部形态或内部结构的简单模仿和机械照搬是不能得到理想设计的。

人们经过认真思考、仔细对比，合理选择将要模仿的生物形态，确定可资借鉴和参考的形态特征展开研究，从功能入手，从形态着眼，经过对生物形态精髓的模仿，而创造出功能更优良、形态更丰富的人工系统。

实际上，人类造物的许多信息都来自大自然的形态仿生和模拟创造（见图 2 - 10）。尤其是在当今的信息时代里，人们对产品设计的要求不同于以往[57]。人们不仅关注产品功能的先进与完备，还关注产品形态的清新与淳朴，尤其提倡产品的形态仿生设计，让产品的形态设计回归自然，赋予产品形态以生命的象征是人类在精神需求方面所达到的一种新境界。

图 2 - 10　具有形态仿生特点的人造物品

德国著名设计大师路易吉·科拉尼曾说："设计的基础应来自诞生于大自然的、生命所呈现的真理之中。"这句话完完整整地道出了自然界蕴含着无尽设计宝藏的天机[58]。对于当代设计师们来说，形态仿生设计与创新的基本条件，一是能够正确认识生物形态的功能特点，把握生物形态的本质特征，勇于开拓创新思维，善于开展创新设计；二是具有扎实的生物学基础知识，掌握形态仿生设计的基本方法，乐于从自然界、人类社会的原生状况中寻找仿生对象，启发自我的设计灵感，并在设计实践中不断加以改进与完善。

在很多情况下，由于传统思维和习惯思维的局限，人们思维的触角常会伸展不开，触及不到事物的本源上去。从设计创新的角度分析，自然界广大生物的形态虽是人们进行形态仿生的源泉，但它不应该成为人们开展形态仿生的僵化参照物。所谓形态仿生，仿的应该是生物机能的精髓，因此，形态仿生应该是在创新思维指导下使形态与功能实现完美结合。

当今世界，无论多么优秀的技术成果，都需要转化为产品，才能走向市场、创造价值。但设计师们设计的成果常常会出现形态与功能不相匹配的问题。有时是因设计成果的形态不符合科学规律，影响了设计成果功能的发挥；有时是因设计成果的形态不满足人们喜好，影响了设计成果推广的力度。在这种情况下，开展形态仿生创新设计就有可能提供解决问题的新思路。例如，在 20 世纪 30 年代，由于飞机飞行速度的不断提高，机翼振颤现象日益突出，往往由此造成飞机机翼突然断裂，甚至破碎，引起惨重的飞行事故。起初，有关专家只是从加大机翼、改换材料方面入手去研究对策，成效不大。后来，他们变换思路，力图从形态仿生角度去思考问题、获得借鉴。他们认真研究了蜻蜓等昆虫的翅膀结构，发现在蜻蜓翅膀的末端前缘有一块名叫翅痣的加厚区，正是这块毫不起眼的翅痣，使薄得透明的蜻蜓翅膀能够抵抗快速飞行时产生的振颤现象。专家们立刻在飞机机翼上添加了类似的局部强化结构，有效解决了机翼振颤问题。

自然界中生物的外部形态或内部结构都是生命本能地适应生长、进化环境的结果，这种结果对于当今的设计师来说是无比宝贵的财富，设计师们应当充分利用这些财富。那么，在形态仿生及其创新设计活动中，人们究竟应当怎么做呢？以下思路可能会对人们有所助益。

思路一：建立相关的生物功能 - 形态模型，研究生物形态的功能作用，从生物原型上找到对应的物理原理，通过对生物功能 - 形态模型的正确感知，形成对生物形态的感性认识。从功能出发，研究生物形态的结构特点，在感性认识的基础上，除去无关因素，建立精简的生物功能－形态分析模型。在此基础上，再对照原型进行定性分析，用模型来模拟生物的结构原理[59]。

思路二：从相关生物的形态出发，研究其尺寸、形状、比例、机能等特性，用理论模型的方法，对生物体进行定量分析，探索并掌握其在运动学、结构学、形态学方面的特点。

思路三：形态仿生直接模仿生物的局部优异机能，并加以利用。如模仿海豚皮制作的潜水艇外壳减小了前进阻力[60]；船舶采用鱼尾形推进器可在低速下取得较大推力。应当注意，在形态仿生的研究和应用中，很少模仿生物形态的细节，而是通过对生物形态本质特征的把握，吸取其精髓，模仿其精华。

形态仿生及其创新设计包含了非常鲜明的生态设计观念。著名科学家科克尼曾说："在几乎所有的设计中，大自然都赋予了人类最强有力的信息。"形态仿生及其创新设计对探索现代生态设计规律无疑是一种有益的尝试和实践。

（2）结构仿生

在科学技术发展历程中，人们不但从生物的外部形态去汲取养分、激发灵感，而且从生物的内部结构去获得启发、产生创意，从而极大地推动了人类科学技术水平的提高。当前，人们不仅应当模仿与借鉴生物的外部形态进行形态仿生，而且应当模仿与借鉴生物的内部结构进行结构仿生，要通过学习、参考与借鉴生物内部的结构形式、组织方式与运行模式，为人类开辟仿生学新天地创造条件。

大自然中无穷无尽的生物为人类开展结构仿生提供了优良的样本和实例。

蜜蜂是昆虫世界里的卓越建筑工程师。它们用蜂蜡建筑极其规则的等边六角形蜂巢（见图2－11）。几乎所有的蜂巢都是由几千甚至几万间蜂房组成的[61]。这些蜂房是大小相等的六棱柱体，底面由三个全等的菱形面封闭起来，形成一个倒角的锥形，并且这三个菱形的锐角都是 $70°32'$，蜂房的容积也几乎都是 $0.25\ cm^3$。每排蜂房互相平行排列并相互嵌接，组成了精密无比的蜂巢。无论从美观还是实用角度来考虑，蜂巢都是十分完美的。它不仅以最少的材料获得了最大的容积空间，而且还以单薄的结构获得了最大的强度，十分符合几何学原理和省工节材的建筑原则。蜜蜂建巢的速度十分惊人，一个蜂群在一昼夜内就能盖起数以千计的蜂房。在蜂巢的启发下，人们研制出了人造蜂窝结构材料（见图2－12），这种材料具有质量小、强度高、刚度大、绝热性强、隔声性好等一系列的优点。目前，人造蜂窝结构材料的应用范围非常广泛，不仅用于建筑行业，航天、航空领域也可见到它的身影，许多飞机的机翼中就采用了大量的人造蜂窝结构材料。

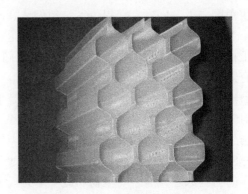

图2－11　蜂窝　　　　　　　　　图2－12　人造蜂窝结构板材

对应于生物的结构组成形式，人们还可将结构仿生具体分为总体结构仿生和肢体结构仿生。所谓总体结构仿生，意指在人造物的总体设计上借鉴了生物体结构的精华部分。例如，鸟巢是鸟类安身立命、哺育后代的"安乐窝"（见图 2-13），在结构上有着非常精妙之处。2001 年，普利茨克奖获得者瑞士建筑设计师赫尔佐格、德梅隆设计事务所、奥雅纳工程顾问公司及中国建筑设计研究院李兴刚等人，合作模仿鸟巢的整体特点和结构特征，设计出气势恢宏、独具特色的 2008 年北京奥运会主体育场——"鸟巢"（见图 2-14）[62]。该体育场主体由一系列辐射式门式钢桁架围绕碗状座席区旋转而成，空间结构科学简洁，建筑结构完整统一，设计新颖，造型独特，是目前世界上跨度最大的钢结构建筑，形态如同孕育生命的"鸟巢"。设计者们对该体育场没做任何多余的处理，只是坦率地把结构暴露在外，达到了自然和谐、庄重大方的外观设计效果。

图 2-13　鸟巢

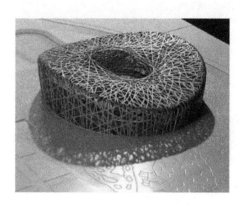

图 2-14　北京奥运会主会场

在总体结构仿生思想的指导下，人们创造了一系列崭新的仿生结构。例如，人们发现树叶叶脉总体结构所形成的交叉网状系统具有优异的支撑能力，于是模仿树叶叶脉总体结构设计出新型建筑物（见图 2-15）。20 世纪 40 年代末期，意大利结构工程师奈尔维和建筑师巴托利设计的意大利都灵展览馆的巨型拱顶就是仿叶脉肌理而建造起来的[63]。该展览馆由混凝土骨架和玻璃格组成的拱顶宽 93.6 m、长 75 m，创当时世界建筑之最。

图 2-15　仿叶脉结构的新型建筑物

在自然界中，形形色色的动物具有形形色色的肢体，其中很多具有巧妙的结构和高超的能力，是人类模仿和学习的榜样。

低等无脊椎动物没有四肢，或只有非常简单的附肢；高等脊椎动物四肢坚强，运动非常有力。

鱼的四肢呈鳍状，前肢是一对胸鳍，后肢是一对腹鳍；胸鳍主要起转换方向的作用，腹鳍主要辅助背、臀鳍保持身体平衡。

两栖动物有着坚强有力的五趾型附肢。青蛙的前肢细而短，后肢粗而长，趾间有称为蹼的肉膜（见图2-16）。这些特点使青蛙既能在水中游泳，又能在陆地爬行、跳跃。

鸟的双腿是其后肢，前肢演变为翅膀，能够在天空中自由飞翔。鸵鸟虽然名为鸟，但它并不会飞行，其后肢演化成一双强健有力的长腿（见图2-17），能够在沙漠中长途奔跑。

图2-16　青蛙

图2-17　鸵鸟

哺乳动物大多具有发育完备的四肢，能灵巧地运动或快速地奔跑。哺乳动物的四肢变化很大。袋鼠的后肢非常坚强，长度约为前肢的五六倍；蝙蝠的前肢完全演变成皮膜状的翼，能够在空中飞行；鲸类的前肢变成鳍状，后肢基本消失；海豹的四肢演变为桨状的鳍脚，后鳍朝后，不能弯曲向前，成为主要的游泳器官。

由于生物的肢体在结构特点、运动特性等方面具有相当优异的表现，始终是人们进行人造装置设计与制作的理想模拟物和参照物。例如，借鉴螃蟹和龙虾的肢体结构（见图2-18和图2-19），人们研制出了新型仿生机器人（见图2-20和图2-21）。

图2-18　螃蟹

图2-19　龙虾

图 2-20 仿螃蟹机器人

图 2-21 仿龙虾机器人

（3）功能仿生

1）视觉功能仿生

光作用于人和动物的视觉器官，使其感受细胞兴奋，其信息经视觉神经系统加工后便产生视觉[64]。通过视觉，人和动物可以感知外界物体的大小、明暗、颜色、动静，获得对机体生存具有重要意义的各种信息。据统计，人和动物感知外界的信息，至少有80%以上是经视觉获得的，所以，视觉是人和动物最重要的感觉。

人的视觉系统由眼球、神经系统和大脑视觉中枢构成。人的眼球感受到的外部光线通过类似凸透镜的晶状体聚焦到视网膜上，通过视觉细胞感知光。视觉细胞分为两类，其中，锥状细胞具有辨别光波波长的能力，对色彩十分敏感，但只在光线明亮的情况下才起作用；杆状细胞对光很敏感，可以分辨很暗的光，但没有辨别色彩的能力。人眼的视野相当宽阔，左右视角大约为180°，上下大约60°，但只在2°~3°的范围里视力才特别清晰，可以识别对象的细节，在周围则只能识别对象的特征。另外，人眼对运动的物体特别敏感。

与人眼的视觉功能相比，许多动物具有更强的视觉能力。比如，在水中人的视力比不上鱼，在夜晚人的视力远逊于猫。动物的眼睛是一个奇妙的世界，在这个世界中充满着许多人们极欲了解和掌握的秘密。

例如，原生动物中的绿眼虫具有最简单、最原始的动物眼睛。绿眼虫的整个身体就是一个细胞，眼睛只不过是一个环状的红色眼点。这个眼点虽小，但仍然可以感觉光的强弱。肠腔动物中的水母，其视觉感受器是触手囊，眼睛只是触手囊上的一个红点，它能分辨出光明与黑暗。乌贼的眼睛在无脊椎动物中属于最高等，前方有角膜，后面有巩膜，还有虹彩、瞳孔、水晶体、睫状肌等构造。蜗牛的眼睛长在触角的顶端，小得像针孔。

复眼是节肢动物（如蜈蚣、蜘蛛和昆虫等）特有的眼睛[65]。复眼由许许多多小眼构成，每只小眼只能感受一小部分形象，而由许多六边形的小眼如同蜂窝般地连接在一起的复眼，却能把所有小眼看到的形象汇集起来，形成一幅完整的画面，同时还能观察距离较远的物体并辨别方向。昆虫的小眼越多，视力就越强。蜻蜓、苍蝇生有成千上万只小眼（见图2-22和图2-23），其视力可是非同寻常。昆虫的眼睛大多不能活动，但蜻蜓、苍蝇的眼睛却能随颈部自由转动，所以它们能够瞻前顾后、环视左右。鲨的眼睛极为特别，鲨有四只眼睛，两只小眼睛长在头胸甲正中，像灵敏的电磁波接收器一样，能够接收深海中最微弱的光线；两只大复眼长在头胸甲两侧，这对复眼由一千多个小眼组成。鲨的复眼对光线有侧面抑制作用，可以增强图像的反差。人们借鉴鲨眼的这一原理，将其应用于电视机中，从而使图像更加清晰。

图2-22 蜻蜓的复眼

图2-23 苍蝇的复眼

南美洲河流中生长着一种四眼鱼，其眼睛的中间生有一层横膈膜，把眼睛分成上下两部分，上边看空中，下边看水中。生长在新西兰的楔齿蜥长有三只眼（见图2-24），除了头部两侧各有一只眼外，头顶上还长有第三只眼。虽然这只眼的视力不太好，但也能分辨黑白。变色龙的眼睛硕大而突出（见图2-25），两只眼睛能够单独活动。一只眼向前看时，另一只眼还可以向后看。

图2-24 楔齿蜥

图2-25 变色龙

动物中的"千里眼"非鹰类莫属。鹰在离地面1 000 m以上的高空中翱翔，也能清楚地看到地面上猎物的活动情况。鹰的视觉能力极其出色，它可用眼睛低分辨率、宽视野的部分去搜索目标，而用眼睛高分辨率、窄视野的部分去仔细观察已经发现的目标。人们正是在鹰眼的启发下，研制出电子鹰眼，在扩展使用者视野的同时，提高使用者视觉的敏锐程度。

2）听觉功能仿生

所谓听觉，是指声波作用于听觉器官，使其感受细胞兴奋并引起听神经的冲动发放传入信息，经各级听觉中枢分析后引起的感觉[66]。

人耳分为外耳、中耳、内耳。外耳由耳廓和外耳道组成。耳廓形似漏斗，起到集声的作用；外耳道是声音传入中耳的弯曲腔道，起到共鸣腔的作用。外耳道还有耳毛和腺体。腺体的分泌物和脱落的表皮混合在一起形成耵聍。外耳还可阻挡外来的灰尘等异物，与耵聍共同保护耳道。中耳由鼓膜、鼓室和听骨链组成。鼓膜是椭圆形的薄膜，在声波作用下产生振动，它既是外耳道的终端，又是外耳与内耳的分界。鼓膜向里是一个 $1\sim2\ cm^2$ 的含空气鼓室。鼓室内还有由 3 块听小骨相互串联成的听骨链。听骨链与内耳相连。中耳不仅能传声，而且能放大声音，以利于内耳对声音的感受。在鼓室内还有一条咽鼓管与咽喉部相连。在吞咽、打呵欠时，管口开放，空气由咽部进入鼓室，以保持鼓膜两侧的空气压力平衡。内耳的管腔螺旋近 3 圈，似蜗牛壳，其内有听觉感受器，当外界的声波经过外、中耳道传到内耳的听觉感受器时，听觉感受器便将这种机械振动转变为神经冲动，并经听神经纤维传到皮层的听觉中枢，产生听觉。

人耳对声音的方位、响度、音调及音色的敏感程度是不同的，存在较大的差异。从接受声音的频率来看，人耳能听到的声波频率范围为 $20\sim2\,000\ Hz$ 的可闻声波。低于 $20\ Hz$ 的次声波和高于 $20\ kHz$ 的超声波人耳都听不见[67,68]。

各人的听觉限度也是不同的，尤其以年龄不同而差异显著。如小孩最高可以听到 $30\sim40\ kHz$ 的声音。随着人们年龄的增长，人耳能听到的最高频率也会有所降低。50 岁左右的中年人最高只能听见 $13\ kHz$ 的声音，而年逾花甲的老年人一般只能听到 $1\sim4\ kHz$ 的声音。所以，小孩听来非常热闹的世界，老年人却觉得是沉寂的。

从声音的强弱来看，声强低于闻阈 $10^{-12}\ W/m$ 和高于触觉阈 $1\ W/m^2$ 的声音人耳听不到。可见人耳对声音强弱的感受也是有限度的。

另外，人们的知觉还可以暂时与对声音的感受分离，放过一些"经过耳边"的声音，把它们当作"耳旁风"不予理会。比如，当人们聚精会神看书时，并没有"听见"桌上座钟的嘀嗒声。但是，一旦有人们感兴趣的声音，即使它比其余的声音都弱，人们也会立即听到它。

人耳区别两个不同频率声音的能力十分有限。频率接近的音，如 $1\,000\ Hz$ 和 $1\,001\ Hz$ 的两个音，人耳听不出它们的不同。只有频率为 $1\,000\ Hz$ 和 $1\,003\ Hz$ 的两个音，当其频率相差 $3\ Hz$ 时，人们才能分辨出它们的高低来。对更高的音，人耳的分辨能力就更弱。如频率为 $3\,000\ Hz$ 时，两音至少要相差 $9\ Hz$，人耳才能区分，这种分辨能力可用"频率分辨率"来表述。频率分辨率因人而异，受过音乐训练的人比一般人要灵敏得多。即使是同一个人，频率分辨率也随音高和响度而变化。实验表明，一般情况下，对于中等强度的纯音，平均频率分辨率大约为 0.5%。依此推算，在 $20\sim2\,000\ Hz$ 范围内，人耳大约可以辨别出 $1\,500$ 个不同频率的声音。

相比人类的听觉来说，许多动物都有令人惊叹的听觉能力。例如，水母能听到人耳听不到的次声波。水母触手中间的细柄上长有一个感受球，感受球里有一粒含有钙质的小小听石，这就是水母的"耳朵"（见图 2-26）。由海浪和空气摩擦而产生的次声波冲击听石，刺激着周围的神经感受器，使水母在风暴来临之前的十几个小时就能得到信息，于是，它们就能在风暴来临之前提前避险。科学家们曾经模拟水母的声波发送器官研制出海洋风暴预报装置，这种装置能帮助人们在 $15\ h$ 之前测知海洋风暴的信息。

动物都有耳朵，但长的形状和位置有所不同。许多昆虫的耳朵生长的位置非常奇特。例如，苍蝇的耳朵长在翅膀基部的后面；蟋蟀的耳朵长在前足的小腿节上；蝉的耳朵长在肚子的下面。蟋蟀、蚱蜢、蝗虫、蝉和大部分蛾类拥有"鼓膜"那样的听觉器，可是这些听觉器并不是长在头上，而是长在腿上或身躯两侧。许多动物不仅听觉非常灵敏，而且耳朵形态也极为特别。例如，蝙蝠的耳朵圆圆的，与身体相比显得很大（见图 2-27）。蝙蝠飞行时，耳朵像两只喇叭口，能接收口中发出的超声波，耳朵上的毛还能觉察到轻微的震动，比蜗牛的触角还灵。兔子的耳朵多数情况下是竖起来的（见图 2 - 28），只要有一点风吹草动，它就能察觉，并且兔子的耳朵还能转向，听到四面八方传来的声音。

图 2 - 26 水母   图 2 - 27 蝙蝠   图 2 - 28 兔子

鱼类具有较好的听觉，还能利用声音来传递信息。鱼类只有内耳，藏在头骨里面。鱼类的侧线也有听觉作用，是鱼类特殊的听觉器官[69]。青蛙的耳朵已经分化成鼓膜、中耳、内耳等，因此蛙耳的听觉也较为灵敏。蛇的耳朵与鱼类相似，只有听骨和内耳，所以蛇不能听到空气中传播的声音，只能听到地面振动的声音。

几乎所有的哺乳动物都有耳廓，能接收通过空气、地面或水传来的声波振动。蝙蝠、耳狐、土狼的耳廓很大，能够接收极其轻微的声音。科学家们通过研究发现，蝙蝠是利用超声波来看东西的。然而自然界是奇妙的，尽管蝙蝠具有高超的辨声能力，但有些昆虫，如夜蛾仍能逃避蝙蝠的追捕。夜蛾依靠其胸腹间的一种奇特耳朵——鼓膜器，能在 30 m 之外听到蝙蝠发出的超声波，并且迅速做出判断而从容逃走。如果人们把蝙蝠称为"活雷达"的话，那么夜蛾就具有高超的"反雷达"装置。

在众多动物出色听觉能力的启发下，人们开始了听觉仿生的研究与探索。据报道，英国谢菲尔德市两岁男童约苏亚·亚历山大在婴儿时由于患上脑膜炎，导致彻底失去了听觉，再也无法听见外界的任何声音。后来，英国医生为他植入了一对"仿生耳"，这一对"仿生耳"是由一名前 NASA 工程师发明的。医生在约苏亚耳朵内的一块骨骼上植入了 22 根耳蜗电极，用它们来取代耳朵中成千上万根毛细胞的功能。当一个声音处理器收集到声音信息后，会将它转换成各种不同的电脉冲模式，再通过这些耳蜗电极传递到约苏亚的大脑中。"仿生耳"手术非常成功，手术后，一直生活在"无声世界"中的约苏亚重新奇迹般地恢复了听觉。

3）嗅觉功能仿生

嗅觉是一种感觉，这种感觉过程由嗅神经系统和鼻三叉神经系统共同参与[70]。嗅觉是外激素通信实现的前提。嗅觉又是一种远感，是通过长距离感受化学刺激的感觉。脊椎动物的嗅觉感受器通常位于鼻腔内由支持细胞、嗅细胞和基细胞组成的嗅上皮中[71]。在嗅上皮中，嗅觉细胞的轴突形成嗅神经。嗅束膨大呈球状，位于每侧脑半球额叶的下面；嗅神经进入嗅球。嗅球和端脑是嗅觉中枢。嗅觉感受器的嗅细胞所处位置不是呼吸气体流通的通路，而是为鼻甲的隆起掩护着。带有气味的空气只能以回旋式的气流接触到嗅感受器。

嗅觉是由物体发散于空气中的物质微粒作用于鼻腔上的感受细胞而引起的。在鼻腔上鼻道内有嗅上皮，嗅上皮中的嗅细胞是嗅觉器官的外周感受器。嗅细胞的黏膜表面带有纤毛，可以同有气味的物质相接触。每种嗅细胞的内端延续成为神经纤维，嗅分析器皮层部分位于额叶区。嗅觉的刺激物必须是气体物质，只有挥发性有味物质的分子，才能成为嗅觉细胞的刺激物。

　　长期以来，嗅觉一直是人们所有感觉中最为神秘的东西。前些年，人们甚至还不知道识别和记忆约 1 万种不同气味的基本原理。2004 年，诺贝尔生理学或医学奖得主美国学者理查德·阿克塞尔和琳达·巴克终于解决了该难题。他们一系列的开创性研究阐明了嗅觉系统是如何工作的。他们在 1991 年合作发表了基础性的论文，宣布他们发现了含约 1 000 个不同基因的一个气味受体基因大家族（占人们基因总数的 3%），这些基因构成了相同数量的嗅觉受体类型，而这些受体位于嗅觉受体细胞内[72]。每一种嗅觉受体细胞只拥有一种类型的气味受体，每一种受体能探测到有限数量的气味物质。因此，嗅觉受体对某几种气味是高度特异性的。尽管气味受体只有约 1 000 种，但它们可以产生大量组合，从而形成大量的气味识别模式，这也是人类和动物能够辨别和记忆不同气味的基础。嗅觉系统工作时，嗅觉受体细胞会发出神经纤维信息到嗅小球，那里大约有 2 000 多个确定的微区嗅小球，嗅小球的数量大约是嗅觉受体细胞类型数量的两倍。嗅小球是很"专业化"的，携带同种受体的受体细胞聚集其神经纤维进入相同的嗅小球，即来自具有相同受体的细胞的信息会聚到同一嗅小球。随后嗅小球激活僧帽细胞的神经细胞[73]。每种僧帽细胞只能由一个嗅小球激活，信息流的"特异性"也就因而保留。僧帽细胞然后将信号传输到大脑其他地方。结果，来自多种气味受体的信息整合成每种气味所具有的"特征性的模式"，使得人们可以自由地感受到识别的气味。

　　鼻子从外表看，不过是两个鼻孔，好像十分简单。其实，鼻子的构造挺复杂。鼻子的内部像个小房间，是鼻腔。鼻腔有前门和后门。前门是鼻孔，后门在口腔上腭根和喉咙交界的地方，是后鼻孔。鼻腔的上部为嗅觉部分，下部为呼吸通气部分。嗅觉部分有发达的鼻甲，其黏膜表面满布嗅觉神经末梢。当空气中的气味分子随吸气从鼻孔进入鼻腔，刺激嗅膜上的嗅觉细胞，就产生神经冲动，由嗅觉神经传至大脑，人们就闻到了气味。

　　人类嗅觉的敏感度是很大的，通常用嗅觉阈来测定。所谓嗅觉阈，就是能够引起嗅觉的有气味物质的最小浓度[74,75]。对于同一种气味物质的嗅觉敏感度，不同人具有很大的区别，有的人甚至缺乏一般人所具有的嗅觉能力，人们通常称其为嗅盲。即使是同一个人，嗅觉敏锐度在不同情况下也有很大的变化。如某些疾病，对嗅觉就有很大的影响，感冒、鼻炎都可以降低嗅觉的敏感度。环境中的温度、湿度和气压等的明显变化，也都对嗅觉的敏感度有很大的影响。

　　人的鼻子已相当灵敏了，能辨别出 4×10^{-9} mg/L 浓度的乙硫醇。可是，狗的鼻子比人的鼻子还要灵敏 100 万倍。狗的嗅觉细胞特别发达，辨别各种气味的部位特别大，连鼻尖端的光秃部分，上面也有许多突起，并有黏膜组织，能经常分泌黏液来滋润它，使嗅觉器官随时保持灵敏。据科学测定，狗的鼻子能区别 200 万种不同物质发出的不同气味，能闻出 10^{-16} mg/L 浓度的某种气味。动物界中唯有狗的鼻子能闻出种类最多和浓度最低的气味。它甚至能从人的脚印中，闻出是从什么地方来，带来什么气味，然后顺着这种气味进行追踪。

　　在适应自然界各种生存环境的过程中，很多动物的嗅觉在漫长的岁月中发育得相当完美和非常灵敏，其中有的种类的敏锐程度令人惊奇不已。许多昆虫都是靠释放一种有特殊气味的微量物质进行通信联系的。东南亚森林中的阿特拉斯蛾，雄蛾头上长着巨大的毛茸茸的触角，利用触角在数百米外就可以嗅到雌蛾释放出的一种含有特殊酶的化学信息的气味。

　　许多哺乳动物鼻子后部的黏膜远大于人类的鼻黏膜，因此其嗅觉要比人类强百万倍。有时，被人抓住的老鼠会撒出尿来，从前被认为是它极度恐惧的结果，岂知这是老鼠使用的气味语言，警告同类，此地危险，赶快逃命！

与自然界众多动物神奇的嗅觉功能相比，现今人类的嗅觉已经大大退化了，甚至常常不能察觉到自己嗅迹的潜在功能。由于嗅觉是生物了解外界气味信息的一个有效途径，因此人们必须加强对生物嗅觉基础知识的了解，要大力开展嗅觉仿生的研究。近年来，随着生物化学、微电子制造技术的发展和生物电子技术的发展，嗅觉仿生传感技术取得了新的进展和突破，出现了如半导体材料、导电聚合物、声表面波、SPR、纳米 Sn 等新型的"嗅觉仿生"传感元件，这对加快嗅觉仿生技术的前进步伐具有重要的意义[76]。

（4）材料仿生

材料技术是当今世界最重要的高新技术之一。目前，人们已经可以根据需要，设计和制造出多种多样的新型材料来。但迄今为止，一些与人类生活密切相关的材料，如天然骨、珍珠、蚕丝、贝壳等天然生物材料，人类还无法仿制出来。每年全球数以百万计的骨病患者还只能依靠金属、陶瓷、复合材料等制成的人工骨来进行治疗[77]。现在，对天然生物材料的结构、性能和生长机理的分析和仿制是当今材料科学研究的重大前沿课题。

从 20 世纪 90 年代开始，美国等西方科技强国投入了很强的力量来从事材料仿生的研究工作，并已取得许多重要成果。科学家们努力从生物身上获得启发，将材料仿生工作不断推向前进。例如，蜘蛛丝是天然生物材料庞大家族中的普通一员，人们到处可以看到蜘蛛在结网捕猎。蜘蛛丝虽然纤细，但却是世界上最结实、最坚韧的纤维之一。它比高强度钢丝或用来制作防弹服的凯夫拉纤维更坚韧，且更轻和更具弹性。据科学家计算，一根铅笔粗细的蜘蛛丝束能够使一架正在高速飞行的波音 747 飞机停下来。蜘蛛丝如此优异的性能早就使科学家们对其倾心不已。美国杜邦化学工业公司的科学家们通过仔细研究蜘蛛丝的化学成分和组织结构，成功开发出利用人造基因制备的具有蜘蛛丝特性（包括结构、强度和化学性能）的蛋白质分子。科学家们取出蜘蛛的产丝腺体，查看它们制造蜘蛛丝的蛋白质代码，在破译的基础上制成人工合成基因，再将这种人造基因移植至酵母或细菌中，生长出一种球状的蛋白质，然后将这种蛋白质溶解在一种溶剂中，最后利用喷丝技术制成纤维[78]。这种新型纤维质量轻、强度高，比尼龙和现有其他产品的弹性和耐磨性都好，在航空航天领域大有用武之地。

在美国科学家们取得人造蜘蛛丝的重大进展的同时，加拿大魁北克省的科学家们也在加紧人造蜘蛛丝的研发步伐，他们将人工合成的蜘蛛蛋白质基因植入山羊的乳腺细胞中，不久，基因被改变的山羊奶中就含有蜘蛛丝的蛋白质了。加拿大 Nexia 生物技术公司总裁杰夫·特纳说，这种蛋白质能够制造出轻得令人难以置信的织物，其强度可挡住子弹。此外，这种人造蜘蛛丝还有一大优点，那就是它可以自行降解。由于人造蜘蛛丝的性能十分优异，人们称之为"生物钢"。科学家们认为，这种"生物钢"在任何方面都优于石油化工产品，因而在许多领域都有着广阔的应用前景。

2.4　机构学与仿生机构

2.4.1　机构学基本概念

（1）机构

机构学是专门研究机械中的机构结构及其运动等问题的，属于机械原理的一个分支[79]。机构由构件组成，可用来传递运动或力。它可以是一个零件，也可以由若干个刚性连接在一起的零件组成。构件一般是刚体，也可以是弹性体、挠性体和其他变形体。机构是传递运动或引导构件上的点按照给定轨迹运动的机械装置。机构的分类方法多种多样。例如，按组成机构的各构件之间的相对运动形式，可分为平面机构（如平面连杆机构）和空间机构（如空间连杆机构）[80]；按组成机构的各构件之间的运动副类别，可分为低副机构（如连杆机构）和高副机构（如凸轮机构）；按组成机构的各构件的结构特征，可分为连杆机构、齿轮机构、斜面机构、棘轮机构；按所转换运动或力的特征[81]，则可分为匀速转动机构、非匀速转动机构、直线运动机构、换向机构、间歇运动机构。

（2）构件

构件是组成机构的基本元素之一，是独立影响机构功能并能单独运动的单元体。一个构件可以由一个或多个零件组成。零件是单独加工的制造单元体[82]，如螺母、螺杆。在分析时，也可将用简单方式连成的单元件称为零件。

（3）运动副

运动副是两个构件之间直接接触所形成的可动连接[83]。两个相邻构件直接接触，两者之间允许一定的相对运动，每个构件至少和另外一个构件通过运动副连接。两个构件上参与接触构成运动副的部分（点、线、面）称为运动副元素。

（4）机构简图

实际构件的外形和结构往往很复杂，在分析问题时不利于突出主要矛盾，为了使问题简化，人们用简单的线条和符号来表示构件和运动副（见图 2 - 29 ~ 图 2 - 32），并按比例定出各运动副的位置。这种说明机构各构件间相对运动关系的简化图形，称为机构简图。

图 2 - 29　移动副模型　　　　　　　　　　　图 2 - 30　移动副简图

图 2 - 31　转动副模型　　　　　　　　　　　图 2 - 32　转动副简图

机构简图用国标规定的简单符号和线条代表运动副和构件，并按一定比例尺表示机构的运动尺寸，绘制出表示机构的简明图形。机构运动简图与原机械具有完全相同运动特性。

绘制机构运动简图的步骤：

①分析机构，分清原动件、机架和从动件，观察相对运动，数清所有构件的数目；

②确定所有运动副的类型和数目，测量各运动副之间的位置；

③选择合理的位置（即能充分反映机构的特性），确定视图方向；

④确定比例；

⑤用规定的符号和线条绘制成简图（从原动件开始画），原动件用箭头标出运动方向。

（5）运动副类型

两构件组成运动副后，相互间的相对运动便会受到限制，这些限制称为约束度，以符号 s 表示，而尚存的相对运动称为运动自由度[84]，以符号 f 表示。空间机构的自由度为 $s+f=6$；平面机构的自由度为 $s+f=3$。

按运动副的相对运动形式分类，可分为平面运动副和空间运动副。按运动副的接触形式分类，可分为低副和高副[85]。其中低副为两构件通过面接触组成的运动副，如活塞与气缸、活塞与连杆。

转动副是只能在一个平面内相对转动的运动副，其代表案例如图 2-33~图 2-36 所示。图 2-33 中，1 号构件转动、2 号构件固定不动，则称该转动副为固定铰链。图 2-35 中，1、2 号构件都是运动的，则称为活动铰链。

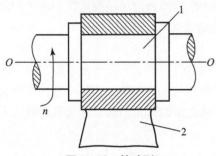

图 2-33　转动副

图 2-34　固定铰链

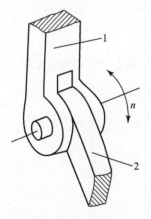

图 2-35　转动副

图 2-36　活动铰链

移动副是只能沿某一轴线相对移动的运动副，如图 2-37 所示。

高副是两构件通过点或线接触组成的运动副。如凸轮与从动件的接触、齿轮与齿轮的接触（见图 2-38）。

机构中所有的运动副均为低副，称为低副机构；机构中至少有一个运动副是高副，称为高副机构。

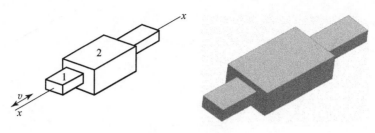

图 2 - 37　移动副

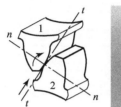

图 2 - 38　齿轮副

（6）自由度

自由度是指构件所具有的独立运动的数目，或确定构件位置所需的独立变量的数目。约束是指运动副对构件独立运动所加的限制[86,87]。

按照运动副引入的约束数目分类，可分为 n 级副，$n = 1$，2，…，5。当约束度分别为 5、4、3、2 和 1 时，相应的运动副为 Ⅴ、Ⅳ、Ⅲ、Ⅱ、Ⅰ 类。

（7）运动链

将运动链中的一个构件固定作为参考系，另一个或几个构件按给定的运动规律相对于固定构件运动，且其余构件都具有确定运动时，运动链则成了机构。机构中固定不动的构件称为机架；按给定运动规律运动的构件称为原动件（主动件）；机构中除机架和原动件以外的构件称为从动件（见图 2 - 39）。

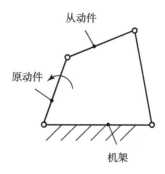

图 2 - 39　机构的组成

运动链有闭式链、开式链、混合链之分，各构件构成首末封闭的运动链称为闭式运动链（见图 2 - 40）；各构件未构成首末封闭的运动链称为开式运动链[88]（见图 2 - 41）；既含有闭式链部分，又含有开式链部分的称为混合运动链（见图 2 - 42）。

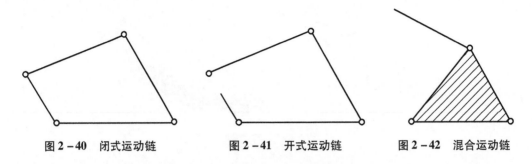

图 2 - 40　闭式运动链　　　　图 2 - 41　开式运动链　　　　图 2 - 42　混合运动链

在机构学分析中，常见的运动副及其符号见表 2 - 1。

表 2 - 1　常见的运动副及其符号

运动副名称		运动副符号	
		两运动构件构成的运动副	两构件之一为固定的运动副
平面运动副	转动副		
	移动副		
	平面高副		
空间运动副	螺旋副		
	球面副及球销副		

（8）机构自由度计算

通过机构自由度计算，可以得知机械加工中机构是欠定位的还是过定位的，同时也可以分析机构的运动形式[89]。机构自由度是指机构在具有确定运动时所必须给定的独立运动参数的数目。在机构自由度计算过程中，主要分为空间自由度计算和平面自由度计算。

一个构件（刚体）在空间上若不受约束，那么它就既可以在 3 个正交方向上平动，又可以以 3 个正交方向为轴进行转动，于是该构件在空间上就有 6 个自由度。

在分析由 N 个构件组成的运动链的自由度时，通常选取 N 个构件中的一个作为机架或参考构件，所以机构中活动构件的个数应为 $n = N - 1$，组成机构前，这 n 个活动构件一共有

$3n$ 个自由度[90]。当研究对象为平面机构时，各构件的运动均限制在同一平面或平行平面内。每个高副引入一个约束，使机构失去两个自由度；每个低副引入两个约束，使机构失去一个自由度。机构自由度的计算公式为：

$$F = 3n - 2p_l - p_h \tag{2-1}$$

式中，n 为机构中的活动构件数；p_l 为机构中的低副数；p_h 为机构中的高副数[91]。

平面机构自由度的计算实例可参见表 2 - 2。

表 2 - 2　平面机构自由度计算实例

名称	机构运动简图	构件	自由度计算
曲柄滑块机构		$N = 4$ $n = 3$ $p_l = 4$ $p_h = 0$	$F = 3n - 2p_l - p_h$ $= 3 \times 3 - 2 \times 4$ $= 1$
五杆运动链		$N = 5$ $n = 4$ $p_l = 6$ $p_h = 0$	$F = 3 \times 4 - 2 \times 6 = 0$
五杆铰链机构		$N = 5$ $n = 4$ $p_l = 5$ $p_h = 0$	$F = 3 \times 4 - 2 \times 5 = 2$
凸轮机构		$N = 3$ $n = 2$ $p_l = 2$ $p_h = 1$	$F = 3 \times 2 - 2 \times 2 - 1 = 1$

机构要能运动，它的自由度必须大于零。由于每一个原动件只可从外界接受一个独立运动规律，因此，当机构的自由度为 1 时，只需有 1 个原动件；当机构的自由度为 2 时，则需有 2 个原动件。机构具有确定相对运动的充要条件是：机构自由度 > 0 且原动件数目应等于机构的自由度数目。

在实际计算机构自由度的过程中，还时常会遇到一些特殊情况，例如复合铰链、局部自由度和虚约束，需要找到这些特殊情况并综合分析才能得到机构的最终自由度，下面予以具体说明。

1）复合铰链

复合铰链是指由 k 个构件构成的一组同轴线的转动副。例如，图 2 - 43 表示 3 个构件在运动简图 A 处组成的转动副，当 k 个构件汇交而成复合铰链机构时，应具有 $k-1$ 个转动副。

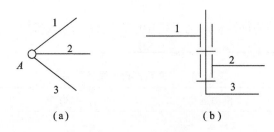

（a）　　　　　　　　　　　　　（b）

图 2 - 43　复合铰链

2）局部自由度

在有些机构中，部分构件产生的局部运动并不影响其他构件的运动，人们把这些局部运动的自由度称为局部自由度[92]，并以符号 f' 表示。在计算机构自由度时，应将机构中的局部自由度除去不计。为此，可将平面机构自由度的计算公式修正为：

$$F = 3n - 2p_l - p_h - f' \tag{2-2}$$

图 2 - 44 所示为含有局部自由度的滚子直动推杆盘形凸轮机构，加装了滚子 4 的推杆 3 的运动情况与不加滚子 4 的运动情况是一致的，所以滚子 4 与推杆 3 构成局部自由度，应该除去（见图 2 - 45），因此，该机构的自由度应为 1。

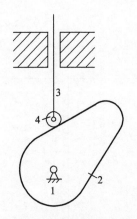

图 2 - 44　含有局部自由度的机构

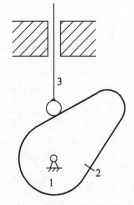

图 2 - 45　除去局部自由度的机构

3）虚约束

在机构中，有些运动副的约束与其他运动副的约束可能是重复的。因此，这些约束对于机构的运动实际上并没有起到约束的作用，故称这类约束为虚约束[93]。虚约束的种类主要包含以下情形：

①连接点轨迹相重合。

如果将两个构件在连接处拆开后，两构件各自连接点处的运动轨迹仍重合（见图 2 - 46 中的 3 - 4 处），那么该连接引入了一个虚约束。

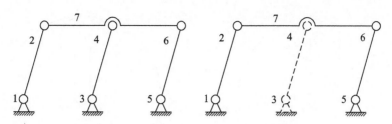

图 2 - 46 连接点轨迹相重合引入的虚约束

②两点间距离保持不变。

若机构运动时两不同构件上两点间距离始终保持不变，将此两点用构件和运动副连接起来则会引入虚约束[94-96]（见图 2 - 47 的构件 8）。

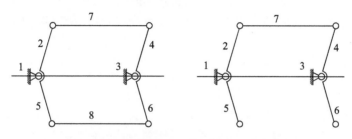

图 2 - 47 两点间距离保持不变引入的虚约束

③两构件组成多个轴线重合的转动副（见图 2 - 48）或两构件组成多个移动方向一致的移动副（见图 2 - 49）。

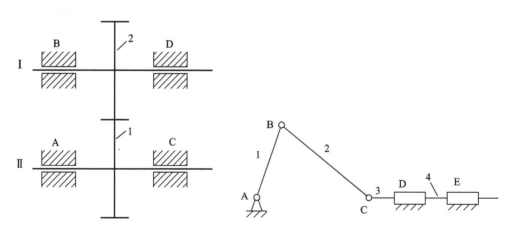

图 2 - 48 多处组成轴线重合的转动副　　**图 2 - 49 多处组成移动方向一致的移动副**

④机构中存在与运动无关的对称部分，如多个行星轮组成的传动机构（见图 2 - 50）。

当研究对象为空间机构时，机构自由度的表达式：

$$F = 6n - 5p_1 - 4p_2 - 3p_3 - 2p_4 - p_5 \qquad (2-3)$$

式中，n 为活动构件数；p 为运动副总数；p_i 为第 i 级运动副数，i 为 1，2，3，4，5。空间机构的自由度计算过程与平面机构的类似。

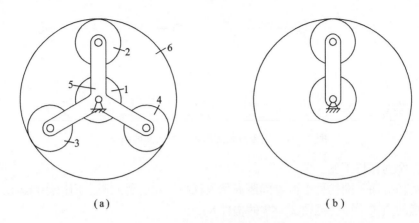

图2-50　行星轮传动机构

（a）含有三组运动链的周转轮系机构；（b）含有单组运动链的周转轮系机构

2.4.2　机构学研究内容

现代机构学的研究内容主要包括机构结构及其运动特性。如前所述，机构是指由两个或两个以上的构件通过活动连接形成的构件系统[97]。连杆机构、凸轮机构和齿轮机构是机构学为最常见的研究对象。在机构学研究过程中，通过机构分析可以为后续设计或优化改进提供重要依据。机构分析包括结构分析、运动分析和动力分析[98]。结构分析主要研究机构的组成并判定其运动的可能性和确定性；运动分析主要研究机构在运动中位移、速度和加速度的变化规律，从而确定其运动特性[99]；动力分析主要用于确定各运动副中的约束反力和主动构件的驱动力或从动构件的阻力，以便对机械结构进行强度计算，同时也可求解机构在已知力作用下的真实运动情况。在经典的机构学中，一般只做结构和运动两方面的分析，只有对高速或高精度的机构才做动力分析。

2.4.3　机构运动分析

机构运动分析是在已知机构的结构和几何尺寸的前提条件下，在原动件的运动规律给定时，确定从动部分任一运动变量的变化规律。机构运动分析包括位置、速度和加速度分析。其中位置分析一是用来确定机构的位置（位形），绘制机构位置图[100]；二是用来确定构件的运动空间，判断是否发生干涉；三是用来确定构件行程，找出上下极限位置；四是用来确定点的轨迹。速度分析是用来了解从动件的速度变化规律是否满足工作要求，为后续的加速度分析做准备。加速度分析则是用来为确定惯性力做准备。

速度、加速度计算方程全为线性方程，求解过程较为简单，而位置分析方程通常是非线性的，只有简单的二级机构才能列出输出变量和输入变量之间的显函数表达式。而在其他情况下，方程的求解就需要利用各种数值解法。因此，连杆机构的运动分析重点在位置求解。机构运动分析主要依靠解析法和图解法，图解法简单易行，但比解析法的精度低[101]。过去受计算工具速度与精度的限制，解析法较少使用。随着计算机技术的发展，解析法通过与计算机技术的结合，拥有了更高的效率和精度，因此已在机构运动分析中占据主导地位。图解法目前已很少用于机构运动分析了。

在平面机构的运动分析过程中，首先根据机构特征确立封闭环矢量方程，然后导出位移方程，最后根据位移方程分别求一次导数和二次导数，得到速度和加速度方程[102]。其中位移方程一般情况下为非线性方程，可通过"Newton – Raphson 法"或"吴方法"求解。空间机构运动分析常采用坐标变换导出的矩阵法进行[103]。

（1）平面机构运动分析

以单环闭链机构为例，平面机构的封闭环矢量方程式为[104]：

$$\sum l_i = 0 \quad i = 1,2,\cdots,n \qquad (2-4)$$

写成分量位移方程式为：

$$\begin{cases} \sum l_i\cos\varphi_i = 0 \\ \sum l_i\sin\varphi_i = 0 \end{cases} \quad i = 1,2,\cdots,n \qquad (2-5)$$

对时间 t 求导，得到速度方程式如下：

$$\begin{cases} \sum (\dot{l}_i\cos\varphi_i - l_i\dot{\varphi}_i\sin\varphi_i) = 0 \\ \sum (\dot{l}_i\sin\varphi_i + l_i\dot{\varphi}_i\cos\varphi_i) = 0 \end{cases} \quad i = 1,2,\cdots,n \qquad (2-6)$$

对时间 t 二次求导，得到加速度方程式如下：

$$\begin{cases} \sum (\ddot{l}_i\cos\varphi_i - 2\dot{l}_i\dot{\varphi}_i\sin\varphi_i - l_i\dot{\varphi}_i^2\cos\varphi_i - l_i\ddot{\varphi}_i\sin\varphi_i) = 0 \\ \sum (\ddot{l}_i\sin\varphi_i + 2\dot{l}_i\dot{\varphi}_i\cos\varphi_i - l_i\dot{\varphi}_i^2\sin\varphi_i + l_i\ddot{\varphi}_i\cos\varphi_i) = 0 \end{cases} \quad i = 1,2,\cdots,n \qquad (2-7)$$

为方便编程，上述三个方程可以简式表示，具体如下：

设所求位移变量 $\boldsymbol{\varphi} = (\varphi_1, \varphi_2, \cdots, \varphi_n)$，$i = 1, 2, \cdots, n$，已知输入量 $\boldsymbol{q} = (q_1, q_2, \cdots, q_n)$，$i = 1, 2, \cdots, n$，则位移方程可表示为：

$$F(\boldsymbol{\varphi}, \boldsymbol{q}) = 0 \qquad (2-8)$$

速度方程可表示为：

$$\begin{cases} \boldsymbol{A}\dot{\boldsymbol{\varphi}} = \boldsymbol{B}\dot{\boldsymbol{q}} \\ \dot{\boldsymbol{\varphi}} = [\dot{\varphi}_1, \dot{\varphi}_2, \cdots, \dot{\varphi}_n]^{\mathrm{T}} \\ \dot{\boldsymbol{q}} = [\dot{q}_1, \dot{q}_2, \cdots, \dot{q}_n]^{\mathrm{T}} \end{cases} \qquad (2-9)$$

式中，$\boldsymbol{A}$ 为从动件位置参数矩阵，形式上同 Jacobian 矩阵；$\boldsymbol{B}$ 为原动件位置参数矩阵或已知参数矩阵。在位移、速度问题解出后，加速度方程可由式（2-9）对时间求导得出。

加速度方程可表示为：

$$\boldsymbol{A}\ddot{\boldsymbol{\varphi}} = \boldsymbol{B}\ddot{\boldsymbol{q}} + \dot{\boldsymbol{B}}\dot{\boldsymbol{q}} - \dot{\boldsymbol{A}}\dot{\boldsymbol{\varphi}} \qquad (2-10)$$

（2）空间机构运动分析

与平面机构运动分析类似，空间机构的运动分析也同样包含位移分析、速度分析和加速度分析。例如，将位移方程式对时间求导，即可求得速度和加速度方程，由于这些方程分别是速度变量和加速度变量的线性方程，由此可进一步解出作为输入变量函数的各构件的速度和加速度变量。按照机构主从动件的运动关系，可将运动位移方程简化为：

$$F(\boldsymbol{\varphi}, \boldsymbol{\psi}) = 0 \qquad (2-11)$$

式中，$\boldsymbol{\varphi}$ 为主动件角位移；$\boldsymbol{\psi}$ 为从动件角位移。

对上述位移方程求导，可得速度方程如下：

$$\frac{\partial F}{\partial \varphi}\dot{\varphi} + \frac{\partial F}{\partial \psi}\dot{\psi} = 0 \qquad (2-12)$$

再对速度方程求导，可得加速度方程如下：

$$\frac{\partial^2 F}{\partial \varphi^2}\dot{\varphi}^2 + \frac{\partial F}{\partial \varphi}\ddot{\varphi} + 2\frac{\partial^2 F}{\partial \varphi \partial \psi}\dot{\varphi}\dot{\psi} + \frac{\partial^2 F}{\partial \psi^2}\dot{\psi}^2 + \frac{\partial F}{\partial \psi}\ddot{\psi} = 0 \qquad (2-13)$$

空间连杆机构的运动分析方法一般分为两种：第一种建立空间直角坐标系，根据矢量闭环方程，写出位移矩阵方程，然后对其分别进行一阶和二阶求导，分别求得速度和加速度方程。这种方法在空间计算时求解非常困难，应用较少。第二类为拆杆法，根据运动条件和约束条件建立运动方程并求解。

2.4.4 机构运动图解分析法

采用图解法进行平面机构速度分析具有形象直观、简单方便的优点，现以速度瞬心法为例介绍平面机构运动的图解分析法。

（1）速度瞬心的定义

速度瞬心是指两构件瞬时相对转动中心（瞬时等速重合点），或两个构件绝对速度相同的重合点，或两个构件相对速度为零的重合点。瞬时，即瞬心的位置随时间而变。等速，是指在瞬心这一点，两构件的绝对速度相等（包括大小和方向）、相对速度为零；重合点，是指瞬心既在构件 1 上，也在构件 2 上，是两构件的重合点，如图 2-51 所示，P_{21} 为速度瞬心。

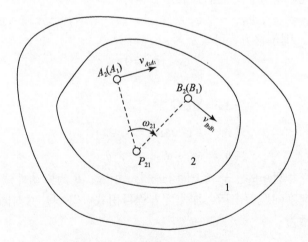

图 2-51 速度瞬心的判断方法

当任一刚体（构件）2 相对于刚体（构件）1 做相对平面运动时，在任一瞬时，其相对运动都可以看作是绕某一重合点 P_{21} 的转动，那么 P_{21} 即为速度瞬心。

（2）速度瞬心的种类

速度瞬心可分为绝对瞬心和相对瞬心。其中，当两个构件之中有一个构件固定不动时，则瞬心处的绝对速度为零，这时的瞬心为绝对瞬心；当两个构件都在运动时，其瞬心为相对瞬心。绝对瞬心是相对瞬心的一种特殊情况。

（3）速度瞬心的数目

由于做相对运动的每两个构件就会有一个瞬心，那么包括机架，当机构由 K 个构件组成时，该机构的瞬心总数为：

$$N = \frac{K(K-1)}{2} \tag{2-14}$$

（4）速度瞬心位置的确定

在图 2 – 51 中，构件 1 和构件 2 在做平面相对运动，已知这两个构件上的两点 A（A_1 和 A_2 的重合点）、B（B_1 和 B_2 的重合点）的位置，并已知它们的相对速度方向分别为 $v_{A_2A_1}$ 和 $v_{B_2B_1}$，则通过这两点分别作两相对速度方向的垂线，它们的交点 P_{21}（也可用 P_{12} 表示）即为速度瞬心。

速度瞬心具有下列性质：

①当两构件组成转动副时，转动副的中心 P_{12} 就是其瞬心（见图 2 – 52）。

②当两构件组成移动副时，其瞬心 P_{12} 在垂直于导路方向的无穷远处（见图 2 – 53）。

③当两构件组成纯滚动高副时，接触点就是其瞬心（见图 2 – 54）。

④当两构件组成滑动兼滚动的高副时，瞬心在过接触点的两高副元素的公法线 n—n 上，具体位置由其他条件来确定（见图 2 – 55）。

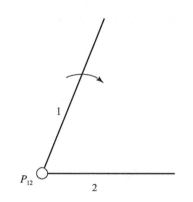

图 2 – 52　转动副的速度瞬心

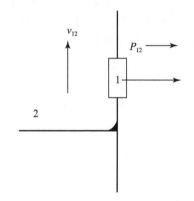

图 2 – 53　移动副的速度瞬心

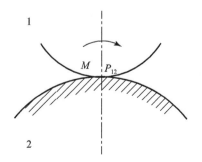

图 2 – 54　纯滚动高副的速度瞬心

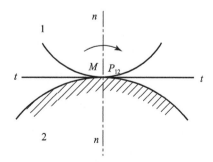

图2 – 55　滑动兼滚动高副的速度瞬心

（5）三心定理

对于不直接接触的两个构件，可用三心定理确定其瞬心的位置。三心定理是指做平面运动的三个构件，其三个瞬心位于同一直线上（见图 2-56），其中构件 2 和构件 1 的瞬心为 P_{12}，构件 3 和构件 1 的瞬心为 P_{13}。由于构件 2 和构件 3 在点 M 处的速度 $v_{M_2} \neq v_{M_3}$，M 点不是构件 2 和构件 3 的瞬心 P_{23}，瞬心 P_{23} 在两瞬心 P_{12}、P_{13} 的连线上，其具体位置取决于构件 2 的角速度 ω_2 和构件 3 的角速度 ω_3 的方向和大小。

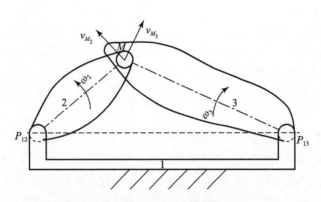

图 2-56　三心定理示意图

（6）速度瞬心法的应用

在图 2-57 所示平面机构中，已知各杆长度、ω_2 和图中比例尺 μ_1，要求采用瞬心法求 M 点的速度。而要求 M 点的速度，则先要知道构件 4 的角速度 ω_4，题中已知 ω_2、各杆长度和比例尺 μ_1，而构件 2 和构件 4 不直接以运动副相连，因此可以利用三心定理先找到速度瞬心点，然后根据速度瞬心点的定义可知构件 2 和构件 4 在速度瞬心点上的绝对速度相等，进而可以求得 ω_4。通过观察可以得知，机构的四个速度瞬心点分别为 P_{12}、P_{23}、P_{34} 和 P_{14}。根据三心定理，可知 P_{24} 应该既在直线 $P_{23}P_{34}$ 上，也在直线 $P_{12}P_{14}$ 上，因此，通过画出各自的延长线，再找寻其交点就可以得到速度瞬心点 P_{24}。

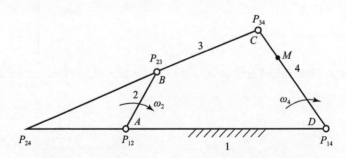

图 2-57　速度瞬心法在平面机构速度分析中的应用

在 P_{24} 点，构件 2 和构件 4 的绝对速度相等，由此可以得到以下公式：

$$\omega_2 \overline{P_{24}P_{12}} \mu_1 = \omega_4 \overline{P_{24}P_{14}} \mu_1 \qquad (2-15)$$

再由式（2-15）可得

$$\omega_4 = \frac{\overline{P_{24}P_{12}}}{\overline{P_{24}P_{14}}} \omega_2 \qquad (2-16)$$

最后可以求得

$$V_M = \omega_4 l_{MD} \qquad (2-17)$$

2.4.5　机构运动解析分析法

采用解析法来分析机构的运动特性时，计算精度高，运算速度快，不仅可以十分方便地对机构进行一个运动循环过程的研究，而且还非常方便把机构分析和机构综合问题联系起来，以寻求最优方案。过去因解析法的数学模型复杂，计算工作量大，导致应用受限，近年来，随着计算机技术的突飞猛进和数学算法的日臻完善，解析法已得到广泛的应用。

在用于机构运动分析的各种解析法中，复数极矢量法、直角坐标系矢量法、坐标变换矩阵法、旋转变换张量法、对偶数矩阵法等较为常用，具体使用步骤及相关案例将在后面章节中加以介绍。

2.4.6　仿生机构基本概念及主要研究内容

仿生机构是指模拟生物的构造形态和运动功能而制作的机构。仿生机构由刚性构件、柔韧构件、仿生构件及动力元件等人造实物组合而成。

仿生机构主要研究对象包括人型机器人、机械手、行走机构、假肢，以及模仿各种鸟类、昆虫和鱼类等的仿生机构。

常见的仿生机构包含步行仿生机构、爬行仿生机构、飞行仿生机构和抓取仿生机构。其中，步行仿生机构通常以人或四足、六足动物为仿生对象，主要研究生物的步态特性和运动规律，即各腿的抬腿和放腿顺序，确保步行机构能够稳定运行。根据机构腿的数量，步行仿生机构分为二足仿生机构、四足仿生机构、六足仿生机构和多足仿生机构。爬行仿生机构通常以蛇类、蜥蜴类动物为仿生对象，主要研究如何控制各运动副，使其按一定时序和确定的函数关系来实现仿生机构的运动。飞行仿生机构通常以昆虫或鸟类为仿生对象，主要研究飞行仿生机构的共振、高频、高强度特性，以及如何保证飞行仿生机构实现质量小、摩擦小和运动对称的要求。抓取仿生机构通常以人体上肢和人手为仿生对象，主要研究肩关节、肘关节和腕关节的伸展和屈曲等运动，以及手指的转动，了解并掌握其中的关键要素，为开发高精度、高效率的抓取仿生机构创造条件。

2.5　机械学与仿生机械

2.5.1　机械学基本概念

从古至今，人们一直都在研究各种能帮人们降低工作难度或劳作强度的工具装置。东汉时期张衡发明记里鼓车，利用木人、鼓、钟等机械装置来计算行走里程[105]。三国时期，发明家马钧发明了龙骨水车，用来从低处引水浇灌地势较高的田地（见图 2-58）。古罗马学者希罗发明包括链泵、气泵、活塞泵、跑步驱动水轮车等机器装备，并提出用简单机械（杠杆、滑轮、轮与轴等）推动重物的理论，这一理论至今仍有重要理论意义与实用价值。

机械学作为一个独立的专门学科直到 19 世纪初才第一次列入高等工程学院（巴黎工程学院）的课程。这一时期该学科的相关理论已经可以用于精确分析各种机械，包括复杂的空间连杆机构的运动，并能按人们的实际需要综合出新的机构。从此以后，机械学研究得到人们极大重视，并开始取得飞速发展。

图 2 – 58 马钧和他发明的龙骨水车

2.5.2 机械学研究内容

机械学是机械科学的基础部分，它是研究机械结构和系统性能及其设计理论与方法的科学，研究内容包括制造过程及机械系统所涉及的机构学、传动学、动力学、强度学、摩擦学、设计学、仿生机械学、微纳机械学及界面机械学等。

2.5.3 机械学与仿生机械学的关系

机械学，尤其是现代机械学，在设计时不仅要对系统的组成方式、传动形式、工作原理、机构学特点、材料学特性、零部件结构尺寸等进行分析，还需要融入多门新的学科知识，如计算机学、机械电子工程、控制理论、仿生学等，越来越需要了解其他领域的发展现状、研究方法及最新技术；而仿生机械学也不只是研究生物的外部形态、内部结构、运动特性、功能特点，还需对所涉及的生物材料力学、生物运动学、医学、控制论和电子技术等学科知识进行深入研究与系统整合。仿生机械学的性质决定了其在基础研究、技术研发和应用探索等方面应当紧密结合机械学的基本知识与最新技术，由单一仿照生物某一特性逐渐转变为一门交叉形、融合性的学科。实际上，机械学的一些研究方法和技术成果可为生物材料力学的研究提供稳定的理论基础，也可为生物骨或软组织结构的研究提供可靠的分析模型，甚至机械分析的建模方法和分析方式还可用在人体上肢运动建模及步行姿态的测定与分析方面，为人体康复工程的研究提供理论依据。反过来，仿生机械学研究生物的外部形态和内部结构，其研究成果可为人们设计和制造各种康复设备提供宝贵经验。

2.6 思考与练习

1. 机械学研究内容有哪些？
2. 寻找三种仿生机械实例，试分析其仿生原理。
3. 机构的组成要素有哪些？
4. 什么是构件？什么是零件？试举例说明。
5. 什么是运动链？运动链有哪些？
6. 什么是机构运动简图？
7. 机构具有确定运动的条件是什么？

8. 什么是机构自由度？

9. 平面机构自由度计算过程中应注意哪些事项？

10. 计算图 2 - 59 和图 2 - 60 所示机构的自由度。

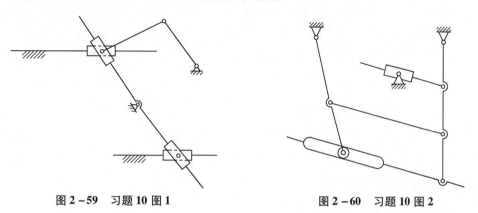

图 2 - 59　习题 10 图 1　　　　　　　图 2 - 60　习题 10 图 2

11. 计算图 2 - 61 所示机构的自由度，并判断该机构的运动是否确定。

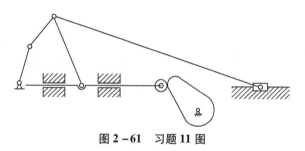

图 2 - 61　习题 11 图

12. 机构运动分析包括哪些内容？

13. 什么叫速度瞬心？

14. 相对速度瞬心和绝对速度瞬心有什么区别？

15. 什么叫三心定理？

16. 怎样确定机构中不组成运动副的两构件的瞬心？

17. 在图 2 - 62 所示机构中，已知原动件 1 以匀角速度 ω_1 沿逆时针方向转动，试确定：①机构的全部瞬心；②构件 4 的速度 v_4（需写出表达式）。

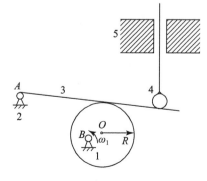

图 2 - 62　习题 17 图

18. 在图 2-63 所示凸轮机构中，已知 $r = 25$ mm，$l_{OA} = 11$ mm，$l_{AC} = 40$ mm，凸轮 1 的等角速度 $\omega_1 = 10$ rad/s，逆时针方向转动。试用瞬心法求从动件 2 的角速度 ω_2。

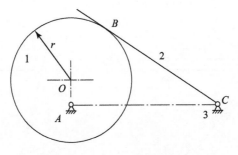

图 2-63 习题 18 图

19. 仿生机械学是如何定义的？

20. 仿生机械学的研究内容有哪些？

第3章

仿生机械学的基础知识

仿生机械学是一门综合性、交叉性、边缘性、探索性、创新性、实用性高度融合的新兴学科，其发展有赖于其他相关学科的进步。诸如仿生设计学、仿生工程学、仿生材料学、仿生制造学等学科实际上都与仿生机械学密切联系、相辅相成、彼此促进、共同发展。人们看到，在很多场合，上述学科相互交融，成为一个有机的整体，经常出现你中有我、我中有你的情况，有时甚至很难将它们做清晰的界定或明确的划分，这充分表明，仿生机械学领域也和现代科学技术其他领域一样，呈现出整体化发展的良好态势，从而为仿生机械学的研究奠定了坚实的基础。

3.1 仿生设计学

3.1.1 仿生设计学概述

如前所述，仿生学是在现代生物科学与技术科学之间发展起来的一门模仿生物的外部形态、内部结构、生存机制、力学特点、数理特性和运动原理来构建新型人造技术系统的新兴边缘学科，它通过研究生物形态结构的特点、运动控制的机制、能量转换的方式及信息传递的原理，了解并掌握生物体中蕴藏的对人类开发、研制新型人造技术系统或装置有益的知识，并将所获得的知识用来改进和完善现有的人造技术系统或装置，以及为创造新的人造技术系统或装置提供原理模型、设计方案或工程蓝图。

仿生设计学以仿生学和设计学的相关理论为基础，通过研究自然界广大生物的功能、形态、结构、机制、原理、特性等内容[106]，获得能够启发人类设计灵感、拓展人类设计思路、丰富人类设计经验、完善人类设计样本的各种知识，并应用现代设计领域里的各种方法、技术与手段，形成相关的力学理论、数学模型、经验样本、实施案例，为人们开展设计活动提供新的思想、新的原理、新的方法、新的技术、新的材料、新的工艺、新的选择和新的途径。仿生设计学恰似一座"桥梁"和一根"纽带"，将仿生学的研究成果与设计学的方法体系紧密联系起来，为人类更好地开展仿生研究创造条件。

3.1.2 仿生设计学的诞生与发展

长期以来，自然界中的广大生物一直是人类各种人造技术系统或装置的设计样板和参考对象。种类繁多、形态各异的生物在漫长的进化过程中，为了求得自身的生存与发展，逐渐具备了适应自然界的高超本领，这些本领使人类倾慕不已。为了增强人类自身适应自然、改造自然的能力，人类运用观察、判断、分析、联想等手段，开始了对生物外部形态、内部结构、生存机制、运动原理的借鉴与模仿，并通过创造性的设计活动，使人造技术系统或装置具有更集中的功能和更高的效率，加速了人类社会物质文明建设的步伐。

相传在公元前三千多年，我们的祖先有巢氏就模仿鸟类在树上营巢，以防御猛兽的伤害[107]；四千多年前，我们的祖先"见飞蓬转而知为车"，他们模仿随风旋转的飞蓬草而发明了轮子，并用这些轮子做出可平稳前行的小车[108]。我国古人对于绚丽的天空、翱翔的苍鹰早就有着各种美妙的幻想。据秦汉时期史书记载，两千多年前，我国古人就发明了风筝，并且应用于军事联络。春秋战国时代，鲁国匠人鲁班首先开始研制能飞的木鸟。据《杜阳杂编》记载，唐朝韩志和"善雕木作鸢、鹤、鸦、鹊之状，饮啄动静与真无异，以关戾置于腹内，发之则凌云奋飞，可高达三丈至一二百步外，始却下"[109]。西汉时期，我国古人用鸟羽做成翅膀，模仿鸟的飞行，从高台上飞下来。以上例子充分说明我国古人对鸟类的扑翼和飞行进行了细致的观察和深入的研究，这也是最早的仿生设计活动之一。明代时期，我国发明的一种火箭类武器——"神火飞鸦"，也反映了当时人们模拟鸟类，开展仿生设计的事实。

我国古人对水生动物的模仿也卓有成效。通过对鱼类的模仿，古人伐木凿船，用木材做成鱼形的船体，仿照鱼的胸鳍和尾鳍制成双桨和单橹，由此取得水上运输的自由[110]。随着模仿水平和制作经验的不断提高，后来我国古人又制造出能漂洋过海的大型龙船，这也是仿生设计的结果。以上事例说明，我国古代劳动人民早期的仿生设计活动，为发展我国光辉灿烂的古代文明，创造了非凡的贡献。

外国的文明史大致也经历了相似的过程。在包含了丰富生产知识的古希腊神话中就有描述说，有人用羽毛和蜡做成翅膀，逃出迷宫。古希腊的泰尔从鱼脊骨和蛇腭骨的形状受到启示，发明了锯子。15世纪时，德国的天文学家米勒制造了一只铁苍蝇和一只机械鹰，并进行了飞行表演。1800年左右，英国科学家、空气动力学创始人之一的凯利，模仿鳟鱼和山鹬的纺锤形身体，设计出阻力小的流线型结构。凯利还模仿鸟翅膀设计了一种曲线形机翼，对航空技术的诞生起了很大的促进作用。同一时期，法国生理学家马雷对鸟的飞行进行了仔细的研究，在他的著作《动物的机器》一书中，介绍了鸟类的体重与翅膀面积的关系。德国人亥姆霍兹也从研究飞行动物中，发现飞行动物的体重与身体线度的立方成正比[111]。

1852年，法国人季法儿发明了气球飞船；1870年，德国人奥托·利连塔尔制造了第一架滑翔机。利连塔尔是19世纪末的一位具有大无畏冒险精神的人，他望着家乡波美拉尼亚的鹳用笨拙的翅膀从他房顶上飞过，他坚信人能飞行。1891年，他开始研制一种弧形肋状蝙蝠翅膀式的单翼滑翔机，自己还进行试飞；此后5年，他进行了2000多次滑翔飞行，并同鸟类进行了对比研究，摸索出了极富价值的资料。资料证明：气流流经机翼上部曲面所走路程，比气流流经机翼下平直表面距离要长，因而也较快，这样才能保证气流在机翼的后缘点汇合；上部气流由于走得较快，较为稀薄，从而产生强大吸力，约占机翼升力的2/3大小；其余的升力来自翼下气流对机翼的压力。

到了近代，生物学、电子学、动力学等诸多学科的快速发展促进了仿生设计学的持续进步。以飞机的产生为例，在经过无数次模仿鸟类的飞行遭到失败后，人们通过不懈的努力，终于找到了鸟类能够飞行的原因[112]：鸟的翅膀上弯下平，飞行时，上面的气流比下面的快，由此形成下面的压力比上面的大，于是翅膀就产生了垂直向上的升力，飞得越快，升力越大。19 世纪末，内燃机的出现，给了人类有史以来一直梦寐以求的翅膀。不要说内燃机这种翅膀是笨拙的、原始的和不可靠的，然而这却是使人类能随风伴鸟一起飞翔的翅膀。

莱特兄弟发明了真正意义上的飞机。在研制飞机时，怎样使飞机在飞行过程中实现拐弯并保持稳定一直困扰着兄弟两人。为此，莱特兄弟又研究了鸟的飞行[113]。他们通过仔细观察发现，鹈鹕飞行时使一只翅膀下落来实现拐弯，并靠转动这只下落的翅膀来保持平衡。这个现象给他们两人极大启发，于是他们给滑翔机装上翼梢副翼进行试验，由地面上的人用绳控制，使之能转动或弯翘。后来，他们用操纵飞机后部一个可转动的方向舵来控制飞机的方向，通过方向舵使飞机向左或向右转弯。

随着飞机的不断发展，逐渐抛弃了原来笨重而难看的体形，变得简单、实用。机身和单曲面机翼都呈现出像海贝、鱼和受波浪冲洗的石头所具有的自然线条。飞机的效率增加了，比以前飞得更快、更高。

20 世纪初期，科学技术的飞速发展和工业产品的大量出现，促使人类的设计思想和设计手段朝着系统化、模式化、产业化的方向快速变化，使设计学形成体系并开始进入人们的视野，仿生设计学则初现端倪。此后，在仿生学和设计学紧密结合的基础上，仿生设计学的前进步伐显著加快，研究成果层出不穷，还涌现出一些在仿生设计学领域颇具代表性的杰出人物。例如，德国工业设计师路易吉·科拉尼就是现代仿生设计理论和方法的倡导者和实践者，他的设计理念充满着对自然界、对人类社会的高度责任感，他的设计方法体现着人与自然、人与社会的高度和谐，无论在当时，还是在现在，都具有极其深刻的意义。

正是在路易吉·科拉尼等一批杰出人物的推动下，仿生设计学得到了长足的进步。人们开始有目的、有计划、有组织地观察、研究生物的外部形态、内部结构、生存机制和运动原理，探索生物如何在竞争和进化中发展自身、完善自身；人们开始有选择、有比较、有分析地确定研究目标，使仿生学的研究成果与设计学的技术内涵完美结合，为人类创造出更多、更好的仿生系统或装置，促进人类社会和世界科技的可持续发展。

目前，仿生设计学在对生物几何尺寸和外部形态进行模仿的同时，还研究生物系统的结构、功能、能量转换、信息传递等各种优异特征，并把相关的研究成果运用到现有的人造技术系统或装置中，改善其品质和性能，并创造出新的人造技术系统或装置。

例如，为了使人造建筑物具有更科学、更合理的结构，人们主动向生物或植物学习，从它们那里获取设计灵感。人们看到，地球上有些植物的叶子尽管很大、很薄、很长，但照样能挺拔地伸展在空中，不怕风吹雨打。这是为什么呢？经过仔细观察，人们发现，这些植物叶子的边缘常是卷曲成筒形的，如羽茅草等禾本科植物的叶子。正是这种筒形结构增加了叶片的强度和稳定性。根据这个原理，建筑师们发明了筒形叶桥，这种结构的桥梁，既坚固实用，又节省材料。其中，最为成功的范例当数横跨博斯普鲁斯海峡、沟通欧亚大陆的筒形大桥（见图 3 - 1）。博斯普鲁斯海峡连接黑海和地中海，长年风急浪大，为了兼顾大桥的安全稳固及建材的经济实惠，设计师采用了从生物那里获得启发而发明的筒形构造。如今该大桥已成为一座沟通东西方的海上"丝绸之路"了。

竹子的整体结构是一个由基部向上逐渐递减的圆锥形空心体，这种圆锥形空心体是柔中带刚的[114]。竹子每隔几厘米至十几厘米，便有一个竹节，由竹节的横隔壁组成一个纵横关联的整体，这对中空细长的竹子保持一定的刚度和稳定性有着非常重要的作用。带节的竹子与不带节的竹子相比，其抗劈开强度和横纹拉伸强度分别提高了 128.3% 和 49.1%。如今，

图 3 – 1　博斯普鲁斯海峡大桥

在高层建筑设计领域，这种仿竹状薄壁带节的结构被普遍使用。近年来，世界上的摩天大楼大多采用圆筒结构形式。其中最负盛名的当数香港中国银行大厦（见图 3 – 2）。香港中国银行大厦由世界知名的贝聿铭建筑师事务所设计[115]，1990 年完工。总建筑面积 129 000 m²，地上 70 层，楼高 315 m，加顶上两杆的高度共有 367.4 m。建成时是香港最高的建筑物，也是当时世界上屈指可数的最高大厦之一。

香港中国银行大厦结构上采用了 4 角 12 层高的巨形钢柱支撑，室内无一根柱子，采光性极好。仔细观察该大厦，会发现许多贝氏作品惯用的设计手法。以平面为例，该大厦是一个正方平面，对角划成 4 组三角形，每组三角形的高度不同，节节高升，使得各个立面在严谨的几何规范内变化多端。大厦外形颇像竹子的"节节高升"，象征着力量、生机、茁壮和锐意进取的精神，堪称仿竹建筑的杰作[116]。德国慕尼黑 BMW 公司总部大楼（见图 3 – 3）也非常著名，该大厦用四个结构圆筒为整个建筑物提供支撑和竖向交通功能。从外观可以清晰地看到高楼上均有竹节似的水平结构层，这种水平的结节又往往和设置层结合起来，从而实现了功能与结构的完美统一。

图 3 – 2　香港中国银行大厦

图 3 – 3　德国慕尼黑 BMW 公司总部大楼

3.1.3　仿生设计学的内容与方法

如前所述，仿生设计学是在仿生学和设计学的基础上发展起来的一门新兴边缘学科，它主要涉及数学、力学、生物学、电子学、物理学、控制论、信息论、人机学、心理学、材料学、机械学、动力学、工程学、经济学、色彩学、美学、传播学、伦理学等相关学科，其研究范围非常广泛，研究内容也非常丰富。

确切来讲，仿生设计学与仿生学在成果应用方面有所不同，它是以自然界万事万物的"形态""色彩""功能""结构"等为研究对象，有选择地在设计过程中借鉴、参考、模仿、移植、应用这些"天然物"的相关特征去进行"人造物"具体技术层面的仿生设计，同时，结合仿生学的研究成果和设计学的技术手段，为设计提供新的思想、新的原理、新的方法和新的途径[117]。在某种意义上，仿生设计学既可以说是仿生学的延续和发展，也可以说是设计学的提升和补充，是仿生学研究成果和设计学技术手段在人类的科学研究及发明创造过程中的一种具体反映，是人类社会的生产活动与自然界的契合点，它可使人类社会与自然达到高度的和谐统一，正逐渐成为仿生学和设计学发展过程中新的亮点[118]。

基于对所模拟生物系统（此后称为仿生系统）在设计中的不同应用，仿生设计学的研究内容可归纳如下：

（1）形态仿生设计学

它主要研究生物体（包括地球上的动物、植物、微生物和人类自身）和自然界里物质存在（如日、月、风、云、山、川、雷、电等）的外部形态及其象征寓意，以及如何通过相应的艺术处理手法或技术处理手段将其用于设计工作之中。

（2）功能仿生设计学

它主要研究生物体和自然界物质存在的功能原理和运行机制，并应用这些原理和机制去改进现有的人造技术系统或建造新的人造技术系统，以促进产品的更新换代或新产品的开发研制。

（3）视觉仿生设计学

它主要研究生物体的视觉器官对图像的识别、对视觉信号的分析与处理，以及相应的视觉流程；可广泛应用于产品设计、视觉传达设计和环境设计之中[119]。

（4）结构仿生设计学

它主要研究生物体和自然界物质存在的内部结构的方式与原理，探讨它们在人造技术系统设计中的应用问题，尤其是它们在产品设计和建筑设计中的适用性问题。它研究得最多的是植物的茎、叶，以及动物形体、肌肉、骨骼的结构。

形态仿生设计学和功能仿生设计学是目前仿生设计学的研究重点。

作为一门新兴的边缘交叉学科，仿生设计学具有仿生学和设计学的某些特点，但它又与这两门学科不尽相同。具体来说，仿生设计学具有如下特点：

（1）艺术科学性

仿生设计学是现代设计学的一个分支和一个补充[120]。同其他设计学科一样，仿生设计学也有着它们的共同特性——艺术性。同时，仿生设计学又是以一定的设计学原理为基础，以一定的仿生学成果为依据的现代科学，因此它还具有十分严谨的科学性。这两种性质的有机结合，使得仿生设计学真正具有了艺术科学性。换言之，仿生设计学在任何情况下，都会坚持科学性与艺术性的完美统一，不会牺牲科学性去博取所谓的艺术性，也不会忽视艺术性去追求单一的科学性。

（2）商业价值性

仿生设计学是将仿生学的研究成果与设计学的技术方法有机结合，来满足人们在建设人类社会物质文明和精神文明过程中的各种需求，它的宗旨是为设计服务，为消费者服务，相信通过自己的创造性劳动，产生出可观的经济价值，取得一定的商业回报。同时，优秀的仿生设计作品在刺激消费、引导消费和创造消费方面也具有积极影响和推动作用。

（3）无限可逆性

以仿生设计学为理论依据的仿生设计作品可以在自然界中找到设计原型，该作品在设计、投产、销售过程中所遇到的各种问题又可以促进仿生设计学的研究与发展[121]。仿生学的研究对象是无限的，仿生设计学的研究对象也是无限的；所以仿生设计的原型也是无限的。只要人们能潜心研究大自然，就永远不会有江郎才尽的一天。

（4）知识综合性

要想灵活运用仿生设计学，必须具备一定的数学、生物学、电子学、物理学、控制论、信息论、人机学、心理学、材料学、机械学、动力学、工程学、经济学、色彩学、美学、传播学、伦理学等相关学科的基本知识，这些知识是人们开展仿生设计研究必不可少的。它们就像托起摩天大厦的一块块基石一样，使仿生设计学的发展有了稳固的基础。

（5）学科交叉性

要深入研究和有效运用仿生设计学，就必须在掌握设计学基础知识和基本技能的条件下，了解生物学、社会科学的相关知识，还要对当前仿生学的研究成果有清晰的认识和总体的把握，要十分注意学科知识的交叉性与融合性。

对生物体结构和形态的研究，有可能使未来的建筑、产品改变模样，使人们从"城市"这个人造物理环境中重新回归"自然"。

随着对宇宙的开发、认识，又将使人类不但认识宇宙中新形式的生命，而且将为人类提供崭新的设计，创造出地球上前所未有的新的人造技术系统或装置。

仿生设计学的研究方法主要有"模型分析法"，其步骤如下：

（1）创造生物模型和技术模型

首先从自然中选取研究对象，然后依此对象建立各种实体模型或虚拟模型，用各种技术手段（包括材料、工艺、计算机等）对它们进行研究，得出定量的数学依据；通过对生物体和模型定性和定量的分析，把生物体的形态、结构转化为可以在技术领域加以利用的抽象功能，并考虑用不同的物质材料和工艺手段创造新的形态和结构。

①从功能出发，研究生物体结构形态——制造生物模型。

找到研究对象的生物原理，通过对生物的感知，形成对生物体的感性认识。从功能出发，研究生物的结构形态，在感性认识的基础上，除去无关因素，并加以简化，提出一个生物模型。对照生物原型进行定性分析，用模型模拟生物结构原理。目的是研究生物体本身的结构原理。

②从结构形态出发，达到抽象功能——制造技术模型。

根据对生物体的分析，得出定量的数学依据，用各种技术手段（包括材料、工艺等）制造出可以在产品上进行实验的技术模型。牢牢掌握量的尺度，从具象的形态和结构中，抽象出功能原理。目的是研究和发展技术模型本身[122]。

（2）可行性分析与研究

建立好模型后，开始对它们进行各种可行性的分析与研究。

1）功能分析

找到研究对象的生物原理，通过对生物的感知，形成对生物体的感性认识。从功能出发，对照生物原型进行定性的分析。

2）外部形态分析

对生物体的外部形态进行分析，这种分析可以是抽象的，也可以是具象的。在此过程中，重点考虑的是人机工学、寓意、材料与加工工艺等方面的问题。

3）色彩分析

进行色彩分析的同时，要对生物的生活环境进行分析，研究生物为什么采用这种色彩，在这一环境下这种色彩有什么功能。

4）内部结构分析

研究生物的结构形态，在感性认识的基础上，除去无关因素，并加以简化，通过分析，找出其在设计中可资借鉴和利用的地方。

5）运动规律分析

利用现有的高科技手段，对生物体的运动规律进行研究，找出其运动的原理，有针对性地解决设计工程中的具体问题。

当然，人们还可以就生物体的其他方面进行各种可行性分析，不过，所有分析一定要以功能分析为基础，这样才能使设计方案更加可信和可靠。

人们可能要问，大自然的生物这么多，那么在进行仿生设计时具体从何下手呢？这就要运用科学的方法化"无穷"为"有穷"，顺利地找到产品设计的参照物和借鉴物。这里介绍几种简单的方法：

（1）对象选取法

面对周围大自然无穷多的事物，人们首先应对它们进行筛选，每次只选取一个或少数几个对象；进入考察范围。这样就可使本来无穷多可供思维的对象，变成数量有限的少数几个对象了，人们就能对其进行深入而细致的思考了。

从仿生设计学的角度来说，准确选取产品参照物是获得新创意的基本前提；人们的思维能力毕竟是有限，不可能同时处理大量的信息。人们始终应该牢记，进入思维过程的对象并非所有的对象，还有无穷多的对象在人们的思考之外，而其中可能还蕴含着"宝藏"。

（2）属性抽象法

所谓属性抽象法，是指从每一个对象所具有的无穷多的属性中抽取一种或几种属性，人们只专注思考这几种经过抽象而来的属性。抽象是仿生设计学中必不可少的处理手段，它可使事物变得简单，利于人们有效地思考。另外，当人们将曾经舍弃的属性捡拾起来，重新加以思考的时候，往往会有新的发现，产生新的创意。

（3）动态截取法

自然界的事物每时每刻都在发生无穷无尽的变化，人们需要把变化中的事物一段一段地剖开，从一个或几个剖面来思考事物，从而把无穷的变化转化成有限的变化；把动态的事物凝固成静态的事物，这样思考起来就方便多了。

约纳斯在谈论责任伦理学时曾说："人类不仅要对自己负责，对自己周围的人负责，还要对子孙万代负责；不但要对人负责，还要对自然界负责，对其他生物负责，对地球负责。"仿生设计学作为一个多学科的融合产物，将生态学、技术学、设计学、管理学、经济学和人文科学等因素结合起来，不仅为当代工业界创造了形态语言，在商品的国际交换中显得日趋重要，同时，它无疑是现代设计适应环境可持续发展的重要途径，应当在提高人类环境和生态条件的水准方面起着社会性的作用。

3.1.4　仿生设计学的实际应用

实例一：仿生服装的设计

仿生服装是指结合了仿生学研究成果进行设计与制作的新型服装[123]。服装仿生设计的方法一般可以分为两类：一是通过对生物外形特征和功能特性的仿生研究，将其成果运用到服装的设计中；二是通过对服装制作材料进行仿生研究，并将研究成果运用到服装的制作中。通过对生物特性的研究，不仅可以为服装设计在造型上提供取之不尽的参考案例，而且可以为服装色彩提供源源不断的启发灵感；同时，在服装材料上进行仿生设计，可以施展令人惊叹的功能创新，使服装设计更加具有创造性与挑战性。因此，将仿生设计学应用于服装创新设计不仅可以赋予服装新的生命和文化内涵，而且可以进一步表达人类渴望与自然和谐共处的愿望。

英国服装设计师亚历山大·麦昆（Alexander McQueen）在2008年春夏作品发布会中，展示了其设计的以鸟类为主题的仿生服装作品（见图3-4（a）），该作品主要对鸟类羽毛的纹理及色彩进行了仿生设计，通过明艳的色彩来表达生命的活力。2010年，克里斯汀·迪奥（Christian Dior）品牌秋冬高级定制系列发布会中，展出的服装作品以"花卉"为设计主题（见图3-4（b）），将花朵的各种姿态反映到服装中，突出女性婀娜的身姿与无穷的魅力，表达出高级定制服装的高贵和典雅。2014年，日本服装品牌三宅一生（Issey Miyake）推出的服装作品则是从昆虫的形态中获取设计灵感，并将其用于表现服装的褶皱（见图3-4（c））。澳大利亚设计师唐娜·摩尔佛（Donna Sgro）模仿蓝闪蝶的翅膀进行仿生设计，用带有金属光泽的钻蓝色纤维材质制作裙装（见图3-4（d）），在视觉上呈现蓝、绿和紫等带金属感光泽的色彩，其实该面料完全没有经过染色，而是通过光线在其多层结构的纤维上折射来实现不一样的视觉效果，因此该面料减少了面料染色时对环境造成的污染，具有环保意义。

　　　（a）　　　　　　　（b）　　　　　　　（c）　　　　　　　（d）

图3-4　仿生服装

实例二：仿生头盔的设计

头盔作为个体防护救生的重要工具，对保障生命安全和提升竞技水平有着直接或间接的作用，因此，它广泛用于交通、航天、体育、建筑、矿山等领域。仿生头盔是运用仿生设计学的相关原理对头盔进行改进设计的产物，它实现了功能创新。普通的安全头盔是模仿啄木鸟的头部结构形状进行设计的。啄木鸟的头骨十分坚固，且在大脑的周围附有一层海绵状骨骼，里面充满了液体，位于脑骨外的肌肉特别发达，具有消减震动的作用。受到啄木鸟的头骨结构启发，设计师采用仿生思路设计的安全头盔相当出色，盔顶又坚又薄，在内部填充了坚固轻便的海绵状材料，同时还装上一个保护领圈（见图 3 - 5（a））。仿大马哈鱼安全头盔是模仿大马哈鱼外形设计的，额头气孔里有两颗尖牙，头盔顶部还有一鱼翅，其流畅的线条具有内敛、紧凑、敏捷的动势（见图 3 - 5（b））。仿蜂窝式安全头盔则是采用蜂房结构，由于蜂房结构具有同样体积下最省料的特点，因此，根据蜂房结构设计的头盔相比其他类型头盔，内部容量大，整体强度高，透气性能好（见图 3 - 5（c））。

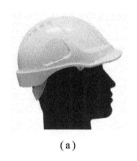
（a）

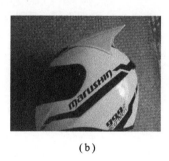
（b）

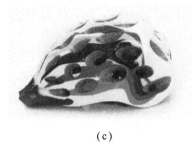
（c）

图 3 - 5　仿生安全头盔

3.2　仿生工程学

3.2.1　仿生工程学概述

仿生工程学是仿生学和工程学有机结合的产物，其宗旨是将仿生学的研究成果应用到工程实际中去，产生积极的社会影响和显著的经济效益。它研究生物所具有的各种特殊功能和特性机理，找到适合工程应用的途径和方法，并使其仿生成果在工程领域得到具体应用。它是一种跨越生物学、基础科学和工程技术的大跨度、综合性的科学技术。

自然界中各种生物所表现出来的功能和特性，为现代社会各个工程领域的发明创造提供了极其丰富的范例。例如，人们发现，论弹性，任何人造血管也比不过天然血管；论探测功能，任何人造声呐装置也比不过海豚；论防冻效果，任何人造防冻剂也比不过北极冰鱼，这种鱼体内含有一种特殊的防冻物质，使它在吞噬 - 2 ℃的冰块后，不但身体不会受到冻伤，还能阻止冰块在其体内扩大，这种防冻剂的效能是人工防冻剂效能的 300 倍。在自然界广大生物特殊功能和优异性能的启发下，人们主动将仿生研究的成果与工程技术进行"联姻"，在许多工程领域获得了突破。例如，人们在系统研究和深入了解了蚱蜢弹跳腿（见图 3 - 6）

的结构形式和运动机理以后，与机械工程技术牵手，制造出了具有优异使用性能的道格拉斯飞机起落架，比以往的飞机起落架使用寿命增长了几倍。今天，人们仍然能够从新型飞机起落架上看到蚱蜢弹跳腿的影子（见图 3-7）。

图 3-6　蚱蜢弹跳腿

图 3-7　新型飞机起落架

3.2.2　仿生工程学的诞生与发展

随着仿生学研究成果的不断丰富，人们迫切需要将其运用到工程上去为人类造福。在这种情况下，仿生学与工程学联姻就成为一种顺理成章的事情了。20 世纪 80 年代，人们将仿生科学、工程科学、组织科学等相关科学融合在一起，发展出一门新的交叉性学科——仿生工程学。从其诞生的第一天起，它就把人们在生物形态、结构、功能、特性、材料、机理、习性等方面的研究成果与相应的工程领域及实用技术结合起来，按工程的要求组织实施，以获取显著的经济效益，并改善人类社会的生存环境和条件，使之可持续发展。

经过国内外无数专家学者的共同努力，当前，仿生工程学的研究成果日渐丰富，已在某种程度上改变了人们对传统工程的认识与理解，其研究范围也已从对生物结构功能和运动功能的仿生研究，扩展到生物材料、生物生命过程、生物智能行为，以及生物的自修复、自组织、自适应、自生成和自进化机理及过程等方面的仿生研究；从对生物宏观功能的仿生研究，扩展到对生物细胞、生物 DNA 遗传信息等方面的微观仿生研究。而仿生工程学的应用领域则从工程设计方面的仿生应用，发展到诸如制造方法、生产管理、系统控制、太空探测等几乎所有工程技术领域的仿生应用。例如，我国正在进行的仿生研究就包括生命系统理论在新型制造模式中的应用[124]、现代制造系统与生物型产品的信息模型、利用细菌吞噬金属加工微型零件、细胞移植和重组的生物制造、仿生测量、生物控制仿生、生物遗传算法等涉及多学科、多专业、多领域的课题。

3.2.3　仿生工程学的内容与方法

在国际仿生工程学蓬勃兴起、不断推进的大气候的影响下，我国的仿生工程学研究也呈现出良好的发展态势。不少研究项目在前瞻性、开拓性、辐射性、带动性、促进性等方面都具有很高的学术价值和很强的实用效果，下面介绍几项国内外进行的仿生工程学研究。

（1）非光滑减黏降阻的仿生研究

此项目研究工作由我国吉林大学任露泉教授主持，这是一个跨机械、土壤、生物和材料等学科的综合性研究项目。它研究像蚯蚓、蝼蛄、蜣螂、步甲（见图 3 - 8 ~ 图 3 - 11）这类黏性土壤动物对土壤的防黏、脱附规律和机理，模仿其非光滑体表形态、运动方式和分泌体表液等防黏、脱附的原理[125]。然后将此原理用于研制仿生犁壁，使比阻下降 18% ~ 22%，使拖拉机油耗下降 10%。用此原理在斗轮机轮斗、挖掘机挖斗和铲斗加防黏降阻内衬，可降低阻力 21.8%，平均提高生产率 30%。

图 3 - 8　蚯蚓　　　　图 3 - 9　蝼蛄　　　　图 3 - 10　蜣螂　　　　图 3 - 11　步甲

任露泉教授所率科研团队的研究结果表明，土壤中不同类型的动物，其防黏、脱附功能的原理虽不尽相同，但它们都能借助自身的各种特殊体表性质达到防黏、脱附的目的。这些体表性质包括体表几何形态、体表物质构成、体表电学性质、体表液和体表柔性 5 个方面，具体情况如下：

1）体表几何形态

黏性土壤中的动物，其体表普遍存在着几何非光滑特征。几何非光滑结构单元在力学特性上可表现为刚性的、弹性的或柔性的[126]。这种非光滑结构单元可使运动的土体前缘改变方向，从而产生有利于减小切向黏附力的法向微震动；非光滑结构还使黏附界面不连续分布，从而降低了水膜张力。模仿这种非光滑结构单元，对于具有一定速度的滑动接触系统，具有广阔的应用前景。例如，模仿蜣螂头推土部位的形态，可研制仿生农用犁和仿生推土板等。

2）体表物质构成

上述土壤动物的体表最外层是一种类似树脂或油漆的蜡制材料。这种材料具有很强的憎水性，使水在这些动物体表上的接触角大于 90°。这些动物体表的憎水性与上述体表非光滑表面的综合作用，对体表防黏具有重要影响。研究表明，采用憎水性较强的材料，如超高相对分子质量聚乙烯来制造非光滑的结构单元，可使相同几何参数的仿生非光滑体表面进一步减黏降阻。

3）体表电学性质

生物有机体在某种程度上都是一个电系统。例如，当蚯蚓运动时，其各运动部位产生动作电位，它相对于相邻的各未运动部件为负电性。这种电位差使土壤中的水向与动物体表接触的区域流动，称为微电渗现象。这种动物体表生物电产生的微电渗现象有利于动物防黏脱土。对非光滑体表面微电渗现象的仿生，在速度较低的滑动系统及静态黏附系统中的应用潜力较大。这给人们以极大启发，如能在触土部件表面按一定规律布置若干电极，可形成人工非光滑电渗表面。

4）体表液

除体表的微电渗现象以外，蚯蚓受土壤作用时，还将因受刺激产出更多的体表液。其体表液首先进入土壤而形成一层保护层，体表与土壤滑动的剪切面处在体表液层中，防止土壤对其体表的黏附作用。体表液、生物电、体表柔性对蚯蚓的防黏功能具有综合作用。

5）体表柔性

上述动物非光滑体表面单元的柔性，对土壤作用力具有缓冲作用。蚯蚓通过其柔性单元体间的相互位移、扭曲等动作，使其脱掉所接触的土壤。田鼠、蝼蛄、蟋蟀、蜣螂、布甲等动物的体壁、节肢、刚毛及纤毛的柔性，也有利于脱土。

人们从上述动物的防黏、脱附功能得到启示，在地面机械的触土部件上设置一系列具有柔性特征的辅助部件，如柔性刚布内衬和柔性钢链内衬。通过内衬的变形、蠕动、撕剥、碰撞、摩擦及其非光滑效应，可使触土部件脱附，适用于铲斗、挖斗、轮斗、自卸车厢等。

（2）仿生测试

运动仿生、功能仿生、智能仿生，特别是生命过程和智能行为的仿生，对未来测试理论与仪器科学的发展将产生巨大影响[127]。这个领域的研究课题主要包括以下几个方面的内容：

①仿生测试仪器工程相关的生命系统模拟与相似性原理研究。具体包含结构与运动、功能与信息、思维与知识、生命过程和智能行为、组织结构和运动模式等的研究。

②结构与运动仿生的大尺度空间测试与仪器系统的建模理论、系统标定和关键技术的研究[128]。如拟人移动式坐标测量机和仿多足动物的并联坐标测量机等的研发。

③基于视觉脑模型的单目与双目视觉有关三维物体识别、测量机理和三维重构理论与方法、提高测量精度的理论与方法的研究。

④基于多智能体生物特性，具有自组织、自诊断、自修复、可动态重组的大规模协同测量系统的组建与运行机制的研究。

⑤基于人工智能模型的大型智能测试设备和系统集成技术的研究。

⑥虚拟现实环境下的测试仪器与支撑技术的研究。

仿生工程学的方法多种多样，许多在仿生学或工程学中适用的方法也都可以在仿生工程学领域得到有效运用。在此，主要介绍逆向工程技术与仿生工程学的方法。

所谓逆向工程技术，是针对现有物体，特别是具有不规则自由曲面的物体，利用三维数字化测量仪器测量出轮廓坐标值，构建曲面，经过编辑、修改后，将图档转至一般的 CAD/CAM 系统，再由数控加工中心制作所需模具进行加工制造，或采用 3D 打印等快速成型技术制造样品模型或零件（见图 3-12 和图 3-13）[129]。

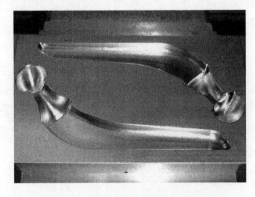

图 3-12　仿生骨的精密模具硬铣加工

图 3-13　3D 打印的仿生头骨

逆向工程技术是在机械制造领域仿制技术的基础上发展来的，目前其应用领域已明显拓宽。就其应用目标而言，实物仿制着眼于制造出与原有实物相同的产品，而逆向工程着眼于对已有物体进行修改和再设计后制造新产品。由于应用目标的不同，从设计结果看，逆向工程技术是反求出实物的三维几何模型，以便于修改和创新，而仿制一般不需要建模过程，这是逆向工程与仿制的主要区别。并且，逆向工程技术涉及大量的数据测量工作，在三维实体重构时，需要特殊算法以生成三维模型。仿生工程利用了相似思维的方法，研究生物的结构、功能或行为机理，获得生物原型，并将其应用于工程实际中，创建具有生物结构、功能或行为的工程技术系统。仿生工程研究的原型是自然界中的生物，可将仿生工程看作是以生物为原型的逆向工程研究。

逆向工程的技术过程可概括为：分析研究对象，主要是利用接触式三维坐标仪或非接触式激光扫描设备对研究对象进行三维扫描；建立几何模型，选定特征表面或曲线进行分析；在几何模型基础上，根据工程技术要求进行创造性设计，获取新的几何模型；利用数控机床加工制造出产品。

仿生工程改形设计的一般过程与逆向工程的技术过程类似[130]。第一，人们根据工程技术问题提出需要解决的具体技术要求。例如，提高地面机械在松软地面上的通过性问题，减小土壤对触土机具的黏附、摩擦及磨损问题。第二，人们根据工程技术问题，在生物界寻求是否有生物解决了此类相似问题。例如，软地行走动物的足在松软地面上具有优良的通过性能，可成为发展仿生步行轮或仿生轮胎的研究对象；土壤动物具有优良的脱土减阻功能而成为仿生脱土减阻研究的对象。第三，对典型生物的特征表面进行三维扫描测量，生成点群，由点群建立生物体特征表面模型及特征空间曲线模型。第四，将各个表面进行连接，获取生物典型部位的三维几何模型，分析其功能特征机理。第五，创造仿生工程技术或装置。

逆向工程设计主要是以产品实物为研究对象，反求出与原有产品在结构或功能上相同或相似的产品来，其范围较宽。仿生工程的研究对象是自然界中的生物，特别是典型生物的特征表面。两者的反求对象不同。生物体体表与产品表面在特征上具有不同的特点，生物体主要以自由曲面为主，其研究范围相对较窄，但曲面复杂。

逆向工程技术设计制造的产品要求与原产品在结构上应当相同或相似，特别是在几何构形上基本相似。但是对仿生工程而言，主要是针对自然界中某一生物的某些特征表面所具有的特殊功能，将其引入到工程应用领域中，模仿生物典型表面的特征进行工程部件的设计，获得与仿生对象相类似的功能。由于生物表面的几何尺寸有大有小，仿生设计的工程部件与反求对象的特征表面在外形、尺寸等方面并不追求其完全相同或相似，而是以获取有价值的功能信息为主要目的。

需要指出的是，仿生工程制造的产品是被置于与生物体原型类似的工作环境下工作的。生物是经过长期进化演变而成的，而仿生产品是用重构参数制造的，两者之间存在重构误差。因此，用重构参数作为原始参数去制造仿生产品并将其置于与生物原型类似环境工作，在某些情况下可能达不到要求。换言之，重构误差的存在可能会导致一些功能上的问题。为了提高精度，目前的逆向工程技术采取了许多措施，如提高测量精度、提高拟合计算精度等，但对仿生工程的产品，还必须进行相关的试验，才能最终确定主要的仿生参数。

必须看到，将逆向工程技术应用于生物体特征表面几何特性描述是一个新的课题，需要解决其中涉及的一些关键技术。比如，逆向工程技术应用于产品设计时，由于机械零部件一般都可以找到一个明显的基准面，在进行三维扫描时，扫描角度较易选取。但对于自然界的生物体而言，其体表的多样性和不规则性使几何特征描述时扫描角度的选取比较困难，只能根据研究的具体需要来选取扫描角度。例如，在研究行走动物的步行足时，可将步行足平放并固定在特制的支架上进行扫描，如此可以比较容易地获取步行足的边缘曲线、曲率等轮廓特征。

3.2.4 仿生工程学的实际应用

实例一：汽车制造业中的仿生工程

汽车制造业出产的汽车不仅要体现汽车卓越的性能，而且要满足人们的视觉要求，尤其是满足人们对自然界生物的向往与追求。因此，设计师努力寻求生物外形与产品结构的潜在相似性，进而对其模仿，将其应用于汽车领域，这已经成为汽车设计的发展趋势。

奔驰汽车公司 2005 年推出了一款仿生概念汽车，这款汽车的设计灵感是从水生生物那里获得的，但为奔驰公司的设计小组提供灵感的并不是像鲨鱼那样的水下高速鱼类，而是一种本来就有些像汽车的鱼——箱鲀（见图 3 - 14）。箱鲀是一种生活在热带的硬鳞鱼。作为一种印度洋 - 太平洋地区的土著鱼类，箱鲀拥有非常光滑的外表，其前脸较小，身体比例与水滴相近，在风洞试验中，箱鲀油泥模型的风阻系数仅为 0.06，非常接近理想流线 0.04，其身体构型可以让气流顺利地通过身体，几乎不产生影响空气动力效率的紊流。奔驰公司按照箱鲀的外形，设计并制造出了一辆风阻系数仅为 0.19 的仿生学汽车——Bionic（见图 3 - 15），这辆 4 座小车前后部分凸起的翼板也是根据鱼翼的构型而专门设计的空气导流板，因此，该汽车不仅整体构型满足空气动力学对高速运动形体的要求，而且在高速运动中可以起到一定的平衡作用。Bionic 的空气动力学性能远比今天的量产车要好（例如，本田的双座 Insight 的风阻系数为 0.25）。设计师没有采用昂贵、复杂且笨重的燃料电池和复合动力驱动系统，而是采用了 1.9 L 的 4 缸直喷增压柴油机，这使得该鱼形小车在 8.2 s 内就能从静止加速到 100 km/h，混合道路工况下的油耗仅为 3.4 L/100 km，90 km/h 等速油耗更是低至不可思议的 2.8 L/100 km。

图 3 - 14 箱鲀

图 3 - 15 仿生概念汽车——Bionic

实例二：建筑行业中的仿生工程

建筑行业的持续发展需要人们在建筑物的外部造型、内在功能、建造艺术、施工技术等方面进行不断的创新。仿生工程学则能让人们从大自然吸取经过长期不断完善的生物结构的形式,并将其合理应用在建筑结构上,达到更好地理解、建造、发展建筑的目的。例如,为迎接 2013 年在天津举办的东亚运动会,我国特地建造了团泊体育基地自行车竞技馆,该馆就是仿生工程应用于建筑行业的一个极为成功的案例。

东亚运动会团泊体育基地自行车竞技馆(见图 3 – 16)是根据形态仿生的原理设计的,外形极似一顶流线型头盔,它运用优美的曲线勾勒出了赛手的头盔形状,给场馆增加了活力和动感。该建筑不仅给人震撼的视觉效果,还明确表达了场馆的用途功能。除了外形设计方面的大胆创新外,该馆采用了绿色环保型的结构,更加贴近自然、保护自然,其使用的钢材自重轻、抗震性能好、回收再利用率高,是可持续发展的绿色建材。同时,该馆整体采用限制穹顶结构(见图 3 – 17),通过设置预应力拉索,降低整体屋盖传递给下部混凝土结构的水平支座反力,减小了网壳杆件的应力,从而减小了杆件截面,大大减少了钢材用量。

图 3 – 16　团泊体育基地自行车竞技馆　　　图 3 – 17　限制型穹顶结构

3.3　仿生材料学

3.3.1　仿生材料学概述

仿生材料是指仿照生命系统的运行模式和生物材料的结构规律而设计与制造的新型人工材料。仿生材料学是研究仿生材料的科学,它是一门从分子水平上研究生物材料的结构特点、构效关系,进而研发出类似或优于天然生物材料的新兴学科,是化学、材料学、生物学、物理学等的交叉学科,是将仿生学的研究成果与材料学的制备方法有机结合的产物[131]。

地球上所有生物都是由无机材料和有机材料组合而成的。由糖、蛋白质、矿物质、水等基本元素有机组合在一起,就形成了具有特定功能的生物复合材料。自然界中的生物材料大都具有微观复合、宏观完美的结构形式[132]。在现代人类社会的各个领域,仿生学和仿生材料学每时每刻都在发挥着巨大的作用。人类社会的进步与发展和材料科学技术的进步与发展息息相关。用于社会生产的材料每发生一次重大的革新和进步,都会使人类社会的文明程度提升一大步。仿生学、生命科学与材料科学的巧妙融合,启迪着人们从生命科学的柔性和广阔视角思考材料科学与工程问题。以经过亿万年进化形成的高度和谐、高度合理的生物体为极限目标，在不同层次和水平上开展仿生材料研究，才有可能真正解决"材料－生物体"界面的接口问题，使材料制备的过程做到节能减排，实现系统智能化、环境友好化和生产高效化。

仿生材料学不仅要研究生物对象的结构，还要研究其功能。仿生学、材料科学、生命科学的有机结合，对推动材料科学的发展具有重大意义。自然进化使得天然生物材料具有最合理、最优化的宏观、细观、微观结构，并具有自适应和自愈合的高超能力，在比强度、比刚度与韧性等综合性能指标上都是最佳的。可以说，无数天然生物材料为人们开展仿生材料学研究提供了无可比拟的参照物，奠定了人们开展仿生材料学研究的坚实基础。

今天，材料科学与生命科学的高度融合，涵盖了许多核心的科学问题，其中，包括材料系统的开放；能量、物质和信息的传输与交换；材料与生物体的相容性；材料与生物体复合体系的阶层结构与功能构建；转基因植物与材料制备等。这些科学问题的研究与探索将为材料科学的发展提供新机遇，并推动着新理论、新材料与新技术的诞生。

3.3.2　仿生材料学的诞生与发展

人类对生物材料优异性能的研究、模仿由来已久，但真正开展仿生材料的系统性、学术性、应用性研究却为时较短。只有当仿生学、材料学及相关学科的交叉与融合发展到了一定程度后，仿生材料学的诞生才瓜熟蒂落、水到渠成。众所周知，仿生学是研究生物系统的结构和性质，为工程技术提供新的设计思想及工作原理的科学，其研究内容涉及生物学、生物物理学、生物化学、物理学、控制论、工程学等学科领域；而材料学是研究材料的制备或加工工艺、材料结构与材料性能三者之间的相互关系的科学，是研究材料化学组成、组织结构、工艺、性质和使用性能之间相互关系的一门应用性基础学科，主要任务是为材料设计、制造、工艺优化和材料的合理使用提供科学依据[133]。20 世纪中期以来，仿生学的研究成果不断涌现，材料学的技术内涵不断延伸，相关学科支持能力不断扩大，使得仿生材料学的诞生与发展获得前所未有的良机，成为人们广为青睐的一门新兴学科。

亿万年的进化历程使得自然界生物材料的某些性质令人叹服。例如，锋利的鼠牙可以咬透金属罐头盒；胡桃木及椰子壳可以抵抗开裂；犀角可以自动愈合；贻贝的超黏度分泌液可以将自己牢固地贴在礁岩上。生物系统及其构成材料的准确与精巧常常会使科学家们感到不可思议，他们企盼能从生物体那里获得启示并设法解开自然界中隐藏的秘密——为什么简单的"原材料"经活的有机体合成后，其性能就可远远优于利用当今高新技术生产出来的高级人工合成物。

仿生材料学不仅可以帮助人们获得特殊性质的仿生材料，而且将帮助人们对环境保护做出贡献。例如，制作防弹服的材料凯夫拉是一种人造合成纤维，它的提取要在高温下利用滚沸的硫酸作为溶媒，整个生产过程要消耗大量能源，原材料本身又有毒性，废液也难以处置。而在主要性能上比凯夫拉有过之而无不及的蜘蛛丝是可再生的，成丝过程在常温下进行，溶媒是普通的水而不是硫酸。蜘蛛丝不仅可以分解，而且分解后不会对环境造成污染。

生物材料的功能往往不是单一的，因而研究生物材料的生成过程可以使人工合成材料具有更奇妙的特性。例如，仿生合成材料既可以具有甲壳虫外壳优良的物理性能，又可以感测并适应周围环境。如果飞机机翼材料具有了这种性质，在遭到损坏时，它就可以察觉出来并能自身修复。科学家们设想未来能够利用人工合成蛛丝生产出高强度的吊桥缆索、抗撕裂降落伞；利用仿犀牛角材料制成汽车外壳，使之在相撞变形后可自动恢复原貌；利用仿生微型马达，像人体那样把化学能变为机械能。科学家们还设想通过感测人体内的变化情况，利用药物输送系统在准确的部位释放出所需的适当药量；通过改变动物细胞的基因使其生长出新的硬质组织来代替受损的骨骼和牙齿。科学家们认为上述科幻式的构想在今后 5～20 年内就将成为现实。

虽然生物材料都是由糖、蛋白质、矿物质及水生成的，但生物材料的类型与特性却千变万化，关键在于如何从原子排列成分子，分子组合为"半成品"，到最终形成多功能的复合材料，如木材、骨骼、昆虫体的角质层等，这些生物材料的结构科学合理、精巧绝伦。而人类生产制造合成材料的过程与此有着本质的不同。人类利用相对简单的工艺对大量复杂的混合物进行加工处理。众所周知，微观结构的控制在自然界是极为普遍的，而对现代工程学来讲目前还是可望而不可即的。例如，在电子显微镜下对鲍鱼壳进行观察，发现它与精心堆砌的灰抹砖墙结构十分相似，是由一层层超薄的碳化钙像砖一样由厚度不足亿分之一米的有机蛋白基质连接在一起的。这种微观结构使鲍鱼壳的强度超过大多数高级陶瓷的强度 2 倍左右，并且不像陶瓷那样发脆易碎，其高强度的秘密就在于使碳化钙结合在一起的化学键。陶瓷纤维之间的连接在遭破坏时会出现裂纹，这表明鲍鱼壳具有变形性，这一点与金属材料十分相似。如果人们能够利用这些特性进行仿生材料学设计，就能生产出具有重要实用价值的陶瓷化合物。据测算，鲍鱼壳排列有序的结构形式使碳化钙的强度增加了 20 倍。如果人们能将目前陶瓷材料的强度提高 5 倍，那么人们就将获得最优越的新型材料。

例如，仿鲍鱼壳材料的研究导致新型陶瓷的出现；仿蜘蛛丝材料的研究导致加强纤维的问世；仿甲壳虫角质层材料的研究将导致新型航空工业材料的发明。如果在电子显微镜下进行观察，人们可以看到，甲壳虫角质层的微观结构十分奇特，是一种由纤维嵌入胶质中构成的迭片结构。这种层状的迭片结构可以增强材料的硬度及强度。甲壳虫角质层中的迭片结构虽然不对称，但排列极为有序，交错的片层精确地扭结在一起，形成一种双螺旋混层结构。科学家们认为，任何非对称层状结构都会发生扭曲，但采用仿甲壳虫角质层的非对称石墨纤维——环氧树脂层的复合板材不但不会翘曲，而且具有更好的承载性和抗冲击性。

陶瓷虽然耐高温，但质地很脆，经不住震动而易碎裂。利用功能仿生学原理选择碳化硅陶瓷薄片涂以石墨层，热压成型，使坚硬的碳化硅陶瓷黏在石墨层上，石墨起黏结剂的作用，就能很好地解决陶瓷因震动而易碎裂的问题。日本的科研人员将竹子和竹节的抗弯、抗裂强度机制广泛用于飞机、火箭等飞行器的结构上，取得了很好的效果。大象游泳时可以通过改变体形来减小阻力，于是人们设想，如果能够制造出可随速度的变化而改变形状的船舶或飞机，那么就能用最少的能量达到最高的速度。

当前，生物纳米材料科学已显示出激动人心的发展前景，此领域最终目标是在纳米水平制造功能性生物材料[134]。探索生物纳米材料可以更好地理解生命科学与材料科学交叉领域的根本原理。例如，现有的骨组织工程细胞外基质材料都有各自的优缺点。天然衍生材料作为骨组织工程的支架材料，具有生物相容性好，能够形成与人骨类似的多孔结构，降解产物易于吸收而不产生炎症反应等优点[135]；但同时也存在力学性能差、难以加工成形、降解率与成骨速率不协调、需使用毒性高和挥发时间长的溶剂、加工过程劳动强度大、高分子基质中有残留粒子、不同批次的产品质量不容易统一等缺点，影响了组织工程的研究和产品在临床上的应用。未来的新型基质材料应当是汲取各种材料的优点、充分适应体内各种生理环境并能采用智能化加工方式进行大批量生产的仿生材料。

材料的未来发展趋势是复合化、智能化、能动化、环境化，而仿生材料兼具这几方面的特征。仿生材料学的发展和成果将影响人类社会的各个领域，不仅为人体器官的置换和生物体系统的人为改良带来新的变革，而且将使材料的制备及应用产生革命性的进步。例如，人们利用生物合成技术，在常温常压水介质中完成目前必须在高温高压恶劣环境中才能合成出的产品，且使之符合自愈合化、智能化和环境化的要求，这将是材料学上的巨大进步，定将极大地改变人类社会的面貌。

目前仿生材料学的研究已获得大量成果。美国阿拉巴马大学生物物理学家丹·尤瑞长期研究弹性硬蛋白，他合成出的人工弹性硬蛋白在老鼠身上做过试验，结果有较好的手术后抗粘连的作用，其延展性和收缩性非常近似于云脉血管壁[136]。科学家们将利用这种人工弹性硬蛋白作为人工心脏的"外衣"。尤瑞对这种人工弹性硬蛋白稍加修改，又获得另一种新材料，可作为受损组织的替代物。科学家们认为，如果一种材料具有与正常组织同样的弹性，它就可能作为一种临时的"人工骨架"，细胞会在上面生长，可使受损组织重新恢复。此外，这种材料还可作为人工动脉使用。这一系列新材料的出现或许将标志着一个新时代的到来，作为20世纪技术象征之一的石化塑料及纤维将逐渐被21世纪的仿生材料所代替。

3.3.3　仿生材料学的内容与方法

天然生物材料往往具有许多优异特性，因而成为人们的研究热点。在仿生材料学的众多研究专项或课题中，主要包括以下内容：

①仿生材料的理化特性研究。

②仿生材料的设计技术研究。

③仿生材料的制备技术研究。

④仿生材料的测试技术研究。

⑤仿生材料的设计标准研究。

⑥仿生材料的应用技术研究。

⑦新型仿生材料的前瞻性研究。

⑧新型仿生材料的适用性研究。

当前，仿生材料学的研究热点主要集中在以下几个方面：

（1）贝壳结构及其仿生材料

珍珠层属天然复合材料，其中95%（体积分数）是片状文石，其余5%是蛋白质－多糖基体[137]。这些文石片交错排列成层，文石间填充着有机基体。单个文石晶片是微米级的单晶，其间嵌合有亚晶和非晶区。珍珠层中的文石晶体 c 轴取向一致，与珍珠层的层面垂直。根据珍珠层中文石板片的排列方式，通常将其分为砌砖型和堆垛型两类[138]。砌砖型结构主要存在于双壳类动物中，其生长面呈叠瓦状排列，微层以类似阶梯的方式重叠，新生晶体沉积在步阶的边缘，通过横向延伸与微层聚合；在纵断面上，文石板片的轴心呈无规则排列状态。堆垛型结构主要存在于腹足类动物中，在生长处呈现均匀排列的堆垛状结构，新生晶体沉积在堆垛的顶端。由于不同微层的晶体在横向上的生长速度近似相等，使得堆垛保持了锥形形貌。在同一堆垛中，纵向相邻的文石板片中心位置基本一致，仅在水平方向上有 20～100 nm 的偏置，与有机基质层中微孔的偏移相对应。

珍珠层文石晶体与有机基质的交替叠层排列方式是其具有高韧性的关键所在，人们根据这一原理把 SiC 薄片涂以石墨胶体，沉积烧结成复合叠层材料[139]，这样该材料的破裂韧性就有了极大提高，破裂功提高了约 100 倍。采用叠层热压成型技术制备的 SiC/Al 增韧复合材料，其断裂韧性比无机 SiC 提高了 2～5 倍；Si3N4/BN 叠层复合材料的破裂韧性达 28 MPa·m$^{1/2}$，破裂功超过 4 kJ/m^2。

国外学者 Jackson 在研究 TiN/Pt 叠层微组装材料时发现，合成材料的硬度和韧性取决于 TiN 和 Pt 层的厚度，一定的 TiN 和 Pt 层厚度将使材料的硬度和韧性得到最佳结合。这样的材料不仅可以具有陶瓷材料的强度和化学稳定性，还具有金属材料的抗冲击能力。当单层膜厚度达到纳米级时，有可能发生特殊的尺寸效应，这是一个非常值得人们关注的特性。利用这一特性，可以开发出新型的超硬质材料，在减摩、耐磨等方面加以应用。目前在纳米多层膜的研究中，一方面是更广泛地探索不同材料间的纳米组合，以寻求稳定的具有超硬效应的材料系统；另一方面，也开展相应的理论研究，以增进对超硬现象的物理本质的认识。

（2）蜘蛛丝结构及其仿生材料

蜘蛛丝具有极好的机械强度，其强度远高于蚕丝、涤纶等，刚性和强度低于凯夫拉和钢材，但其断裂性能位于各纤维之首，高于凯夫拉和钢材。与人造纤维相比，蜘蛛产丝的过程和丝本身对人类和环境都是友好的；蜘蛛丝还具有高弹性、高柔韧性和较高的干湿模量，是已知的世界上性能最优良的纤维。此外，蜘蛛丝还具有信息传导、反射紫外线等功能。蜘蛛丝的组成单元均为甘氨酸、丙氨酸和丝氨酸。与蚕丝相比，蜘蛛丝含有较多的谷氨酸、脯氨酸等。在蜘蛛丝中含结晶区和非结晶区，结晶度为蚕丝的 55%～60%。结晶区主要有聚丙氨酸链段，为 B 折叠链。非结晶区由甘氨酸、丙氨酸以外的氨基酸组成，大多呈 B 螺旋结构[140]。

蜘蛛丝的结晶区与非结晶区的结构形式给人们以极大启示[141]。Cornell 大学的学者发现，组成蜘蛛丝氨基酸的甘氨酸和丙氨酸与蜘蛛丝的强度有关，蜘蛛丝的坚韧性使其适合做高级防弹衣。现在防弹衣是用 13 层凯夫拉制成的，但蜘蛛丝的坚韧性是凯夫拉的 3 倍，强度至少是钢的 5 倍，弹性为尼龙的 2 倍。蜘蛛丝是于常温常压下在水中形成的不溶性蛋白质纤维束，且强度极高。1997 年，加拿大的 Dupont 公司已分别在大肠杆菌和酵母中发现了蜘蛛丝蛋白质。同年测得蜘蛛丝完整的基因，并在大肠杆菌发酵罐中生产，每吨培养液能产出数千克的蜘蛛丝蛋白。Tirrel 等人利用 DNA 重组技术合成蜘蛛丝，并克隆了一个特异的基因，导入细菌中合成了蜘蛛丝蛋白质。具备蜘蛛丝特征结构的蛋白质应具备与蜘蛛丝相近的力学性能。Dupont 公司发现山羊乳液中所含的奶蛋白与蜘蛛丝蛋白生产模式相同，他们将蜘蛛丝蛋白质生产的基因移植到山羊的乳腺细胞中，从山羊的乳液中提取类似蜘蛛丝的可溶性蛋白，研制出模仿蜘蛛吐丝的最新技术，开发出新一代动物纤维，被誉为生物钢材。

（3）骨骼结构及其仿生材料

骨由 I 型胶原纤维、碳羟磷灰石和水组成，三者在骨中所占的质量分数随动物种类及年龄不同而不同。对于正常成年哺乳动物，分别为 65%、24% 和 10% 左右。羟磷灰石晶体都是板型，平均长度和宽度分别为 50 nm 和 25 nm，晶体极薄，一般为 115（矿化腱）～410 nm（某些成熟骨）。板状晶体位于胶原纤维的孔隙区域，成同心圆排列。TEM 研究表明，板状晶体的 c 轴与胶原纤维的长轴呈平行排列，晶体 a 轴垂直于胶原纤维的长轴。

科学家将材料学、生物学、生物医学工程及临床医学进行交叉融合，形成了骨组织工程学，并开展了仿生骨的研制工作，制备出其组成、微细结构、生理功能与人体骨组织非常接近的组织工程化人工骨（见图 3-18 和图 3-19）。将具有成骨或软骨潜能的细胞诱导分化、增殖，然后种植到可生物降解的支架材料上，形成组织工程化人工骨及修复骨缺损的过程，以结束医用生物材料在人体中作为宿主异体存在的历史，使骨缺损的修复达到理想的水平。

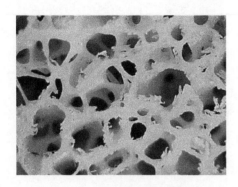

图 3-18　仿生骨的金相组织

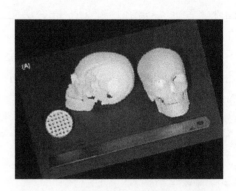

图 3-19　仿生骨

利用珊瑚作为 MSC 或新鲜骨髓（FBM）的转载体，可用于羊骨的大缺损修复。组织工程化人工骨在经历形态发生、再皮质化后，与成熟的片状皮质骨形成髓管，其中 43% 术后四肢愈合。以 $Ca(OH)_2$、H_3PO_4 和猪去末端胶元（Col）共沉淀制备的 HA/Col 生物复合材料，其自组装纳米结构类似于骨，复合材料坯料经 200 MPa 静压而制成的 HA/Col 复合材料，其弯曲强度约为 40 MPa，模量为 215 GPa，达到自体皮质骨水平。壳聚糖及其衍生物在体内不积累，无免疫原性，可作为骨缺损的填充材料及软骨和骨组织工程支架材料。利用壳聚糖－明胶网络水凝胶中的水作为制孔剂，将 HA 与壳聚糖－明胶网络复合，以冻干法制备的复合材料多孔支架用于鼠颅盖成骨细胞培养，细胞黏附增殖且分泌 É 型胶原，21 d 形成类骨质[142]。我国学者颜永年等人采用纳米晶 HA_2 胶原复合材料及骨生长因子为成形原料，以多喷头快速喷射成形技术制备出一种非均质、多孔的人工骨，用于兔桡骨缺损的修复[143,144]。Landers 等采用 3D 绘图快速成形技术制备凝胶多孔支架，通过对 CT 或磁共振扫描人体获得的影像进行层面处理，构造出三维模型，根据不同病人的要求量身定做，具有快速和柔性化的特点。

（4）纳米仿生材料

核酸与蛋白质是执行生命功能的重要纳米成分，是最好的天然生物纳米材料。这些成分相互作用，编织了一个复杂的、完美的生物世界。生物纳米材料可分为 4 类：

①天然纳米材料。

②生物仿生与人工合成的纳米材料。

③智能纳米复合材料。

④合成的纳米材料与活细胞形成的复合材料或组织工程纳米材料。

自纳米材料问世以后，仿生材料学的研究热点就已开始转向纳米仿生材料，这是因为自然界动物的筋、牙齿、软骨、皮、骨骼、昆虫表皮等都是纳米复合材料。模仿生物结构设计，研制人造骨、关节、血管，要解决以下几个关键问题：

①选择具有良好柔性的基体。

②在基体中原位沉淀高强度的纳米或亚微米的粒子，并控制粒子取向和形状，长形的片状粒子在基体中有取向的垛堆最好。

③沉淀粒子与基体之间、整个复合材料与生物体之间要有良好的相容性[145]。

很多纳米材料，如纳米粒子、纳米管、核酸、纳米多肽等具有巨大的临床应用潜力[146]。纳米材料在临床应用的一个主要问题是这些材料能否被机体免疫系统接受。随着越来越多的纳米设备被制造，从根本上理解纳米材料与免疫网络之间的相互作用越来越重要。据报道，带有 18 nm 直径孔的生物膜能够保护被包裹的细胞或组织避开机体免疫反应，这对特殊纳米材料的设计制造具有潜在的指导意义。

生物相容性是指生物材料在宿主的特定环境和部位，与宿主直接或间接接触时产生相互反应的能力，是材料能耐受宿主整个系统作用而保持相对稳定、不被排斥和破坏的生物学特性。构建生物相容性表面非常重要，使用软离子化方法可获取同源性聚合体表面。带有生物相容性表面的纳米材料可直接用于制造临床纳米装置及用作组织工程材料[147]。例如，水凝胶基础上的自组织肽拥有唯一的纳米与微米形态，已用作组织工程支架。生物降解的聚乳酸支架可用作骨的替代物[148]。基因治疗是一种富有发展前景的肿瘤与遗传疾病治疗方法[149]。传统的病毒载体在应用中存在严重的副作用，如引起强烈的免疫排斥反应，其发展已受限制。因此，采用纳米材料作为基因传递系统具有显著优势[150]。

3.3.4　仿生材料学的实际应用

实例一：仿生防污材料

海洋生物污损是指海水环境中污损海生物在结构物表面的聚集和附着，以及由其带来的不良影响。生物污损一旦发生，将会对船舶等造成非常严重的影响，例如：①增加船舶航行阻力，降低船舶航行速度，增加燃油消耗[151]；②影响船舶的使用性能，如阻塞管道、干扰声呐信号、造成材料结构损坏等；③增加维护修理费用，带来巨大经济损失；④增加温室气体排放，引起生物入侵等[152]。因此，针对上述问题采取有效措施防止海洋生物污损极为重要。目前，仿生防污材料的研究和开发主要集中于两种思路：一是寻找并利用合适的生物防污剂，在不破坏生态环境的前提下防止产生生物附着；二是通过设计特殊的表面和本体材料特性来模仿具有防污功能的生物特征，使污损海生物在材料表面的附着力尽可能降低，从而使之不易附着或附着不牢，最终达到防止海洋生物污损的目的。

从陆生植物的叶面，到海洋软体动物的甲壳，再到大型海洋哺乳动物（如鲨鱼和海豚）的表皮，都有着非常复杂的表面形貌结构，这些生物表面的形貌结构具有阻止生物附着或使它们更易释放的作用。在美国海军研究室的资助下，一些科研团队和学者开展了鲨鱼皮仿生微结构防污材料的研究，其利用刻蚀翻模的方法研制的 Sharklet AF 微结构材料可以有效地防止藻类、藤壶等污损海生物的附着，使其附着率降低 85% 左右。由欧盟资助的多个国家研究单位共同参与的 AMBIO 项目对微/纳米防污结构进行了研究，构建纳米微结构，以及通过微相分离制备微结构，实验表明，这些微/纳米结构都能有效防止藻类和藤壶的附着。

实例二：仿生黏结材料

现代社会需要各式各样的胶黏剂，而生产这些有机或无机的胶黏剂往往需要借助化学溶剂（如甲醛）来进行。但这些化学溶剂大多具有不良作用。如甲醛是一种无色、具有辛辣刺激性气味的气体，对人体非常有害，会造成相当严重的环境污染；同时，生产过程中还需要昂贵的投资、复杂的设备和尖端的工艺，使生产成本高居不下，更严重的是，还要耗费大量能源。因此，人们渴望向动植物学习，从动植物中直接提取黏胶。

科研人员发现，海洋中的多种贝壳类软体动物能分泌黏胶，如海洋中的贻贝，它们分泌的黏液足丝可以像猫爪一样将自己牢牢固定在岩石或船底上。这些黏液足丝成为贻贝生命的保障。科学家做了试验，当贻贝产出足够的足丝时，将它收集起来，通过分离出贻贝的特殊胶蛋白，人们成功制造出一种新的黏胶剂。这些黏性极强的黏胶可以在水中直接使用，效果十分奇特。将这种生物胶黏剂用来粘贴金属片时，不但牢固，还像一层看不见的铠甲，保护着金属片不受海水侵蚀。

3.4 仿生制造学

3.4.1 仿生制造学概述

仿生制造学是生命科学、材料科学、社会科学、组织工程与制造科学交叉融合的一门新兴学科，它将仿生学的研究成果与工业领域的制造技术有机结合起来，研制具有生物特征的人造技术系统或装置，以满足人们对制造业可持续发展的要求[153]。仿生制造是指模仿生物的组织结构和运行模式的制造系统与制造过程[154]。它通过模拟生物器官的自组织、自愈合、自增长与自进化等功能，以迅速响应市场需求并保护自然环境。

实际上，制造过程与生命过程有很强的相似性。生物体能够通过诸如自我识别、自我发展、自我恢复和自我进化等功能使自己适应环境的变化来维持生命并得以发展和完善。生物体的这些功能是通过传递两种生物信息来实现的：一种是 DNA 类型信息，即基因信息，它是通过代与代的继承和进化而先天得到的；另一种是 BN 类型信息，是个体在后天通过学习获得的。这两种生物信息的协调统一使生物体能够适应复杂、动态的生存环境。生物的细胞分裂、个体发育和种群繁殖，涉及遗传信息的复制、转录和解释等一系列复杂过程，其实质在于按照生物的信息模型准确无误地复制出生物个体来。这与人们在机械制造过程中按数控程序加工零件或按产品模型制造产品非常相似。制造过程中的几乎每一个要素或概念都可以在生命现象中找到它的对应物。

就制造系统而言，现在已越来越趋向于网络化、智能化、规模化、复杂化、动态化及高度非线性化。因此，在生命科学的基础研究成果中选取富含对工程技术有启发作用的内容，并将这些内容与制造科学结合起来，建立新的制造模式和研究新的仿生加工方法，将为制造科学提供新的研究课题并丰富制造科学的内涵[155]。

3.4.2 仿生制造学的诞生与发展

20 世纪 80 年代以来，随着仿生科学、制造科学、现代制造理论与技术的快速发展和有机融合，仿生制造学破茧而出，逐步登上了现代制造业的舞台。仿生制造学通过对生物机理、机构的研究，创造和完善了制造工程科学的概念、原理和结构，从而为新产品的生产打下牢固基础[156]。经过一段时间的发展，仿生制造学的相关理论得到丰富和完善，技术手段得到充实和提高，尤其是仿生制造学的关键部分——仿生制造近年来在一些发达国家已初具规模，国内一些著名高校在仿生制造方面也进行了大量的研究工作，并取得了非常可喜的进展。目前，一些高等院校、科研机构、医疗单位也正在进行基于快速成型技术的仿生组织制造方法的研究。可以预料，快速成形技术将以无可比拟的优势在生物医学领域得到广泛的应用。人体主要器官，如骨骼、皮肤、肝脏、肾脏等的组织工程诱导成形技术难关很快将被攻克并逐步形成规模化产业，仿生制造这一结合了材料科学、成形技术、生物工程、医疗工程等多学科的产业，将使众多由于疾病、衰老、事故、战争等导致器官缺损的人有了完全治愈的可能，从而给患者带来健康和幸福。

应当指出，仿生制造是先进制造技术的一个分支，是传统制造技术与生物科学、生命科学、信息科学、材料科学结合的产物，是采用生物形式实现制造或以制造生物活体为目标的一种新型的制造方法[157]。

时至今日，人们对仿生制造的理解和把握已经有了新的进步。如今，人们普遍认为，生命科学、工程科学、生物科学的交融关系，以及由此衍生出的若干边缘学科可用图 3 - 20 所示的三元交叉融合模型加以描述。仿生机械与仿生制造的内涵也可由此定义。

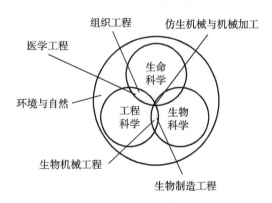

图 3 - 20　生命科学、工程科学、生物科学三元交叉融合模型

由图 3 - 20 可知，生命科学的引入，使制造工程摆脱了"无生命"的物理、化学模式而被赋予"生命"。制造还将渗透到人类的生命历程中去，从而大大丰富了制造科学的内涵。正因为如此，仿生机械学与仿生制造学可望在 21 世纪成为产品设计、制造过程新理论、新方法和新技术的源头。

当前，仿生制造学的研究热点主要集中在以下几个方面：

①信号分子诱导及生长因子的基础研究。

②采用各种组织工程材料替代生物材料作为细胞载体框架结构的应用研究[158]。

③有关骨形态发生蛋白的临床实验。

④专门用于仿生制造的设备研究。

多学科知识之间的互补，多思维之间的碰撞，必将激发人类创造的火花，也必将引起设计和制造在理念、模式、方法、理论、系统的若干变革。仿生机械与仿生制造的应用涵盖多个领域[159]。这些影响将要或已经在相关领域显现出来。对于我国众多从事仿生学研究的科研人员来说，依托自身的特色，瞄准我国经济的需求及国家中长期发展面临的重大基础研究问题，在这一边缘学科上有可能生长出中国学者独创的学术思想，形成自有知识产权。传统学科一般只限于渐变的、量变的发展，而在类似于仿生机械与仿生制造这样的交叉边缘学科上，却很可能实现突破式、跨越式的发展。

3.4.3 仿生制造学的内容与方法

仿生制造学是 21 世纪初先进制造领域中的新的学科前沿，是快速制造和组织工程的一个前沿分支和交叉学科，其突出特点是创新性，正是这一点，体现了它的无穷魅力和强大生命力。仿生制造学的学科体系相当严密，研究对象十分丰富，技术方法非常先进。目前仿生制造学的主要研究内容有：

（1）自生长成形工艺

即在制造过程中模仿生物外形结构的生长过程，使零件结构最外层各处形状随其应力值与理想状态的差距做自适应伸缩，直至满意状态为止；又如，将组织工程材料与快速成形制造相结合，制造生长单元的框架，在生长单元内部注入生长因子，使各生长单元并行生长，以解决与人体的相容性和与个体的适配性及快速生成的需求，实现人体器官的人工制造[160]。

（2）仿生设计和仿生制造系统

即对先进制造系统采用生物比喻的方法进行研究，以解决先进制造系统中的一些关键技术问题。

（3）智能仿生机械

即开发具有生物智能特征的机械产品，以替代人类完成危险、复杂、困难的操作。

（4）生物成形制造

如采用生物的方法制造微小复杂零件，开辟制造新工艺。

仿生制造学涉及的范围广、研究的热点多，其研究对象和方法还可参见图 3 – 21。

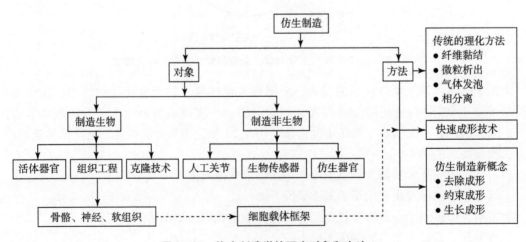

图 3 – 21　仿生制造学的研究对象和方法

仿生制造为人类制造开辟了一个新的广阔领域。人们在仿生制造中不仅效仿生物，还学习与借鉴生物自身特有的组织方式与运行模式。如果说制造过程的机械化、自动化延伸了人类的体力，智能化延伸了人类的智力，那么，仿生制造则延伸了人类自身的组织结构和进化过程。

与仿生制造学相关的理论及学科包括：

（1）仿生制造基础理论

仿生制造基础理论涉及的范围十分广泛，从制造理论到制造方法都在研究之列。其目标是建立生物加工的基本理论，形成生物去除成形加工、生物约束成形加工、生物生长成形加工的基本理论和技术体系，孕育出仿生制造领域的一个新分支[161]。研究内容如图3-22所示。

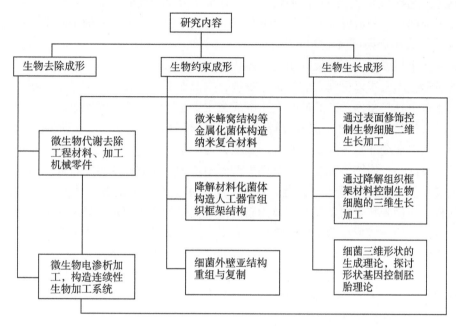

图3-22 仿生制造的研究内容

仅以现代制造方法为例，就可看出其研究范围之广。现代制造方法多与快速成形技术有关，而在成形加工中，现在就有以下4种形式的成形加工方法：

①去除成形，即从基体上去除多余材料，如切削加工等。

②约束成形，即利用材料的变形特性，在一定外力作用下使其成形，如锻造、铸造等。

③堆积成形，即快速成形或快速制造，也称为自由制造。

④生长成形，即生物生长成形，目前这种成形方式只存在于生物体中，如动物骨骼的成形。

在以上形式的成形加工中，前两种为传统的成形加工方式，后两种为新兴的成形加工方式，特别是生长成形，还有待于人们去研究与探索。

对于仿生制造而言，其涉及的基础理论包括生物去除成形、生物约束成形、生物生长成形等理论体系，其所涵盖的学科也更广，包括制造科学、材料科学、生命科学、组织工程及计算机技术等，仿生制造是所有这些学科的交叉与综合。

（2）快速成形技术

快速成形技术又称快速原型制造（Rapid Prototyping Manufacturing，RPM）技术，其诞生于20世纪80年代后期，是基于材料堆积法的一种高新制造技术，被世人认为是近20年来制造领域的一个重大成果[162]。它集机械工程、CAD、逆向工程技术、分层制造技术、数控技术、材料科学、激光技术于一身，可以自动、直接、快速、精确地将设计者的思想转变为具有一定功能的原型或直接制造零件，从而为零件原型制作、新设计思想的校验提供了一种高效率、低成本的实现手段[163]。从实质上来看，快速成形技术就是利用三维 CAD 的数据，通过快速成型机，将一层层的材料堆积成实体原型。其特点如下：

①制造原型所用的材料不限，各种金属或非金属材料均可使用；

②原型的复制性、互换性很高；

③制造工艺与制造原型的几何形状无关，在加工复杂曲面时更显优越；

④加工周期短，制造成本低，且成本与产品的复杂程度无关，一般情况下，制造费用可降低 50%，而加工周期可缩短 70% 以上；

⑤高度技术集成，可实现设计制造一体化。

快速成形技术之所以得到人们的普遍重视，根源如下：首先，随着全球市场一体化的形成，制造业竞争日趋激烈，产品的开发速度成为主要矛盾。在这种情况下，一个国家、一个企业自主进行产品快速开发（快速设计和快速加工模具）的能力（加工周期和生产成本）成为其参与制造业全球竞争的实力基础。其次，为满足日益变化的用户需求，要求制造技术拥有较强的灵活性，能够小批量甚至单件生产而不增加产品制造成本。因此，产品的开发速度和制造技术的柔性就变得十分关键。再次，从技术发展的角度看，计算机科学、CAD 技术、材料科学、激光技术的发展和普及为新的制造技术的产生奠定了技术物质基础[164]。

如前所述，快速成形技术是在计算机控制下，基于离散、堆积原理而采用不同方法堆积材料，最终完成零件的成形与制造的技术。因此它具有以下两个特点：

①从成形角度看，一般的零件可视为"点"或"面"的叠加[165]。从 CAD 电子模型中离散得到"点"或"面"的几何信息，再与成形工艺参数信息结合，控制材料有规律、精确地由点到面、由面到体地堆积零件。

②从制造角度看，它根据 CAD 造型生成零件三维几何信息，控制多维系统，通过激光束或其他方法将材料逐层堆积而形成原型或零件。

3D 打印技术是一系列快速原型成形技术的统称，其基本原理都是叠层制造，由快速原型机在 $X-Y$ 平面内通过扫描形式形成工件的截面形状，而在 Z 坐标方向间断地做层面厚度的位移，最终形成三维制件[166]。目前市场上的快速成形技术分为 3DP 技术、FDM 熔融层积成形技术、SLA 立体平版印刷技术、SLS 选区激光烧结技术、DLP 激光成形技术和 UV 紫外线成形技术等。下面分别予以介绍：

3DP 技术

采用 3DP 技术的 3D 打印机使用标准喷墨打印技术，通过将液态连接体铺放在粉末薄层上，以打印横截面数据的方式逐层创建各部件，最终创建三维实体模型。采用这种技术打印成形的样品模型与实际产品具有同样的色彩，还可以将彩色分析结果直接描绘在模型上，模型样品传递的信息较大。

FDM 熔融层积成形技术

FDM 熔融层积成形技术是将丝状的热熔性材料加热融化，同时三维喷头在计算机的控制下，根据截面轮廓信息，将材料选择性地涂敷在工作台上，快速冷却后形成一层截面[167]。一层成形完成后，机器工作台下降一个高度（即分层厚度）再成形下一层，直至形成整个实体造型。这种技术的成形材料种类多、成形零件强度高、精度好，主要适用于成形小塑料件。

SLA 立体平版印刷技术

SLA 立体平版印刷技术以光敏树脂为原料，通过计算机控制激光束按零件的各分层截面信息在液态的光敏树脂表面进行逐点扫描，被扫描区域的树脂薄层产生光聚合反应而固化，从而形成零件的一个薄层[168]。一层固化完成后，工作台下移一个层厚的距离，然后在原先固化好的树脂表面再敷上一层新的液态树脂，直至得到整个三维实体模型。该技术成形速度快，自动化程度高，可成形任意复杂形状，尺寸精度高，主要应用于复杂、高精度的精细零件的快速成形。

SLS 选区激光烧结技术

SLS 选区激光烧结技术是通过预先在工作台上铺设一层粉末材料（金属粉末或非金属粉末），然后让激光束在计算机控制下按照界面轮廓信息对实心部分粉末进行烧结，此后不断循环，层层堆积成形[169]。该技术制造工艺简单，材料选择范围广，制造成本低，成形速度快，主要用于铸造业直接制作快速模具。

DLP 激光成形技术

DLP 激光成形技术和 SLA 立体平版印刷技术比较相似，不过它是使用高分辨率的数字光处理器（DLP）投影仪来固化液态光聚合物，逐层进行光固化[170]。由于每层固化时均通过幻灯片似的片状固化，因此成形速度比同类型的 SLA 立体平版印刷技术更快。该技术成形精度高，在材料属性、细节和表面粗糙度方面可与注塑成形的耐用塑料部件匹敌。

UV 紫外线成形技术

UV 紫外线成形技术和 SLA 立体平版印刷技术比较相似，不同之处在于它是利用 UV 紫外线照射液态光敏树脂，一层一层由下而上堆栈成形。成形的过程中没有噪声产生。在同类技术中成形精度最高，通常用于精度要求很高的珠宝制作和手机外壳制造等行业。

（3）制造科学

仿生制造与制造科学密不可分。先进制造技术中的快速制造技术在目前乃至今后相当长一段时间内都是仿生制造的一种理想制造方式，因为它借鉴了生物生长成形的机制。制造业的持续发展，创造出了人类社会的高度物质文明，但同时也对环境造成了一定的污染和破坏。从保护环境和可持续发展的观点出发考虑，制造业应该首选生物可降解材料，因为在传统的制造过程中，金属或非金属材料的加工都会产生环境污染，因此借鉴生物生长成形进而完成不损坏环境、不危及生态的制造过程，将是人类制造业的一个全新突破。

（4）材料科学

仿生制造离不开材料。目前，材料科学正朝着高性能、高功能、仿生化、智能化、轻量化、复合化、低维化、极限化、设计化和综合化的方向发展。作为仿生制造的材料，即仿生材料，要求其强度和弹性适当，有一定的耐疲劳、耐磨损、耐腐蚀性能，并与人体组织有很好的相容性。从医学角度来说，对生物材料的要求，一是细胞能够在材料上面生长（材料的多孔性和连通性）；二是材料在人体内要能够以一定的速度降解（材料的降解速度与组织的再生速度相匹配），这就是细胞载体材料或称为支架材料。目前这些材料主要有两类：一类是人工合成材料，包括无机材料和有机材料，如钙磷陶瓷、聚乳酸、聚羟基乙酸、生物活性玻璃等；另一类是天然生物衍生材料，即由天然生物组织经一系列理化方法处理而得，如天然骨、胶原、珊瑚骨等。由于这两类材料各有优势和缺陷，所以人们正在研究人工合成材料与天然生物衍生材料的复合材料[171]。

（5）生命科学

仿生制造的内涵实际上就是向生命现象和生命科学学习，借鉴生物的优异特性来为人造技术系统或装置服务。20世纪，人类就已经可以按照自己的意愿，设计出新的生物基因蓝图，然后制造出全新的生命体了，这一切的基础就是生命科学。大自然在复制生物个体时采用了一种与人类制造产品完全不同的加工方法，即生物生长型加工方法，尽管这两者之间存在着一定的相似性，但生物的生长是由其内在的遗传基因决定的，而并非如人类采用材料堆积成形法制造产品那样是由外界控制的。

（6）组织工程

组织工程涉及制造、材料及生命科学，它采用组织工程材料，应用工程学和生命科学原理在体内或体外生长出活的替代物，用于修复、维持、改善人体组织和器官的功能。人体组织和器官制造分3个层次[172]。人体器官的人工诱导制造是组织工程和仿生制造的重要概念，其中包括细胞生长因子、骨形态发生蛋白、细胞载体框架等概念。种子细胞、生物材料和细胞载体框架是组织工程的三大要素。

人类在地球上生存、生息，与自然界的两百多万种生物为邻，这些生物的精巧结构、高超本领、优美外形始终吸引着人们。在人类历史的长河中，许许多多人造物的创造都来源于生物界的启示。海贝优美合理的形态，启迪建筑师创造出了闻名于世的澳大利亚悉尼歌剧院（见图3-23），它既如一捧美丽的贝壳撒在洁白的沙滩上，又像一群远航的帆船漂在蔚蓝的海水中，令人赏心悦目、叹为观止，是人们将仿生设计学、仿生工程学、仿生材料学、仿生制造学等多学科的知识与技术加以综合运用、有机集成的结晶。

图3-23　澳大利亚悉尼歌剧院

人类用自己的眼睛欣赏自然的美景、观察生物的奥秘；人类用自己的智能思索自然的机理、考察生物的功能；人类用自己的双手加智慧模仿自然和生物，定能创造出更加美好的物质文明和精神文明。

3.4.4　仿生制造学的实际应用

实例一：仿生骨骼的研制

例如，骨骼是人体的支撑构件，对于轻微的骨损伤，骨组织具有自身修复的能力，但对于大段骨缺损，如骨肿瘤术后留下的创伤，骨自身难以完全修复。目前在骨治疗领域应用较多的是人工假体和高分子材料，这些材料虽具有较好的强度和可加工性，但在应用中还存在很多问题。近年来，人们提出了仿生制造这一新概念，并基于这一概念进行了许多有益的探索。例如，我国第四军医大学的科研人员与相关单位合作，进行了个体化人工骨双循环系统的仿生制造，其目的是通过 CT 图像反求建模，制造一种带有双循环系统（微管循环和微孔循环）的人工骨[173]。其具体方法是采用狗股骨下段为研究对象，应用 Medical_Soft 软件处理 CT 数据，在 Surfacer 软件中重构狗股骨关节面，并将数据输入 Unigraphics 软件中设计人工股骨下端的三维模具，同时，在人工骨模具内部设计立体微管结构。设计完成后，再生成 STL 文件并输入快速成形机加工。在模具内灌装磷酸三钙后烧结，即可得到带有双循环系统的人工骨。结果表明，采用 CT 扫描资料建立起来的三维模型，形态准确，在这种模型的基础上灌装烧结的人工骨具有双循环系统，微管大小为 220～250 μm，微孔大小为 250～300 μm，孔内连接大小为 50～100 μm。结论是：个体化的人工骨三维模型的建立，为人工骨的仿生制造打下了良好的基础。带有双循环系统的人工骨可以使生物活性物质（生长因子、骨细胞）、组织液渗透入人工骨深部，缩短了血管长入的时间，从而有利于新骨长入和成骨替代。

实例二：人工肝脏的制备

肝移植对于肝病重症患者来说是一种重要的治疗手段，但这种治疗方式却一直受到肝脏供体严重缺乏的制约，有限的肝脏供体与大量的病患需求形成了尖锐的矛盾，现实迫使人们大力研发人工肝脏。由于传统支架制造工艺难以制备具有复杂管路系统结构的肝支架，因而科研人员提出采用仿生制造工艺来制备多种复合天然高分子材料的三维可控管道系统结构的肝支架，其中包含随机微孔（直径 40 μm）和微管道（直径 0.2～1 mm）双尺度结构。细胞增殖检测的结果表明，在这种新型仿生肝支架上，细胞不仅可以稳定存活，而且增殖更快且衰亡速度有所减缓。未来，通过人为地将肝细胞培养出具有一定器官功能的组织，从而替代肝脏供体植入病人体内，维持肝脏正常功能，使肝病患者恢复健康。该技术也为以透析为主的人工肝技术发展提供了新的手段[174]。

3.5　思考与练习

1. 结合实例说明仿生设计学的发展和演变历程。
2. 为什么说仿生设计学是仿生学与设计学的结合产物？
3. 举例说明仿生设计学的主要研究内容，具有哪些特点？
4. 怎样合理地建立仿生设计学理论体系？
5. 列举国内仿生材料最新的研究成果，并分析具体的仿生原理。
6. 举例说明仿生材料学对现代经济发展和科技进步的促进作用。
7. 举例说明仿生工程学具体的研究内容和研究特征。通过文献资料列举国外仿生工程学的研究趋势。
8. 举例说明国内仿生制造学的主要制造技术。
9. 举例说明国内外仿生制造学未来的发展趋势。

10. 分析仿生机械学与生物机械学两者之间的区别。

11. 怎样认识"仿生设计学""仿生工程学""仿生材料学""仿生制作学"之间的关系?

12. 怎样更新传统机械设计的学科观念,以快速适应仿生机械学的快速发展?

13. 结合自身学科,举例说明怎样充实仿生机械学的研究内容。

第4章

仿生机械结构分析

对于任何一种机电一体化装备（例如各种机器人，其中包括形形色色的仿生机器人）来说，机械结构是其骨架和基础。任何一种机电一体化装备通常都是由机械结构组成要素、动力驱动组成要素、运动控制组成要素、传感探测组成要素、功能执行组成要素有机结合而成的。机械结构组成要素是机电一体化装备所有组成要素的机械支持结构，没有它，其他组成要素就会成为"空中楼阁"。机械结构技术的着眼点在于如何与机电一体化装备的使命相适应，利用高、新技术来更新概念，实现结构上、材料上、性能上的变更，满足人们对机电一体化装备减小质量、缩小体积、保证精度、提高刚度、增强功能、改善性能、扩大用途的多项要求[175]。机械结构因素对机电一体化装备的功能与性能具有十分重要的影响，机械结构组成部分中各个零部件的几何尺寸、表面性状、制造精度、安装误差等都会直接影响着机电一体化装备的灵敏性、准确性、可靠性、稳定性、耐用性，在设计或处置时需要给予高度重视。

在任何一个实用型的机电一体化装置中，机械结构的功能主要是靠机械零部件的几何形状及各个零部件之间的相对位置关系实现的。零部件的几何形状由它的表面所构成，一个零件通常有多个表面，在这些表面中，有的与其他零部件表面直接接触，这一部分表面称为功能表面。功能表面之间的连接部分称为连接表面[176]。零件的功能表面是决定机械功能的重要因素，功能表面的设计是零部件结构设计的核心问题。描述功能表面的主要几何参数有表面的几何形状、尺寸大小、表面数量、位置、顺序等。通过对功能表面的变异设计，可以得到为实现同一技术功能的多种结构方案。

机械结构设计的任务是在总体设计的基础上，根据所确定的原理方案，确定并绘出具体的结构图，以体现所要求的功能；是将抽象的工作原理具体化为某类构件或零部件，具体内容为在确定结构件的材料、形状、尺寸、公差、热处理方式和表面状况的同时，还须考虑其加工工艺、强度、刚度、精度及与其他零件相互之间关系等问题[177]。所以结构设计的直接产物虽然是图纸，但结构设计工作不是简单的机械制图，图纸只是表达设计方案的语言，综合技术的具体化才是结构设计的基本内容。

4.1 仿生机械结构分析概述

4.1.1 仿生机械结构特性

在相关学科的大力促进下，仿生机械近些年来得到了迅速发展，根据仿生机械的基本特点和相关性能的分析，可知作为其骨架和执行装置的仿生结构，与传统的、普通的刚性结构相比，具有如下特性：

①仿生机械的结构灵活性高，适应性好，质量轻盈，功能复杂[178]。仿生机械通常能够模仿生物运动或生物行为，具有较高的感知能力和处理能力，因此，要求其结构具有较高的柔性和灵活性，部件也可独立参加工作。

②仿生机械的结构一般都拥有高冗余自由度，如蛇形机器人，其关节自由度大于确定空间机器人位姿所需的自由度[179]。这种自由度的冗余，允许其在不平坦的地面和非结构环境下自主运动并保持动态稳定。

③仿生机械的结构所用材料不全是传统刚性机构所用钢铁合金，越来越多的仿生机械使用新型材料，如形状记忆合金、可伸缩智能材料，以满足其对结构材料提出的性能要高、质量要小、形状要可控等特殊要求[180]。

④仿生机械的机构往往具有拓扑结构可变性，即其具有变构态、变自由度等特性，但其整体结构仍应能保持良好的稳定性和运行性。

4.1.2　仿生机械结构的研究内容

根据仿生机械结构特性，凝练出仿生结构研究的重点和方向，具体内容如下：

（1）仿生结构的冗余驱动原理

所谓冗余驱动，是指驱动的输入数目多于机构自由度数目的驱动方式[181]。仿生机械的冗余驱动可通过调整驱动力、优化输入力、降低机构关节内力、提高机械力传递效率和改善机构性能等来实现，还可以通过确定机构输入力和速度，使仿生机械在奇异位置也能工作来实现。需要指出的是，仿生机械冗余驱动分析是基于运动学反解进行的，且仅存在于闭环系统中。

（2）仿生结构的欠驱动原理

欠驱动机械是一类非完整约束的机械系统，主要特征是可以通过控制少维数输入实现高维数机械位形空间的运动控制[182,183]。从运动学考察，欠驱动机构的运动具有不确定性；但从动力学考察，通过非线性控制可以使其运动变得确定下来。由于减少了驱动器的数量，欠驱动机械具有质量小、能耗小、成本低等优点，可实现仿生机械高效、优异的运动。仿生机械欠驱动是基于动力耦合驱动原理对欠驱动机械中被动关节的运动进行有效的控制，在空间机械手和水下机器人等要求灵活性好和冗余度高的装备领域中有着广阔的应用前景。但目前适合其自身特点的控制方法还不够完善，有待继续探索和研究。

（3）仿生结构的变胞原理及其结构设计

所谓变胞结构，是指那些在机构连续运行中，由有效杆数目变化或运动副类型和几何关系变化引起机构拓扑结构发生变化，并导致机构活动度产生变化，但仍能保持运行的机构[184]。如壁虎机器人机构在其工作中存在由连续非约束变化导致的机构变自由度现象。腿机构处于摆动相时，运动系统属于开环，这时壁虎机器人的机构自由度增多[185]；在支撑相时，壁虎机器人脚掌与目标体稳定连接，运动系统属于闭环，机器人机构的自由度减少。此时若原动件数量保持不变，就需要使用变自由度机构以实现对壁虎机器人运动的控制。

（4）仿生结构的运动稳定性理论与方法研究

这类研究的目的在于通过研究扰动对系统运动的影响，判定系统运动状态是否稳定及其相关判定准则。仿生机械的稳定性表现为机械运动的平稳性，具体而言，如陆地机器人地面运动时的抗倾翻能力和腾空时的抗翻转能力；水下机器人抗干扰并保持方向稳定性的能力；飞行机器人保持位姿稳定性的能力。目前对仿生机械静态稳定性进行判定的理论与方法比较完善，但动态稳定性判定的理论与方法还处于对静态稳定性判定理论与方法的借用与扩展阶段，有待进一步深化。

（5）仿生结构的高承载自重比原理及其结构设计方法研究

仿生机械的自身质量与承载能力之比制约了它在工业和生活中的广泛应用。目前的仿生机构总能耗功率与承载能耗的比例偏高，有的高达 30∶1，为了达到节能减排、节约成本的目的，其机构有待进一步优化。

（6）新型仿生机械材料的研究及其设计

仿生机械所用材料通常既要高强度、高韧性，还要具备变形可控等特性。除目前已研制出的形状记忆合金、电致流变流体材料、磁致流变流体材料、电致伸缩材料、磁致伸缩材料、光导纤维和功能凝胶等新型智能材料外，其他新型智能材料的研发也仍将继续[186]。

4.2 仿生手臂式机器人典型机械结构分析

4.2.1 仿生关节机器人机械结构分析

关节机器人（见图 4-1，英文名 Robot joints）也称关节手臂机器人或关节机械手臂，是当今工业领域中最为常见的机器人之一，因其采用与许多生物相似的关节结构，所以可归于仿生机械范畴。它适用于工业领域内的诸多机械化、自动化作业，例如喷漆、焊接、搬运、码放、装配等工作[187]。

图 4-1 关节机器人

关节机器人由多个旋转和摆动机构组合而成，其摆动方向主要有沿铅垂方向和沿水平方向两种，因此这类机器人又可分为垂直关节机器人和水平关节机器人。美国 Unimation 公司于 20 世纪 70 年代末推出的机器人 PUMA-560（见图 4-2 和图 4-3）是一种著名的垂直关节机器人，而日本山梨大学牧野洋等人在 1978 年研制成功的"选择顺应性装配机器人手臂"（Selective Compliance Assembly Robot Arm，SCARA，见图 4-4）则是一种典型的水平关节机器人[188]。

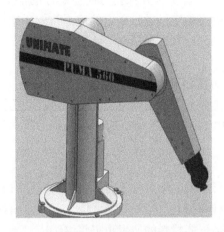

图 4-2 PUMA-560

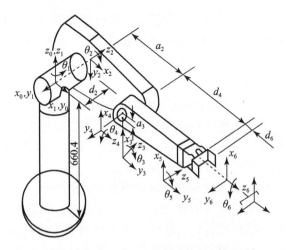

图 4-3 PUMA-560 的运动简图

PUMA-560 从外形来看和人的手臂相似，是由一系列刚性连杆通过一系列柔性关节交替连接而成的开式链结构[189]。这些连杆分别类似于人的胸、上臂和下臂，组成类似人体骨架的结构体系，该机器人的关节相当于人的肩关节、肘关节和腕关节。操作臂前端装有末端执行器或相应的工具，常称为手或手爪[190,191]。该机器人手臂的动作幅度较大，可实现宏操作。PUMA-560 由机器人本体（手臂）和计算机控制系统组成。机器人本体（手臂）有 6 个自由度；驱动采用直流伺服电动机并配有安全刹闸；手腕最大载荷为 2 kg（包括手腕法兰盘）；最大抓紧力为 60 N；重复精度为 ±0.1 mm；工具在最大载荷下的速度分别如下：自由运动时为 1.0 m/s，直线运动时为 0.5 m/s；工具在最大载荷下的加速度为 19 m/s^2；操作范围是以肩部中心为球心，0.92 m 为半径的空间半球；夹紧系统由压缩空气环节与四位电磁阀组成；工具安装表面为腕部法兰盘面，安装尺寸为 41.3 mm，上面均布着 4-MS 的安装孔；整个手臂质量 53 kg。PUMA-560 的 6 个关节都是转动关节。前 3 个关节用来确定手腕参考点的位置，后 3 个关节用来确定手腕的方位。垂直关节机器人模拟了人类的手臂功能，由垂直于地面的腰部旋转轴（相当于大臂旋转的肩部旋转轴）带动小臂旋转的肘部旋转轴及小臂前端的手腕等构成。手腕通常由 2~3 个自由度构成。其动作空间近似一个球体，所以也称其为多关节球面机器人。其优点是可以自由实现三维空间的各种姿势，可以生成各种复杂形状的轨迹。相对机器人的安装面积，其动作范围很宽[192]。缺点是结构刚度较低，动作的绝对位置精度也较低。目前，该类型机器人广泛用于装配、搬运、喷涂、弧焊、点焊等作业场合。

与 PUMA-560 所代表的垂直关节机器人不同，SCARA 具有 4 个轴和 4 个运动自由度（包括沿 x、y、z 轴方向的平移自由度和绕 z 轴的旋转自由度）[193-195]。该机器人 3 个旋转关节的轴线相互平行，在平面内进行定位和定向。另一个关节是移动关节，用于完成末端操作器在垂直于平面的运动。手腕参考点的位置是由两旋转关节的角位移 φ_1 和 φ_2，以及移动关节的位移 z 决定的，即 $p = f(\varphi_1, \varphi_2, z)$。这类机器人的结构轻便、响应快速，例如 Adept 公司制造的一种 SCARA（见图 4-5），运动速度可达 10 m/s，比一般垂直关节机器人快了数倍。SCARA 在 x、y 方向上具有顺从性，而在 z 轴方向具有良好的刚度，此特性特别适合于工业领域内的装配工作。例如，它可将一根细小的大头针插入一个同样细小的圆孔，故 SCARA 首先大量用于装配印刷电路板和电子零部件；SCARA 的另一个特点是其串接的类似人体手臂的两杆结构可以伸进狭窄空间中作业然后收回，十分适合于搬动和取放物件，如集成电路板等。如今 SCARA 广泛应用于塑料工业、汽车工业、电子产品工业、药品工业和食品工业等领域，其主要职能是搬取零件和完成装配。它的第一个轴和第二个轴具有转动特性，第三轴和第四个轴则可以根据工作的不同需要制成不同的形态，并且一个具有转动、另一个具有线性移动的特性。由于其特定的结构形状与运动特性，决定了其工作范围类似于一个扇形区域。SCARA 可以被制造成各种大小，常用的工作半径为 100～1 000 mm，净载质量为 1～200 kg。

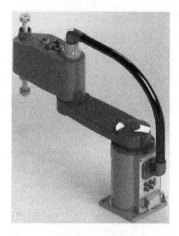

图 4-4　日本山梨大学的 SCARA

图 4-5　Adept I 型 SCARA

关节机器人具有结构紧凑、工作空间大、动作最拟人等特点，对喷漆、焊接、装配等多种作业都有良好的适应性，应用范围越来越广，性能水平也越来越高，相对其他类型机器人展现出许多优点，目前关节机器人大约占工业机器人总数的 25% 左右。

关节机器人主体结构上的腰转关节、肩关节、肘关节全部是转动关节，手腕上的三个关节也都是转动关节，可用来实现俯仰运动、偏转运动和翻转运动，以确定末端操作器的姿态。从本质上看，关节机器人是一种拟人化机器人。水平关节机器人主体结构上的三个转动关节的轴线相互平行，可在平面内进行定位和定向，因此可认为是关节机器人的一个特例。

关节机器人的优点：

①结构紧凑，工作范围大，占地面积小。

②具有很高的可达性。关节机器人的手部可以伸进封闭狭窄的空间内进行作业，而直角坐标机器人不能进行此类作业[196]。

③因为只有转动关节而没有移动关节，无须采用导轨，而支承转动关节的轴承是大量生产的标准件，转动平稳，惯量小，可靠性好，且转动关节容易密封。

④转动关节所需的驱动力矩小，能量消耗较少。

关节机器人的缺点：

①关节机器人的肘关节和肩关节轴线是平行的，当大小臂舒展成一条直线时，虽能抵达很远的工作点，但这时机器人整体的结构刚度较低。

②机器人手部在工作范围边界上工作时，存在运动学上的退化行为。

4.2.2　工业机器人手臂机械结构分析

工业机器人的手臂是指工业机器人连接机座和手部的部分，也是仿生机械的主要应用部件，其主要作用是改变手部的空间位置，将被抓取的物品运送到机器人控制系统指定的位置上，满足机器人作业的要求，并将各种载荷传递到机座上。工业机器人手臂一般具有3个自由度，即手臂的伸缩、左右回转和升降（或俯仰）运动。手臂的回转和升降运动是通过机器人机座上的立柱实现的，立柱的横向移动即为手臂的携移[197]。手臂的各种运动通常由驱动机构和各种传动机构来实现，因此，它不仅需要承受被抓取工件的质量，而且还要承受末端执行器、手腕和手臂自身的质量。手臂的结构形式、工作范围、抓重大小（即臂力）、灵活性和定位精度都直接影响工业机器人的工作性能，所以必须根据机器人的抓取质量、运动形式、自由度数、运动速度、定位精度等多项要求来设计手臂的结构形式[198,199]。

图4-6为PUMA-262的整体装配视图。该机器人主要由基座、立柱、大臂、小臂和手腕组成，其大臂部件的结构形式如图4-7所示。由图可见，大臂部件主要由大臂结构、大臂和小臂的传动结构组成，其中大臂结构又由整体铝铸件骨架与外表面薄铝板连接而成，既可作为机器人的传动手臂，又可作为传动链的箱体[200]。

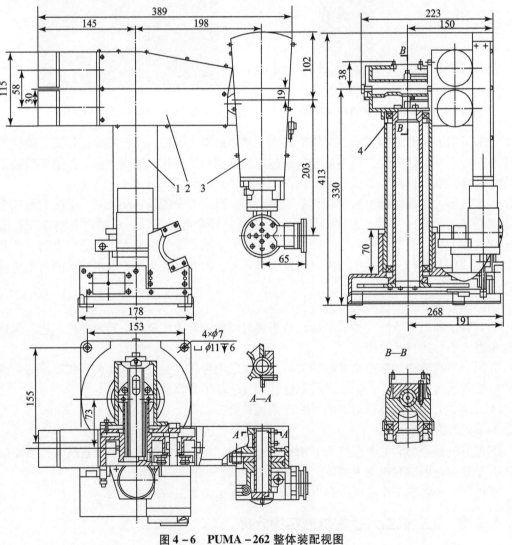

图4-6　PUMA-262整体装配视图

1—基座；2—大臂；3—小臂与手腕；4—连接螺钉

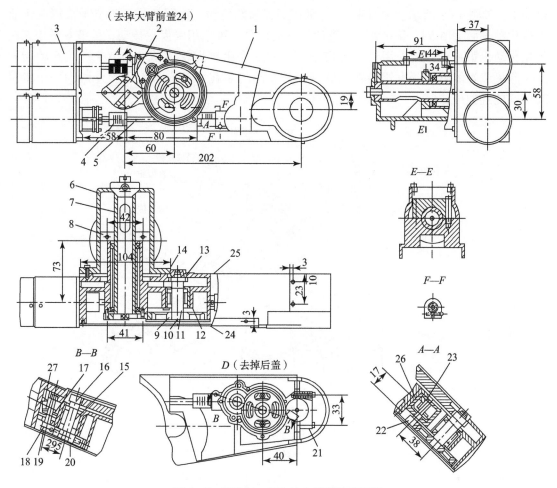

图 4 – 7 PUMA – 262 的大臂部件装配图

1—壳体；2—压板；3—电动机；4—联轴器；5—传动轴；6—后壳体；7—心轴；8—压块；

9，20—大齿轮；10—盖板；11—中间轴；12—偏心衬套；13—小齿轮；14—固定齿轮；15—偏心衬套；

16，18，22—轴齿轮；17，23，26，27—锥齿轮；19—盖；21—压块；24—前盖；25—后盖

该机器人大臂的传动路线为：大臂电动机 3 输出轴上装有电磁制动闸和联轴器 4，联轴器另一端连接锥齿轮 26，与安装在轴齿轮 22 上的锥齿轮 23 啮合。锥齿轮 23 与安装在中间轴 11 上的大齿轮 9 啮合。中间轴另一端装有末级小齿轮 13，小齿轮与固定齿轮 14 啮合。固定齿轮安装在后壳体上，后壳体固定在立柱上，后壳体上还提供心轴 7，大臂壳体通过两个轴承支撑在心轴上。当大臂电动机旋转时，末级小齿轮在固定齿轮 14 上滚动，整个大臂做俯仰运动。

PUMA – 262 大臂结构与小臂结构相似，都是由用作内部骨架的铝铸件与用作臂外壁面的薄铝板件相互连接而成。大臂上装有关节 2、3 的驱动电动机，内部装有对应的传动齿轮组（见图 4 – 8），关节 2、3 都采用了三级齿轮减速，其中第一级采用锥齿轮传动，以改变传动方向 90°，第二、三级均采用直齿轮传动，关节 2 传动链的最末一个大齿轮固定在立柱上；关节 3 传动链的最末一个大齿轮固定在小臂上。小臂端部装有一个具有三自由度（关节

4、5、6）的手腕，在小臂根部装有关节4、5的驱动电动机，在小臂中部装有关节6的驱动电动机，如图4-9所示。关节4、5均采用两级齿轮传动，不同的是，关节4采用两级直齿轮传动，而关节5的第一级采用直齿轮传动，第二级采用锥齿轮传动；关节6采用三级齿轮传动，第一、二级采用锥齿轮传动，第三级采用直齿轮传动。关节4、5、6的齿轮组，除关节4的第一级齿轮装在小臂内，其余的均装在手腕内部。手腕外形为一个半径32 mm的近似球体。

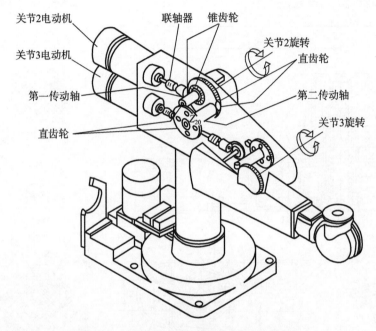

图4-8　PUMA-262大臂关节传动关系图

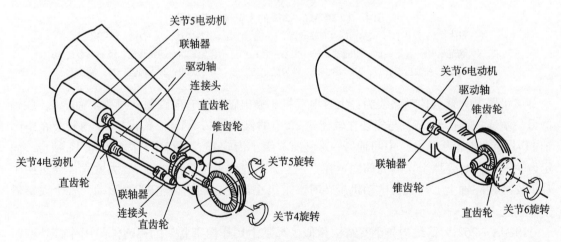

图4-9　PUMA-262小臂关节传动关系图

　　PUMA-262是美国Unimation公司制造的一种精密轻型关节型通用机器人，具有结构紧凑、运动灵巧、质量小、体积小、传动精度高、工作范围大、适用范围广等诸多优点。在传动上，采用了灵巧方便的齿轮间隙调整机构与弹性万向联轴器，使传动精度大为提高，且装配调整又甚为简便。在结构上，则大胆采用了整体铰接结构，减少了连接件，手臂采用自重平衡，为操作安全，在腰关节、大臂、小臂关节处设计了简易的电磁制动闸。该机器人主要性能参数如下：机器人手臂运转自由度为 6 个；采用直流伺服电动机驱动；手腕最大载荷为 1 kg；重复精度为 0.05 mm；工具最大线速度为 1.23 m/s；操作范围是以肩部中心为球心、0.47 m 为半径的空间球体；控制采用计算机系统，程序容量为 19 kB，输入/输出能力为 32 位；示教采用示教盒或计算机；手臂（本体）总质量为 13 kg。

在工业机器人领域，如按手臂的结构形式分类，可分为单臂、双臂及悬挂式，如图 4 - 10 所示；如按手臂的运动形式分类，则可分为直线运动式（如手臂的伸缩、升降及横向或纵向移动）、回转运动式（如手臂的左右回转、上下摆动）、复合运动式（如直线运动和回转运动的组合、两直线运动的组合、两回转运动的组合）。下面分别介绍手臂的运动机构。

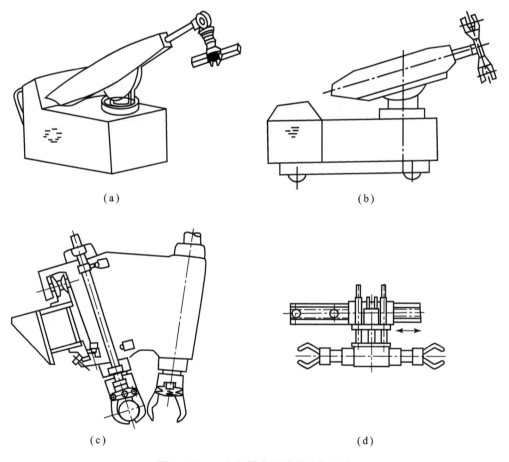

（a）　　　　　　　　　　　　　　（b）

（c）　　　　　　　　　　　　　　（d）

图 4 - 10　工业机器人手臂的结构形式

（a），（b）单臂式；（c）双臂式；（d）悬挂式

（1）直线运动式手臂机构结构分析

机器人手臂的伸缩、升降及横向或纵向移动均属于直线运动，而实现工业机器人手臂直

线运动的机构形式较多,行程小时,可采用活塞油(气)缸直接驱动;行程较大时,可采用活塞油(气)缸驱动齿条传动的倍增机构,或采用步进电动机及伺服电动机驱动,也可采用丝杠螺母或滚珠丝杠传动。

为了增加手臂的刚性,防止手臂在直线运动时绕轴线转动或产生变形,臂部伸缩机构需设置导向装置,或设计方形、花键等形式的臂杆。常用的导向装置有单导向杆和双导向杆等,可根据手臂的结构、抓重等因素选取[201,202]。图4-11所示为某机器人手臂伸缩结构,由于该机器人抓取的工件形状不规则,为防止产生较大的偏重力矩,故采用了四根导向柱。在该手臂中垂直伸缩运动由油缸3驱动,其特点是行程长、抓重大。这种手臂伸缩机构多用于箱体加工线上。

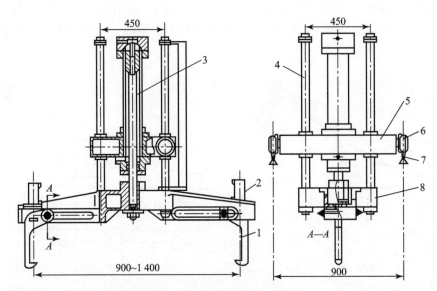

图4-11　四导向柱臂部伸缩机构

1—手部;2—夹紧缸;3—油缸;4—导向柱;5—运行架;

6—行走车轮;7—轨道;8—支座

(2)旋转运动式手臂机构结构分析

能够实现工业机器人手臂旋转运动的机构形式多种多样,常用的有叶片式回转缸、齿轮传动机构、链轮传动机构、连杆机构等。例如,将活塞缸和齿轮齿条机构联用即可实现手臂的旋转运动。在该应用场合中,齿轮齿条机构是通过齿条的往复移动,带动与手臂连接的齿轮做往复旋转,即实现手臂的旋转运动。带动齿条往复移动的活塞缸可以由压力油或压缩气体驱动。

(3)俯仰运动式手臂机构结构分析

在工业机器人应用领域,一般通过活塞油(气)缸与连杆机构的联用来实现机器人手臂的俯仰运动。手臂做俯仰运动用的活塞油(气)缸位于手臂的下方,其活塞杆和手臂用铰链连接,缸体采用尾部耳环或中部销轴等方式与立柱连接,如图4-12所示。此外,还可采用无杆活塞油(气)缸驱动齿轮齿条机构或四连杆机构来实现手臂的俯仰运动。

图4-13所示为采用活塞油缸5、7和连杆机构,使小臂4相对大臂6,以及大臂6相对立柱8实现俯仰运动的机构示意图。

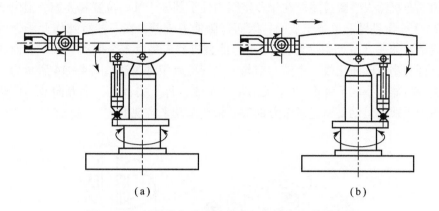

图 4 – 12　手臂俯仰驱动活塞油（气）缸安装示意图

（a）活塞油（气）缸安装在立柱前面；（b）活塞油（气）缸安装在立柱后面

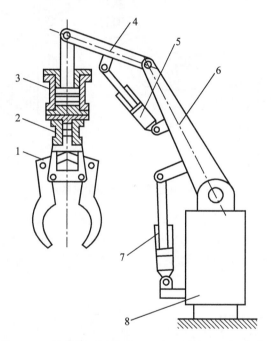

图 4 – 13　铰接摆动活塞油缸驱动手臂俯仰机构示意图

1—手部；2—夹紧缸；3—升降缸；4—小臂；5，7—摆动油缸；6—大臂；8—立柱

（4）复合运动式手臂机构结构分析

工业机器人手臂的复合运动多数用于动作程序固定不变的作业场合，它不仅使机器人的传动结构更为简单，而且可简化机器人的驱动系统和控制系统，并使机器人运动平稳、传动准确、工作可靠，因而在生产中应用较多。除手臂实现复合运动外，手腕与手臂的运动也能组成复合运动。手臂（或手腕）和手臂的复合运动可以由动力部件（如活塞缸、回转缸、齿条活塞缸等）与常用机构（如凹槽机构、连杆机构、齿轮机构等）按照手臂的运动轨迹（即路线）或手臂和手腕的动作要求进行组合。下面分别介绍复合运动的手臂和手腕结构。

通常的工业机器人手臂虽然能在作业空间内使手部处于某一位置和姿态，但由于其手臂往往是由 2~3 个刚性臂和关节组成的，因而避障能力较差，在一些特殊作业场合就需要用到多节弯曲型机器人（也称柔性臂）。多节弯曲型机器人是由多个摆动关节串联而成，原来意义上的大臂和小臂已演化成一个节，节与节之间可以相对摆动。图 4-14 所示为一种多节万向节弯曲型机器人，其手臂由 12 个关节串联组成，每个关节是一个万向节，可朝任意方向弯曲。整个手臂的运动是通过各个万向节的钢缆牵动来实现的。

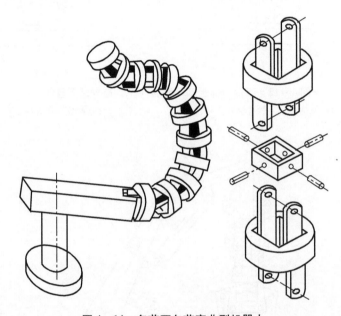

图 4-14　多节万向节弯曲型机器人

还有一种多级万向节式弯曲手臂（见图 4-15），其特点是第一个关节所属万向节的相对运动由动力驱动来实现，以后各个关节所属万向节的相对运动则是由第一个关节所属万向节的运动依次传递来实现的，因此，各个关节的弯曲程度一样，整个手臂可以弯曲成一段圆弧。

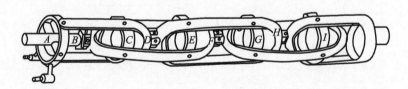

图 4-15　多级联动万向节式弯曲手臂

4.2.3　工业机器人手腕机械结构分析

手腕是连接手臂和手部的结构部件，在工业机器人中，其主要作用是改变机器人手部的空间方向和将作业载荷传递到手臂，因此，它有独立的自由度，以满足机器人手部完成复杂姿态的需要[203]。

从驱动方式来看，手腕一般有直接驱动和远程驱动两种形式，直接驱动是指驱动器安装在手腕运动关节附近，可直接驱动关节运动，因而传动路线短，传动刚度好，但腕部尺寸和质量较大，转动惯量也较大。远程驱动是指驱动器安装在机器人的大臂、基座或小臂远端上，通过连杆、链条或其他传动机构间接驱动腕部关节运动，因而手腕结构紧凑，尺寸和质量较小，能够改善机器人的整体动态性能，但传动设计复杂，传动刚度也有所降低。

（1）手腕自由度

工业机器人一般必须具有 6 个自由度才能使手部达到目标位置和处于期望的姿态。为了使手部能处于空间任意方向，要求机器人手腕能实现对空间 3 个坐标轴 X、Y、Z 的转动，即具有翻转、俯仰和偏转 3 个自由度，如图 4-16 所示。

在工业机器人技术领域，按可转动角度大小的不同，手腕关节的转动又可细分为滚转和弯转，滚转是指能实现 360°旋转的关节运动，通常用 R 来标记；弯转是指转动角度小于360°的关节运动，通常用 B 来标记。为了说明手腕回转关节的组合形式，现结合图 4-17 来介绍各回转方向的名称。

①臂转：绕小臂方向的旋转。

②手转：使手部绕自身轴线方向的旋转。

③腕摆：使手部相对于手臂进行的摆动。

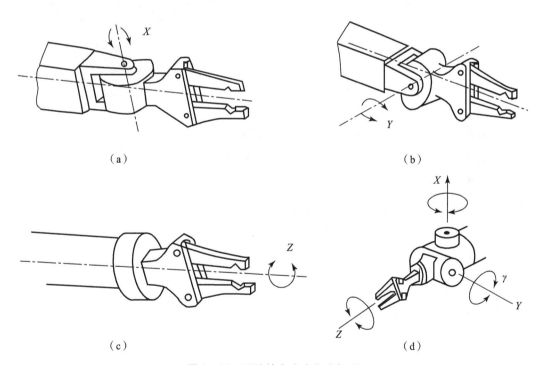

（a）　　　　　　　　　　　　　　　　（b）

（c）　　　　　　　　　　　　　　　　（d）

图 4-16　手腕的自由度和坐标系

（a）手腕的偏转；（b）手腕的俯仰；

（c）手腕的翻转；（d）腕部坐标系

手腕按自由度个数，可分为单自由度手腕、二自由度手腕和三自由度手腕。三自由度手腕能使手部取得空间任意姿态[204]。图 4-18 所示为三自由度手腕的 6 种结合方式，目前，RRR 型三自由度手腕应用较普遍。

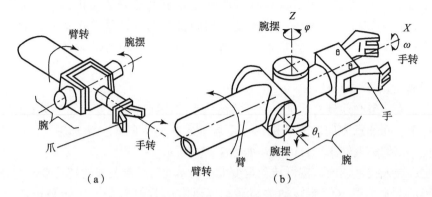

图 4 – 17 手腕关节配置示意图

（a）臂转、腕摆、手转结构；（b）臂转、双腕摆、手转结构

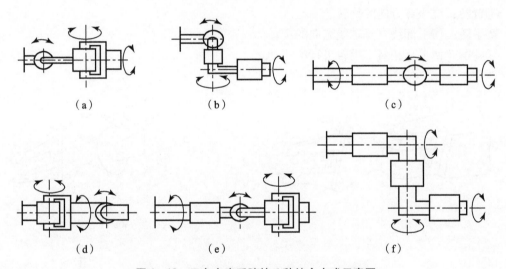

图 4 – 18 三自由度手腕的 6 种结合方式示意图

（a）BBR 型三自由度手腕结构；（b）BRR 型三自由度手腕结构；
（c）RBR 型三自由度手腕结构；（d）BRB 型三自由度手腕结构；
（e）RBB 型三自由度手腕结构；（f）RRR 型三自由度手腕结构

（2）典型手腕结构

机器人手腕结构的设计需要满足传动灵活、轻巧紧凑、避免干涉等多项要求。基于这些考虑，多数会将手腕结构的驱动部分安排在小臂上。首先设法使几个电动机的运动传递到同轴旋转的心轴和多层套筒上去[205]。待运动传入腕部后，再分别实现各个动作。下面介绍几种典型的机器人手腕结构。

图 4 – 19 和图 4 – 20 分别为 PT – 600 型弧焊机器人手腕结构示意图和传动原理示意图。由图可以看出，它是一个腕摆 + 手转的二自由度手腕结构[206]。其传动路线为：腕摆电动机通过同步齿形带传动，带动腕摆谐波减速器 7；减速器 7 的输出轴带动腕摆框 1，实现腕摆运动；手转电动机通过同步齿形带传动，带动手转谐波减速器 10；减速器 10 的输出通过一对锥齿轮 9 实现手转运动。需要注意的是，当腕摆框摆动而手转电动机不转时，连接手部的锥齿轮在另一对锥齿轮上滚动，产生附加的手转运动，在控制方式上要进行修正。

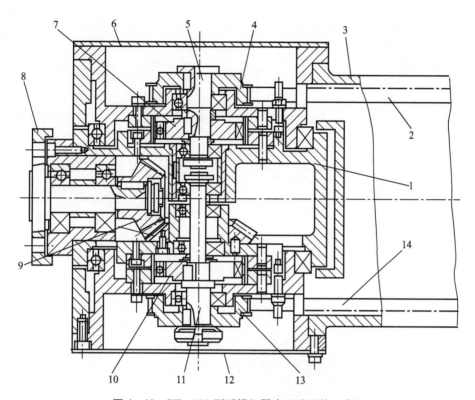

图 4 - 19 PT - 600 型弧焊机器人手腕结构示意图

1—腕摆框；2—腕摆齿形带；3—小臂；4—腕摆带轮；5—腕摆轴；6—端盖；7—腕摆谐波减速器；
8—连接法兰；9—锥齿轮；10—手转谐波减速器；11—手转轴；12—端盖；13—手转带轮；14—手转齿形带

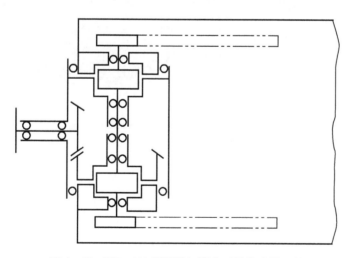

图 4 - 20 PT - 600 型弧焊机器人手腕传动原理图

图 4 - 21 所示为 KUKA IR - 662/100 型机器人的手腕传动原理图。这是一个三自由度的手腕结构，关节配置为臂转 + 腕摆 + 手转形式。其传动链分成两部分：一部分在机器人小臂壳内，通过带传动分别将 3 个电动机的输出传递到同轴转动的心轴、中间套和外套筒上；另一部分传动链则安排在手腕部。

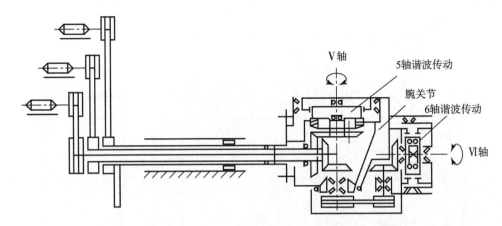

图 4-21　KUKA IR-662/100 型机器人手腕传动原理图

图 4-22 所示为该机器人手腕结构的装配示意图，具体传动情况如下：

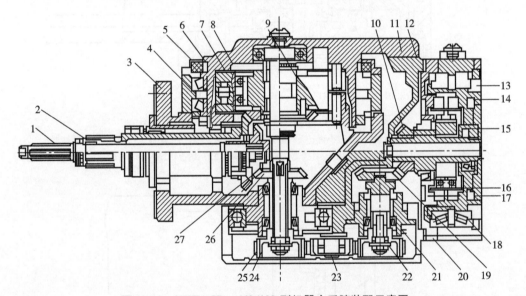

图 4-22　KUKA IR-662/100 型机器人手腕装配示意图

1—腕部中心轴；2—空心轴；3—手腕壳体；4，18—定轮；5，14—动轮；
6，7，10，19，26，27—锥齿轮；8，16—柔轮；9，15—波发生器；11—盖；
12—腕摆壳体；13—零件；17—法兰盘；20—底座；21—带键轴；
22，24，25—同步齿形带传动副；23—花键轴

结合图 4-22，分析 KUKA IR-662/100 型机器人手腕各个运动的实现过程与特点如下：

1）臂转运动的实现

机器人臂部外套筒与手腕壳体 3 通过端面法兰连接，外套筒直接带动整个手腕旋转完成臂转运动。

2）腕摆运动的实现

机器人臂部中间套通过花键与空心轴 2 连接，空心轴另一端通过一对锥齿轮 6、7 的啮合运动带动腕摆谐波减速器的波发生器 9，波发生器上套有轴承和柔轮 8，谐波减速器的定

轮 4 与手腕壳体相连，动轮 5 通过盖 11 与腕摆壳体 12 相固接，当中间套带动空心轴旋转时，腕摆壳体做腕摆运动。

3）手转运动的实现

机器人臂部心轴通过花键与腕部中心轴 1 连接，中心轴的另一端通过一对锥齿轮传动副 27、26 带动花键轴 23，花键轴的一端通过同步齿形带传动副 24、25、22 带动带键轴 21，再通过一对锥齿轮传动副 19、10 带动手转谐波减速器的波发生器 15，波发生器上套有轴承和柔轮 16，谐波减速器的定轮 18 通过底座 20 与腕摆壳体相连，动轮 14 通过零件 13 与连接手部的法兰盘 17 相固定，当臂部心轴带动腕部中心轴旋转时，法兰盘做手转运动。

需要注意的是，机器人臂转、腕摆、手转三个动作并不是相互独立的，存在较为复杂的干涉现象。当中心轴 1 和空心轴 2 固定不转，而仅有手腕壳体 3 做臂转运动时，由于锥齿轮 6 不转，锥齿轮 7 在其上滚动，因此有附加的腕转运动输出；同理，锥齿轮 26 在锥齿轮 27 上滚动时，也产生附加的手转运动。当中心轴 1 和手腕壳体 3 固定不转，空心轴 2 转动使手腕做腕摆运动时，也会产生附加的手转运动。这些附加运动最后应通过机器人控制系统进行修正。

（3）柔顺手腕结构

在采用机器人进行精密装配作业时，当被装配零件不一致，工件的定位夹具、机器人的定位精度不能满足精密装配要求时，会导致装配困难，这时装置着柔顺手腕结构的机器人就可发挥重要作用[207]。柔顺手腕结构主要是因机器人柔顺装配技术的需要而诞生的。柔顺装配技术有两种：一种是从检测、控制的角度出发，采取各种不同的搜索方法，实现边校正边装配。有的机器人手爪上还带有检测元件（如视觉传感器和力觉传感器，见图 4 - 23），这就是所谓主动柔顺装配技术。另一种是从结构的角度出发，在机器人手腕部分配置一个柔顺环节，以满足柔顺装配作业的需要，这就是所谓的被动柔顺装配技术。

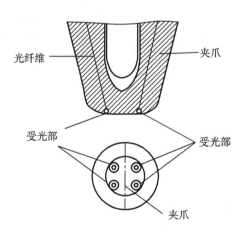

图 4 - 23 带检测元件的机器人手爪

图 4 - 24 所示为一种具有水平和摆动浮动功能的柔顺手腕机构，其水平浮动机构由平面、钢球和弹簧构成，可实现两个方向上的浮动。摆动浮动机构则由上、下球面和弹簧构成，可实现两个方向上的摆动。在装配作业中，如遇夹具定位不准或机器人手爪定位不准

时，可自行校正，其动作过程如图 4 - 25 所示。在插入装配中，工件局部被卡住时，将会受到阻力，促使柔顺手腕发挥作用，使手爪产生一个微小的修正量，工件便能顺利地插入。图 4 - 26 所示为另一种结构形式的柔顺手腕，其工作原理与上述柔顺手腕相似。图 4 - 27 所示为一种采用板弹簧作为柔性元件的柔顺手腕，该手腕在基座上通过板弹簧 1、2 连接框架，框架另两个侧面上通过板弹簧 3、4 连接平板和轴。装配时通过 4 块板弹簧的变形实现柔顺装配。图 4 - 28 所示为采用数根钢丝弹簧并联组成的一种柔顺手腕。

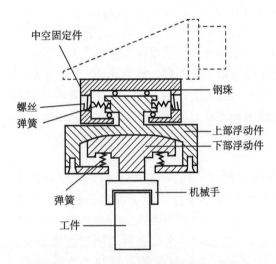

图 4 - 24　移动、摆动式柔顺手腕结构

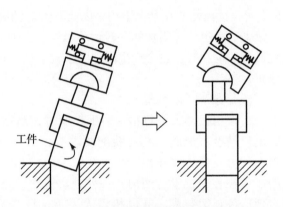

图 4 - 25　柔顺手腕动作过程示意图

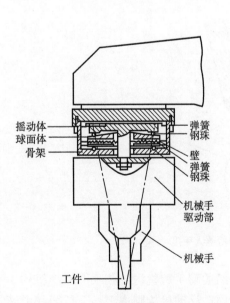

图 4 - 26　柔顺手腕结构示意图

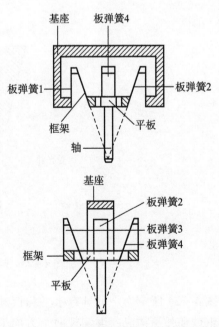

图 4 - 27　采用板弹簧的柔顺手腕结构示意图

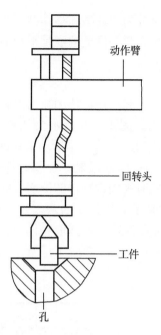

动作臂

回转头

工件

孔

图 4 - 28　采用钢丝弹簧的柔顺手腕结构示意图

　　主动柔顺手腕须配备一定数量和功能的传感器，价格较高，且由于反馈控制响应能力的限制，装配速度较慢。但主动柔顺手腕可以在较大范围内进行对中校正，装配间隙可少至几个微米，并可实现无倾角孔的插入，通用性很强。被动柔顺手腕结构比较简单，价格也比较低廉，且装配速度比主动柔顺手腕要快。但它要求装配件有倾角，允许的校正补偿量受到倾角的限制，轴孔间隙不能太小，否则插入阻力较大。为了扬长避短，近年来综合上述两种柔顺手腕优点的主/被动柔顺手腕正在发展和研制过程中。

4.2.4　工业机器人手部机械结构分析

　　手部结构是指工业机器人为了进行相关作业而在手腕上配置的操作机构，有时也称为手爪部分或末端操作器。如抓取工件的各种抓手、取料器、专用工具的夹持器等，还包括部分专用工具（如拧螺钉螺母机、喷枪、切割头、测量头等）[208]。

　　由于工业机器人作业内容的差异性（如搬运、装配、焊接、喷涂等）和作业对象的多样性（如轴类、板类、箱类、包类、瓶类物体等），机器人手部结构的形式多种多样，极其丰富。如从驱动手段来说，就有电动机驱动、电磁驱动、气液驱动等。考虑机器人手部的用途、功能和结构特点，大致可分成卡爪式取料手、吸附式取料手、末端操作器与换接器及仿生多指灵巧手等几类[209,210]。

　　（1）卡爪式取料手

　　该取料手由手指（手爪）和驱动机构组成，通过手指的开合动作实现对物体的夹持。根据夹持对象的具体情况，卡爪式取料手可有两个或多个手指，手指的形状也可以各种各样。取料方式有外卡式、内涨式和挂钩式等。驱动方法有气压驱动、液压驱动、电磁驱动和电动机驱动，还有利用弹性元件的弹性力来抓取物体而不需要驱动元件的。在工业机器人领域，以气压驱动方式最为普遍，这是由于气缸结构紧凑、动作简单，传动机构的形式更是丰富,根据手指开合的动作特点,可分为回转型和移动型[211]。其中,回转型又可分为一支点回转型和多支点回转型;根据手爪夹紧是摆动的或是平动的,还可分为摆动回转型和平动回转型。

1)弹性力抓手

该抓手不需要专门的驱动装置,其夹持物体的抓力由弹性元件提供。抓料时需要一定的压入力,卸料时则需要一定的拉力。图 4 - 29 所示为几种弹性力抓手的结构原理图。其中图 4 - 29(a)所示抓手有一个固定爪 1,另一个活动爪 6 则靠压簧 4 提供抓力,活动爪 6 绕轴 5 回转,空手时其回转角度由平面 2、3 限制。抓物时活动爪 6 在推力作用下张开,靠爪上的凹槽和弹性力抓取物体,卸料时需固定物体的侧面,抓手用力拔出即可。图 4 - 29(b)所示为具有两个滑动爪的弹性力抓手。压簧 3 的两端分别推动两个杠杆活动爪 1 绕轴 4 摆动。销轴 2 保证两爪闭合时有一定的距离,在抓取物体时接触反力产生张开力矩。图 4 - 29(c)所示为用两块板簧做成的抓手。图 4 - 29(d)所示为用四根板簧做成的内卡式抓手,主要用于电表线圈的抓取。

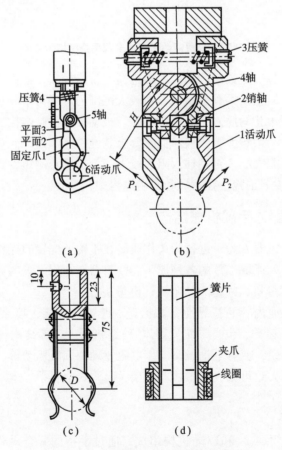

图 4 - 29　几种弹性力抓手结构示意图

2)摆动式抓手

该抓手在开合过程中手爪是绕固定轴摆动的。其结构简单,性能可靠,使用较广,尤其适合圆柱形表面物体的抓取作业。图 4 - 30 所示为几种摆动式抓手的结构原理图。其中,

图 4 - 30（a）所示为连杆摆动式抓手。这种抓手的推拉杆 3 做上下移动，通过连杆 2 带动手爪 1 绕同一转轴摆动，完成开合动作。图 4 - 30（b）所示为齿轮齿条摆动式抓手，其推拉杆端部装有齿条，与固定于爪上的齿轮啮合，齿条的上下移动带动两个手爪绕各自的转轴摆动，完成开合动作。图 4 - 30（c）所示为挂钩摆动式抓手。气缸推杆的动作使右侧挂钩摆动，通过两个挂钩上的齿轮啮合使左侧挂钩联动。挂钩式抓手不是靠夹紧力来抓取物体，而是依靠物体重力对转轴产生的回转力矩来抓住物体，因而有自锁作用，适合提升大型物体。图 4 - 30（d）所示为三爪内卡式摆动抓手。推拉杆下移时手爪张开，适合抓取圆环形物体。

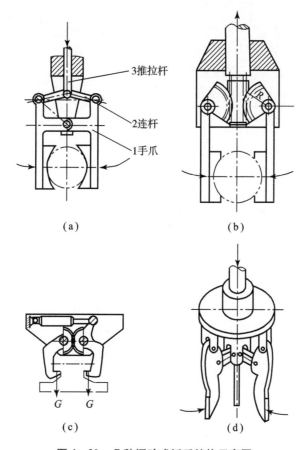

（a）　　　　　　　　（b）

（c）　　　　　　　　（d）

图 4 - 30　几种摆动式抓手结构示意图

3）平动式抓手

该抓手在开合过程中，其爪是平动的，因此而得名。这种抓手的运动可以有圆弧式平动和直线式平动之分。平动式抓手适合被夹持面是两个平面的物体。图 4 - 31 所示为连杆圆弧平动式抓手的结构原理图。该抓手采用平行四边形平动机构，使手爪在开合过程中能够保持其方向不变，做平行开合运动。而爪上任意一点的运动均为圆弧摆动。这种抓手在夹持物体的瞬间，对物体表面有一个切向分力。

图 4 - 32 所示为直线平动式抓手的结构原理图。其中，图 4 - 32（a）所示为螺杆副直线平动式抓手，螺杆上有旋向相反的左、右两段螺纹，爪上有螺孔（即为螺母），当螺杆旋转时，两爪做开合运动。图 4 - 32（b）所示为凸轮副直线平动式抓手。在连接手爪的滑块

上有导向槽和凸轮槽，当活塞杆上下运动时，通过滚子对凸轮槽的作用使滑块沿导向滚子平移，完成手爪的开合动作。图4-32（c）所示为差动齿条平动式抓手，其两个手爪的相关表面上制有齿条，这些齿条与过渡齿轮啮合，当拉动一个手爪时，另一个手爪反向运动，从而完成开合动作。

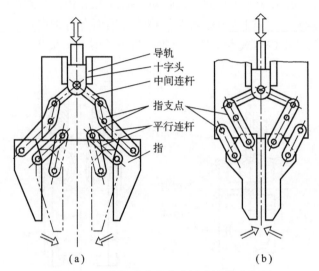

图4-31 连杆圆弧平动式抓手结构示意图

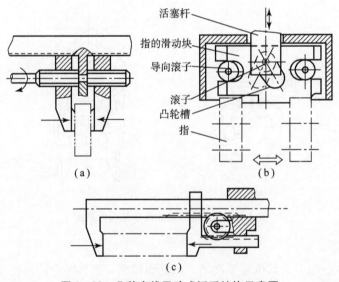

图4-32 几种直线平动式抓手结构示意图

（2）吸附式取料手

顾名思义，吸附式取料手靠吸附作用取料[212]。根据吸附力的不同，可分为气吸附和磁吸附两种。吸附式取料手主要适合大平面（单面接触无法抓取）、易碎（玻璃、磁盘）、微小（不易抓取）的物体，因而使用范围较为广阔[213]。

1）气吸附取料手

气吸附取料手是利用吸盘内的压力与吸盘外大气压之间的压力差而工作的。按形成压力差的方法，可分成真空气吸、气流负压气吸、挤压排气负压气吸等几种。与卡爪式取料手相比，气吸附取料手具有结构简单、质量小、吸附力分布均匀等优点。对于薄片状物体（如板材、纸张、玻璃等）的搬取具有更大的优越性，广泛用于非金属材料或不可剩磁材料的吸附作业。但要求所搬取的物体表面平整光滑、无孔无凹槽。下面介绍几种常用的气吸附取料手结构原理。

图 4-33 所示为真空气吸附取料手的结构原理图。该取料手利用真空泵产生真空，其真空度较高。碟形橡胶吸盘 1 通过固定环 2 安装在支承杆 4 上，支承杆 4 由螺母 5 固定在基板 6 上。取料时，碟形橡胶吸盘 1 与物体表面接触，吸盘边缘既能起到密封作用，又能起到缓冲作用。然后真空抽气，吸盘内腔形成真空，实施吸附取料。放料时，管路接通大气，失去真空，物体即可放下。为了避免在取放料时发生撞击，有的还在支承杆上配有缓冲弹簧；为了更好地适应物体吸附面的倾斜状况，有的在吸盘背面设计有球铰链（见图 4-34）。对于尺度微小（如小垫圈、小钢球等），无法实施手爪抓取的物体，真空吸附取料方式有了用武之地（见图 4-35）。

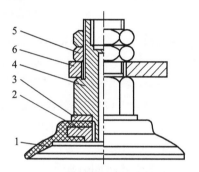

图 4-33　真空气吸附取料手结构示意图

1—橡胶吸盘；2—固定环；3—垫片；
4—支承杆；5—螺母；6—基板

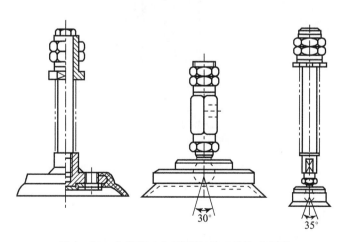

图 4-34　各种真空气吸附取料手结构示意图

真空吸附取料工作可靠，吸力大，但需要配套真空系统，成本较高。气流负压吸附取料手的结构原理如图 4-36 所示。由流体力学的原理可知，当需要取料时，压缩空气高速流经喷嘴5,这时其出口处的气压低于吸盘腔内的气压,于是腔内的气体被高速气流带走而形成负压。完成取料动作而需要释放时,切断压缩空气即可。气流负压吸附取料手所需压缩空气在一般企业内都比较容易获得,因此成本较低。

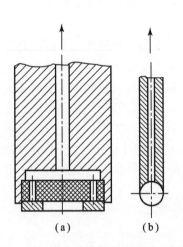

图4-35 微小零件取料手结构示意图

(a) 垫圈取料手;(b) 钢球取料手

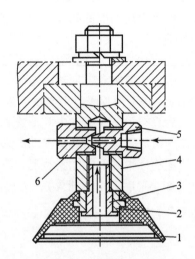

图4-36 气流负压吸附取料手结构示意图

1—橡胶吸盘;2—芯套;3—通气螺钉;

4—支承杆;5—喷嘴;6—喷嘴套

挤压排气式取料手的具体结构如图4-37所示。该取料手取料时,橡胶吸盘1压紧物体,橡胶吸盘发生变形,挤出腔内多余空气,此后取料手上升,靠橡胶吸盘的恢复力形成负压而将物体吸住。释放时,压下推杆3,使吸盘腔与大气连通而失去负压。挤压排气式取料手结构简单,但要防止漏气,工作时不宜长时间停顿。

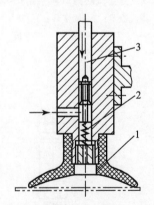

图4-37 挤压排气式取料手结构示意图

1—橡胶吸盘;2—弹簧;3—推杆

2)磁吸附取料手

磁吸附取料手利用电磁铁通电后产生的电磁吸力进行取料作业,因此它只能对铁磁物体起作用。另外,对某些不允许有剩磁存在的零件也禁止使用。所以,磁吸附取料手有一定的局限性。电磁铁的工作原理如图4-38所示。当线圈1通电后,有电流经过,在铁芯2内外产生磁场,磁力线经过铁芯,空气隙和衔铁3被磁化并形成回路。衔铁受到电磁吸力F的作用被牢牢吸住。实际使用时，往往采取图4-38（b）所示的盘式电磁铁，衔铁是固定的，衔铁内用隔磁材料将磁力线切断，当衔铁接触铁磁物体（待吸附的零件）时，零件被磁化形成磁力线回路并受到电磁吸力而被吸住。

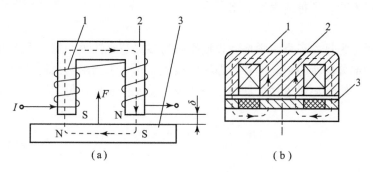

图4-38 电磁铁工作原理示意图

1—线圈；2—铁芯；3—衔铁

图4-39所示为盘状磁吸附取料手的结构示意图。铁芯1和磁盘3之间用黄铜焊接并构成隔磁环2，线圈11通电后磁力线回路为：壳体6的外环、磁盘3、零件、铁芯1、壳体内圈。铁芯1通过两个轴承10安装在壳体内孔上，在保证取料手能够正常转动的前提下，通过挡圈7、8可调整磁路气隙 δ，使其越小越好。

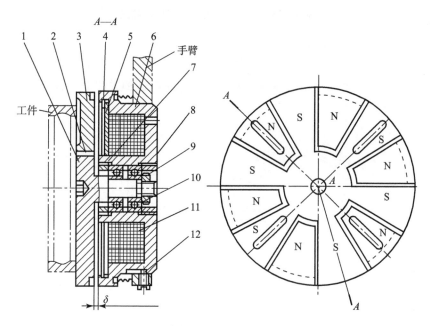

图4-39 盘状磁吸附取料手结构示意图

1—铁芯；2—隔磁环；3—磁盘；4—卡环；5—盖；6—壳体；

7，8—挡圈；9—螺母；10—轴承；11—线圈；12—螺钉

4.2.5 仿生多指灵巧手机械结构分析

简单的卡爪式取料手难以适应外形复杂物体的抓取作业，不能使物体表面承受均匀的夹

持力，因而无法满足对形状复杂、材质不同的物体实施夹持和操作。为了改善机器人手爪和手腕的灵活性，提高其操作能力和快速反应能力，使机器人的手爪也能像人手一样进行各种复杂的作业，就必须为其配备一个运动灵活、动作多样的灵巧手[214]。目前，国内外有关灵巧手的研究方兴未艾，各种成果也层出不穷。

（1）柔性手

图4-40所示为日本东京大学梅谷教授研制的多关节柔性手，每个手指由多个关节串接而成。手指传动部分由牵引钢丝绳和摩擦滚轮组成，每个手指由两根钢丝绳牵引，一侧为握紧，一侧为放松。驱动源可采用电动机、液压或气动元件驱动。可抓取凹凸外形物体并使物体受力较为均匀。

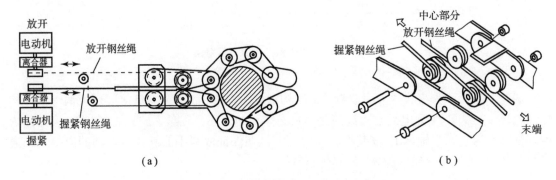

（a）　　　　　　　　　　　（b）

图4-40　多关节柔性手腕结构示意图

图4-41所示为用柔性材料制作的柔性手，这是一种一端固定、一端为自由端的双管合一的柔性管状手爪。当其一侧管内充进气体或液体，而另一侧管内抽取气体或液体后，两管形成压力差，柔性手爪就向抽空气体或液体的一侧弯曲。这种柔性手爪适合用来抓取轻型的圆形物体，如玻璃器皿等。

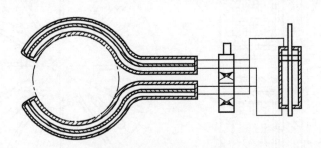

图4-41　柔性手结构示意图

（2）多指灵巧手

工业机器人手爪的最完美形式是模仿人手的多指灵巧手。图4-42和图4-43分别为多指灵巧手的手部和一个手指的结构示意图。图4-44所示则是为驱动一个手指而需配备的动力传递系统。该灵巧手的特点是每个手指具有3个自由度，而每个手指需用4台电动机驱动，各电动机根据安装在手腕部分的张力传感器和电动机侧面的位置传感器的信号，来同时控制钢丝绳的张力和位置。与一个电动机控制一个关节的方法相比，虽然它所用电动机多了一个，但它却不用担心钢丝绳会产生松弛现象。

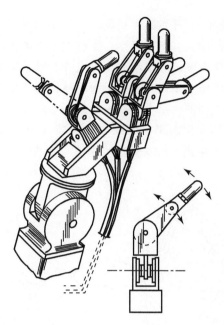

图 4 – 42　Stanford/JPL 灵巧手结构示意图

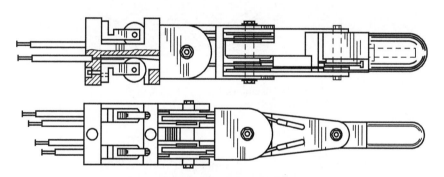

图 4 – 43　Stanford/JPL 灵巧手手指结构示意图

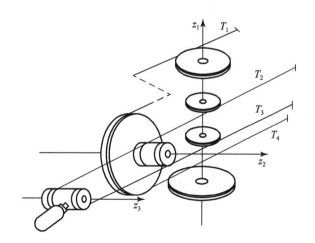

图 4 – 44　Stanford/JPL 灵巧手手指动力传递系统示意图

图 4 - 45 所示为 Utah/M. I. T. 开发的一种灵巧手结构示意图。该灵巧手是在对速度、强度、动作范围、灵巧性、可靠性、姿态重复性、生产成本等诸多因素进行详细研究后研制成功的。其各个手指都有 4 个自由度，除了没有小指以外，其结构非常接近人手，人手能够完成的动作它几乎都能够巧妙模仿。图 4 - 46 所示为驱动该灵巧手手指所用的压力控制型双重结构气压式驱动器外形图和原理图。每个手指关节用两个驱动器控制，每个驱动器均是以力伺服控制为基础，并通过安装在手腕部分的张力传感器（见图 4 - 47）的输出反馈来实现的。此外，各个手指关节处还安装了角度变化传感器（见图 4 - 48），从而使该灵巧手的动作更加完美。

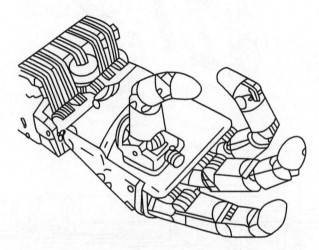

图 4 - 45　Utah/M. I. T. 开发的灵巧手

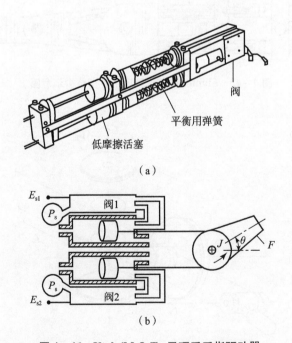

（a）

（b）

图 4 - 46　Utah/M. I. T. 灵巧手手指驱动器

（a）双重结构气压式驱动器外形图；（b）手指关节驱动系统原理图

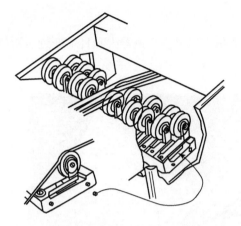

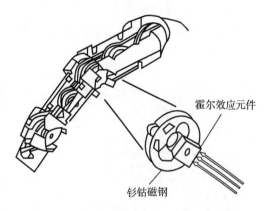

霍尔效应元件

钐钴磁钢

图 4 - 47　安装在灵巧手手腕处的张力传感器　　　图 4 - 48　灵巧手使用的关节角度传感器

4.3　仿生腿足式机器人典型机械结构分析

4.3.1　仿生腿足式机器人概述

仿生腿足式机器人是指模仿多足动物运动形式的特种机器人,其实质是一种腿足式移动机构[215]。现有仿生腿足式机器人的腿足数分别为一足、二足、三足、四足、六足、八足甚至更多。其中偶数足占绝大多数,因为就直线运动来说,偶数足能够产生有效的步态。腿足数多一些时,机器人适合重载和慢速运动,而二足或四足机器人似乎更灵活一些。

常见的仿生腿足式机器人多为二足、四足或六足机器人,其缘由是二足步行是人所特有的移动方式。二足步行机器人基本上是模仿人的下肢机构形态而制成的,而哺乳类动物和昆虫几乎分别都是四足和六足的。因此,二足、四足和六足机器人有许多仿生参照对象,这对提升仿生腿足式机器人的研制水平具有重要的借鉴意义。另外,由于仿生腿足式机器人的腿部机构往往比较复杂,如果能将其腿足数尽量减少一些,在技术上也是比较有利的。

据调查,地球上有近一半的地面不能为传统的轮式或履带式车辆所到达,但很多腿足式动物却可以在这些地面上行走自如。因此,仿生腿足式机器人的运动方式具有其他地面推进方式所不具有的独特优越性能,这主要表现在:仿生腿足式机器人的运动方式具有较好的机动性,即具有较好的对不平地面的适应能力,这一运动方式的立足点是离散的,可以在所达地面上选择最优的支撑点,还可以通过松软地面或跨越较大的障碍;仿生腿足式机器人运动系统可以实现主动隔振,即允许机身运动轨迹与腿足运动轨迹解耦,尽管地面高低不平,其机身运动仍可做到相当平稳;仿生腿足式机器人在不平地面和松软地面上的运动速度较高,而且能耗较少。由此可见,仿生腿足式机器人在战地侦察、防灾救险、星球探测等领域有着广阔的应用前景[216]。

自 20 世纪 80 年代麻省理工学院研制出第一批可以像动物跑和跳的机器人开始,各国都积极进行仿生腿足式机器人的研究,模仿对象有蜘蛛、蟋蟀、螃蟹、蟑螂、蚂蚁等,研究内容集中于机械结构设计、电气设计、步态规划及控制软件开发等。下面介绍几款典型的仿生腿足式机器人。

（1）仿人二足步行机器人

图 4 – 49 和图 4 – 50 所示分别为国外早期开发的仿生二足步行机器人和日本新近研制的驾驭型二足步行机器人。

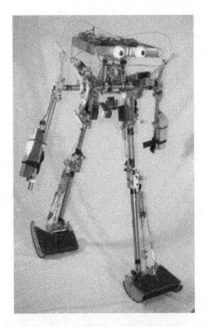

图 4 – 49　早期的二足步行机器人

图 4 – 50　日本新近研制的驾驭型机器人

二足步行机器人是模仿人的下肢机构形态而研制的。对于人体下肢机构的研究而言，主要注意的是踝关节以上部分的步行功能。若以连杆机构的形式将机器人进行简化，可得图 4 – 51 所示机构模型。由图可知，机器人左右两腿是对称的，每条腿的踝关节有纵摇轴和

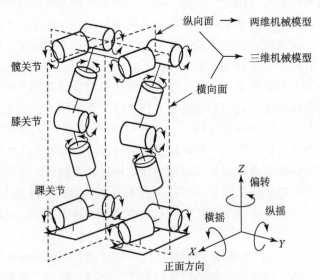

图 4 – 51　人体下肢机构模型

横摇轴 2 个自由度，膝关节有纵摇轴和偏转轴 2 个自由度，髋关节有纵摇轴、横摇轴和偏转轴 3 个自由度，合起来共有 7 个自由度，两腿总计 14 个自由度，属于串联开式链连杆机构。根据图 4 - 51 中所示坐标系可知，X 轴指向机器人前进的正面方向，Z 轴指向垂直向上的方向，XY 平面与路面（水平面）一致。这时的 XZ 平面叫作纵向面，YZ 平面叫作横向面。

（2）仿壁虎四足机器人

壁虎是一种四足爬行动物（见图 4 - 52），身体扁平，四肢短小，能在地面、峭壁、天花板等不同法向平面上自由灵活地运动，环境适应性极强。科学家以壁虎的这种运动能力为模仿对象，研制出了各种爬壁机器人[217]。壁虎的吸附原理和移动方式为突破传统机器人的限制提供了新的思路，成为一个新的研究方向。

图 4 - 53 所示为美国斯坦福大学于 2006 年研发的仿壁虎机器人 Stickybot。该机器人具有 4 只黏性脚足，每个脚足有 4 根脚趾，趾底上有着数百万个极其微小的用于黏附的人造毛发，这些毛发由人造橡胶制成。每个脚趾上都有脚筋，脚筋可以实现脚趾的外翻与展平。每个脚足上的 4 个脚筋可以联动，从而可以轻松实现脚足与附着面的最大接触及脚足黏附材料与附着面的吸附与脱附。仿壁虎机器人的腿是个四杆机构，依靠一个电动机实现腿的前后移动，并借助另外一个电动机实现四杆机构平面的转动，从而完成抬腿动作。该机器人脚趾的驱动用马达来实现。

图 4 - 52　壁虎　　　　　　　　　　　图 4 - 53　仿壁虎机器人

（3）仿竹节虫六足机器人

竹节虫（见图 4 - 54）是拟态昆虫的典型代表，其头部及前胸短小，中胸和腹部修长，当 6 足紧靠身体时，极像竹节，体色也与栖息地极为相似，因此而得名。竹节虫的这些特点引起了研究人员的极大兴趣。六足步行机器人 Hamlet（见图 4 - 55）便是新西兰 Canterbury 大学的科研人员以竹节虫为生物模拟对象进行设计的。该仿竹节虫机器人共有 6 条三关节的步行足，每个关节均由一台功率为 13 W 的 Maxon 电动机通过齿轮箱减速输出 4.5 Nm 的扭矩进行驱动。每条步行足的端部装有一个框架应变结构的三维力传感器，并使用碳纤维包覆的保护鞘对接触地面的足端进行保护。该机器人采用二级分布式控制系统，硬件部分采用集成了 2 个 TMS320C44 芯片的集成控制板卡对关节驱动信号和力、姿态传感器信号进行运算处理。该机器人尺寸为 65 cm × 50 cm × 40 cm，质量 12.7 kg，能以 0.2 m/s 的平均速度在复杂地形中自主行走运动，并具有越障能力。

图 4 – 54　竹节虫

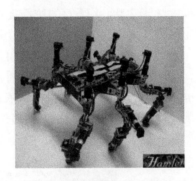

图 4 – 55　仿竹节虫机器人

（4）仿蟑螂六足机器人

蟑螂（见图 4 – 56）由于其极强的运动特性和环境适应能力，一直是仿生技术领域的明星模型。美国麦吉尔大学的学者通过分析蟑螂在各种地形上的全速行走方式，研制了一个约 7 kg 的仿蟑螂机器人 RHex（见图 4 – 57）。该机器人行走时，足部做环形回转运动，最高速度可达 2.3 m/s，是当今爬行速度最快的仿生腿足式机器人，即使在崎岖不平的地面上也可行走自如。RHex 以"三角步态"方式运动，6 条腿具有柔顺性，每条腿只有 1 个驱动器，位于髋部。当遇到障碍物，需要其以较高距离离开地面时，RHex 的腿可以旋转一周[218]。控制器采用关节空间闭环、任务空间开环的控制策略，通过改变 5 个参数值控制机器人的步态。该机器人虽然外观与蟑螂原形有一定的差距，但步态节律与蟑螂却是一致的。

图 4 – 56　蟑螂

图 4 – 57　仿蟑螂机器人

（5）仿蜘蛛八足机器人

蜘蛛（见图 4 – 58）由于其形体奇特、运动灵活、张网捕食能力和信息搜集能力极强而著称。美国国家航空航天局于 2002 年成功研制出一种微型仿蜘蛛步行机器人 Spider – bot（见图 4 – 59）。该机器人体积小巧，直立高度仅有 18 cm，体积也只有人头部的一半大小，可灵活地跨越障碍，攀越岩石，在不规则的星球表面爬行。

图 4 – 58　蜘蛛

图 4 – 59　微型仿蜘蛛八足机器人

（6）仿蝎子八足机器人

仿蝎子八足机器人 Scorpion（见图 4 – 60）是由德国 Bremen 大学研发的自治机器人。这款机器人是模仿蝎子（见图 4 – 61）走路方式设计的。该机器人有 8 条腿，能够下陡坡、攀悬崖，甚至能钻进裂隙，因而更适宜在诸如火星等星球上进行科学探测。

Scorpion 质量 12.5 kg，体长 65 cm，宽度随机器人姿势步态的不同而不同，在 20 ~ 60 cm 之间变化。若其采用典型的 M 步态爬行时，身体的宽度为 40 cm。它的每只步行足均有 3 个自由度，腿部关节由 24 V、6 W 的直流电动机驱动，步行足末端安装有减震装置和力传感器，身上安装有电子罗盘和超声波测距仪。遥控系统通过 PAL CCD 摄像机，与便携式电脑进行实时双工通信实现信息交互，从而使该机器人能够在半自主模式下正常工作。

图 4 – 60　仿蝎子八足机器人

图 4 – 61　蝎子

纵观仿生腿足式机器人的研究现状可以看到，一些科技发达的西方国家很早就着手研究仿生腿足式机器人，积累了丰富的经验，对仿生腿足式机器人涉及的各项技术和综合应用能力有了较为充分的掌握，其研发的仿生腿足式机器人种类齐全、用途广泛，部分已经开始进入实用化阶段。而我国对仿生腿足式机器人的研究与国际研究水平还存在一定差距，不仅种类较少，而且已开发的机器人不能兼顾微小型、高负载、灵活性、实用性等多方面的要求，大多数仿生腿足式机器人仍处于预研、跟踪与试验阶段，没能真正走出实验室。

通过对国内外仿生腿足式机器人研究现状的分析与比较，可以看到仿生腿足式机器人呈现出新的研究特征和发展趋势，主要表现为：

①自然界中生物的结构和机能远比现在所设计的机器人更为合理，因此应该进一步开展生物观测分析实验，在充分研究生物机体结构和运动特性的基础上，完善仿生腿足式机器人的设计。研发人员要在"仿生"二字上下功夫，不仅要"形似"，还要"神似"。

②与一足、二足式机器人相比，多足式步行机器人的总负荷更大，可以携带的仪器和工具更多，功能性更强[219]。与单个机器人相比，多个机器人或机器人群组的实用价值更高。成群组配置的多个机器人之间通过组网通信进行协调，也可以按照某种规则指定主机器人和从机器人，从而按照一定的队形和顺序对目标进行不同的测量和操作。并且当其中某一腿足式机器人出现故障时，其他机器人还可以照常工作，大大提高了工作效率和可靠性。因此，仿生腿足式机器人的研究应向群体化方向发展[220]。

③自重构式仿生腿足式机器人比起固定结构的腿足式机器人对地形的适应性更强，可应用的场合更多。它们可以根据作业任务和环境的不同，变换体态和形状。如穿越管道时，它可以变成蛇形机器人；穿越崎岖的地形时，它可以变成腿式机器人。因此，自重构机器人是仿生腿足式机器人发展的重要方向之一[221]。

4.3.2 仿生腿足式机器人基本组成

（1）二足式机器人的基本组成

1）二足步行机器人的维数

现有的二足步行机器人大致可分成两类：一类是只有机器人本身的二足步行机器人，另一类是外部附加支撑机构的二足步行机器人。附加支撑机构是如此构造的，即在路面两侧沿机器人前进方向设置了导轨，并夹抱着机器人的上身或腰部，也就是说，该机器人沿着图4-51所示横向面（Y轴）方向的运动将受到导轨的约束，使得机器人从结构上能够保证在Y轴方向不发生翻倒现象。这种类型的二足步行机器人仅能在纵向平面内行走，故称之为两维二足步行机器人。还有一种二足步行机器人，它虽然没有附加支撑机构，但其脚底的形状如图4-62所示，呈"I""ㄹ"和"H"形，它在XY平面内具有互相重叠交叉的结构。这样一来，即使在横向面内没有进行稳定控制，机器人在该方向上也不会翻倒，所以这种类型的机器人也属于两维二足步行机器人。

对于没有上述附加支撑机构或脚底形状设置的二足步行机器人来说，在横向面和纵向面内就必须进行步行稳定性控制，这种类型的机器人就属于三维二足步行机器人。

2）二足步行机器人的自由度

从机构模型的分析出发，二足步行机器人的自由度指的是其具有的能主动产生力矩或力的自由度总数。之所以给出这样的定义，主要理由是，如果考虑图4-63所示二足机器人步行过程，从力学上来看，机器人在路面上的支撑状态所表现的自由度和关节的控制状态所表现的自由度是不一样的。为了统一对二足步行机器人机构模型的提法，故采用了上述定义。现在几乎所有二足步行机器人机构模型的自由度都与驱动器的总数相同。最一般的二足步行机器人机构模型都有 4～10 个自由度[222]。

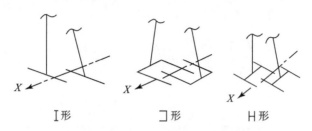

图 4 - 62　两维二足步行机器人的足底形状

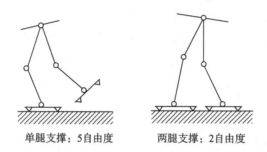

单腿支撑：5自由度　　　两腿支撑：2自由度

图 4 - 63　二足步行机器人腿的支撑状态和自由度（5 自由度机构模型情况）

3）二足步行机器人的腿部机构

如果按脚部形状分类，二足步行机器人的腿部机构大致可分为三类：第一类是没有脚底的机构，实际上，所谓没有脚底，是指其与地面接触的脚底不是面接触。具有这种腿部机构的机器人叫作高跷形；第二类是有脚底的机构，叫作仿人形；第三类是虽有脚底，但其尺寸与机器人机构模型整体或步长相比要大得多，具有这种腿部机构的机器人叫作滑雪形。上述类型的机器人腿部机构及其区别如图 4 - 64 所示。由图可知，这些腿部机构的区别主要表现在对地面可能作用的力矩不同，高跷形机构对地面不产生力矩；滑雪形机构实际上是在任何情况下都能产生力矩；仿人形机构只在一定范围内能产生力矩。这里的一定范围，是指机器人脚底着地呈面接触状的范围。

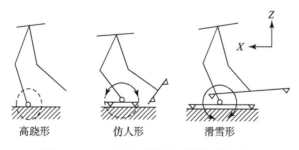

高跷形　　　仿人形　　　滑雪形

图 4 - 64　二足步行机器人腿部机构的类型

二足步行机器人的膝关节机构可分成如图 4 - 65 所示的三种类型。第一类是与人的膝关节相似的弯曲形膝关节机构。它与机械手中的多关节形手臂相对应。第二类是伸缩形膝关节机构，高跷形二足步行机器人的机构模型即是其应用实例。它与机械手中的球坐标型手臂相对应。第三类是无关节形机构，有的高跷形二足步行机器人也采用这种膝关节机构。

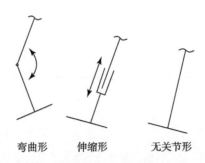

弯曲形　　伸缩形　　无关节形

图 4 - 65　二足步行机器人膝关节机构的类型

（2）多足式机器人的基本组成

这里所说的多足机器人，主要是指四足和六足机器人。六足机器人通常用 3 条腿或更多条腿参与步行，所以能实现静态步行；四足机器人静态步行和动态步行均能实现，即使是静态步行，也比二足机器人更为稳定，这也就是人们在实际应用中经常使用四足或六足步行机器人的原因。

多足机器人几乎都是在作为刚体的机体上安装了 4 条或 6 条腿而构成的。近年来，也有人开始研究具有伸缩机构的步行机器人。

1）多足步行机器人腿部机构

多足步行机器人腿部的主要任务是，一边支撑机器人本体，一边使机器人本体向步行方向移动。在完成了支撑机器人本体并向步行方向移动的任务之后，为了再一次使它能完成相同的任务，必须把脚部暂时抬起悬停在空中并向步行方向摆动[223]。因此，如果把机器人本体看作是固定不动的，则动物用脚走路时的脚部轨迹就如图 4 - 66 所示。该轨迹由支撑体重的支撑相和其脚部向步行方向跨出的摆动相组成。支撑相又可称为站立相，摆动相又可称为复原相。

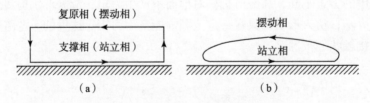

复原相（摆动相）　　　　　　　　　　摆动相

支撑相（站立相）　　　　　　　　　　站立相

（a）　　　　　　　　　　　　　　（b）

图 4 - 66　多足步行机器人脚部轨迹

实际上，多足步行机器人的脚部轨迹如图 4 - 66（b）所示，在支撑相所描绘的是缓慢的平整直线段，而在摆动相所描绘的是快速的凸起曲线段。

①连续转动关节形腿部机构。

该机构是将转动关节从机器人本体开始依次连接而成（见图 4 - 67）。该机构很容易以 3 个自由度驱动机器人脚部运动，其缺点是支撑相的直线轨迹要依靠 3 个自由度同时驱动才能实现，所以控制起来比较困难。

②伸缩形腿部机构。

图 4-68 所示为伸缩形腿部机构，它采用流体驱动器，构造简单。该机构通过伸缩改变腿部长度，还可使整条腿在垂直面内做旋转运动。在气压式六足步行机器人中，就采用了这种机构[224]。

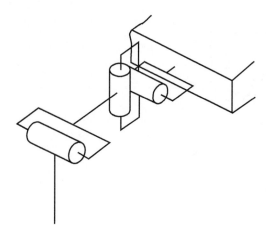

图 4-67 连续转动关节形腿部机构

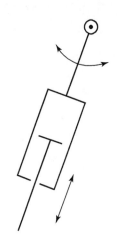

图 4-68 伸缩形腿部机构 I

图 4-69 所示为一种能够上下台阶的五足步行机器人的脚轮机构。该机器人在通常情况下用车轮移动，在碰到阶梯、台阶或其他车轮难以适应的地形时，再利用腿部伸缩功能依次将每条腿抬起或放下，借助这样的方法就可以适应不平地形，使机器人前进。

③膝关节形腿部机构。

这是一种类似于人体下肢、有着膝关节的腿部机构（见图 4-70），其优点是机构简单，脚部能达到的范围很大，换言之，就是机器人脚的移动范围较大。缺点是其负载容量较小，且控制比较复杂。

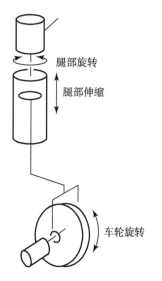

图 4-69 伸缩形腿部机构 II

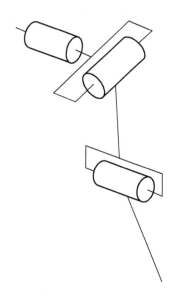

图 4-70 膝关节形腿部机构

④缩放连杆形腿部机构。

图 4 - 71 所示为缩放连杆形腿部机构,在步行机器人研究的最初阶段,人们曾利用其作为实验样机的腿部机构。由图可知,若用销子使连杆交叉点做圆周运动,则脚部将描绘出图示特殊轨迹。该机构的缺点是脚部轨迹是固定的,并且支撑相的轨迹不是直线,所以,在移动时,机器人本体会产生较大的上下摇晃现象。

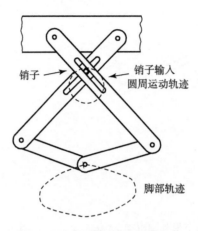

图 4 - 71　缩放连杆形腿部机构

⑤平行连杆形腿部机构。

图 4 - 72 所示为平行连杆形腿部机构。在该机构中,输入动作轴 x、y 和输出运动 X、Y 是一一对应、互相独立的。因此,若能够使输入的两个轴互相垂直并做直线驱动,那么输出也是互相垂直的运动,且输出大小是输入的 n 倍。当然,n 可以大于 1,也可以小于 1,还可以等于 1。如果采用平行连杆形腿部机构,就可使移动机器人构成直角坐标系,从而使控制变得较为简便。此外,在完成支撑相的水平直线轨迹时,仅使用与此对应的水平平移驱动器即可,此时如果用某种方法支撑固定住另一个垂直运动的驱动器,则支撑机器人本体质量所需能量就可省去,这样机器人支撑相的能耗就非常少。

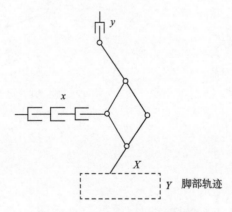

图 4 - 72　平行连杆形腿部机构

应当指出的是,连杆机构基本上只能完成两维运动,要实现机器人在地面上的步行,必须驱动机器人的脚部做三维运动。图 4 - 73 所示是将两维平行连杆机构扩展为三维平行连杆机构的原理示意图。在该腿部机构中，机器人脚部运动与各自由度的驱动一一对应，按三维直角坐标驱动，所以控制是非常容易的。采用这种机构的四足步行机器人能够上下台阶和不太陡的阶梯。

这种三维平行连杆机构的缺点在于，其机构比较复杂，且由于驱动器属于平移式，所以很多地方必须采用滑动导轨等机械零件，其横向刚性也比较差。

图 4 - 74 所示为利用两个互相垂直的移动副改变三角形的姿态，并从三角形的一端通过平行连杆机构来驱动机器人的脚部连杆，从而获得机器人脚部的移动轨迹。该机构在设计时也应当保证其具有足够的横向刚性。

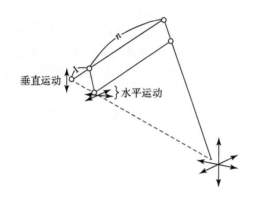

图 4 - 73　三维平行连杆机构示意图

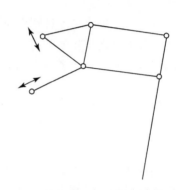

图 4 - 74　含有平行连杆机构的腿部机构

⑥四连杆形腿部机构。

应当看到，图 4 - 75 所示四连杆机构有可能构成各种各样的机器人的腿部机构。如利用切比雪夫机构实现支撑相的近似直线轨迹，并开发了采用这种腿部机构（见图 4 - 76）的六足步行机器人。

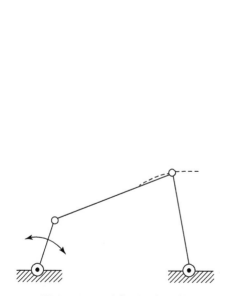

图 4 - 75　四连杆形腿部机构

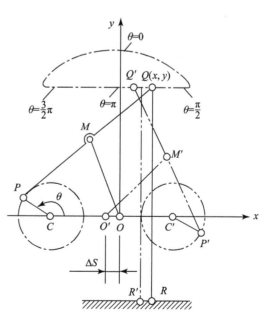

图 4 - 76　切比雪夫机构工作原理及其轨迹

采用上述切比雪夫机构的六足步行机器人，每3个足构成一组，着地时间约为1/2个周期。由图4-76可知，$\pi/2 \sim (3/2)\pi$ 的直线段为足着地时的轨迹，$(3/2)\pi \sim 0 \sim \pi/2$ 为足跨步时的轨迹。

为了使 Q 点的轨迹平行于地面上的 R 点，该机构采用了另一个反相对称的切比雪夫机构，相位差为 $180°$（即图4-76中的 $C'P'M'O'$）。该机构上 Q' 点的轨迹与原机构上 Q 点的轨迹完全相同，但移过了 ΔS 的距离，故 QQ' 的连线恒与 OO' 平行。用 QQ' 的中垂线上的 R' 点作足尖，其轨迹必与 Q、Q' 的轨迹相同，故适合用作六足步行机器人的步行机构[225]。需要指出，切比雪夫机构的尺寸应满足：$PM = MQ = MO$ 及 $PM:CO:CP = 1:0.78:0.35$。

⑦改型连杆腿部机构。

图4-77所示为一种改型连杆腿部机构，它将前述连杆腿部机构中的两个移动副改为转动副，同时还具有平行连杆相似的特性。在采用该机构的六足步行机器人中，腿部横向刚性较差的缺点利用机器人的6条腿（支撑时为3条腿）在圆周上的等角度均匀分布而得以巧妙化解。

此外，人们还开发了如图4-78所示的四足步行机器人腿部机构。该机构在不大承受负载的垂直轴上安装从动滑块，从而形成一种三连杆（如果加上从动滑块上的轴，就是四连杆）的近似直线机构。其优点是基本结构十分简单，连杆机构所特有的横向刚性差的缺点得到了克服，支撑相时的近似直线轨迹用1个自由度驱动即可，所以控制也十分简单。另外，若将整个连杆机构向体侧方向旋转，就能进行3自由度的驱动。缺点是机器人在脚部做上下运动中采用了滑块，导致摩擦力增大。

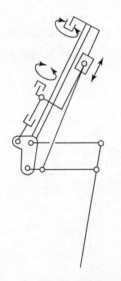

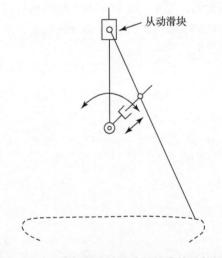
从动滑块

图4-77　改型连杆腿部机构　　　　图4-78　三连杆和被动移动副组成的腿部机构

⑧水平关节型腿部机构。

该机构的构形如图4-79所示。从本质上分析，该机构是将水平关节型机器人的手臂当作步行机器人的腿来使用。优点是该机构在工业机器人的手臂中得到成功的应用，可借鉴的成果比较丰富；缺点是为了得到机器人在支撑相时所需的足端轨迹，需要在两个自由度方向上进行驱动，而腿部移动的运动副则必须承受足底的地面反力。

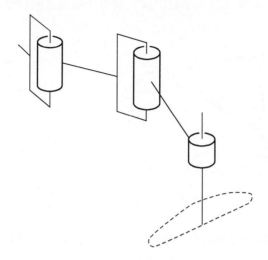

图 4 – 79　水平关节型腿部机构

⑨其他类型的腿部机构。

图 4 – 80 所示为美国学者开发的一种可用于六足步行机器人的腿部机构。该机构可使六足步行机器人的脚部完成三维运动，其驱动器全部采用液压油缸，具有驱动平稳、驱动力大等优点。

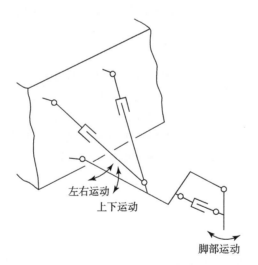

图 4 – 80　三油缸驱动、脚部完成三维运动的腿部机构

2）多足步行机器人机体机构

迄今为止，多足步行机器人的机体往往都做成箱形刚体。但哺乳类动物和昆虫的躯体却大多具有屈伸功能。正是由于这种屈伸功能，才使哺乳类动物和昆虫对地面具有很强的适应能力。图 4 – 81 所示为一种可在水平方向上改变机体角度的四足步行机器人，利用机体可变角度的特性，该机器人尽管每条腿只有两个自由度，但仍可完成整体的旋转移动。

在图 4 – 82 所示四足步行机器人中，机器人的两条前腿和两条后腿各成一对，它们分别能做小范围的转动，以改变其与机体垂直的状态。这样仅依靠前后腿处的 2 个转动自由度和四条腿上下移动的 4 个自由度（共 6 个自由度）就可使机器人向前移动。

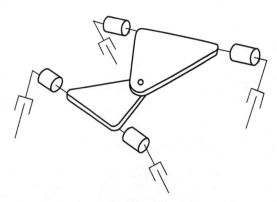

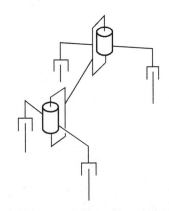

图 4-81　机体可变角度的四足步行机器人　　图 4-82　四足步行所需自由度的构成

4.3.3　仿生腿足式机器人机构特点

从仿生腿足式机器人的行走特性出发，一方面要求机器人能走出直线运动轨迹或平面曲线轨迹（在严重崎岖不平的地面上），另一方面要求机器人能转向，而当前进运动和转向运动均由机器人的腿机构来完成时，腿机构应为不少于 3 个自由度的空间机构，并且足端具备一个实体的工作空间[226]。当机器人的转向运动由腿机构之外的独立转向机构完成时，腿机构可以是两自由度的平面机构。当机器人的推进和转向运动均由复合机架完成时，则只要求机器人具备单自由度的伸缩腿机构。

仿生腿足式机器人的腿在行走过程中交替支撑机体的重量，并在负重状态下推进机体向前运动，因此，腿机构必须具备与整机重量相适应的刚性和承载力，只有这样，才不至于患"软骨病"。需要注意的是，在步行机器人腿机构的设计中，不能简单照搬工业机器人机构的设计模式，因为它们在使用目的、受力特点等方面存在巨大差别。

仿生腿足式机器人的腿机构可分成开链机构和闭链机构两大类[227]。开链机构的特点是刚性差，结构简单，工作空间大，但承载能力小；闭链机构的特点是刚性好，功耗较低，承载能力大，但工作空间存在局限性。

（1）仿生腿足式机器人开链腿机构

在早期的仿生腿足式机器人研究中，人们想方设法使机器人采用类似动物的腿机构，即关节式腿机构。图 4-83 表明了具有三个转动关节的 RRR 型腿机构各关节不同布置的几种可能形式。其中，图 4-83（a）所示形式常用于六足步行机器人，其向前推进运动由沿铅垂轴的股关节产生；图 4-83（b）所示形式曾出现于某机械臂设计；图 4-83（c）和图 4-83（d）所示形式类似于螃蟹的腿机构；图 4-83（e）和图 4-83（f）所示形式则类似于哺乳动物的腿机构。

在此，将详细分析仿生腿足式机器人第一轴（近机体）的方位情况。在仿生腿足式机器人的腿机构设计中，人们首先要对两种情况进行抉择，即究竟是将第一轴垂直放置（见图 4-83（e））还是将第一轴水平放置（见图 4-83（f））。第一轴垂直放置的优点是：在机器人的一个步行行程中，主要关节位移在垂直轴上，其他关节只有很小的位移。由于产生主要位移的轴与重力方向平行，所以，在平地上行走时，不需要克服重力做功。另外，两个关节的运动虽然需要相对于重力做正功或负功，但由于位移很小，功的分量也很小。因此，这种第一轴垂直布置的方案是一种节能的方案。

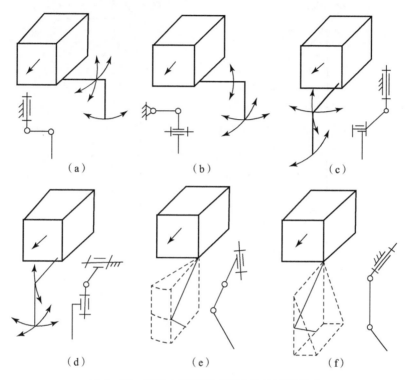

图 4 – 83　三自由度关节式腿机构的可能形式

对于图 4 – 83（f）所示第一轴水平布置的方案而言，其优点是在机器人腿的摆动行程终了时，动能和势能可以相互转换（依据水平轴摆的原理）。另外，由于第一关节（水平轴）的腿结构上部受到的重力弯矩较图 4 – 83（e）的小得多，这样机器人机体的宽度可以做得小一些，便于机器人穿越野外草丛或其他狭窄区域。

必须指出，第一轴水平布置形式存在严重缺点，这可由分析加以证明。图 4 – 84 给出了仿生腿足式机器人在走水平直线时腿的相对位置，图中只标示出第二和第三关节，因为第一关节在此时不起作用。图 4 – 84（a）和图 4 – 84（b）所示分别为同一机构在推进运动中的两个不同位置，当立足点 P 在前方时（见图 4 – 84（a）），两关节的转动方向均为顺时针，足端的地面反作用力 F 引起的扭矩 T 在膝部（K 关节）是逆时针的，而在股部（H 关节）是顺时针的，于是股关节对载荷做正功，但膝关节对载荷做负功。实际上，膝关节驱动器会吸收载荷对此关节做的功，相当于起了制动器的作用。当立足点 P 处于股关节 H 的后方时（见图 4 – 84（b）），情况正好相反，股关节转动方向为顺时针，膝关节转动方向为逆时针，而足端的反作用力 F 产生的力矩对于 H 和 K 关节均为逆时针。所以膝关节做正功，而股关节驱动器起制动作用。

美国通用电气公司研制的四足步行机器人和美国俄亥俄州立大学研制的六足步行机器人分别采用了第一轴水平放置和第一轴垂直放置的三自由度关节式腿机构，日本港湾技术研究所研制的水下考察全方位六足步行机器人 Aquarobot（见图 4 - 85）也采用了第一轴垂直放置的腿机构方案[228]。

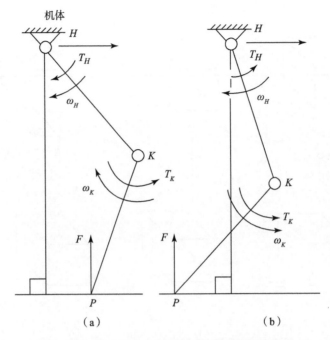

图 4 - 84　第一关节水平放置时腿机构的两种情况

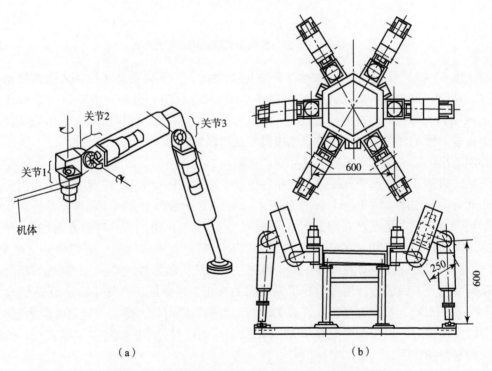

图 4 - 85　水下考察全方位六足步行机器人 Aquarobot

（a）腿机构示意图；（b）机器人外形图

　　除了 RRR 型腿机构外，有的仿生腿足式步行机器人还采用了 RRP 型腿机构。图 4 - 86 所示为美国卡内基 - 梅隆大学开发的六足步行机器人（CMU Ambler），该机器人可用于火星考察等特种作业，其腿机构类似于三自由度 SCARA 机器人，具有节能和地面适应能力强等优点。

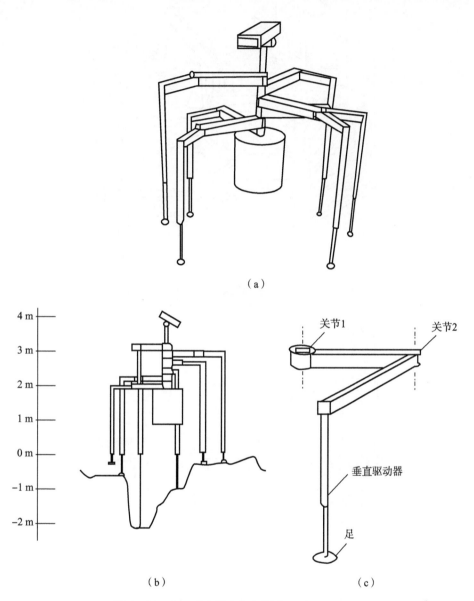

（a）

（b）　　　　　　　　　　　　（c）

图 4 - 86　自治式六足步行机器人 CMU Ambler

（a）机器人全貌；（b）行走场景；（c）腿机构示意图

　　图 4 - 87 所示为美国 FMC 公司开发的六足步行机器人（Symmetrical Walker），该机器人具有 RRP 机构（见图 4 - 88），也可用于火星考察。表 4 - 1 列出了其主要性能指标。

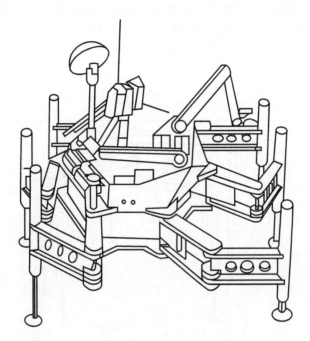

图 4 – 87　六足步行机器人 Symmetrical Walker

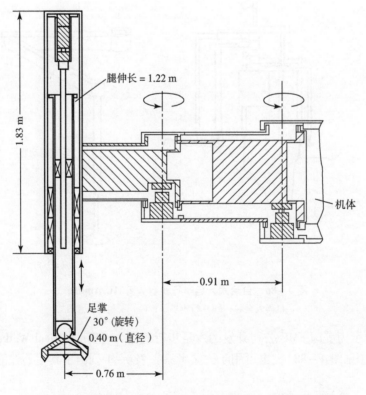

图 4 – 88　六足步行机器人 Symmetrical Walker 的腿机构剖视图

表 4 - 1　六足步行机器人 Symmetrical Walker 性能一览表

设计指标	作业性能
存储/运输能力：12.5 m³	抬腿高度：1.2 m
地面不平度：0.3 ~ 1.5 m	跨沟：1.5 m
步行行程：1.5 m（最大）	硬地面爬坡角：60°
足掌直径：0.4 m	松沙地面爬坡角：35°
整机毛重：960 kg	接地比压：硬地 20 psi（火星上）
载重：314 kg	软地 0.1 ~ 4.0 psi（火星上）
机身直径：2.5 m	速度：最高 17 cm/s 额定 10 cm/s
腿长：收缩时 1.8 m	所需功率：标称功率：145 W（当以 10 cm/s 的速度在松沙地面上） 最大功率：230 W（当以 6 cm/s 的速度在 35° 的松沙坡面上）
伸展时 3.0 m	
机体高：1.2 m	
重心离地面高：0.6 m	
转向方式：腿旋转	转向半径：0 m
电动机数：18 个	

（2）仿生腿足式机器人闭链腿机构

为了克服因采用开链腿机构而使仿生腿足式机器人承载能力降低的缺点，人们发展了闭链腿机构。在各种各样的闭链腿机构中，平面闭链腿机构获得了较广的应用。目前，带平面闭链腿机构的仿生腿足式机器人多采用双层机架实现转向，也有在平面闭链腿机构中再增加一个摆动自由度来实现机器人的转向运动的。

研究人员发现，并不是什么样的平面闭链机构都可以作为仿生腿足式机器人的腿机构来使用，其中有一些判别准则。表 4 - 2 中的准则是根据机器人的运动要求提出的，这是能否作为腿机构的必要条件。表 4 - 3 列出了一些主要性能评价项目，满足了这些条件，腿机构才能更为有效地工作。

表 4 - 2　腿机构评价准则一览表

①机构所含运动副只能是转动副或移动副； ②机构的自由度不应大于 2； ③机构的杆件数不宜太多； ④须有连杆曲线为直线的点，以保证在支撑相中，足端做平行于机身的直线运动（绝对直线运动或近似直线运动）； ⑤足机构上的点，相对于机身的高度应是可变的； ⑥机身高度发生变化时，机构中上述点仍能做直线运动，且与上述点的直线轨迹平行； ⑦机构需有腿的基本形状。

表4-3　腿机构的性能评价项目一览表

①推进运动和抬腿运动最好是独立的；
②为使控制简捷，机构的输入、输出运动之间的函数关系应尽量简单；
③平面连杆机构不应与提供第三维运动的其他关节发生干涉；
④实现直线运动的近似程度，不应因直线位置的改变而发生过大的变化；
⑤足机构上的足端在水平和垂直方向上运动范围应较大，近似直线运动轨迹在较长范围内直线近似程度应较好。

能够满足上述条件的连杆机构很多，下面介绍几种较为典型的机构实例。

1）埃万斯机构

在做直线运动的各种机构中，埃万斯机构较为常见和典型（见图4-89）。在埃万斯机构及其各种衍化形式中，除图4-89（a）所示机构的 E 点做绝对直线运动外，其他的均做近似直线运动。但 E 点的轨迹通过 O 点，这限制了其作为机器人腿机构应用的可能性。图4-89（b）所示机构是由切比雪夫提出的，只要各杆的长度选择合适，M 点的轨迹中有一段直线性很好，该机构虽不可直接作为腿机构使用，但附加一些机构杆组后，却可以成为理想的腿机构。现以图4-90所示机构为例，在四连杆机构的连杆外端铰接一腿杆，并通过两组辅助的平行四边形机构使腿杆做平动运动，从而把连杆端的运动轨迹传递给足端，腿的升降运动用于适应地面的不平度。该机构在行走推进时仅需一个自由度动作，属运动解耦型腿机构，符合表4-3中第一条评价准则。此外，由于原动机装在机器人的机体上，减小了腿的质量，提高了腿的控制性能。

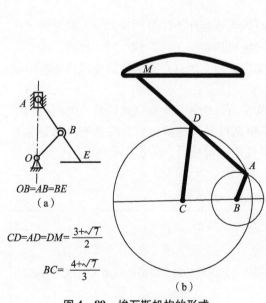

$OB=AB=BE$

（a）

$$CD=AD=DM=\frac{3+\sqrt{7}}{2}$$

$$BC=\frac{4+\sqrt{7}}{3}$$

（b）

图4-89　埃万斯机构的形式

（a）一般形式；（b）衍化形式

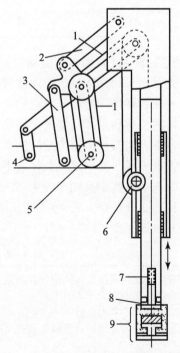

图4-90　以埃万斯衍化机构为基础的复合腿机构

1—齿形带；2，3—辅助连杆；4—推进运动驱动轴；
5—抬腿运动驱动轴；6—齿轮齿条副；7—弹簧；
8—接触传感器；9—力传感器

2）缩放式机构

目前，仿生腿足式机器人更多的是采用如图 4 – 91 所示的缩放型闭链腿机构。由图可知。当主动副 O_1 和 O_2 沿直线运动时，E 点分别在两个互相垂直的方向上做直线运动，且这两个运动是彼此独立的（即运动解耦）。当人们以表 4 – 2 所述"评价准则"去评价这种机构时，不难发现，几乎所有的条件都能得到很好的满足。因此，图 4 – 91（a）所示斜缩放型腿机构与图 4 – 91（b）所示正缩放型腿机构都得到了实际应用。

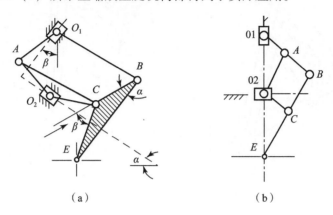

（a）   （b）

图 4 – 91　缩放型闭链腿机构

（a）斜缩放型腿机构；（b）正缩放型腿机构

日本东京工业大学研制出一种采用缩放型腿机构的四足步行机器人 PV Ⅱ，该机器人的外形如图 4 – 92 所示。需要指出的是，采用缩放型机构作为仿生腿足式机器人的步行机构，主要是为了使机器人能够适应不同地面的要求。由图 4 – 93 可见，采用图示机构的机器人，其足尖 P 可以在给定的空间运动。图 4 – 93（a）为直角坐标式，P 点在沿三轴方向的移动中，X 和 Y 轴方向的运动由 Q 点操纵，Z 轴方向的运动由 R 点操纵。图 4 – 93（b）为圆柱坐标式，Q 点可以沿 R、Z 两个方向移动，还可以绕 Z 轴转动，以控制足尖 P 在图示空间中的运动。

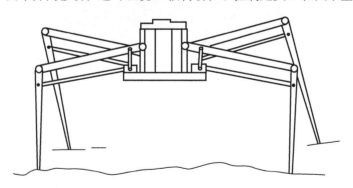

图 4 – 92　采用缩放型腿机构的四足步行机器人 PV Ⅱ

图 4 – 94 所示为一种采用三自由度正缩放型机构的步行机器人的传动结构示意图，该机器人腿的运动由图中未标出的直流电动机驱动。驱动单元 1 由滚动导轨 2 和 2′ 支撑，使运动向脚传递，为其提供 X、Y 两个方向的运动。Y 方向的直线运动通过滚珠花键轴 3 引向机体侧面，通过偏心轮 4 驱动关节 Q，使其绕垂直轴 Q 自由旋转，机器人腿尖可沿 X、Y 两个方向运动。关节 R 由柱形齿条 5 支撑，由丝杆 6 上下调节工字形凸轮 7，带动腿的 Z 方向移

动，关节 R 也可以同时绕垂直的 R 轴自由旋转。如此布局的传动和驱动系统不妨碍机器人腿机构的运动，该机器人足端的可移动范围基本上是一个长方体。

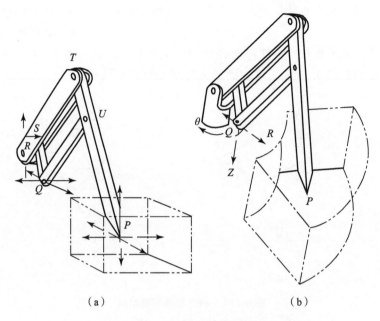

（a）　　　　　　　　　　　　　（b）

图 4-93　三自由度缩放型闭链腿机构工作原理

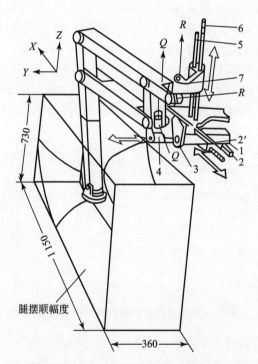

图 4-94　采用三自由度正缩放型腿机构的步行机器人传动结构示意图

1—驱动单元；2，2′—滚动导轨；3—滚珠花键轴；4—偏心轮；
5—柱形齿条；6—丝杆；7—工字形凸轮

图 4 – 95 所示为日本东芝公司研制的六足步行机器人及其采用的三自由度斜缩放机构。

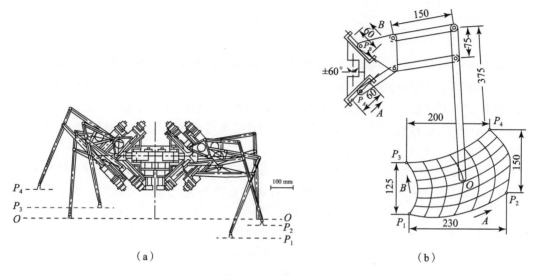

（a）　　　　　　　　　　　　　　　　（b）

图 4 – 95　采用斜缩放机构的六足步行机器人

（a）六足步行机器人外形图；（b）斜缩放机构工作原理

除正缩放机构和斜缩放机构以外，在仿生腿足式步行机器人中还采用了如图 4 – 96 所示的拟缩放机构。由图可知，电动机 1 和电动机 3 联动时，形成要求的足端轨迹，完成行走推进、抬腿越障等动作。电动机 2 带动腿安装架相对机体偏转，实现六足步行机器人的全方位行走。

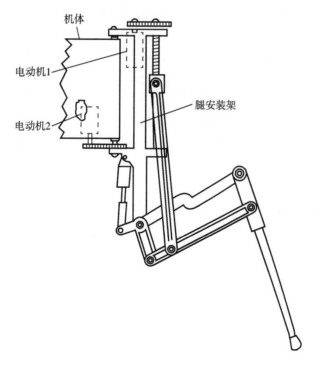

图 4 – 96　拟缩放型腿机构

4.4　仿生机械常用材料

4.4.1　仿生机械本体材料

材料是指具有使用目的的物质。机械由不同的机械材料构成，为了完成机械所承担的任务，构成机械的每种材料都必须具有特定的性能。人们在选择仿生机械本体材料时，必须从仿生机械的性能要求出发，满足仿生机械在设计与制作方面的各项要求。实际上，任何一种仿生机械都不是工业材料的简单组合，应是人们在仔细考虑仿生机械整体性能的基础上，审慎做出的选择。

在考察和选择仿生机械所需材料时，人们应在充分掌握仿生机械使用特性和组成特点的基础上，从设计思想出发确定所用材料的特性，即必须事先充分领会仿生机械的概念和作用。仿生机械的本体材料是用来支承、连接、固定仿生机械的各个部分的，当然也包括仿生机械的运动部分。这一点与一般的机械结构特性相同。例如，在仿生机械中具有代表性的机器人，其本体所用材料也是结构材料，但机器人本体又不只是固定结构件，机器人的手臂是运动的，机器人整体也是运动的。所以机器人运动部分的材料质量要小，如果是精密机器人，那么机器人运动部分的材料刚性要求更高。对这类机器人来说，在刚度设计时，既要考虑静刚度，也要考虑动刚度，换言之，就是要考虑振动问题。从材料角度看，控制振动涉及减小质量和抑制振动两个方面，本质上就是材料内部的能量损耗和刚度问题，它与材料的抗振性密切相关。

传统的工业材料或机械材料与仿生机械材料之间的差别在于大多数仿生机械是伺服机构，其运动是可控的。这就是传统材料中所没有的"被控性"。材料的"被控性"是与材料的"结构性""轻质性"和"可加工性"同等重要的性质。

仿生机械多由伺服机构控制，而仿生机械伺服机构"被控性"的关系式可描述为：

$$m\ddot{x} + c\dot{x} + kx = F \tag{4-1}$$

式中，m 为质量；c 为黏性系数；k 为刚度系数；F 为外力；x 为位移。

式（4-1）的第一项为惯性项，材料的被控性与材料质量 m 有关；第二项为制动项，材料的抗振性能和内耗取决于材料因素；第三项为刚性项，取决于刚度系数 k。由此可知，材料的弹性与刚性直接有关。材料的被控性则取决于质量 m、黏性系数 c 和弹性模量 E，它们的最优组合可控制"被控性"。换言之，上述因素就是指材料的轻质性、抗振性和弹性。

仿生机械本体材料必须与材料的结构性、轻质性、刚性、抗振性，以及仿生机械的整体性能一同考虑。

仿生机械将与人类共存，尤其是在人们家居生活中出现的仿生机械，其外观将与传统机械存在极大不同。这样一来，将会出现比传统机械更有美感的仿生机械本体材料。从这一点考虑，仿生机械材料又应具备质地柔软和外观美等特点。

4.4.2　仿生机械结构材料

仿生机械的结构材料是以力学性能为基础，以制造受力构件所用的材料。当然，仿生机械的结构材料对物理或化学性能也有一定的要求，如光泽、热导率、抗辐照、抗腐蚀、抗氧化等。仿生机械结构材料的种类很多，主要可分为以下几种。

（1）高强度材料

一般来说，仿生机械本体材料需要具有良好的结构性[229]。所谓结构性，是指在载荷作用下不变形和不被破坏的材料性质，也就是牛顿力学中的刚体特性。满足这些特性的材料有高强度材料，它具备较好的强度和韧性，其中典型的有钢材。钢材是纯铁和碳的合金，含碳量小于 2.0% 的称为普通钢或碳素钢，大于 2.0% 的称为白口铸铁。普通铸铁中如含硅的合金，则称为灰口铸铁，它曾广泛用于机械结构，目前则多采用轧制钢[230]。

以含碳量少于或多于 0.8% 为界限，碳素钢分为亚共析钢和过共析钢[231]。机械结构一般采用含碳量小于 0.2% 的低碳钢，含碳量大于 0.4% 的钢一般需要经过热处理以后才用于制作机械零部件。在机械结构中普遍采用轧制钢的原因在于，轧制组织比铸造组织质地均匀且强度更高。中、高碳钢进行淬火和回火等热处理后，强度能够得到加强。但要想使部件组织内部也能淬透，则还需进行合金化处理，以提高其淬透性。合金钢通过这种手段可以提高强度。目前，有关如何提高强度和韧性的材料学理论相当丰富与完善，根据这些理论成果和实验数据，人们正在开发许多高强度材料。尤其令人关注的是，高强度钢逐渐替代了过去的普通碳素钢。按照强度理论计算，材料的理想强度远比目前在用材料的实际强度要高。随着材料科学的进步与发展，今后材料的实际强度会逐步接近理想强度，超强度合金钢就是其中之一。但是，材料的强度和韧性是相互矛盾的，目前人们还需花大力气解决高强度钢的低韧性问题。需要指出的是，高强度钢是非常重要的材料，可作为轻质材料加以使用。

（2）环境强度与材料

所谓环境强度，是指耐腐蚀性、耐磨性和耐热性，它可描述材料抵御由使用环境引起的破坏或毁伤的能力。在实际情况中，应根据不同的使用条件来考虑仿生机械所用材料的环境强度。众所周知，摩擦是在机械装置部件之间存在相对运动时产生的，通常认为硬质材料的耐磨性好，但材料磨损的程度受条件影响较大，故不能一概而论，应充分考虑环境条件。磨损可分成干式磨损和湿式磨损两种，通过润滑可提高材料的耐磨性。

耐腐蚀性、耐氧化性和耐药品性是指材料对锈蚀、氧化和药品损坏的承受力。大多数的损坏是由化学反应导致的，而腐蚀则往往起源于电化学反应。钢、钛合金、铝和铬等材料主要靠形成钝态膜来防止腐蚀。一般来说，不易离子化的贵重金属的耐腐蚀性较好，可用于金属的表面处理。此外，陶瓷涂料和有机涂料也可用于表面处理[232]。

耐热性主要是指材料对高温环境的承受力，即耐氧化性、高温强度、蠕变强度等。比较而言，塑料的耐热性比较差，使用时应加以注意。此外，在低于室温的环境中产生的低温脆化通常会降低材料的耐冲击性，对这种不利影响所可能产生的后果应当高度重视。

（3）材料的可加工性

材料并不是简单的物质，它应具有一定的使用目的。材料必须与各种仿生机械装置有机结合起来才能发挥自身的特性[233]。材料与物质的不同之处在于，材料要加工成一定的形状才能投入使用。不可加工的材料是没有实际用途的。因此，成形加工对材料来说就极为重要。材料的结构性通常是指材料不变形和不被破坏的特性，而加工性则是指通过变形、切割、切削等破坏手段进行加工的难易程度，由此可见，结构性和可加工性之间是相互矛盾的。但材料需要加工，所以应对结构材料施加与之相适应的成形方式。加工技术不同，材料表现出来的可加工性也就不同，即不同材料的切削性、铸造性、塑性加工性或焊接加工性都不同。在选择材料时，若没有充分考虑影响加工性的各种因素，不仅制造不出优质的仿生机械装置，而且加工时容易产生缺陷。材料的可加工性与加工技术息息相关，高度依赖于加工技术的发展。

4.4.3　仿生机械轻质材料

仿生机械是运动的，从节能、降耗的角度考虑，应当采用轻质材料来制造仿生机械装置的主要零部件，以减小仿生机械装置的质量。

谈到轻质材料，人们自然就会想起质量小、密度小、相对密度小的材料。为了明确思路、简化问题，一般用比强度和比刚性来描述材料的材质特性。在工程上，通常定义：比强度 = 强度/密度，比刚性 = 刚性/密度[234]，而密度则定义为：

$$密度 = \frac{原子质量 \times （原子数/单位晶格）}{单位晶格的体积} \qquad (4-2)$$

由此可知，材料轻意味着密度小，密度小意味着式（4-2）中表示材料原子质量的分子项小，这说明该材料是由原子序号小的原子组成的。当然，式（4-2）中分母项里的单位晶格的体积大时，密度也会变小。其实，单位晶格体积大，意味着物质原子之间排列的距离大，这时结晶凝聚力小，即材料强度低。轻质材料即密度小的材料一般由原子序号小的材料组成，其强度也小。

比强度表示材料轻重的程度。由比强度公式可知，即使密度小，但如果强度也小，比强度的值仍然小，这样材料就失去了轻质的优点。一般来说，轻质材料的密度和强度都小，所以从比强度的角度来衡量，仿生机械所用的轻质材料应当是质量虽小，但强度应大。

选择仿生机械所用轻质材料时，还应考虑比刚性问题。比刚性与材料的刚性有关，所以对所用材料的刚性也应给予足够的重视。

（1）低密度材料

由前述内容可知，表示材料质量大小的指标——比强度和比刚性的分母项里都含有材料密度，密度越小，表示质量大小程度的指标就越大，于是，可将这些指标大的材料称为轻质材料。由密度定义可知，组成材料的原子质量小，且原子排列距离大，则它的密度就小。一般轻质材料的原子序号都较小，故原子的质量也小。例如，由 C、H、O 等原子组成的塑料，其密度很小，并且塑料是非结晶体，其原子和分子的排列非常稀疏，因而使密度更小。对于塑料来说，尽管其原子结构间的高分子链结合强度很高，但各自分子间的结合是范德瓦尔斯结合，强度很低，所以，从整体看塑料的强度是不如金属的。后来人们开发出了工程塑料，在性能指标方面有了很大的改善，其强度有了很大的提高。常用工程塑料品种、特性及应用参见表 4-4。

表 4-4　常用工程塑料品种、特性及应用一览表

名称	特性	应用举例
丙烯腈 - 丁二烯 - 苯乙烯（ABS）	综合性能好；抗蠕变性和尺寸稳定性好；摩擦系数低，耐磨、耐擦伤性好；易于镀金属，性能优良；受酯、酮和醛类溶剂侵蚀	一般结构件，如电动机外壳、仪表壳、仪表板、蓄电池槽；齿轮、轴承、装饰件等

续表

名称	特性	应用举例
有机玻璃（PMMA）	透光性极好；耐气候性优良；尺寸稳定性良好；刚度、耐化学药品等综合性能较好；色彩鲜艳	透明件，如油杯、窥镜、管道、车灯、仪表零件；光学纤维等
尼龙（PA）	坚韧、耐磨、耐疲劳、抗蠕变性优良；耐水浸，但吸水性大	汽车、机械、化工和电气零部件
聚甲醛（POM）	综合性能良好，硬度、强度、刚度、冲击强度、耐疲劳性、抗蠕变性等均较高，优于其他一些热塑性塑料；耐磨，吸水性小，耐化学品侵蚀	轴承、齿轮、凸轮、阀门、风扇；汽车仪表板、外壳、配电盘等
聚碳酸酯（PC）	力学性能良好，冲击强度优异，延展性突出；尺寸稳定性高，吸水性低；耐燃，透明性和着色性好；电性能优良；耐疲劳性能较差	轴承、齿轮、蜗轮；透镜、灯罩；接线板、线圈筒等电器零件；光学储存盘、计算机零件
线性聚酯	PET：硬度高；力学性能和耐磨性良好；抗蠕变性突出；线胀系数小，尺寸稳定性好；薄膜强韧 PBT：综合性能优良，耐热性较高；吸湿性低，电性能优良；耐磨；韧性大；良好的抗化学药品性	纤维、薄膜、容器；齿轮、凸轮、汽车上的结构零部件和电器配件；精密仪表零部件
液晶聚合物（LCP）	单向强度和弹性模量极高；线胀系数小；耐化学腐蚀性优良、耐辐射、耐燃烧；尺寸稳定性很高；耐热性优越，可在 200～400 ℃下长期使用	光导纤维包覆材料；集成电路灌封材料；化工设备中填充物和零部件；精密机械零件

（2）增强复合轻质材料

塑料的优点是密度低，质量小；缺点是强度低，比强度也低。为了克服上述缺点，人们把塑料与玻璃、陶瓷等增强硬质材料混合起来制成新的轻质材料，以弥补塑料强度的不足，这种混合型材料称为纤维增强复合材料（Fiber Reinforced Polymer/Plastic，FRP）。复合材料根据基体种类不同，可进一步划分为树脂基体、金属基体、陶瓷基体和碳素基体等。而纤维种类也多种多样，有玻璃纤维、硼纤维、碳纤维、芳纶纤维、陶瓷纤维及金属纤维等[235]。

表 4-5 所示为树脂基体的玻璃纤维（GFRP）、碳纤维（CFRP）和芳纶纤维（AFRP）与钢材的主要力学性能参数对比。由于其强度接近于理想强度，因而它属于优质轻质材料。理想强度是指形成高强度结晶时原子结合的强度，它是实际材料的几十到几百倍。

表 4-5　常见 FRP 与钢材的主要力学性能参数对比图

纤维种类		相对密度	拉伸强度 /GPa	弹性模量 /GPa	延伸率 /%	比强度 /GPa	比模量 /GPa
GFRP	S	2.49	4.9	84	5.7	1.97	34
	E	2.55	3.5	74	4.8	1.37	29

纤维种类		相对密度	拉伸强度/GPa	弹性模量/GPa	延伸率/%	比强度/GPa	比模量/GPa
CFRP	标准型（T300）	1.75	3.0	235	1.5	2.00	134
	高强型（T800H）	1.81	5.6	300	1.7	3.09	166
	高模型（M50J）	1.88	4.0	485	0.8	2.13	213
	超高模型（P120）	2.18	2.2	830	0.3	1.01	381
AFRP	Kelvar 49	1.44	3.6	125	2.5	2.50	87
	Kelvar 149	1.45	2.9	165	1.3	2.00	114
	HM - 50	1.39	3.1	77	4.2	2.23	55
钢材	HRB400	7.8	0.42	206	18	0.05	26
	钢绞线	7.8	1.86	200	3.5	0.24	26

材料的实际强度远比理想强度小的原因在于材料内部存在不完全结晶，消除这个缺陷以后，材料就能具有理想强度，金属就是其中典型的例子。此外，材料的尺寸也与其强度密切相关，直径小时强度高，故而纤维材料就比粗大材料的强度高。把这些高强度纤维材料与塑料组合起来所得材料就称为 FRP。目前主要有碳素纤维或陶瓷纤维的复合材料，最近还出现了基材采用软质金属而不是塑料的增强复合材料，这样的新型复合材料可用于仿生机械装置的本体上。

（3）轻合金

相对密度小于 5 的金属材料属于轻合金，典型代表有镁、铝和钛合金。铝很轻，密度只有铁的 1/3，强度也是铁的 1/3。由比强度计算公式可知，铁和铝的比强度相同。这说明即使采用纯铝材料，也只是减小了质量，而没有增大强度，发挥不了轻质化的优点。硬铝改善了材料的强度性能，它是在纯铝中添加了诸如 Cu、Mg 或 Zn 等强化合金元素后再进行时效热处理得到的。普通硬铝（牌号 2A11）的抗拉强度约为 370 MPa，相当于一般钢铁材料。超高硬铝（牌号 7A09）的强度约为 530 MPa。最近，人们又开发出刚性好的锂 - 铝轻合金。轻合金中，钛系合金也非常重要。钛的强度相当于钢铁的强度，但密度只有钢铁的 60%。钛合金可进行热处理，采用与钢相同的热处理方法能得到超过 980 MPa 的高强度。由于钛合金材料强度高、密度低，因此其比强度也高，故而具有很高的轻质化优点。但需要注意的是，钛合金加工比较困难。

（4）多孔材料

从形式上看，密度小的多孔材料属于轻质材料。多孔材料的家族十分庞大，陶瓷、塑料、轻质混凝土等都容易制成多孔材料，它们均属于轻质材料。近年来，人们开发出了泡沫金属材料，轻质泡沫铝就是其中的典型例子。多孔材料主要用于吸收振动、隔热等方面。

（5）高强度轻质材料

由轻质性指标——比强度公式可知，增大分子的材料强度也能提高比强度。因此，高强度材料与轻质低密度材料一样，同属于轻质材料。如前所述，结构材料主要采用具有强韧性的钢材，这种钢材进行合金化和热处理后，可获得超高强度结构钢材[236]（见表 4 - 6，表中使用数据来自欧洲建筑结构用超高强度钢材规范 EN10025 - 6）。目前在空间技术和航空工业中多采用这种钢材。为了使仿生机械所用材料实现轻质化，也可采用这种材料。

表 4-6　超高强度结构钢材结构特性表

等级	最低屈服强度 R_{eL}/MPa			抗拉强度 R_M/MPa			最小伸长率/%
	根据厚度分类/mm			根据厚度分类/mm			
	$3 \leqslant t \leqslant 50$	$50 < t \leqslant 100$	$100 < t \leqslant 150$	$3 \leqslant t \leqslant 50$	$50 < t \leqslant 100$	$100 < t \leqslant 150$	$A = 5.65\sqrt{S_0}$
S460	460	440	400	550 ~ 720		500 ~ 670	17
S500	500	480	440	590 ~ 770		540 ~ 720	17
S550	550	530	490	640 ~ 820		590 ~ 770	16
S620	620	580	560	700 ~ 890		650 ~ 830	15
S690	690	650	630	770 ~ 940	760 ~ 930	710 ~ 940	14
S890	890	830		940 ~ 1 100	880 ~ 1 100		11
S960	960			980 ~ 1 150			10

　　钢材在使用过程中经常需要进行焊接，焊接性是指金属材料对焊接加工的适应性。在常用钢材的焊接过程中，对焊接性能影响最大的是碳（C），因此常将合金钢中的含碳量作为判断钢材焊接性的主要标志，含碳量越高，则意味着该种钢材不适宜焊接。表 4-6 中所列超高强度结构钢材，按冲击韧性，分为 Q、QL 和 QL_1 三个级别，表 4-7 所示为这三个级别结构钢材各自的化学成分。从表中易得，超高强度结构钢材的化学成分足以证明它们都具有良好的焊接性能，有利于被加工成钢结构构件。

表 4-7　超高强度结构钢材的化学成分　　　　　　　　　%

名称	Q	QL	QL_1
C		≤0.20	
Si		≤0.80	
Mn		≤1.70	
P	≤0.025	≤0.020	≤0.020
S	≤0.015	≤0.010	≤0.010
N		≤0.015	
B		≤0.005	
Cr		≤1.50	
Cu		≤0.50	
Mo		≤0.70	
Nb		≤0.06	
Ni		≤2.0	
Ti		≤0.05	
V		≤0.12	
Zr		≤0.15	

高强度钢比普通钢强度高，容易实现轻质化，因而在结构用材方面正在日益取代普通钢，但并非用于需要超强度的场合。除了调质钢、非调质钢外，最近出现了一批具有良好成型加工性的新材料，如 HSLA（High Strength Low Alloy）和双熔钢等。

4.4.4 仿生机械刚性材料

衡量仿生机械的性能指标除了结构性和轻质性以外，刚性也同样重要。刚性与仿生机械的精度有着密切联系。在仿生机械领域，刚性可由弹簧系数 k 定义为：

$$k = P/\delta \tag{4-3}$$

式中，P 为载荷；δ 为变形量。

刚性与载荷作用下的弹性变形量有关。通常情况下，仿生机械系统对弹性变形都有一定的要求，一般选取的 k 值较大，即要求系统有较高的刚性。衡量系统刚性的指标——弹簧系数 k 在材料力学中用截面惯性矩 I 和材料的弹性模量 E 之间的关系描述。对简单梁系统，有：

$$k \propto IE \tag{4-4}$$

由上式可知，刚性问题实际上就是材料的弹性问题。高刚性材料必定是高弹性材料。需要高刚性材料时，选用高弹性材料就可以了。

材料的弹性则表示结构的不敏感性质，它由组成材料的原子结合力决定。对合金材料而言，添加少量合金元素后，母相的弹性仍起着决定性的作用，故合金整体的弹性系数不会发生大的变化。但利用合金化可导致强度发生巨大的变化。比如，硬铝进行合金化和热处理后，强度得到提高，而弹性系数与纯铝基本相同。这说明通过合金化和热处理提高不了硬铝的刚性。其他增强复合材料也具有同样的性质。一般来说，轻质材料的密度越小，熔点越低，原子结合力越小，弹性系数也就越小（见表 4-8），即低密度轻质材料的刚性低，但碳素纤维和硼纤维的强度和弹性系数都高。需要注意的是，轻质材料增强后，虽然能提高比强度，但未必能提高材料的比刚度。

表 4-8　材料的弹性模量

材料名	弹性模量 E/GPa	熔点/℃
Be	29	1 280
Mg	44	650
Al	71	650
Ti	103	1 670
Fe	206	1 539
Co	206	1 480
Ni	193	1 455
Cu	108	1 083
Mo	329	2 625
W	407	3 400
碳素钢	196～206	1 400～1 500

材料名	弹性模量 E/GPa	熔点/℃
合金钢	206	1 250 ~ 1 450
灰口铁	103	1 150 ~ 1 350
硬铝	69	约 650
Ti – 7Mn 合金	103	约 1 600
Ti – 6Al – 4V 合金	108	约 1 650
Al_2O_3	357	2 050
Al_2O_3 金属须	412 ~ 1 029	2 050
SiC 金属须	480 ~ 1 029	—
MgO	206	2 800
聚乙烯	0.17 ~ 0.88	105 ~ 140
PVA	7.99	220 ~ 240

当仿生机械装置被视为一种精密机械时，应按高刚性原则进行设计，这时宜采用高弹性材料。但有时又要求仿生机械装置具有柔性，能够完成柔性动作。此时，应将两者综合起来进行刚性最优设计。可以肯定的是，今后，柔性材料将会受到重视和重用，如橡胶、塑料和泡沫材料等一定会在仿生机械领域发挥越来越大的作用。

4.4.5 仿生机械抗振材料

前述刚性定义中用到了静载荷，对应静载荷的刚性是静刚性，对应动载荷的刚性则是动刚性，这时将会诱发振动。与一般机械一样，仿生机械的振动控制也是一个大问题，与伺服机构的稳定性有关。

伺服机构受控方程式（4－1）中的惯性项是质量，这与材料的轻质性有关，即与该式的第三项材料的弹性有关。动刚性 k、质量 m 与振动系统固有频率 f_n 之间存在如下关系：

$$f_n \propto \sqrt{k/m} \tag{4－5}$$

这个关系式对研究振动控制因素非常重要。该式的第二项为制动项或黏性项，它与振动衰减问题相关，并说明抗振与材料有密切联系。材料所产生的振动衰减效果是由内耗——材料内部的衰减特性决定的[237]。

金属材料的衰减性能比非金属材料的差得多。这是因为材料的内耗机理受结晶晶界、微小缺陷、原子和分子运动的动能等诸多因素制约。结果与塑料等易游离的高分子链材料相比，细密金属的振动能量不易消耗。

陶瓷和塑料的防振性比金属的要好得多，但强度和刚度不如金属。一般来说，高弹性材料的衰减能量小。在强度和刚度的基础上考虑振动衰减性，势必涉及金属的振动衰减性，于是便出现了防振合金[238]。表4－9所示为防振合金的例子，它是按内耗机理分类的。表中所列的复合材料是把振动衰减性好的塑料夹在钢板中间制成的。振动衰减问题除了材料阻尼外，还涉及整体结构的衰减性，它与结构零部件之间的库仑阻尼有关。结构阻尼比材料的内部阻尼大得多[239]。

表 4-9 防振合金一览表

复合相形	片状石墨铸铁，轧制球状石墨铸铁，微细晶粒超塑性合金（Al-78Zn 等），变态超塑性合金
双晶形	形状记忆合金（Ti-Ni 等），Mn-Cu 系合金
位错形	Mg 系合金（Mg-Zr）
强磁性形	TD 镍，Fe-Cr 系合金，Co-Ni 系合金
复合材料	抗振钢板，夹层钢板

4.5 思考与练习

1. 根据仿生机械结构和性能的分析，与传统的刚性结构相比，具有哪些特性？
2. 根据仿生机械结构的特性，仿生机械结构研究的重点和方向有哪些？
3. 仿生结构冗余驱动原理是什么？
4. 仿生结构欠驱动原理是什么？
5. 仿生结构变胞原理是什么？
6. 人体自由上肢骨的连接有几个关节？
7. 肘关节由几类运动副组成？它的自由度是多少？
8. 人体手臂包括几个关节？各个关节有什么作用？整个上肢的自由度是多少？
9. 工业机器人手部结构的主要形式有哪些？
10. 按运动轨迹控制方式，机械手可分为几类？
11. 机械手主要由哪三大部分组成？
12. 机械手所用的驱动机构主要有几种？它们的优缺点是什么？
13. 机械手控制的要素包括什么？它的控制方式分为哪几种？
14. 整个人体腿部的关节可分为几种类型的运动副？共有几个自由度？
15. 轮式移动机构有哪几种？
16. 两足步行机械的连杆机构有多少个关节？如何计算其自由度？
17. 仿生机械结构材料的主要特性有哪些？
18. 轻质材料在仿生机械结构中有哪些好处？

第 5 章

生物运动特性分析

5.1 生物运动特性分析概述

自然界生物众多，其运动机理、形式与特性纷繁复杂，是仿生机械研发的重要参考与模仿对象。通过对不同生物的运动形式与特性的深入研究，了解其运动特性，掌握其运动规律，熟悉其运动机理，对开展仿生机械运动学分析具有极强的参考价值和借鉴作用。下面将通过对鸟类、鱼类、兽类、爬行类、两栖类、昆虫类、人类的运动规律分析，帮助人们加强对生物运动特性的认识，从而为仿生机械运动分析奠定基础。

5.2 鸟类运动规律分析

5.2.1 鸟类运动规律的研究与探索

鸟类在地球上的生存与发展源远流长，一亿四千万年前开始由爬行动物进化而成的鸟类现已遍布全球。凡是适于生物生存的地方，都可以找到鸟类的踪迹。据统计，现在全世界的鸟类约有 8 000 多种，鸟类学家把现存的 8 000 多种鸟类系统分为 27 "目" 与 115 "科"。

鸟类的共同特征是 "会飞"，但鸟并不是唯一会飞的动物，许多昆虫也都会飞，甚至有些哺乳类的动物也能飞。不过不可否认的是，鸟类是飞行的好手和专家，其飞行的技巧与能力令人叫绝。当然，鸟中也有些另类，如鸵鸟、火鸡、企鹅等，它们的羽翼在长期进化的过程中已经丧失了飞行的功能，如今它们再也不能飞行了，已由 "空军" 变为 "陆军"。有些鸟类，如鸡、鸭、鹅等，经过人类长期的饲养，逐渐变成家禽，原有特征也随着适应新的生活环境和生存条件而发生了改变。

鸟类有着一个庞大、复杂和奇妙的家族。鸟类的身型、体态、毛色千差万别。有的鸟纤细小巧、体态轻盈，有的鸟身躯庞大、体重惊人；有的鸟乌眉灶眼、毛色漆黑，有的鸟艳丽多彩、华美无比。鸟类的习性也各有特点：水鸟善游，猛禽善飞，泽鸟善跑。有的鸟以肉食为主，有的鸟以素食为主。有的鸟白天活动，有的鸟昼伏夜出。候鸟居无定所，每年都要长途迁徙；留鸟则定点而栖，长年享受安定的生活。

长期以来，人类由于审美和实利的原因对鸟类产生浓厚的兴趣，世界各地都有许多学者专门从事鸟类学的研究。美术工作者研究鸟类是由于创作的需要，他们的研究偏重于美学应用的方面；科技工作者研究鸟类是由于科研的需要，他们的研究偏重于仿生应用的方面。但无论出发点如何，人们都可以从鸟类那里得到宝贵的启发，为改善人类的精神享受和物质生活创造条件。

5.2.2 鸟类的特质

鸟类的飞翔是其赖以适应环境和维持生命的重要手段，飞翔功能本身就是进化而来的。鸟类能够在蓝天中自由飞翔是由于它们有一个特殊构造的身体[240]。从鸟的外形来看，它有着四个形成飞行能力的重要部分：翅膀、尾巴、鸟腿和鸟身。翅膀是鸟产生飞行动力的源泉，尾巴可以使鸟的飞行保持平稳或机动，鸟腿是鸟起飞和着陆的工具，鸟身除了把鸟的各个部分连成一个整体外，附在身上的肌肉可以扇动翅膀，产生鸟类飞翔所需的力量。

鸟的内部结构十分精细、无比奥妙，有着利于飞行的自然构造。

（1）羽毛

羽毛是鸟类能够飞行的重要因素。一根轻若无物的纤细羽毛却有着坚韧、光滑、柔软的特质。羽毛主轴两旁斜长着两排平行的羽枝，羽枝的两旁长有许多长长的纤毛，纤毛上又有许多微细的小钩互相勾连，这样就使得羽枝可分可合，成为能够调节气流的特殊材料（见图5-1）。由这种特殊结构的羽毛所构成的翅膀才能使鸟类在空中自由飞行。

（2）羽翼

鸟类羽翼的剖面呈流线型，前缘较厚，后缘较薄。翼面圆滑，翼底微凹（见图5-2）。鸟在飞行时将羽翼向上略为倾斜，造成"迎角"切入空气，就可以增加升力。倘若翼面不是流线型而是平板型的，那么空气流过时，就只能产生阻力而不产生升力了。

图5-1　鸟的羽毛

图5-2　鸟的羽翼

鸟翼上扑时可产生推力。当鸟用力向下划动羽翼时，主要翼羽都会重叠起来，以便压迫空气，产生推力；向上回收时，则把主要翼羽松散开来，使空气易于流过。不断地循环扇扑动作，就可以不断地获得推力。由于羽翼的运动为鸟类飞行提供了动力——升力和举力，因而鸟类能够翱翔蓝天、自在飞行。

（3）骨骼

骨骼也是鸟类能够飞行的一个重要因素。鸟类是由爬行动物进化而成的，由于逐渐地适应了空中飞行，鸟的骨骼结构产生了特殊变化。鸟类的骨骼有三个特点：质量轻盈、质地坚硬、结构简单。鸟的全副骨骼的质量相当小，甚至比其全身羽毛还小。质量小是飞行的重要条件，鸟的骨骼是朝着轻的方向变化的。鸟骨中空，像羽轴一样呈管状（见图 5-3）。块状骨骼也很薄，有些像纸片一样薄。表面看来，鸟的骨骼很轻、很软、很脆，其实，鸟的骨骼是非常结实坚硬的，否则它是经受不起强大的空气压力的。

为了适应"轻"的需求，在鸟类进化过程中，原来在爬行动物体内已有的骨骼有些已逐渐淘汰和消失了。鸟类的背、腰、荐尾各部脊椎皆已融合成块，借以抗压并减小质量，这些融合成块的骨骼已经固定，只有颈椎和尾椎仍然可以弯动。另外，鸟类的胸骨都生有一个三角形的隆突骨，这是适应飞行的重要结构，因为体重胸平的鸟是不能飞的。这块隆突骨不仅使胸骨固直，而且是强壮的飞行肌肉依附的地方。

（4）气囊

鸟类除了有两只小肺用于呼吸外，还有一种其他动物所没有的小气囊，如图 5-4 所示。这些像小气泡般的气囊能在体内各个部位活动，甚至能通到中空的骨骼里。这就使鸟在飞行时能够使用吸入的空气增加浮力。

有了以上这些内在的特殊因素，才使鸟类成为最优秀的飞行动物。

图 5-3　鸟的骨头

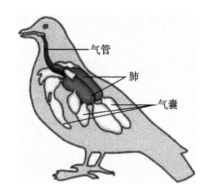

图 5-4　鸟的气囊

5.2.3　鸟类的飞翔

鸟类根据翅膀的形状可以分成阔翼类和短翼类两种。阔翼类的鸟儿翅膀长而宽，体形较大，如鹰、雁、鹤、天鹅、鸽子、乌鸦、海鸥均可归入此类；短翼类的鸟儿翅膀短而窄，体形较小，如麻雀、画眉、山雀均可归入此类。这两类鸟儿的飞翔动作是不同的[241]。

（1）阔翼类鸟儿的飞翔动作

阔翼类鸟儿的飞翔动作特点如下：

①阔翼类鸟儿飞行时翅膀上下扇动变化较多，符合曲线运动规律（见图 5-5）。

②阔翼类鸟儿翅膀扇下时展得略开，动作缓慢有力；抬起时动作柔和收拢。

③阔翼类鸟儿可以滑翔。

④阔翼类鸟儿翅膀向下时，身体向上浮；翅膀向上时，身体则向下降（见图 5-6）。

⑤阔翼类鸟儿向上扑打时，翅膀略向后；向下扑打时，翅膀略向前（见图 5-7 和图 5-8）。

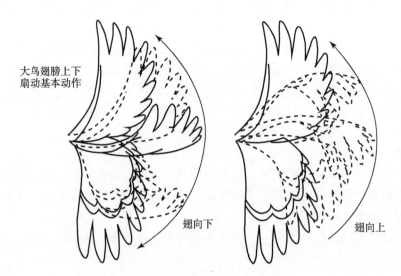

大鸟翅膀上下
扇动基本动作

翅向下

翅向上

图 5-5　阔翼类鸟儿的扇翅动作

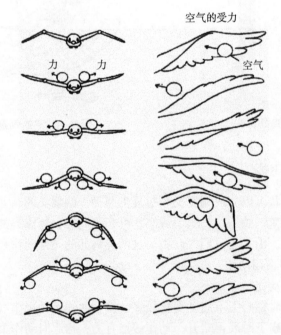

空气的受力

力　力

空气

图 5-6　阔翼类鸟儿身体起伏和翅膀变化情况

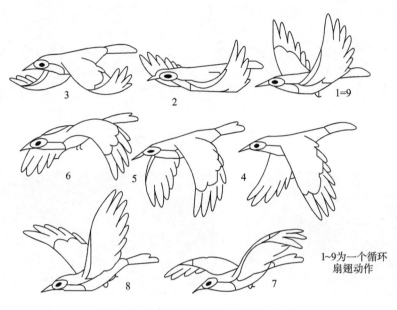

1~9为一个循环
扇翅动作

图 5 - 7　阔翼类鸟儿的飞行动作（一）

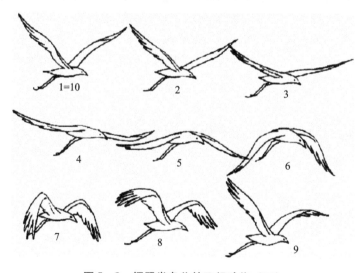

图 5 - 8　阔翼类鸟儿的飞行动作（二）

需要注意的是，图 5 - 9 所示鸽子的飞行动作与图 5 - 7 所示鹰等大型鸟儿的飞行动作有所不同，主要区别在于翅膀扇动方式。

滑翔是阔翼类鸟儿常用的另一种飞行方式。当鸟儿飞到一定高度时，用力将翅膀扇动几下，就可以利用上升的热气流滑翔。滑翔的远近视地心吸力和气流情况而定。一般情况是翼面长大的鸟类比翼面细小的鸟类更善于滑翔。鸟类的滑翔姿态十分优美，有些鸟类能在高空中做很长时间的回旋滑翔（见图 5 - 10）。滑翔时，鸟的两翼张开，乘着气流飘荡，由尾巴导向。转身时，鸟的身、翼稍向内侧成倾斜面，就可以顺势转变方向[242,243]。

图 5 - 9　鸽子的飞行动作

图 5 - 10　鸟的滑翔

　　有些鸟类也会利用风力在空中很长时间地滑翔而不需要扇动它的翅膀。例如信天翁和海鸥（见图 5 - 11）就能做这样复杂的静态翱翔飞行。当它逆风而上，升到风力较强的高空时，就转身顺风滑翔而下，速度渐增，获得足够的俯冲动力后，又再度转身逆风上升，然后又再度转身顺风滑翔而下。如此不断地循环，利用强风做动力滑翔数小时而不用扇扑翅膀，这种滑翔动作也称为"飘举"。

图 5 - 11　海鸥的滑翔动作

　　在鸟类世界中，燕子的滑翔技术也是相当出名的，燕子身体轻盈、动作灵活，飞行时把翅膀用力一夹，就能像离弦之箭般向前飞窜。

　　（2）短翼类鸟儿的飞翔动作

　　短翼类鸟儿的飞翔动作特点如下：

　　①动作快而急促，上下起伏变化较多（见图 5 - 12 和图 5 - 13）。

②飞行速度快，翅膀扇动频率高，常用流线虚影表示。

③可急速扇动翅膀，短时停在空中。

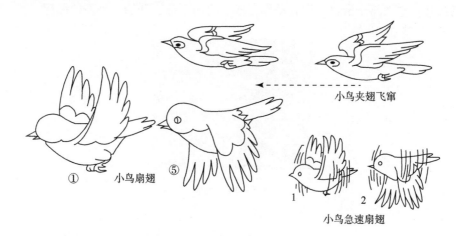

小鸟夹翅飞窜

① 小鸟扇翅 ⑤

小鸟急速扇翅

图 5 - 12　短翼类鸟儿的飞翔动作

翅膀扇动　　　　滑翔　　　　　　翅膀扇动

图 5 - 13　麻雀的飞行动作

5.2.4　鸟类的习性和动作

鸟类除了飞行技艺高超以外，还有许多突出的特点。大多数的鸟儿都有惊人的视力，不仅远视的能力比人类的强，而且近视的能力也比人类的高明。鸟类除了拥有可调节视力的特殊眼球外，还兼有单视和双视的能力。许多鸟儿的眼睛分别生在头的两侧，因此，它们的视野非常广阔。有些鸟儿不用转头就能看见脑后的东西，视界竟能达到 360°之广。

鸟儿还有一个共同的特点，就是它们的嘴除了进食的功能外，还能起到工具的作用。由于前肢进化成羽翼之后，鸟儿的羽翼只有飞行的功能，原来前肢的功能已经丧失殆尽，因此鸟嘴就一职多用。

总的来说，鸟类有很多的共同特征，也有许多不同的特征，举不胜举，这里只能选择性地介绍几种常见的鸟类作为研究鸟类动作规律的借鉴。

（1）雁

雁鸭目，鸭科。大雁是一种水鸟（见图 5 - 14），蹼足类游禽，形状似家鸭，但体形比家鸭的要大，背部比家鸭的弯[244 - 249]。羽毛暗褐色，每根羽毛都有淡棕色的羽缘。腹部淡灰，嘴扁平而黑，脚短，棕黄色。

大雁栖居于河边、海滩和沼泽地带，清晨与黄昏出外寻食。大雁是候鸟，每年迁徙。迁徙时由一只老雁领飞，做一字形或人字形飞行，大约从秋分到寒露时迁徙到南方，次年春暖再迁徙到北方[250]。大雁走路时身子向两侧晃动，尾部随着换脚而左右摇摆。跨步过程中脚提得较高，蹼趾在离地后曲闭，踏地时张开。雁在飞行时，两翼向下扑动，因翼面用力拉下过程中与空气相抗，翼尖弯向上，翼扑下时就带着整个身体前进。往上收回时，翼尖弯向下，主羽散开让空气易于滑过，回收动作完成后再向下扑，开始一个新的循环。

图 5-14　大雁

（2）鹰

鹰准目，鹰科。鹰是一种猛禽（见图 5-15），头部近白色，上喙钩曲，蓝色，全身羽毛暗褐色，脚呈暗绿色，黑色爪。

图 5-15　鹰

鹰善于飞行，可在空中长时间滑翔。鹰在高空遨游，发现地面有小动物时，能以迅雷不及掩耳之势疾飞直下，将地面的猎物抓掠而去。鹰生有一双锋锐有力的爪和一张钩曲坚硬的嘴，便于捕捉和撕开猎物。鹰筑巢于山岩和高树上。鹰是留鸟，不迁徙。鹰在天空的翱翔姿态潇洒壮丽。在暴风中飞行时，鹰的主羽可以全面展开，经受狂风冲击，保持飞行稳定，因而享有"鹰击长空"的美誉。鹰在高空俯冲降落的动作气势如虹，它先放下双足，然后直冲而下，快着地时用双翼控制住下冲速度，翅膀弯成杯形，尾向下展开，轻轻降落，双腿弯曲以化解着地的冲击力，双翼高举片刻之后才收叠起来。

（3）燕鸥

鸻目，鸥科。燕鸥是一种滨鸟（见图 5-16），全身羽毛洁白，头顶部有一块黑色，嘴呈橙黄色，脚呈暗褐色，趾间有蹼，能游水。

燕鸥是集群性鸟类，群居于海边、沙滩、沼泽和盐性土地。它是著名的候鸟，能在海洋上空轻松不停地飞行超过 1 000 km。它的翼展很长，翼身很薄，相当狭窄，适于长距离飞行和滑翔。燕鸥的飞行特点是翅膀下扑时翼面平压空气，翼尖稍向上弯，翼"肘"下扑到 240°左右，翼"腕"跟着往上回收，动作结束时，其"肘"和"腕"差不多成 V 状，再做新的循环，每次扇翼时间大约为 1 s。

（4）麻雀

燕雀目，雀科。麻雀是一种林栖鸟，专吃昆虫和谷物。

一般来说，鸟的身体越小，振翼就越频繁。麻雀是体小翼小，每秒钟可拍动翅膀十余次之多（见图 5 - 17）。麻雀能窜飞（短程滑翔），常爱做跳步动作。

图 5 - 16　燕鸥

图 5 - 17　麻雀

（5）蜂鸟

两燕目，蜂鸟科。蜂鸟的体形相当细小（见图 5 - 18），羽毛色彩艳丽，头呈蓝绿色，羽翼呈棕褐色，尾巴呈深蓝色，腹部呈翠绿色，嘴呈红色。蜂鸟是一种林栖鸟，筑巢的水平很高，能在树叶上结巢。蜂鸟身轻翼小，根本就不可能做滑翔动作，但却能向前飞和后退飞。另外，它还有一种很高超的飞行技巧——悬空定身（见图 5 - 19）。为什么蜂鸟可以悬空定身呢？蜂鸟的翅膀结构很特别，肘和腕的关节差不多不能活动，整个翅膀几乎是固定的。翼向前划时，翼略稍倾，形成一个"迎角"，产生升力而无冲力；向后划时，翼做 180°转向后方，得到相应的升力，并无推前作用，因此就能悬空定身。有些鸟类，例如鸡、鸭、鹅等，经过人类长期饲养，进化成家禽，这些家禽现在已不能在空中长距离飞行，但它们的祖先原来都是会飞行的。在生活中，有时也能看到鸡鸭扑翼飞起的动作，这是它们在紧急情况下的一种逃生方法。但急飞几次之后就会疲惫不堪。

图 5 - 18　蜂鸟

图 5 - 19　蜂鸟在悬停觅食

5.3 鱼类运动规律分析

5.3.1 鱼类运动规律的研究与探索

鱼类是生活在水中的一种脊椎动物。作为生物医学、仿生工程、环境保护科学等领域的常用实验对象或常见模拟目标，鱼类的研究已在世界各地获得了不少成果，近些年来，对鱼类的研究更为广泛和更加深入。这是因为，在已知的脊椎动物种属中，鱼类达 30 000 种（估计有 40 000 种），而鸟类为 8 600 种，哺乳类为 4 500 种。可见将鱼类作为实验对象或模拟目标确是取之不尽的宝贵资源。我国的鱼类资源也十分丰富，约有 2 000 多种，其中海水鱼类 1 500 多种，淡水鱼类 500 种。这些得天独厚的资源为我国广大科研人员开展各种生物医学、仿生工程研究创造了有利的条件。

地球差不多可以算是一个水球，地球的水域非常辽阔，海洋占地球总面积的 7/10，加上陆地上的江河湖泊，水域的面积就更大了。这样大面积的水域，为鱼类的生长、繁衍提供了广阔的场所。

鱼类是生活在水中的动物，但在水中生活的动物不仅有鱼类，还有其他脊椎动物和无脊椎动物。那么，用什么标准来区别它们呢？①必须是终生生活在水中的脊椎动物；②必须用鳍来行动；③必须靠鳃来呼吸。如果不具备这三个特点，就不是鱼类。

选用鱼类进行生物医学、仿生工程研究，具有很多独特的优点。比如，鱼类独特的生理特性、运动机能、身体形貌对人们都有极大的利用价值或借鉴作用[251]。

5.3.2 鱼类的体形

体形是鱼类适应水下环境，得以在水下生存的一个重要条件。鱼类长期生活在水里，水的密度大，阻力大，浮力也大。鱼类要在这样特定的环境中活动，就必须有与这样的环境相适应的体形[252]。

一般来说，纺锤形的体形是比较适应密度大、阻力大的水下环境的，所以大多数鱼类都具有这一类体形。另外，由于水底的地势环境相当复杂，各种鱼类对于环境的适应方式也各有不同，体形也必然会有所区别。

鱼类的体形是依据鱼体的三个体轴（见图 5-20）的长短比例来确定的。从头至尾成为头尾轴 AA'，背顶至腹成为背腹轴 BB'，左侧至右侧成为左右轴 CC'。以这三个体轴的长短比例来分类，鱼类大体可分为以下五种类型：

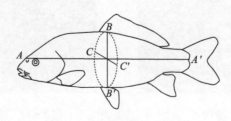

图 5-20 鱼体的三个体轴

①纺锤形。这是鱼类的标准体形，也是比较常见的鱼类体形。这种体形的鱼类，头尾轴最长，背腹轴次之，左右轴最短。整个鱼体是中间大，两头尖，像个梭子一样[253]。这种鱼体基本上是流线型的，能经受水的压力，在水中游动阻力小，因此游速快，动作灵活。金枪鱼（见图 5-21）、鲐鱼、马鲛鱼、黄鱼、青鱼、鲤鱼、鳜鱼、鲨鱼等许多鱼类都属于这一类型。

图 5-21 纺锤形鱼体

②侧扁形。这种体形的鱼类头尾轴较短，背腹轴较长，左右轴最短，身体呈扁而高的侧扁形。该鱼类大部分生活在水深流缓处，多数不适于快速游泳，动作也较迟钝，难以快速追捕食物。鳊鱼、鲂鱼、鲢鱼、鲳鱼（见图 5-22）等都属于这一类形。

图 5-22 鲳鱼

窄扁而体长的侧扁形鱼类，像带鱼（见图 5-23）、刀鱼等，游速较快，带鱼能似蛇一般地扭动身体在水中迅速前进。

图 5-23 带鱼

③平扁形。这种体形的鱼类背腹轴很短，左右轴较长，由于两侧的胸鳍和体躯已退化愈合在一起，组成一个平扁形的体形，如虹鱼（见图 5-24）、鳐鱼等鱼类。这些鱼类长期生活在水的低层，动作特别缓慢。

④棍棒形。这种体形的鱼类头尾轴特别长，背腹轴和左右轴均较为短小，身体呈头小尾尖的长圆棍形，如鳗鱼（见图 5-25）、鳝鱼等。这种鱼类的身体多是无鳞黏滑的，适合钻泥入穴、穿缝过草的生活，游速也较慢。

图 5 - 24　魟鱼

图 5 - 25　鳗鱼

⑤不对称形。有些鱼类的体形属于不对称的，例如木叶鲽（见图 5 - 26），它的双眼长在身体的一侧。

一般的鱼类都可以划归为上述五种基本体形，然而还有一些鱼，由于其生活环境和生活方式与众不同，因而具有特殊的体形。例如，球形（星点东方鲀，见图 5 - 27）、翻车鲀形（翻车鱼，见图 5 - 28）、剑形（剑鱼，见图 5 - 29）、箱形（箱鲀，见图 5 - 30）、海马形（海马，见图 5 - 31）等。

图 5 - 26　木叶鲽

图 5 - 27　星点东方鲀

图 5 - 28　翻车鱼

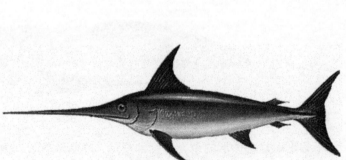

图 5 - 29　剑鱼

图 5 – 30　箱鲀　　　　　　　　　　图 5 – 31　海马

5.3.3　鱼类的运动

在自然界中，每一类动物都有区别于其他动物的特殊运动规律，这种特殊运动规律是现代仿生学研究的重要课题。据研究，鱼类运动时采用三种方式交替结合进行，具体如下：

①肌肉的交换伸缩使鱼体左右摆动；

②鳍的摆动；

③鳃孔向后喷水。

在上述三种动作中，第一种动作起主要驱动的作用，第二和第三种动作起辅助驱动的作用。实际上，这三种动作不是孤立的，而是在运动过程中交互作用的。

在分析鱼类动作规律之前，首先分析一下鱼的外形构造。鱼体可分为三段：头部、躯干和尾部，头部附有一对鳃盖，身体附有五种鳍（见图 5 – 32），即胸鳍和腹鳍（这两种是偶鳍），背鳍、臀鳍和尾鳍（这三种是奇鳍）。

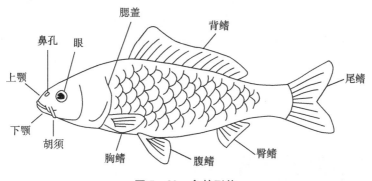

图 5 – 32　鱼的形体

这些形体上的外部构造在鱼类运动时发挥着重要作用，在鱼类运动时，能明显地看到它们的动作。下面再从不同方面分析鱼类的运动规律。

（1）肌肉的作用

鱼类肌肉的交换伸缩，使身体左右摆动，是其游动的主要动力。鱼类开始游动时，首先使身体前部一侧的肌肉先行收缩，使头部偏向收缩的一侧，接着使身体前部另一侧的肌肉节收缩，使头部偏向另一侧，一缩一松的运动继续向后面躯干、尾部交换着传递下去，就形成一种波浪式的搅动。头部每次微微的摆动，均能促成尾部强有力的摇摆，因为从头部开始的身体每一段的肌肉节运动都有力量增加进去，越到尾部，摆力就越大，产生一种推力，动作循环下去，鱼儿就能向前游动。

（2）鳍的作用

鳍对鱼类的游动起着相当重要的辅助作用。鱼类的背鳍和臀鳍在游动时起着平衡稳定的作用。另外，有些长体鱼类，其长形背鳍和臀鳍的前后波浪运动，也可推动鱼体缓慢前进。尾鳍常和尾部肌肉左右交替伸缩相配合，起推动鱼体前进和掌握游向的作用。有时也可以在其后端做波浪式的运动，使鱼体缓缓前进。尾鳍的形状和鱼的游速关系极大。一般来说，长有新月形和叉形尾鳍的鱼类，尾柄狭窄，摆动迅速，动作有力，游速较快；长有圆形和方形尾鳍的鱼类，尾柄较粗，摆动迟钝，动作乏力，游速较慢。鱼类胸鳍和腹鳍的作用是保持平衡，配合鱼体转身，调整鱼体升降。鱼类胸鳍的作用较多，胸鳍能像双桨一样摆动，可以使鱼体徐徐向前。鱼要停止前进时，两侧胸鳍突然举起张开，造成阻力，使向前运动停止。

游速较慢的鱼类，胸鳍多属阔而圆；游速较快的鱼类，胸鳍多属狭而长。虽然一般鱼类都生有以上五种鳍，但也有些鱼类则属例外，如合鳃鱼类、鳝科鱼类缺少胸鳍，鳗鱼类、圆鲀类缺少腹鳍，鳐鱼类缺少臀鳍和尾鳍，鳗科鱼类缺少尾鳍。

鳍的主要作用在于辅助鱼类游动。另外，随着鱼类对环境的不断适应，有些鱼类的鳍已转化为特殊性能的器官，例如转化为摄食器官。鮟鱇鱼（见图5-33）的第一背鳍已转化为许多细长的鳍棘，能像钓竿一样引诱小鱼游至它的嘴前，以便一口将其吞食。蝠鲼鱼（见图5-34）的胸鳍前端已溃化为头鳍，成为捕捉食物的器官。有些鱼类的鳍转化为吸附器官，例如鲫鱼（见图5-35）的第一背鳍已转化为圆形吸盘，能吸在鲨鱼和海豚等大鱼的腹部，这些大鱼载着它到处巡游。在大鱼猎食时，鮟鱇鱼则在一旁吃着大鱼的残羹剩饭。生活在急流中的鳅鱼（见图5-36），胸鳍和腹鳍合并成一个大吸盘，用以吸附在岩石上，以免被急流冲走。有些鱼类的鳍兼作爬行器官，例如，弹涂鱼（见图5-37）和鮟鱇鱼的胸鳍基部生有强力的肌肉，成为臂状，它们可以利用胸鳍在水底爬行。弹涂鱼甚至可以轻易爬到岸边。有些鱼类的鳍兼作飞翔的器官，例如飞鱼（见图5-38）的鳍特别发达，除在水中划水外，还能像鸟类的翅膀一样在空中飞翔。飞鱼的出水滑翔靠的是尾鳍激烈摆动所产生的动力。当其尾鳍还留在水中时，仍需加快其运动速度，只有当身体完全离水后，运动速度才减低。飞鱼可在空中飞翔100 m以上的距离。有些鱼类的鳍兼作防御的器官，例如虹类的尾部带有剧毒，当敌害侵犯时，能用其尾刺刺敌。大海中的毒鲉类，几乎每根鳍棘的基部都有剧毒，尤其背鳍更为厉害，被它刺中就会中毒。

图5-33　鮟鱇鱼

图5-34　蝠鲼鱼

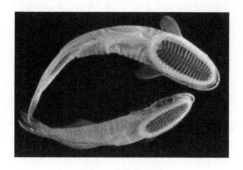

图 5 - 35　鲫鱼

图 5 - 36　鳅鱼

图 5 - 37　弹涂鱼

图 5 - 38　飞鱼

（3）鳃的作用

凡是动物，都需要通过呼吸来取得生命所需要的氧气，并排出废气——二氧化碳。其他类别的动物使用肺来进行呼吸。但鱼类生活在水中，只能用一种特殊的器官"鳃"来呼吸。鱼鳃可以吸进溶解在水中的氧气，并排出废气。鱼鳃长在头部，它由像梳子一样密排的鳃丝组成（见图 5 - 39），外部都有鳃盖盖着。鱼在水中不停地开合着头部两侧的鳃盖，就是鱼类在不停呼吸的外部动态。鱼类把水从口中吸入，经过鳃丝，鳃丝内的鳃小片就像过滤器一样摄取了水中溶解的氧气，同时把体内的二氧化碳通过鳃孔排出，完成呼吸过程。鱼鳃除了呼吸作用外，还可起到一定的推力作用。鱼类利用鳃孔有力地喷出废气时（鳃孔喷水），可以产生一定的推进力。鱼在开始游动时喷水的力量最大，辅助推动身体前进，鱼要向左转时，左鳃紧闭，强迫口中所有的水从右鳃孔迅速地喷出，身躯就转向左拐。

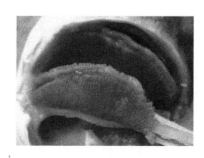

图 5 - 39　腮丝组织

5.3.4　鱼类的沉浮

"鹰击长空，鱼翔浅底"，鱼类之所以能潜到深水底层活动，主要是鱼类有一个能控制身体在水里沉浮的特殊器官——鱼鳔（见图5-40），鱼鳔是位于鱼腹内部肠胃上方的一个大气囊，这个气囊的体积能够根据鱼的沉浮情况变化。水越深，水的压力越大，水的浮力也就越大。鱼类下潜时，要从鱼鳔内排除一些气体，使其体积变小，相对密度相对增加，这样鱼类就能下沉；当鱼类要由深层上升时，鱼鳔就需要吸进一些气体，鳔内气体膨胀，体积增大，相对密度相对减小，这样鱼体的浮力也增大了，于是鱼类就可以浮升起来。

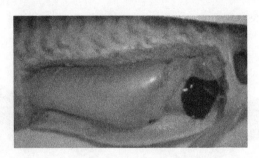

图5-40　鱼鳔

5.3.5　鱼类的游泳

鱼类的游泳动作和其体形关系十分密切。这里选择几种不同体形的鱼类，分析其游动规律[254]。

（1）纺锤形鱼类的游泳动作

这种体形的鱼类是呈曲线状向前游动的（见图5-41），头部摆动幅度小，引起躯干和尾部的摆动，力传到尾部，摆动的幅度变大。胸鳍则配合摆动动作，转身时外侧胸鳍要伸前，再用力地向后拨水，增加推力。快速前进时需要增加推力，尾鳍摆动次数多而快；缓慢前进时，尾部摆动柔和，动作节奏缓慢。当鱼体在水中飘动时，其身躯和尾鳍都可不动，由胸鳍拨水徐徐前进。

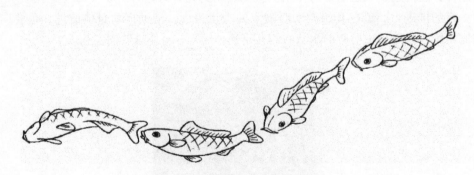

图5-41　纺锤形鱼类的游泳动作

纺锤形鱼类属于"左右摆尾"形，它们游动时，鳍的摆动起着十分重要的作用。尾鳍随尾部肌肉的交替伸缩而形成左右上下来回的摆动，起到推动身体前进和控制游动方向的作用。这种体形的鱼类的游动动作如图 5 – 42 和图 5 – 43 所示。

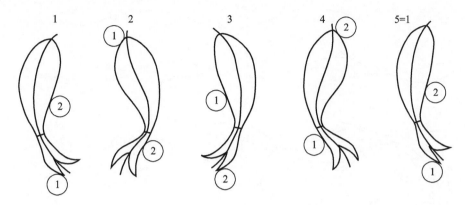

图 5 – 42 纺锤形鱼类的游泳动作（一）

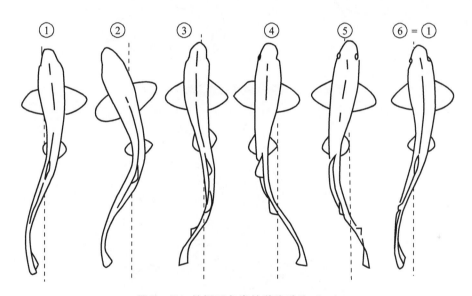

图 5 – 43 纺锤形鱼类的游泳动作（二）

纺锤形鱼类的身体和鱼鳍的动作，以及它们游动的路线，均呈曲线状态（见图 5 – 44）。

（2）侧扁形鱼类的游泳动作

这种体形的鱼类前进速度缓慢，前进时身躯动作不大，尾鳍左右摆动的幅度较大，胸鳍摆动的动作较快。侧扁形鱼类常会静止地停在水中，由胸鳍不停地拨水，保持身体稳定；有时它们可在静止中突然做侧转体的动作，转体后，又会继续静止停在水中。快速前进时，它们全身做波浪式运动前进，但这种动作消耗体力多，不能持久。图 5 – 45 所示为带鱼的游动动作。

（3）平扁形鱼类的游泳动作

这种体形的鱼类前进速度非常缓慢，前进动力主要是靠和体躯愈合的胸鳍由前推后的波浪式搅水运动来提供，由此推动身躯前进（见图 5 – 46）。尾部动作不明显，在转身时不起什么作用。

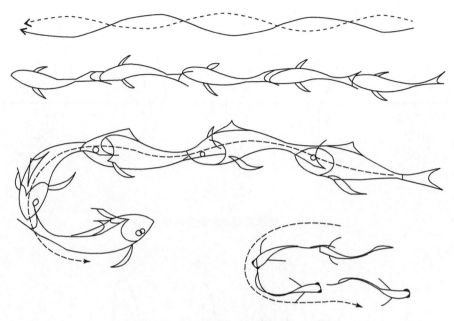

图 5 - 44　纺锤形鱼类的游泳动作（三）

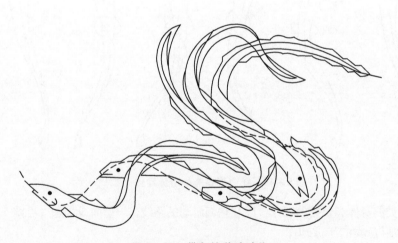

图 5 - 45　带鱼的游动动作

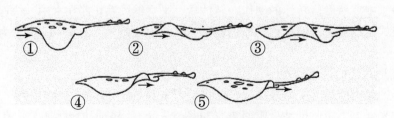

图 5 - 46　平扁形鱼类的游泳动作

（4）棍棒形鱼类的游泳动作

这种体形的鱼类身体较长，背鳍和臀鳍也都较长。前进时主要是靠侧部肌肉的左右交替伸缩，全身做大波泳式摆摇以产生动力，使身体在水中屈曲前游。背鳍和尾鳍也相应做小波浪式飘动。棍棒形鱼类的胸鳍较小，作用不大。

（5）金鱼的游泳动作

金鱼属软骨鱼类，多由人工在缸、盆内饲养。金鱼头大，双目朝天突出，形成方圆状的头形；此外，金鱼腹大，尾柄细，尾鳍呈纱状，特别柔软。金鱼多在浅水中长大，浅水的压力小，所以其大头细腰的体形不受压力影响。金鱼游泳时体态多姿（见图 5 - 47），鱼尾的动作由于质地轻薄加上水的浮力，动作缓慢而柔软，成曲线运动，鱼尾形态的变化也比较多。

图 5 - 47　金鱼的游动动作

（6）海豚的游泳和跳跃动作

海豚和鲸鱼不属鱼类，它们均属哺乳动物中的"鲸目"。海豚的游动相当迅速，常成群结队地在大海中疾游，疾游时穿插着跳跃动作，非常壮观（见图 5 - 48）。海豚的体形属纺锤形，但它们尾鳍却是水平式的，因此它的游泳动作就不是左右摆动，而是上下拍打前进。海豚常常会跃出水面飞窜，离水前靠尾部有力而急速地上下拍打，产生足够的冲力，前躯用力一挺跳出水面，飞窜三个体长的距离后冲力减弱，再度投入水中。

图 5 - 48　海豚的游泳和跳跃动作

5.4　兽类运动规律分析

兽类在哺乳动物中是最为常见的。现在世界上的哺乳动物大约有 4 000 种，约占脊椎动物总数 1/10。哺乳动物分为 18 个目，除鲸目和海牛目之外，其余 16 个目绝大多数都是陆栖的四足动物——兽类。从进化过程来看，陆栖的兽类都是由鱼类进化而来的。水栖的脊椎动物——鱼类的游泳是由鳍来进行的。进化为陆栖脊椎动物的兽类，其行走是由四肢来完成的。从鳍到肢是脊椎动物进化的明显标志之一。兽类区别于其他动物的特征如下：

①兽类用肺来呼吸；

②兽类属于温血动物；

③兽类大都有毛（少数无毛，或有鳞甲）；

④兽类都用四肢行动。

兽类分布很广，地球上几乎每一处陆地上都有兽类存在。很多兽类和人类有着非常密切的关系，人类从兽类那里获得肉食或原料。有些兽类经过驯服成为劳动工具；有些兽类经过饲养成为宠物。由于兽类和人类有着非常密切的关系，促使人类对各种兽类进行广泛、深入的研究。

兽类属于胎生的哺乳动物。它们出生前能在母兽的胎盘内发育一段较长的时间，这样就比其他脊椎动物有充分的时间发展其复杂的脑和身体结构。一般来说，兽类的脑比鸟类和鱼类的更发达，智慧也比它们更高，所以也比其他动物更加容易接受人类的训练，为人类服务和效劳，成为人类的朋友。

5.4.1　兽类四肢的结构

兽类的行走是通过四肢的运动来完成的[255]。鱼类靠鳍在水中摆动来拨水巡游，陆栖爬行动物靠四只短足来支撑身体在地上爬行，但还不能快速奔跑。进化为兽类的动物，长有较长的四肢，成为善跑的健将。由于适应环境的生活方式不同，兽类的四肢也向着各种类型不断演化。例如，哺乳动物中的灵长目，发展到猴和猿的阶段，已能直立起来走路，其前肢演化为手，原先走路的功能相对地消失了。

兽类奔跑速度和脚的构造有着密切关系，熊类和猿猴类动物奔跑的速度较慢，主要是由于这些动物都是"蹠行"的，即用脚板触地行走（见图 5 - 49）。这类动物的脚上，从趾头到后跟的部位上都长有厚肉，构成一只带肉垫的脚板，靠脚板贴地行走，缺少弹力，所以跑不快。人类也属于蹠行动物，所以跑不过一般兽类。人类短跑运动员在 100 m 赛跑时几乎全用脚趾奔跑，蹠部和跟部离地，尽量减小与地面的接触面积，以便增加弹力，这样跑的速度就增快了。

图 5 - 49　熊的骨骼

奔跑速度较快的兽类，一般都是趾行动物，如虎、豹、狗等爪类的动物。它们全是利用趾部站立行走的。它们前肢的掌部和腕部、后肢的蹠部和跟部永远是离地的，所以这些兽类都以善跑出名。

兽类中还有一类"蹄行"动物。所谓蹄行，就是利用趾甲进行行走。这类动物随着进化，四肢的指甲和趾甲不断扩大，逐渐溃化成坚硬的"蹄"。蹄行的兽类又分为奇蹄类动物和偶蹄类动物。奇蹄类动物有马、犀牛等，偶蹄类动物有牛、羊、鹿、骆驼、河马等。同是蹄行动物，但由于体形和蹄形发展不同，跑速也有所不同。如体形精干、四肢修长的马、鹿就比体形肥笨、四肢粗壮的牛、河马等动物跑得快，且跑得灵活。

兽类腿的不同构造对其行动速度的影响毋庸置疑。另外，不同构造的腿形对兽类在不同环境里的行动效率也有很大影响。例如，在平坦的地面上，蹠行的熊是跑不过蹄行的马的；但如换了光滑的冰面，马蹄就容易滑倒，相反，具有扁平脚掌的熊就不会滑倒，跑得就比马快。同样是蹄行动物，在平地上马比骆驼跑得快。但在沙漠里，长有宽厚肉蹄的骆驼就更适应这种环境，马就只能望其项背而甘拜下风了。在草原上，马奔跑的时速可达绵羊的 3 倍多。但在崎岖的山路上，长有修长四肢和硬蹄的马，翻山越岭行动不便；而绵羊腿短而细，还有底部凹陷，像吸盘般的蹄子有利于在陡坡上奔跑，甚至在悬崖峭壁上也能如履平地。

趾行动物的代表——狗和蹄行动物的代表——马，其骨骼特征如图 5 – 50 所示。

图 5 – 50　狗与马的骨骼特征

5.4.2　兽类的运动规律

兽类最大的特点是善于行走和奔跑[256]。一般四肢动物都会采用下述行动方式，现以马为例进行说明。马开始起步时，如果是右前足先向前开步，那么对角线上的左后足就会跟着向前走，接着是左前足向前走，再就是另一条对角线上的右后足跟着向前走，这样就完成了一个行走循环[257]。接着又是另一次右前足向前走，左后足跟着向前走，左前足向前走，右后足跟着向前走。继续循环下去，就形成连续的行走运动。此时，马的身体重心始终放在三只稳定地站在地上的脚所构成的三角形内。

兽类的运动规律可通过其在走路、小跑、大跑、奔跑等不同运动状态下的具体表现反映出来，下面就展开系统的介绍与分析[258,259]。

（1）兽类走路的运动规律

1）兽类走路动作相关规律分析

兽类大部分是用四条腿行走的蹄行或趾行动物。其运动规律可以分解为六点：

①四条腿两分、两合，左右交替形成一个完步。此即对角线换步方式。如果开始起步的是右前腿，那么对角线上的左后腿就要跟上；接着是左前腿向前，然后是右后腿向前走，这样就形成一个完步。

②前腿抬起时，腕关节向后弯曲；后退抬起时，踝关节向前弯曲。

③走步时，由于腿关节的屈伸运动，身体稍有高低起伏。

④走步时，为了配合腿部的运动，保持身体重心的平衡，头部会上下略有点动，一般是在跨出的前脚即将落地时，头开始朝下点动。

⑤爪类动物因皮毛松软柔和，关节运动的轮廓不十分明显。蹄类动物关节运动就比较明显，轮廓清晰，显得硬直。

⑥兽类动物走路动作的运动过程中，应注意脚趾落地、离地时所产生的高低起伏变化。

2）兽类走路动作不同视图观察

通过从不同视角观察兽类走路动作，可以帮助人们更加清晰、更加细致、更加全面地考察兽类的运动特性，找到其中规律性的东西，为开发新型仿生机械创造条件。

①兽类走路动作的正视图。

图 5-51 和图 5-52 所示分别为狮子和熊在正常走路时的正视图。它们可以帮助人们更清晰、准确地观察这两种动物在走路时前肢的运动情况。

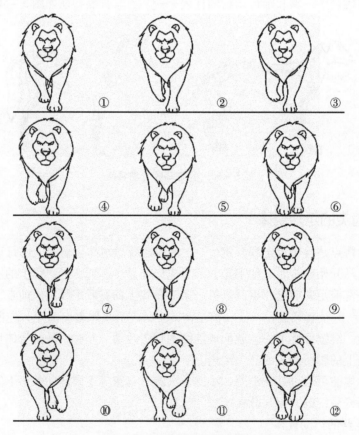

图 5-51　狮子走路的正视图

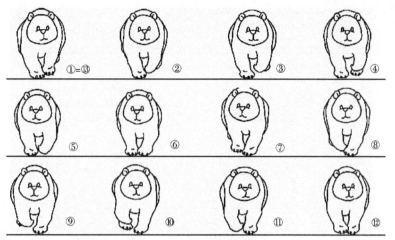

图 5 – 52　熊走路的正视图

②兽类走路动作的侧视图。

兽类走路时的侧视图能够帮助人们更加清楚地观察四腿的交替运动情况，有助于人们更为清晰地理解兽类的运动特点。图 5 – 53 ~ 图 5 – 56 分别展示了马、狗、狮子和骆驼正常走路时的侧视图[260]。

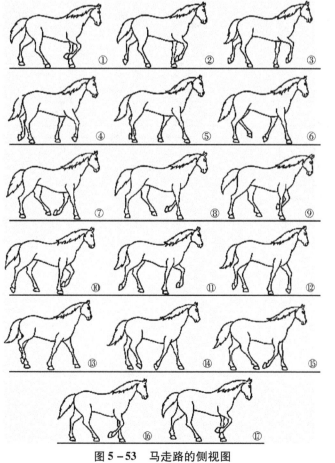

图 5 – 53　马走路的侧视图

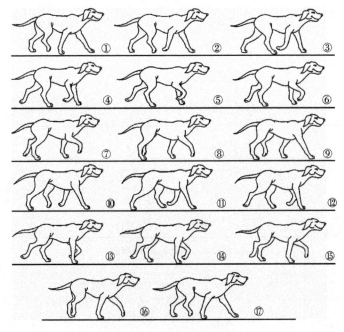

图 5 - 54　狗走路的侧视图

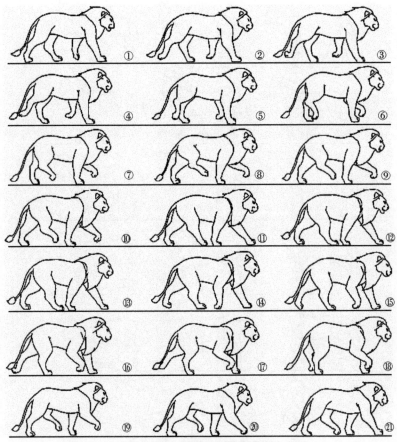

图 5 - 55　狮子走路的侧视图

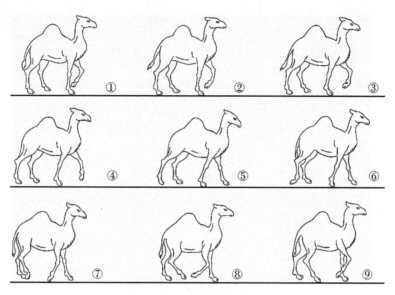

图 5 - 56　骆驼走路的侧视图

③兽类走路动作透视图。

在采用不同视图表示物体的空间特征和相对位置时，透视图具有良好的表现力。图 5 - 57 和图 5 - 58 分别表示了熊和鹿在正常走路时的透视图情况。这两张透视图能够帮助人们更好地观察兽类的运动特点。

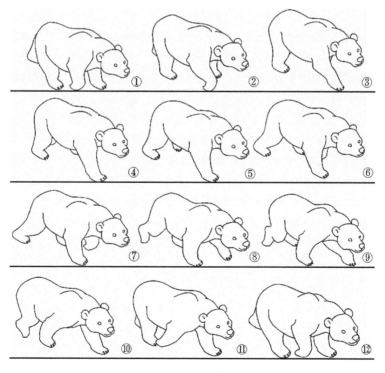

图 5 - 57　熊走路的透视图

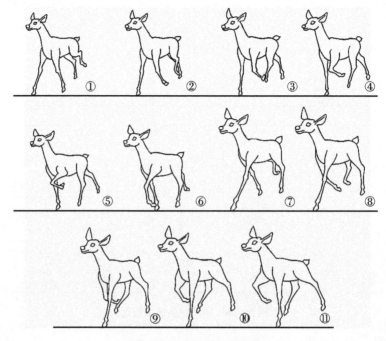

图 5 - 58 鹿走路的透视图

需要强调的是，作为一种四足蹄行动物，马的运动特性十分优越。马在走路时采取的也是对角线换步法，即右前左后、左前右后的交替循环。一般慢走每一个完步大约需要 1.5 s 的时间，也可能会慢些或快些。慢走时，马腿向前抬得较低；快走时，马腿向前抬得较高。前肢和后腿运动时的关节屈曲方向是相反的，前肢腕部向后弯，后肢跟部向前弯。走路时，马的头部动作会做相应的配合，前足跨出时头点下，前足着地时头抬起。详细情况如图 5 - 53 所示。

还要说明的是，爪类动物在哺乳动物中是很多的，小的如鼠类，大的如狮子、老虎、猎豹等。这些爪类动物由于形体结构不同，生活环境各异，行走的方式也是不同的。

爪类动物脚上长有尖锐的爪子，嘴里也都有利齿，适于猎食其他动物。食肉兽类性情凶暴，如常见的狮子、老虎、豹、狼、狐、貉等动物。这类猛兽身上都生有较长的兽毛，身体肌肉比一般蹄类动物的松弛，但矫健有力，动作灵活敏捷，能跑善跳。爪类猛兽属趾行动物，利用指部和趾部来行走，因此弹力强、步伐轻、速度快。爪类动物和蹄类动物行走时有一个明显不同的外部特点。蹄类动物的前肢关节是向后弯曲的，而爪类动物是向前弯曲的。因为前者是腕部关节弯曲，后者是肘部关节弯曲，所以正好相反。另外一个不同的特点是，蹄类动物走动时的四肢着地响而重，有"打"下去之感（见图 5 - 53 和图 5 - 58）；而爪类动物走动时四肢着地轻而飘，有"点"下去之感（见图 5 - 54 和图 5 - 59）。

（2）兽类跑步的运动规律

兽类在追捕猎物或逃避猛兽时会快速奔跑，这时对应的运动规律如下：

①兽类奔跑时，四条腿的基本运动规律与其走路时四条腿的交替分合相似。但是，兽类跑得越快，四条腿的交替分合就越不明显。有时会变成前后各两条腿同时屈伸，四脚离地时只差 1~2 格。

②兽类在奔跑过程中，身体的伸展（拉长）和收缩（缩短）姿态变化明显，尤其是爪类动物。

③兽类在快速奔跑过程中，四条腿有时呈腾空跳跃状态，身体上下起伏的弧度较大。但在极度快速奔跑的情况下，其身体起伏的弧度又会减小。

1）兽类小跑运动规律分析

鹿和马都是善跑的行家，现以其为例分别说明兽类小跑的运动规律。

鹿的骨骼结构突出，体态轻盈优美，运动能力十分出色。鹿在行走时，依照右前—左后—左前—右后的对角线换步规律向前行进，而在小跑时，与慢走稍微不同的是，对角线的两足是同时离地、同时落地的。四足向前运动时提得高，特别是前足提得较高一些。身躯前进时要有弹性，对角两足运动成垂直线时身躯最高，成倾斜线时身躯最低。动作的节奏是两头快中间慢。详情如图 5 - 59（a）所示。

马的小跑属于一种轻快的走步动作，其特点与鹿的小跑一致，身躯前进时有弹跳感。

大多数兽类的小跑都采取这种对角线两足同起同落的步法。但也有些兽类，如骆驼和大象等的小跑采用的是一种"溜蹄"步法，行走时，身躯向两侧做大幅度的倾摆摇动。"溜蹄"步法同样给人以轻快弹跳的感觉。

2）兽类大跑运动规律分析

现以鹿为例，说明兽类在大跑时的运动规律。鹿大跑时并不采用对角线步法，而是采用左前右前、左后右后交换的步法，如图 5 - 59（b）所示。采用这种大跑步法，步子跨出的幅度比较大，第一个起点与第二个落点之间的距离比较长。

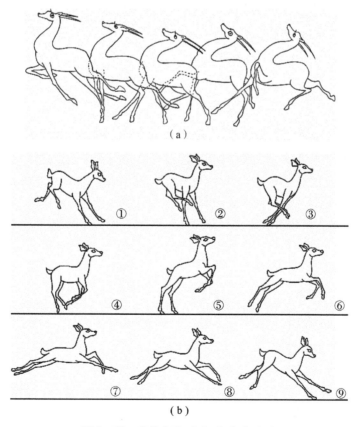

（a）

（b）

图 5 - 59　鹿的小跑（a）和大跑（b）

马在大跑时的步伐也不用对角线步法，同鹿一样，采用的是左前右前、左后右后交换的步法，即前两足和后足的交换。前进时，身躯的前后部有上下跷动的感觉，马在大跑时步子跨出的幅度较大，第一个起点与第二个落点之间的距离可达一个多马的体长，速度大约是每秒钟两个完步。

3）兽类奔跑运动规律分析

仍然以鹿为例，说明兽类奔跑时的运动规律，如图5-60所示。鹿在奔跑时，极富节奏感，躯干的收缩与伸展幅度变化明显[261]。由于鹿比马的身体更轻，弹跳力也更好，所以，在奔跑过程中，鹿的速度更快，滞空时间也更长。由于速度快，鹿在奔跑过程中，四足的交替不明显，通常表现为前足短暂交替，落地后身体收缩至最小，前足离地的瞬间，后足迅速交替落地发力，前足抬起至最高前伸，身体随即充分伸展，后足蹬地腾空至最高点，下落时前足向下准备着地，如此往复，不停奔驰。

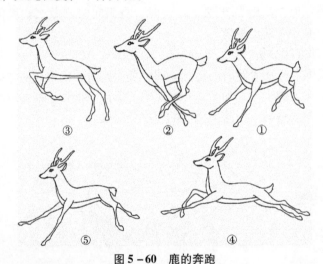

图5-60 鹿的奔跑

奔跑是马所采取的各种行进步法中速度最快的一种，也是采用两前足和两后足交换的步法。此时，马的四足充满着弹力，给人以蹦跳出去的感觉。奔跑时，马的步子迈出的距离更大，且常常只有一只脚与地面接触，甚至四脚全部腾空，每个循环步伐之间落地点的距离可达马体长度的三四倍。马奔跑的速度相当快，时速可达60 km，1 s可跑三个完步，有在空中飞奔的感觉。

4）兽类跑步动作不同视图观察

①兽类跑步动作的正视图，图5-61～图5-63所示。

②兽类跑步动作的侧视图，图5-64和图5-65所示。

③兽类跑步动作透视图，图5-66和图5-67所示。

④兽类跑步动作背视图，图5-68～图5-70所示。

相比而言，爪类动物的四肢比较短，跨出的步子比较小，不像马这样的蹄类动物有修长的四肢，步距很大。不过，爪类动物大都生有一条比较柔软的脊椎骨，这条柔软的脊椎骨能像弹簧那样弯曲，奔跑时能增加身体的弹性，每次用后腿一蹬，背椎一挺，就可跃出很远的距离。而蹄类动物一般脊椎骨都较硬，奔跑时背部基本上保持平直，缺少弹力。爪类动物由于脊椎骨不断地急速伸曲，容易消耗体力，跑不多远就会筋疲力尽，所以，在长途奔跑时，爪类动物是跑不过那些善跑的脊椎平直的蹄类动物的。

图 5-61 狗跑步的正视图

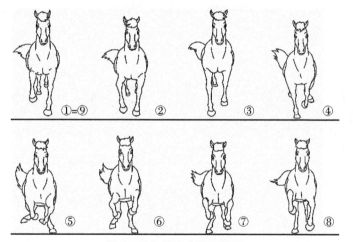

图 5-62 马跑步的正视图

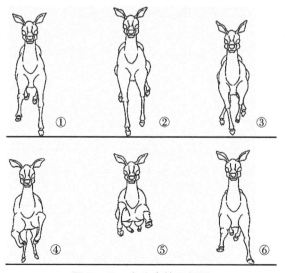

图 5-63 鹿跑步的正视图

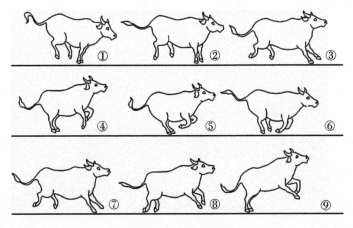

图 5 – 64　牛跑步的侧视图

图 5 – 65　兔子跑步的侧视图

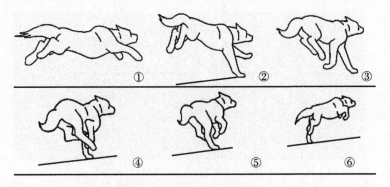

图 5 – 66　狗跑步的透视图

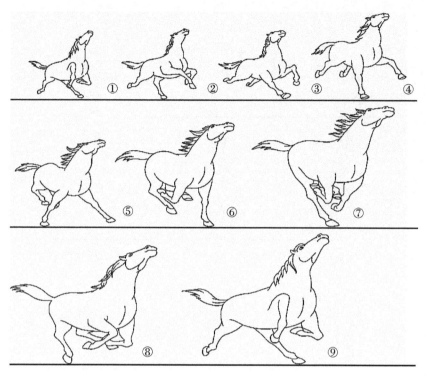

图 5 - 67　马跑步的透视图

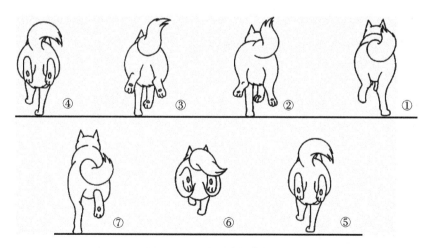

图 5 - 68　狗跑步的背视图

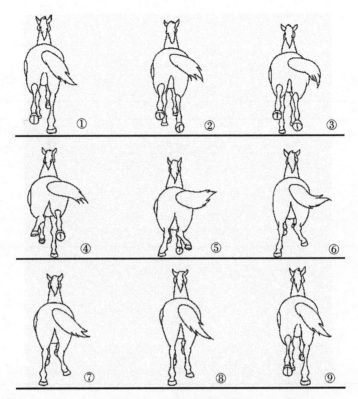

图 5 – 69　马跑步的背视图

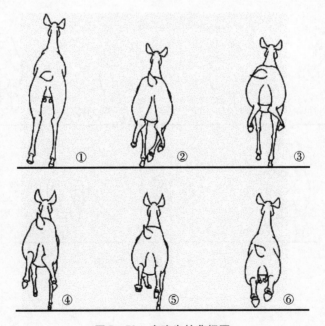

图 5 – 70　鹿跑步的背视图

（3）兽类跳跃的运动规律

自然界中充满着弱肉强食的现象。胜者生存，败者淘汰，这是自然发展的铁血规律。食肉目的兽类时常要吃下大量的鲜肉，才能生存、繁衍，为延续种类，就得设法捕获别的动物来充饥。被捕猎的对象要想生存下去，就得能从其他动物的爪牙之下逃生，其命运常常在一刹那间就被决定了。猛兽捕捉不到猎物就得挨饿，猎物逃脱不了捕捉就得丧生。因此，"速度"就成为双方命运的主宰之神。兽类除了善于奔跑以外，还拥有高超的跳跃本领。即便像马这样善跑的动物，也有一手过硬的跳跃本领（见图 5–71）。

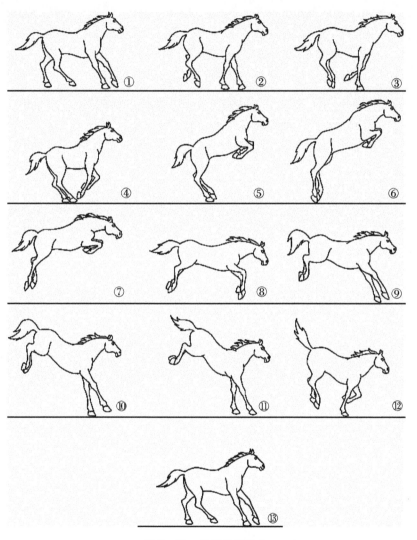

图 5–71　马的跳跃动作

非洲草原上，狮子这样行踪隐秘、动作敏捷的猛兽要捕猎十几米开外的羚羊往往也是不容易的。当羚羊惊觉狮子出现时，就会连蹦带跳地迅速逃跑。经过一阵急促的激烈追赶之后，耐力见长的羚羊逃脱了狮口，气喘吁吁的狮子只能望"羊"兴叹。

为了捕捉到猎物，百兽之王的狮子常常要依靠突然袭击进行捕猎。狮子在觅食时会故意把自己隐藏起来，让羚羊无法察觉。一旦靠近猎物，狮子就会伺机跃出（见图 5–72）进行抓捕。这时羚羊就算察觉，也来不及逃跑了。因为这时的狮子就像离弦之箭，以迅雷不及掩耳之势抢占了先机，此刻羚羊是无法逃脱的。

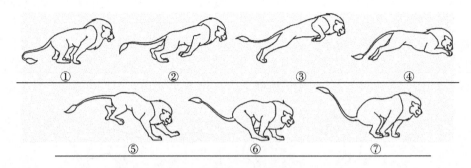

图 5 - 72 狮子的跳跃动作

跳跃能获得比奔跑更快的速度，是捕猎者和被猎者都喜欢采用的技术，以便更好地适应危机四伏的环境。一般情况下，兽类在跃出前，躯干往后缩成蹲状，准备力量，然后利用强壮有力的后腿猛力一蹬，把身躯弹出。身躯悬空运动过程中，前肢弯起伸向前方，准备着地。着地时，前肢先接触地面，承受身体前冲运动的惯性作用，身躯会由挺直变到蜷缩，后腿着地后冲力减弱，才恢复原状。

羚羊是一种特别善跳的动物，它的四肢修长、动作灵活、反应敏捷、弹跳有力。跃起时四足腾空过程较长，距离较远。在跳跃前进时，羚羊的身体呈弓形，可做爆炸式跳跃，在跃出点与着地点之间划出一条较长的弧线，一跳可以高达二三米，远达七八米，并可做较长距离的连续跳跃运动。

体形较大的袋鼠，靠两后肢支撑身体站立和行动。由于它的前肢短小无力，靠其行动不便，跳跃就成为袋鼠行动的常见方式（见图 5 - 73）。袋鼠在跳跃时，只用后肢与地面接触，两后足靠拢，同时跳离地面，当身体已经向前弹出后，就利用粗长的尾巴来平衡身体，它那双特别发达而有力的后足可做一连串的跳跃，能推动身体持续向前移动。每一次跳跃的距离都可达身长的 5 倍，最高时速可达 50 km。一只体重达 100 kg 的袋鼠，竟能一跃而跳到 3 m 的高度，可见它那后腿具有多么惊人的弹跳力量。

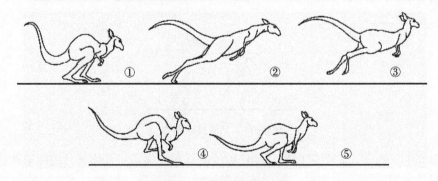

图 5 - 73 袋鼠的跳跃动作

松鼠也是一种四肢发展不平衡的动物。由于它天生胆小、体小力弱，容易成为强敌的侵袭对象。幸亏它跳跑功夫见长，弥补了自身的弱点。松鼠奔跳前进时的动作频率快，换步时间短，腾空窜跃远（见图 5 – 74），为其生存带来宝贵的机会。

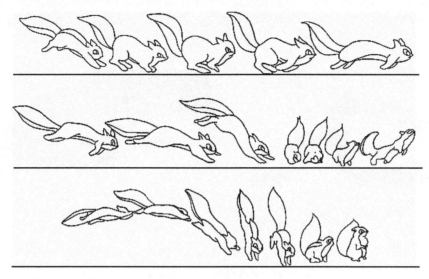

图 5 – 74　松鼠的跳跃动作

5.5　两栖类和爬行类运动规律分析

人们常把两栖动物和爬行动物联系起来研究，因为它们之间有许多共同的特征。它们同属于鱼类向兽类进化过程中过渡阶段的产物。这两类动物的生理结构和生活习性在不同程度上反映出它们的祖先鱼类水栖生活的某些特征，同时也逐步形成兽类陆栖生活的特征。它们属冷血型，体温受环境气温的支配，怕冷、怕热，冬天要进入冬眠，天热时昼伏夜出，某些种类甚至还要夏眠。另外，这两类动物已经用肺代鳃呼吸，用四肢代替鳍行动，这就更加适应陆栖生活的环境。由于这两类动物同时具有鱼类和兽类的某些特征，因此它们既能在水中生活，又能在陆地上生活。

5.5.1　两栖类运动规律分析

两栖动物是拥有四肢的脊椎动物，其皮肤裸露，表面没有鳞片（一些蚓螈除外）、毛发等覆盖，但是可以分泌黏液以保持身体的湿润；其幼体在水中生活，用鳃进行呼吸，长大后用肺兼皮肤呼吸[262]。两栖动物可以爬上陆地，但是一生不能离水，因为可以在水陆两处生息繁衍，所以称为两栖。它是脊椎动物从水栖到陆栖的过渡类型[263]。现在地球上大约有7 000多种两栖动物。两栖动物是冷血动物，由鱼类进化而来。与动物界中其他种类相比，地球上现存的两栖动物的物种较少，目前正式被确认的约有4 350种，分为无足目、有尾目和无尾目三目。

无足目（蚓螈目）的主要特征是躯体呈细长形，没有四肢，尾短或无，形似蚯蚓。我国仅有1种，即版纳鱼螈，是我国蚓螈目的唯一代表（见图 5 – 75）。

有尾目的主要特征是躯体呈圆筒形，生有短小的四肢和长而侧扁的尾巴，爬行，多数种类以水栖生活为主，形似蜥蜴。大鲵（俗称"娃娃鱼"，见图 5 – 76）是现存体形最大的两栖动物。两栖动物大多栖居于水中，筑穴于石缝里，活动于溪流或泥泞多的沼泽地带，昼伏夜出，以捕食水中软体动物为生。它们比较适应水中生活，在水中活动时非常灵活，尾巴能蜷曲拨水，推动躯体前进，游得较快。由于躯体硕大，四肢短小，在陆地上行动就比较迟钝。

图 5 - 75　版纳鱼螈

图 5 - 76　大鲵

　　无尾目的主要特征是躯体呈短宽形，四肢较长，幼体有尾，成体无尾，跳跃型活动。幼体为蝌蚪，从蝌蚪到成体的发育中需经变态过程，如蛙和蟾蜍。无尾目只有蛙科一种。蛙的种类很多，据统计大约有 100 种，分布地区也很广。一般来说，气候温暖、雨量充沛的地区蛙类较多，寒冷或干旱的地区蛙类较少。常见的蛙类有沼蛙、泽蛙、雨蛙、树蛙（分别见图 5 - 77 ~ 图 5 - 80）、蟾蜍等。

图 5 - 77　沼蛙

图 5 - 78　泽蛙

图 5 - 79　雨蛙

图 5 - 80　树蛙

　　蛙是卵生动物，由卵孵化出来的幼体称为蝌蚪（见图 5 - 81），与它们父母的姿态完全不同。经过逐渐成长，几次变换体形之后，到成体时才成蛙形。蝌蚪是以鳃来呼吸的，随着几次变态，成为蛙以后，也就变换成以肺来呼吸。刚孵化出来的蝌蚪是有外鳃的，但很快就被两侧的皮褶所遮盖，保留一出水孔，成蛙后这个出水孔也没有了，完全改用鼻孔呼吸。蝌蚪尾部发达，尾部上下长有薄膜状的尾鳍，游泳时就靠尾巴左右摇摆产生前进的推力。由于头部和身体连成一个三角的形体，没有明显的躯干，所以游泳时头与尾之间摆动的幅度较大，形成曲折状的运动方式，动作的节奏也较快。

两栖动物都不饮水，青蛙（见图 5 - 82）也是如此。蝌蚪成蛙后，皮肤软薄，有分泌汁液的腺体，所以皮肤能经常保持湿润。蛙主要靠皮小孔吸收水分，干湿决定着它们的存亡，遇到干旱时，蛙类很容易死亡。蛙类的皮肤深层生有各种色素，皮肤上的颜色可根据环境的温度和湿度通过色素细胞呈现出来。蛙的嘴巴很大，舌头较长，舌端可伸及嘴外，迅速摄取活动的昆虫。蛙类每天吃掉大量害虫，对农作物有益。雄蛙的咽部长有声囊，能发声，热天的黄昏后，人们在田野里能听到蛙声一片，非常响亮。

图 5 - 81　蝌蚪

图 5 - 82　青蛙

蛙的头部呈三角形，躯干或肥壮或瘦长，前肢较短，后肢较长，四肢不具蹼（具蹼的均为树栖蛙类），肌肉发达，趾间一般都生有蹼，适宜跳跃和游泳。蛙类跳跃时，先蹲下，后腿再用力蹬出，把体躯弹起，呈抛物线落到远处（见图 5 - 83）。

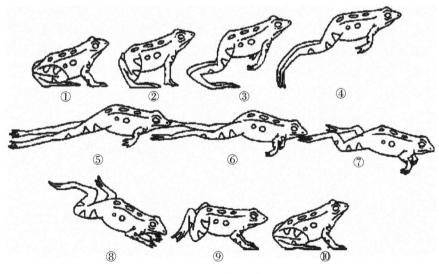

图 5 - 83　蛙的跳跃动作

蛙类游泳时，前后肢一张一弛，四肢伸缩配合得极为协调，动作柔和，十分优美，且富有节奏感，能使肌肉得到间歇休息，持久不累。

蛙泳动作如下：蛙的双腿向后蹬水时的弧度要大，两后腿猛力一蹬，身躯顺势前窜，前肢并拢向前伸出。此后，向前运动的力道逐渐减弱，再做另一动作的循环，后脚并拢收回，前肢做弧形收缩。

蟾蜍和蛙虽属同类，但在生活习性上却有很大不同。蟾蜍身躯肥大，动作迟钝缓慢。平时栖居于阴暗潮湿的陆上，不大到水中生活。它没有蛙那样强壮有力的后肢，跳不起来，趾间的蹼也不发达，不便于游泳，通常靠四肢在陆上爬行。遇到敌害时，也只能半跳跃式速跑，或是躺下装死，把肚皮鼓胀得隆起，用从皮肤疣状突起中流出带刺激性的毒液却敌。

5.5.2 爬行类运动规律分析

爬行动物比两栖动物又有更大的发展，它们逐渐摆脱了对水的依赖性，变成更适应陆上生活的动物。爬行动物的皮肤已经逐渐变成角质的鳞和甲，不像两栖动物那样依靠皮小孔吸收水分来维持生命，能够在干燥的环境下生存，用发育比较健全的肺进行呼吸。虽然爬行动物仍属冷血动物，血液本身没有固定温度，但这类变温的爬行动物已经是过渡为恒温动物的基础。

现存的爬行动物可分为四类：鳄、龟、蜥蜴和蛇，其中鳄的种类最少，蛇的种类最多。

（1）鳄鱼

鳄鱼生长在热带和亚热带地区。巨型鳄鱼的体长可达10 m多，小型鳄鱼的体长仅有1 m左右。最大的鳄鱼是马达加斯加岛鳄，体长9 m；印度恒河鳄体长6 m多；我国扬子鳄体形较小，体长仅在1.8 m左右。

鳄鱼动作迟钝，四肢短小，只能支撑笨重的体躯贴地爬行。其表皮由大小不同的骨板组成，尾巴长而有力，游泳时可起到强烈的推进作用。鳄鱼的肋骨连在颈椎上，因此鳄鱼的头只能上下活动，而不能向两侧转动。鳄鱼是肉食动物，形态丑恶，性情凶暴，是自然界中有名的杀手。它们以吃鱼类、鸟类和兽类为主。其牙齿呈圆锥状，不能咀嚼食物。鳄鱼在捕食时，往往是把猎物咬住拖入水中淹死后，再利用体躯前部支撑着头部向两侧来回甩动，把猎物撕碎后吞食。

鳄鱼在陆上爬行时，四肢采取对角线的交替步法，支撑着其沉重的身躯匍匐前进（见图5-84）。鳄鱼的前肢生有五趾，后肢生有四趾。游泳时四肢伸开，不缩回体侧，靠长尾巴摇摆推动向前游动。鳄鱼浮在水面游动时，几乎看不到它的头部和身体有动作，只看到它平稳得像根枯木般在水面上漂浮而过，游速却较快。

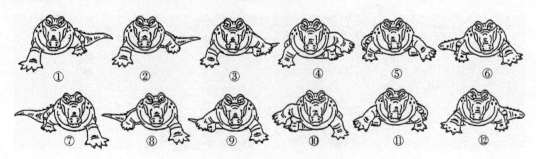

图5-84 鳄鱼爬行动作正视图

（2）龟

龟和鳖同类。龟是最为常见的爬行动物之一，其体躯呈扁椭圆状，背腹部都生有骨甲化的硬壳，脊椎已经与背甲融在一起，颈椎和尾锥能够活动，但躯体不能活动。龟没有牙齿，嘴像鸟嘴一样角质，起牙齿作用，能咬碎食物。四肢皆有五趾，各趾都生有钩爪。龟的行动十分迟钝，但在遇到敌害时却反应敏捷，能突然把头、尾和四肢缩回硬壳内躲藏起来。

（3）蜥蜴

蜥蜴的外形与鳄鱼的较为相似，皮肤均由角质鳞片组成，排列成复瓦状，身上的花纹色彩斑斓、十分艳丽，皮肤下有色素细胞，可随环境而变色。蜥蜴多半生有四肢，四肢都生有五趾，各趾上均有锐爪。有些蜥蜴像蛇一样没有四肢，不过在这些无肢的蜥蜴身上仍可找到四肢的痕迹。蜥蜴的再生能力很强，被咬断或是逃生自弃的尾巴，两三个月后又能再生出来。蜥蜴的动作十分敏捷，爬得很快，游得也很快。蜥蜴的体躯一般较小，长度只有 20 ~ 30 cm。有一种非洲产的巨蜥，体长 2 m 多，重达 20 ~ 30 kg。

（4）蛇

翻开生物进化史，蛇在地球上出现比人类要早得多。30 多亿年以前，地面上开始有了最原始的生物[264]。经过长期的进化，生物种类从简单到复杂，从低级到高级，从水生到陆生，到了距今大约 3.4 亿年前后，出现了真正的陆生脊椎动物，这就是爬行动物[265]。在这个时期，兽类和鸟类的祖先也先后从爬行动物的原始种类中演变出来，鳖、鳄、蜥蜴的老祖宗也接踵诞生了。蛇和蜥蜴的亲缘关系最为密切，它们是近亲，蛇是从蜥蜴变来的。在蜥蜴的原始种类里面，有一部分在漫长的进化过程中适应了新的环境，四肢逐渐退化，形成了一些新的特征，变成了蛇[266]；另一部分虽然四肢没有了，但由于没有具备蛇的特点，所以仍然还是蜥蜴。例如我国贵州产的脆蛇蜥和细蛇蜥，就是这一类没有足的蜥蜴。因此，蛇是爬行动物中最年轻的一个分支，也是最后登上生命舞台的适应性很强的爬行动物。

当今世界上约有蛇类 3 000 种，我国有蛇类 216 种。蛇的个体差异很大。分布在拉丁美洲加勒比群岛的马丁尼亚、巴巴多斯等岛上的盲蛇，是世界上最短的蛇，只有 9 cm 长，最长不过 11.94 cm。分布在东南亚、印尼和菲律宾一带的蟒蛇，一般都超过 5 m，最长的可达 10 m 左右。有记录最大的蟒蛇是印度尼西亚捕获的一条网纹蟒，长 14.85 m，重 447 kg。

蛇的身躯呈长圆筒形，头扁尾尖，没有四肢，和蜥蜴一样全身复以角质鳞片，鳞片排成覆瓦状，鳞片外的细胞层每年都要脱皮一次。蛇的舌头有细长而分叉的舌尖，总是在不停地吞吐，其活动频繁的舌尖是在搜集空气中的各种化学物质。当舌尖缩回口腔时，即进入犁鼻器的两个囊内，产生嗅觉，从而判断其所处的环境条件。

蛇能吞食比它大好几倍的猎物，这是因为它的下颌骨左右之间没有骨质的结合，仅以韧带连接着，另外，它的上颌骨和口盖骨有可动的关节，能把嘴巴张得很大，蛇的咽喉又富有弹性，再加上蛇是没有胸骨的，腹壁容易扩展，所以蛇能够把巨大的猎物送入肚中。蛇的脊椎骨可以把身躯盘绕起来而不会脱臼，这是其他爬行动物无法企及的。

蛇虽然没有四肢，但却是运动专家和全能运动员，其运动方式既特殊，又多样。

第一种是蜿蜒运动（见图 5 - 85）。这是一种所有蛇类都可进行的运动方式。由于上百片的腹鳞前后排列，以皮肤与肋骨相连，肋肌有节奏地收缩，肋骨就会前后移动，通过皮肌引起腹鳞与地面产生反作用力，加上椎骨能够灵活左右弯曲，蛇即在粗糙地面上做一连串的水平波状弯曲，体侧不断施加压力于地面而推动蛇体前进。采用这种运动方式时，蛇的运动是靠轮流收缩脊骨两边的肌肉来进行的，其特点是蛇体向两旁做 S 形曲线运动，蛇头微微离地抬起，蛇体前部左右摆动幅度较小，尾巴越向后面，摆动的幅度越大。这种蜿蜒运动有利于蛇在崎岖不平的荒野草丛中行动。

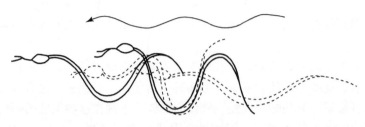

图 5 - 85　蛇的蜿蜒运动

第二种是直线运动。这是躯体较粗的蟒科和蝰科的蛇类常常采取的一种行动方式。蛇没有胸骨，其肋骨可以前后自由移动，肋骨与腹鳞之间有肋皮肌相连[267]。当肋皮肌收缩时，肋骨便向前移动，这就带动宽大的腹鳞依次竖立，即稍稍翘起，翘起的腹鳞就像踩着地面那样，但这时只是腹鳞动而蛇身没有动。接着肋皮肌放松，腹鳞的后缘就施力于粗糙的地面，靠反作用把蛇体推向前方。这种运动方式产生的效果是使蛇身直线向前爬行。

第三种是伸缩运动。这是蛇类在光滑地面上或狭窄空间中经常采取的一种运动方式。首先蛇身前部抬起，尽力前伸，接触到支持的物体时，蛇身后部即跟着缩向前去，然后再抬起身体前部向前伸，得到支持物，后部再缩向前去，这样交替伸缩，蛇就能不断地向前爬行[268]。伸缩运动也是蛇类适应在沙地上前进的行动方式。前进的方向与蛇体的主轴略垂直，与蛇头的方向一致，仅有两部分蛇体与地面接触，在沙地上留下一条条长度与蛇相当、相互平行的"J"形痕迹。响尾蛇是一种典型依靠伸缩运动前进的蛇类，它们凭借这种奇特的伸缩运动方式，能抓得住松沙，在穿越沙漠、寻找栖身之处或捕捉猎物时行动迅速，故又称为沙漠之蛇。

第四种是弹跳运动。粗短蛇种如铅色水蛇在受到惊动时，蛇身会很快地连续伸缩，加快爬行的速度，给人以跳跃的感觉[269]。此外，蛇类还能够做游泳、攀援等运动，这是基于蜿蜒运动或直线运动等方式的变化运用。

5.6　昆虫类运动规律分析

在人类生活的地球上，除了兽类、鸟类、鱼类、两栖类、爬行类动物以外，还活跃着一支历史悠久、数量庞大的动物队伍——昆虫。远在三亿年以前，昆虫就生活在地球的莽莽大地上。经过亿万年的进化与发展，许多昆虫已经拥有了合理的结构、完美的形态、高超的本领、神奇的机能，是人类学习、借鉴和模仿的优异对象。很长时间以来，人类始终关注昆虫点点滴滴的信息和方方面面的知识，试图从昆虫那里学到发展自身、适应自然的高强本领。当前，仿生机械正面临着前所未有的发展契机，了解昆虫的相关特性、掌握昆虫的相关知识可为仿生机械的发展增添力量。为此，人们应当尽量了解昆虫，搭建起连接昆虫与仿生机械的桥梁。

昆虫属于无骨骼的节肢动物，种类繁多。在常见的昆虫中，如蜜蜂、蝴蝶、蚊子、苍蝇等都十分善于飞行。这类昆虫在其幼虫和蛹的阶段是没有翅膀的，因此不能飞行。只有到了成虫期，长出翅膀以后才能飞行。鸟类靠扇扑翅膀飞行，昆虫则靠振翅飞行。振翅飞行是所有昆虫飞行活动的共同特征，但由于各类昆虫的翅膀具有不同的结构特点，反映在飞行方式上也有各自的特点。例如蚊子、苍蝇（见图 5–86）、蜉蝣等昆虫属双翅目，生有两片翅膀；蜜蜂、蜻蜓（见图 5–87）、蝴蝶等昆虫属膜翅目，生有四片翅膀；甲虫类多属鞘翅目，如天牛、独角仙（见图 5–88）、金龟子等，在它们的膜翅外还有一双硬翅和鞘翅盖着。其他还有许多不同目的翅膀结构，所以在飞行方式上就出现各种特点。

图 5–86　苍蝇

图 5–87　蜻蜓

图 5–88　独角仙

最简单的飞行方式是翅膀的上下振动（见图 5–89），和迎面气流形成一定的迎角，就能使昆虫在空中飞行。比较复杂一些的飞行方式是翅膀上下来回振动时，翅尖是做 8 字形曲线运动的，即翅膀向下划的同时向前划过，翻转向上划时再同时向后划去，就形成 8 字形的运动曲线（见图 5–90）。不过这种现象只有在昆虫停空振翅时才能看到，向前飞时就看不到了。原因是向前飞行时，虫体位置不断向前移动，翅膀运动的 8 字形就被拉长了，形成波浪形的曲线运动。

图 5–89　昆虫翅膀上下振动飞行

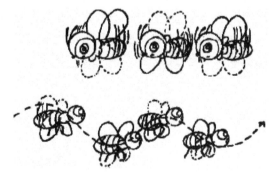

图 5–90　昆虫翅尖做 8 字形曲线振动

蚊子、苍蝇、蜜蜂等昆虫和许多鸟类飞行时的翅膀运动都有这种 8 字形曲线的现象，由于翅膀的运动快，人眼是难以观察到的，只有在高速摄影的条件下，才能把它记录下来。昆虫振翅的速度是相当惊人的，蝴蝶每秒可振翅 5～10 次，飞蛾每秒可振翅 37～48 次，苍蝇每秒可振翅 150～200 次，蜜蜂每秒可振翅 200～300 次，蚊子每秒可振翅 500～1 000 次。这样高速的振翅频率，人眼怎能看得清呢！人们只能通过听觉感觉到空气振动的声音。一般来说，昆虫振翅的速度越快，相应的空气振荡也越快，产生的音调就越高。蝴蝶飞行时振翅次数最少，所以即使在人们眼前飞过也听不到它的声音；蚊子振翅的次数最多，所以人们听到的声音最响。

蜻蜓、蝴蝶等膜翅目昆虫都生有四片翅膀，每边两片，前翅大，后翅小，在飞行时一般都是前后翅一同振动，为什么两片翅膀能够这样协调一致呢？原来这些昆虫的翅膀边缘都生有一些奇异的钩刺，能把前翅和后翅钩连起来，形成整片般的翅膀，所以动作能够保持协调一致。

昆虫飞行时靠什么来控制方向呢？蜜蜂、苍蝇等躯体较短的昆虫在飞行时，是利用调整左右两翅振动的频率来掌控飞行方向的。如要转向左飞，它便提高右翅的振动频率，降低左翅的振动频率，这样就能向左边飞行；反之亦然。蜻蜓、蜉蝣等长有长尾的昆虫是靠尾巴来掌控飞行方向的。这类昆虫的尾巴能像鸟类的尾巴一样起到舵的作用，通过改变尾巴的位置来操纵飞行方向（见图5-91）。

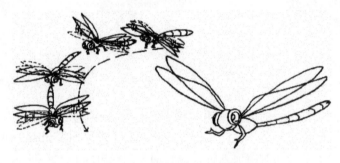

图5-91　蜻蜓的转向飞行

在昆虫世界中，蜻蜓的飞行本领十分高强，它的双翅不但能勾连起来同时振动，还能够保持后翅不动，只用前翅振动飞行。蜻蜓可以悬停在空中，做原位振翅；也可以突然地做短程的垂直上升。蜻蜓既能向前飞，又能退后飞，这是别的昆虫难以做到的。

许多人都以为鸟类是自然界最善于飞行的动物，实际并非如此。飞行本领最高超的，首先要推飞虫，这是因为昆虫拥有比鸟翼更先进的翅膀[270]。昆虫的双翅构造比鸟翼简单，而它们的关节活动能力比鸟翼要强得多。昆虫不仅在飞行时双翅摆动的幅度大，振动的次数多，而且在栖息和伏居时，双翅能够收拢起来，贴在身体后部、侧部或背部。胡蜂（见图5-92）双翅摆动的幅度竟然可达150°。

图5-92　胡蜂

昆虫大部分定居在固定的地方。但是也有大约200种昆虫，像走兽和候鸟一样，有每年迁徙的习惯。例如蝗虫与蝴蝶即是如此。某些昆虫在迁徙时，成群结队，其数量可达几百万只，甚至几十亿只之多。据目击者声称，那些成群迁飞的昆虫，遮天蔽日，连续不断地飞过天空，持续时间短则几小时，长则几天，有时甚至长达几星期之久！最令人惊奇的，是这些昆虫持久飞行的能力。它们竟能飞过山岭，横越海洋和整个大陆！

昆虫中的"长跑"冠军，首推斑蝶（见图 5 - 93）。斑蝶生活在美洲大陆。每年秋季，美洲大陆北部的斑蝶要迁居到南方去过冬。它们从美洲北部起飞后，一部分就朝东南方向做长途旅行。它们首先横渡辽阔的大西洋，越过亚速尔群岛，然后飞往非洲的撒哈拉大沙漠，或者意大利和希腊等地。另一部分则从北美朝西南方向做长途飞行。它们飘经浩瀚的太平洋，前往数千千米外的日本，甚至澳大利亚等地。

图 5 - 93　斑蝶

人们不禁要问，小小的昆虫怎么能够从事如此遥远的长途旅行呢？它们怎么会有这样持久飞行所需要的能量呢？

实际上，它们飞行时并没有花费多少气力，因为它们在空中旅行时，并没有摆动自己的翅膀，它们只是张着双翅，让空中的气流把身体托起来，并且巧妙地利用风力，靠风力把它们吹向前去。所以，昆虫是利用气流变化，进行长途滑翔的能手。

昆虫在飞行时振动翅膀的速度，也远非鸟类所能比拟。不同种类的昆虫，振动翅膀的频率各不相同，并且相差极大。例如，双翅类、膜翅类和鞘翅类昆虫，翅膀振动的频率极高。蝗虫每秒钟能振动翅膀 18 次，比鸟类拍动双翼的速度高得多，可是与其他昆虫相比，还差得很远。例如，金龟子（金匠花金龟）每秒能振翅 587 次，而一种小蚊蚋，其每秒振动翅膀竟高达 700 ~ 1 000 次，真是不可思议的超高速度！昆虫在进化演变的过程中，形成如此神奇的飞行能力，要归功于其控制翅膀的特殊结构。像蝗虫或蜻蜓之类的昆虫，是利用翅膀根部肌肉的伸缩而使翅膀振动的。这样的振翅方式，频率较低。另外，像苍蝇、蚊子或蜜蜂等，则利用其胸腔本身肌肉的弹性来振动翅膀，振动的频率要高得多。上述胸腔的弹性肌肉，能自动地快速伸缩，因为昆虫体内有一种化学物质，能直接转化成为肌肉的机械能，使翅膀以极高的频率振动。

苍蝇和蚊子之类的昆虫，本来都有两对翅膀，但在进化过程中，它们只剩下前面一对翅膀作飞行之用，而后面那一对翅膀则已经退化，变成了两根棍状的附加器官。可令人奇怪的是，这两根小棍却在双翅类昆虫的飞行中起着极其重要的作用。原来这对小棍具有非常灵敏的感觉，它们能使昆虫在飞行时保持平衡。如果把昆虫的这一对器官切去，那么昆虫就再也无法飞行了。

甲虫是一种硬壳型的昆虫，其飞行本领比起双翅目和膜翅目的昆虫就相形见绌了。甲虫的体躯扁圆肥胖，不像其他昆虫那样灵巧善飞。昆虫的飞行器官不是它外层的鞘翅，而是在底层的膜翅。甲虫飞行时，先将鞘翅展开成 V 形，由膜翅振动而产生推力，完成飞行活动，鞘翅张开只起保持躯体飞行稳定的作用。

昆虫大多数生有六足，有些没有翅膀的昆虫如蚂蚁、蟋蟀等主要依靠六足行动，许多有翅的昆虫如甲虫、蜜蜂等也能用六足爬行。昆虫爬行也有着自己的运动规律。由于六足都生在胸廓下部，每爬一步都以中足为支点稍微转动，因此，昆虫的爬行一般不是直线前进，而是曲折前进的。六足爬行的运动方式是把六只胸足分成两组互换步法进行的，六足是按三角形分组的，即左前足、右中足、左后足为一组；右前足、左中足、右后足为一组。每爬一步，由一组的三足形成的三脚架把身体支撑着，另一组的三足同时向前迈步，左、右两组不断地交换着向前移动。由于行动时虫体的重心会以着地的中足为支点向前转动，所以形成曲折的路线（见图 5-94）。但也有些昆虫在步行时，三对足是顺次提起和着地的，因此前进的路线不是曲线而是近于直线。还有的昆虫，例如尺蠖，行步方式十分奇特，如图 5-95 所示。

图 5-94　昆虫的六足爬行方式

有些昆虫如蟋蟀，蚱蜢（见图 5-96）、螳螂善于跳跃。这类昆虫六足发展不平衡。前两对胸足较小，后一双胸足强壮有力，因而非常适于跳跃。这类昆虫在跳跃时先把虫体略靠后缩，把力量都集中在那双强劲的后腿上，然后猛力一蹬，虫体就会跃出很高很远，并且可以连续进行多次跳跃。蚱蜢就是掌握这一技艺的行家（见图 5-97）。

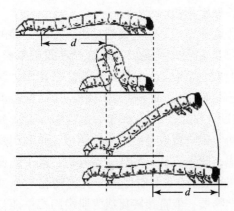

图 5-95　尺蠖的行进方式

图 5-96　蚱蜢

图 5-97　蚱蜢的跳跃动作

5.7　人类运动规律分析

人是世间最奇妙、最聪慧的生物；人体是世间最精细、最和谐的结构。与自然界中的其他生物相比，人类不仅具有聪慧绝伦的大脑，而且在身体结构方面也具有一定的特点和优势，尤其是人的双手无比灵巧，能使用最精妙的工具，能完成最复杂的动作，能将许多充满创意的想法变为现实。在仿生机械研究中，人应该成为重点考察的对象和研究内容，因此，了解人体结构特点，熟悉人体运动规律，掌握人体内在奥秘，对开展仿生机械研究具有重大意义。

5.7.1　人的起源

（1）从猿到人

2 300 万 ~ 1 800 万年以前，在地球热带雨林地区和广阔的草原上，生活着一种古代灵长类动物——森林古猿（见图 5 - 98），它们是人类最早的祖先[271]。森林古猿身体粗壮，胸廓扁平，前肢和腿一样长。前肢既是它们行走时的拐杖，也是它们用来悬挂在树木枝干上、在丛林间飘忽摆荡、摘取野果的利器。人类的祖先是一些从树上下到地面生活的古猿，当时它们主要活动在森林边缘、湖泊、草地和林地之间。地面生活使它们的体形变得更大，骶骨变得更厚，髋骨变得更宽，骶椎数变得更多，内脏和其他器官也相应发生了显著变化，从而为直立行走创造了条件。这时的古猿，前肢可以从事其他活动，手也变得更为灵巧，完成了从猿到人进化的第一步。

（2）腊玛古猿

在距今 1 400 万 ~ 800 万年，地球上生活着一种腊玛古猿（见图 5 - 99），森林的边缘和林间的空地是它们活动的主要场所。腊玛古猿是一种向着适应开阔地带生活方式不断变化的古猿。腊玛古猿主要以野果和嫩草等植物为生，同时还吃一些小型动物，它们以石头为工具，砸开兽骨，吸吮骨髓。腊玛古猿的平均身高在 1 ~ 1.1 m，平均体重在 15 ~ 20 kg，能够初步用两足直立行走。腊玛古猿在人类祖先演化的历史进程中具有重要的地位，是人类从猿类中分化出来的第一阶段。

（3）南方古猿

南方古猿（见图 5 - 100）生活在距今 500 万 ~ 150 万年。南方古猿可分为粗壮型和纤细型两种。粗壮型南方古猿是这类古猿发展中已经灭绝了的旁支，而纤细型南方古猿则是人类的祖先。粗壮型南方古猿平均体重在 40 kg 以上，脑容量大于 500 mL，身材较高。纤细型南

图 5 - 98　森林古猿

图 5 - 99　腊玛古猿

图 5 - 100　南方古猿

方古猿平均体重在 25 kg 左右，脑容量不到 450 mL，身高在 1.2 ~ 1.3 m。南方古猿的牙齿、头颅、腕骨和人的十分相近，而与猿类则有显著差别，它们已经学会了使用工具和直立行走。

（4）猿人

1901 年，荷兰人杜布阿在爪哇的梭罗河边发现了一种已经灭绝了的生物遗骨化石。根据生物学分析，该化石具有人和猿的两重生理构造特征。杜布阿将其命名为"直立猿人"，认为这是从猿到人进化过程中的过渡型产物。猿人分为早期猿人和晚期猿人。属于早期猿人的人类化石有 1960 年在东非坦桑尼亚西北部发现的"能人"、1972 年在东非肯尼亚特卡纳湖发现的 KUN－ER1470 号人等，他们生活在距今 300 万 ~ 170 万年。属于晚期猿人的有印度尼西亚的爪哇中立人、莫佐克托人，欧洲的海得堡人，还有我国的元谋人、蓝田人和北京猿人（见图 5－101）等，他们生活在距今 200 万 ~ 50 万年。猿人的头颅、面貌像猿，而四肢像人，已经学会直立行走。他们中间有的已懂得用火，并以洞穴为家，使用比较粗糙的石斧和其他类型的砍砸器。

（5）智人

距今 30 万 ~ 5 万年前，地球上出现了智人。智人分为早期智人和晚期智人（见图 5－102 和图 5－103）。早期智人又称古人，晚期智人又称新人，他们是现代人类最近的祖先。属于早期智人的有欧洲的尼安德特人和中国的马坝人、丁村人、长阳人等。这个时期的智人不仅会使用天然火，而且已学会人工取火。他们穿衣、熟食、集体生活、共同采集和狩猎。属于晚期智人的有克罗马农人、格里马狄人、阿尔法卢人、明尼苏人，我国则有山顶洞人、柳江人、河套人、资阳人等。由于各地区的社会生产力发展水平不同，这个时期的智人，其生活状况也有很大不同。智人在体质发展方面已与现代人极为相似。早期智人的头顶低平，有倾斜的前额，没有突出的眉脊，也没有明显的下颏，脑容量在 1 350 mL 左右。晚期智人额部较高，下颏部明显内缩，脑容量在 1 400 mL 左右，已与现代人没有多少差别了。现在地球上生活着的不同肤色、不同特征的人类，就是晚期智人在世界各地因地理、气候等因素影响而演变成的。

图 5－101　北京猿人

图 5－102　早期智人

图 5－103　晚期智人

（6）自然人

"人类是怎样进化的？""工具制造在人类进化过程中到底发挥了哪些作用？"千百年来人们一直在寻找这些问题的答案。现在人们知道，大致在 500 万年前，最初的人类已同猿类分别开来。那是一个地球环境发生巨大变迁的时代，许多哺乳动物生存在热带草原的边缘地区和大森林中，其中包括了许多树居的灵长类动物，一些小群的灵长类动物活跃在草原和森林边地，它们已采用了直立行走的姿势。根据对人类近亲的灵长类动物黑猩猩和狒狒的观察与研究，人们认为，黑猩猩和狒狒所具有的那种以前肢拄地行走的方式，可能就是人类始祖由四肢行走状态过渡到双足直立形态的重要环节。在这种行为模式下，人类可以更多、更好地利用工具进行采集和搬运，这完全是生存适应的必然结果。因为在那时，四肢行走方式比双足直立形式更为适应林间活动和树居生活，而双足直立方式是在草原边地、森林外缘生存的更好形式。那时的人类还主要以采撷植物果实和种子为生，有时还掠取被其他动物杀死的动物腐肉，直立状态为此提供了有力的手段和极大的方便。

150 万年前，在人类体质不断发生上述适应性进化的条件下，真正的"人"出现了，他们被称为直立人。直立人的身体形态十分特殊，然而正是这种特殊的身体形态，使人类在适应环境的特化中显现出巨大的优越性。这些直立人有着原始的头部，其头骨、颌骨和眉骨与猿类十分相近，但其身体的许多部分已经非常接近现代人。身体各部分进化程度的不等，证明适应环境是早期人类进化中最重要的内容。这时候的人也开始使用极其原始的工具，而使用工具给他们的进化和适应提供了方便和动力。以后的 100 多万年时间里，人类一直使用着各种工具，使其进化的步伐稳定向前。此时的人类已遍布地球的各种气候带中。这个时期人类的脑容量也在逐步变化，自 700 ~ 800 mL 发展到 1 000 mL。

30 万 ~ 5 万年前智人的各种表现，证明他们在使用工具方面有了长足的进步，他们制造工具的目的日趋明确，用于获取大量肉食的石器制造和使用更为突出，生存方式得到极大改善。这时候的人类有了固定的营地，文化形态也更加完整。这一切都说明人类首先是自然人，他们是在复杂的环境适应状态中进化而来的。适应是一种综合进化的过程，而不仅仅是某一方面的特化结果。这种适应包括了对生态环境的适应和诸如工具制造、人群素质、人群构成的变化等许多方面。

5.7.2　人的进化

（1）灵巧的双手

人是由猿进化而来的，人的双手是由猿手在劳动中进化而来的。手的进化过程在从猿到人的进化过程中发挥了重要作用。猿手和下肢配合，十分适合在茂密的丛林地带进行攀援活动。猿的行进方式十分特别，它们用双手抓住树枝，然后摆动身体，从一棵树荡到另一棵树，这种行进方式称为臂行。臂行使猿手的四指变得很长，形成弯曲的钩状，极其便于攀住树枝；而猿手的大拇指很短，虽可以配合其他四指抓住物体，但不能与其他四指对握捏拢，这就使得猿手难以像人手那样可以拿取各种形状的东西。猿在行走时采取半直立姿势，这也需要其上肢给予帮助。

自古猿从树上下到地面，逐步改变了自己的生活方式那时起，它们的身体结构同时开始了变化。直立行走使猿手从辅助行走的负担中解放出来，以完成与下肢完全不同的其他动作，如抓取食物、擎起木棒、握住石块、加工和使用原始工具。这样，猿手变得越来越灵巧。当猿制造出第一件工具时，作为运动器官的猿手就被改造成劳动器官，成为人手了。

劳动使人手与猿手产生了极大的差别。人手掌部较宽，手指较短，拇指相当发达。拇指基部与手腕之间的关节十分灵活，使它可以完成外展、内旋和弯曲等复杂动作，与其他四指的动作也非常协调，可以对握，因而能够精确、灵敏地抓住任何细小的东西。手指上的皮肤细腻而紧密，感觉的灵敏性和可靠性更高。指骨变直，末端指节变宽，这时的人手不仅是可以抓住树枝的运动器官，而且也是可以从事创造性工作的劳动器官。

（2）发达的大脑

人脑是高度发达的物质系统，任何动物的脑都不能与人脑相提并论。人脑在每秒钟内可形成约 100 000 种不同的化学反应，形成思想、感情和动作。据计算机科学奠基人冯·诺伊曼在《计算机与人脑》一书中介绍：普通人的大脑有差不多 1.4×10^{11} 个脑神经细胞，而一个脑神经细胞相当于一个记忆元件。如果在人的一生中，有效思维和记忆的时间按 60 年来计算，由于一个脑神经细胞每秒钟可接受的信息量为 14 bit（binary system 的缩写，计算机专业术语，是信息量单位），且最高可达 25 bit，那么一个人一生总的信息记忆储量为 2.8×10^{20} bit。这个信息记忆储量相当于美国国会图书馆所藏 20 000 000 册图书所包含信息量的 3 ~ 4 倍。俄罗斯学者伊·尹尔菲莫夫通过研究指出，人脑可以同时学习 40 种语言，可以默记一套大英百科全书所容纳的全部内容，还可以有余力去完成 10 种大学课程的教研活动。虽说这两位学者的研究成果还有待考证，但人脑机能非常复杂，功能非常强大。人们在日常学习、工作和生活中所使用的神经细胞，只占总数的 5% ~ 10%，其他脑细胞都处于休整和后备状态，这即是说，人脑还有 90% 以上的潜力没有开发出来。

需要指出，人脑之所以能有如此强大的功能，与猿脑的发展进化这一漫长的历史过程密切相关。从森林古猿到早期智人的脑容量变化在 300 ~ 1 200 mL 之间，黑猩猩和猩猩的脑容量为 400 mL，现代人的脑容量平均为 1 400 mL 左右。这说明在从猿到人的进化发展过程中，脑是不断增大的。脑容量增大的主要部分是前脑中的大脑，而大脑是人类高级神经活动最集中、最主要的部分。

从猿脑到人脑的发展变化，是与古猿、猿人的行为方式逐步复杂密不可分的，而劳动在里面起到了极其重要的作用。古猿从树上下到地面之后，取食、防御敌害等行为方式都发生了很大变化，当他们逐步掌握了制造工具的手段即从事劳动的手段之后，行为方式变得更为复杂，大脑接受外界事物的刺激信号越来越多，判断、分析、综合外界信息的能力也越来越强，这样，大脑就越来越发展起来。在共同的劳动中，产生了语言，使大脑的抽象思维能力变得发达起来，这是猿脑发展为人脑的一个重要因素。

（3）奥妙的语言

语言是人类表达思想、传递情感的主要手段，是人类意义最重大、使用最频繁的交际工具，也是人类区别于其他动物的本质特征之一。自然界的其他动物只能使用简单的发音和动作进行交流，而人类的语言正是在简单音节的基础上，在共同劳动的过程中逐渐产生和发展的。在从猿到人的进化过程中，共同的劳动和生活使人们相互之间的沟通变得日益频繁，其需求也变得日益增强。这时，简单的音节已不能准确、流畅地表达思想和进行交流，于是多频率、多音节的语言也就逐渐产生了。同时，人的发音器官和接受器官、理解器官也日趋发达和成熟。由于人的社会性和机能的进化与人类劳动有着密切联系，所以劳动是语言产生和发展的动力之一。

（4）火的使用

火是大自然中最神奇和最常见的现象，是人类生活中不可缺少的伙伴。早在 50 万年以前，人类就已经开始使用火了。在北京猿人生活过的洞穴中，发现了多层灰烬，并从中找到许多被火烧过的兽骨。人类使用火的意义非常重大，因为火为人类的发展开辟了一个新的广阔前景。火可以帮助人类驱赶野兽，保护自己；火可以帮助人类照明取暖，避开严寒的侵袭；火还可以帮助人类猎取大型野兽，使人类吃到烧熟的食物，有利于人类改善体质。火的使用是人类从茹毛饮血的原始生活迈向文明的第一步，是人类从动物界最终分化出来的标志性成就之一。

原始人类对火的使用经历了两个阶段。第一阶段中，人类利用自然中的野火，把它作为火种保存起来，以便长期使用。那时，人类初步学会了用火来加热食物、驱寒取暖、杀伤野兽。经过一段十分漫长的时期，人类发现石头间的碰撞可以产生火花，物体间的摩擦也可以生出火来，由此他们掌握了人工取火的知识与技巧，这时，人类对火的使用更加自由了，从被自然控制和摆布的情况下解放出来。

（5）工具的制造

很早以前，人类的祖先就已经懂得利用简单的自然物体作为工具了。他们拣取随处可得的石块、木头、树枝和兽骨，帮助自己采集和狩猎。10 000 000 年以前，腊玛古猿就会利用合适的石头敲碎动物坚硬的骨头，吸吮其中的骨髓。利用天然工具是人类始祖与灵长类其他动物的共同特点，但制造工具则是人类与其他动物的根本区别，也是人类从动物界中脱颖而出的关键所在。

至少在 2 000 000 年以前，人类的祖先已经能够制造工具，但这一本领是在一段十分漫长的时间里学会的，人类为此付出了极大的代价。在征服自然的斗争中，随着生活范围的日益扩大，人类遇到的敌害也越来越多，人类的祖先逐渐懂得改造自然物体以满足自己对工具的需求。他们先是模仿自然，然后有目的地将自然物体改变成具有所需形状的物品，从而制造出第一批工具。自然界中的各种木头、石块、树枝、骨骼是最容易获得的，也是比较容易改造的，所以，人类祖先使用的各种原始工具多以这些东西为材料。由于石头和骨头比木质物体经久耐用，因此，一些石质和骨质的原始工具保存至今。

（6）采集和狩猎

采集和狩猎是人类最早的一种经济生活方式。早期的人类主要生活在草原和森林的边缘地带，那里有着极为丰富的自然资源。由于生产力低下，人类的祖先就单纯地依靠自然界的赐予，采集野生植物的根、茎、叶、果实，并猎取动物作为食物。但采集和狩猎这种简单的生活方式不能满足人类对食物的需求，使早期人类处在饥饿困苦之中，难以大量繁衍后代。

考古发掘证实，植物在早期人类的食物中占有很大比重，以后动物的比重加大了。大到剑齿虎、犀牛、大象，小到老鼠、蚂蚁，无一不是人类猎取的对象。在当时，男子一般集体从事狩猎活动，妇女则主要从事采集工作。采集和狩猎的生活方式在后来逐渐分化和发展为原始农业和原始畜牧业。

（7）原始农业和原始畜牧业

原始农业和原始畜牧业分别是人类从采集和狩猎发展而来的。早期，人类在长期的采集劳动中，逐渐发现一些植物有着一岁一枯荣的特有规律，知道可按期采集这些植物的果实、根、茎。在人类熟悉了一些植物的生长规律，并摸索到相应的栽培方法后，就产生了原始农业。开始从事原始农业的是那些肩负采集重任的妇女。她们使用石锄、石斧、蚌锄等工具进行耕作，从事刀耕火种的原始农业生产。亚洲、非洲和美洲都分别出现了农业部落，欧洲在稍晚些时候也出现了农业。最古老的农作物有：美洲印第安人培植出的玉米、马铃薯、甘薯，亚洲和非洲人培植出的小麦、大麦、水稻、棉花、粟，欧洲人培植出的小麦等。例如，玉米的原始作物是大刍草，大约是在70 000年前培植成功的。小麦和大麦是在距今9 000年前培植成功的。

人类在长期的狩猎实践中，为了补充食物，时常有意将一些幼小的野生动物带回家中饲养，逐渐发现有些动物可以驯化成家畜，从而出现了原始畜牧业。狗和山羊是最早被人类驯化的，其次是猪、牛、驴、马，再后是火鸡、鸡。可是，世界各地驯化野生动物为家畜的时间并不一致。以狗的驯化为例，美洲在距今14 000～9 000年间，伊朗约在距今11 000年前，丹麦约在距今6 800年，我国约在距今6 000年前。我国是世界上最早驯养家畜的地区之一，在距今7 000～6 000年前的河姆渡遗址中，就有大量的家猪化石出土。

原始农业和原始畜牧业的出现，使人类能够通过自己的劳动来增加动植物的生产，人类的生活开始有了保障，人口随之不断增加，人类开始过上比较安定的生活。

5.7.3　人体运动特点分析

经过千百万年的进化与发展，人类终于完成了从猿到人的复杂变化，成为地球上的万物之灵。今天的人们，能运用大脑进行周密的思考，能运用语言交流细腻的情感，能运用双手完成绝妙的创造，能协调四肢演绎曼妙的舞蹈。人的智慧和能力是不可限量的。但人类要想充分发挥自己的力量，就必须拥有健康的体魄；要想保持健康的体魄，就应当先了解人体的结构与功能。

人体是由千百万个生命单位——细胞组成的。细胞是人体形态结构、生理功能和生长发育的基本单位，一般由细胞膜、细胞质和细胞核组成。细胞被赋予从事精确分工的专业工作本能。根据分工不同，细胞的形状、大小也有所不同。细胞能够不断繁殖新生一代，以修复、补充损坏和衰老的细胞，保证人体各项工作的正常进行。细胞需要在适合生存和工作的稳定液体环境——细胞间液中摄取氧气和营养，经"燃烧"产生能量来工作，并排除二氧化碳及水。这种活动就是细胞的新陈代谢。同类细胞依靠结缔组织连成群体，称之为组织；几种不同组织结合，共同完成一种性质的工作，就成为器官；再由各个器官按照一定的顺序排列在一起，形成完成一项或多项生理活动的结构，叫作系统。人体共有九大系统，具体为运动系统、神经系统、内分泌系统、循环系统、呼吸系统、消化系统、泌尿系统、生殖系统和防御系统。这些系统协调配合，共同工作，使人体内各种复杂的生命活动能够正常进行。由于本节分析的主要目标是人类的运动规律，所以此处只介绍人体的运动系统。

人体的运动系统主要由骨、骨连接和骨骼肌三种器官所组成[272]。它们占了人体体重的大部分，并构成人体的轮廓。运动系统的首要功能就是运动。人的运动非常复杂，包括简单的移位和高级的活动，如语言、书写等，都是在神经系统的支配下，通过肌肉收缩而实现的。即使一个简单的运动，往往也有诸多肌肉参加，一些肌肉收缩，承担完成运动预期目的的角色，而另一些肌肉则予以协同配合，有些处于对抗地位的肌肉，此时则适度放松并保持一定的紧张度，以使动作平滑、准确，起着相辅相成的作用。运动系统的第二个功能是支持，包括构成人体体形、支撑体重和内部器官及维持体姿。人体姿势的维持除了骨和骨连接的支架作用外，主要靠肌肉的紧张度来维持。骨骼肌经常处于不随意的紧张状态中，即通过神经系统反射性地维持一定的紧张度。人体的静止姿态就是互相对抗的肌群各自保持一定的紧张度所取得的动态平衡。运动系统的第三个功能是保护，人的躯干形成了几个体腔，颅腔保护和支持着脑髓和感觉器官；胸腔保护和支持着心、大血管、肺等重要脏器；腹腔和盆腔保护和支持着消化、泌尿、生殖系统的众多脏器。这些体腔由骨和骨连接构成完整的壁或大部分骨性壁；肌肉也构成某些体腔壁的一部分，如腹前、外侧壁，胸廓的肋间隙等，或围在骨性体腔壁的周围，形成颇具弹性和韧度的保护层，当受外力冲击时，肌肉反射性地收缩，起着缓冲打击和震荡的重要作用。人体有 206 块骨头，借关节、韧带、软骨连接起来。骨以不同形式（不动、微动或可动）的骨连接连接在一起，构成骨骼，形成了人体体形的基础，并为肌肉提供了广阔的附着点。肌肉是运动系统的主动力装置，在神经支配下，肌肉收缩，牵拉其所附着的骨，以可动的骨连接为枢纽，产生杠杆运动。

虽然人体结构非常精妙，人体运动功能十分复杂，但还是会受到一些制约，具体分析如下：

（1）人的骨骼关节对动作的限制

与其他动物一样，人的动作幅度会受到骨骼关节的制约。人的骨骼有许多可以活动的关节，通过附在骨骼上的肌肉收缩牵动关节的活动，从而产生人体的各种动作。各个关节的活动范围受关节结构和附在骨骼上的肌肉收缩程度所制约，有的关节活动幅度大，有的关节活动幅度小。每个关节的活动均以关节的接触点构成一个轴心向外旋转，呈弧线状运动。

人体主要关节如下：

①颈关节。它构成头部的俯、仰、旋转等动作。

②腰关节。它构成躯干的前屈、后屈、左右屈及横向旋转等动作。

③上肢关节（包括肩、肘、腕、指）。它们构成上肢各部位的伸屈和旋转弯曲等动作。

④下肢关节（包括股、膝、踝、趾）。它们构成下肢各部位的伸屈和旋转扭曲等动作。

以上四个主要的关节部位是构成人体动作的主要部分，是人体运动的基础。

（2）动态与平衡

在生活中，失去重心时人容易摔倒。保持重心就像使用天平称量东西一样，两边秤盘里的物体只有达到质量相等，天平秤才能构成水平。假如两边秤盘里的质量不相等，平衡就会被破坏，天平秤就会出现倾斜。重心不稳，人就立不住；人只有调整好姿势，达到平衡，才能立得住、站得稳。人体的一个动作过程通常包括姿势变化和重心移动两个方面，只有两者之间协调妥当，人体才能协调运动。

人类走路的动作是两腿交替的前进运动，左右两腿交替，同时两手配合着前后摆动，这是平衡的需要，也是重心变化的需要。人在走路时，总有一条腿在支撑身体，另一条腿才能腾空跨步，没有支撑是寸步难行的。同时，支撑力也要随着重心移动而不断变化。

人在做跳跃动作时，会在整个运动过程中表现出身躯屈缩、蹬地腾空、着地、还原等姿势。跳跃期间，人体重心是以抛物线形式向前移动的，重心点从不稳定的平衡腾空跃出，再经着地后不稳定的平衡至调整身躯达到平衡稳定。姿态的变化和重心的移动一定要达到协调一致，动作才能成功和优美。

人在坐椅子时，必然是先躬着腰部才往下坐，因为这是平衡身体重心的需要。倘若不躬腰，而是挺立躯干往下坐，人就会失去平衡而跌在椅子上。

人在上下楼梯时，身体重心的位置是不同的。上楼梯时，重心稍偏前，下楼梯时，重心稍偏后。所以上楼和下楼的动作姿态有所不同，上楼时，人的上体稍向前倾，下楼时，人的上体稍向后仰，这样才能保持平衡。

（3）作用与反作用

运动速度是人通过使用力量而产生的。人体（或人体的某一部分）的肌肉收缩就能产生力量，若力量大于阻力，就能产生运动。跑步时，人的力量增大，他的速度就加快；当体力消耗殆尽，没有气力时，他就跑不动了。人体运动的速度和姿态与作用力和反作用力有着十分密切的关系。作用力指肌肉收缩时产生的动力；反作用力指人体在运动时与空气摩擦而产生的空气阻力、引力和惯性形成的反作用力。因此，无论是反作用力减少或作用力加大，都会使人的动作速度加快；反之，速度就会减慢。

（4）人在动作中所受的支配

人是由猿进化而成的。从猿到人转变过程中，劳动起着主导作用。劳动创造了人类，劳动使人类从动物中分化出来，成为具有自觉能动性的高级动物。人类有思想，有表达思想和意志的语言能力；人类能劳动，通过劳动创造社会的物质财富和精神财富，所以人类的生活内容远比其他动物丰富和复杂。这种生活内容上的丰富性与复杂性也会给人带来一定的约束与支配，这些约束与支配既可能是心理层面的，也可能是道德层面的，还有可能是其他方面的。

5.7.4　人类运动规律分析

作为万物之灵的人来说，在日常生活中接触最多的是人，了解最深的也是人，对人的生活习性远比对其他动物更熟悉，对人的动作规律，也远比对其他动物更清楚；人们可以结合自身活动来体会，也可以通过观察旁人来掌握，这比研究和分析其他动物的动作规律更加方便。事实上，人的动作受人体中的骨骼、肌肉，以及神经的支配和影响很大，具体影响如下：

（1）骨骼的影响

这是人类动作的结构架子，是构成人体各种运动和动作的基础。人的骨骼系统在结构和平衡上是非常复杂和巧妙的，它能做出各种各样的动作。人的骨骼除维系肌肉外，还起着保护内脏器官的作用。骨骼的形状多种多样，有长有短，有圆有扁，有刚有柔，因此能适应许多特殊动作的需要。一双不大的脚，就能支撑人类既重又大的躯体。虽然人的骨头有时也会遭遇意外而折断，但它还是非常坚固的，像装有防震装置般能经受外力冲击和振动而不会轻易折断。

（2）肌肉的影响

肌肉是人类动作的能动力。人的肌肉组织是牵拉骨骼完成动作的重要器官。人的力量是靠肌肉运动提供的。肌肉的唯一功能就是收缩，它对骨骼牵动最显著的例子就是手和腿的伸屈。附在骨头上的肌肉收缩作用使骨头活动，才使手脚能做出幅度很大的动作，如奔跑、搏斗、跳跃等。即便活动不太显著的骨头，也受肌肉的拉扯，如肌肉拉动筋骨就能帮助人们进行呼吸。肌肉通常是成对工作的，一块肌肉的收缩起拉骨头向前的作用，相应地，另一块肌肉的收缩就起拉骨头向后的作用。肌肉之间的联系十分密切，一条肌肉的收缩往往会牵扯许多肌肉跟着活动。没有肌肉的收缩，骨骼是动不起来的，也就不能产生相应动作。

（3）神经的影响

神经是人类动作的指挥系统。人体有一个组织严密而功能复杂的神经系统，这个系统由大脑、脊椎和复杂的神经网组成，对身体活动起着协调作用。人体有两种神经组织：一种是感觉神经,这种神经能把各种感觉迅速传给脊椎和大脑;另一种是运动神经,大脑通过运动神经发布命令,使肌肉收缩,牵动骨骼做出各种动作。没有神经系统的指挥,人类就不能有条不紊地进行各种活动。以上三种因素是密切联系着的,成为保障人体正常活动不可缺乏的因素。

虽然许多动物的运动能力比人类高超,但作为能够直立行走的动物,人类的运动能力是富有特色的,在一些方面甚至还是独一无二的。下面就结合人类运动动作的特点,详细分析人类的运动规律[273]。

(1) 人类的行走动作及其规律分析

行走是人类生活中最常见的动作之一。人类直立行走的特点就是两脚交替向前,带动身躯前进,两手前后交替摆动,使身体得到平衡(见图 5 – 104)。人类这种手脚协同行走的规律实际上是从四肢动物对角线步法的行走方式发展出来的。人的上肢已经永远离地,从奔走的功能改变为劳动的功能。但原来兽类时期运动时四肢相互配合的方式仍旧还在起作用,只不过改变了相应的姿态。人的脚在行走时,脚跟先着地,脚掌踏平,身体重心前移,然后脚跟再抬起,脚尖离地后开始悬空运动,此后脚跟又着地。在此过程中,手掌指头放松,两臂前后摆动,手运动到前方时腕部提高,稍向内弯。一般走得越慢,步子越小,脚掌离地悬空不高,手的前后摆动幅度不大;反之,走快时手脚的运动幅度加大,脚也抬得更高些。

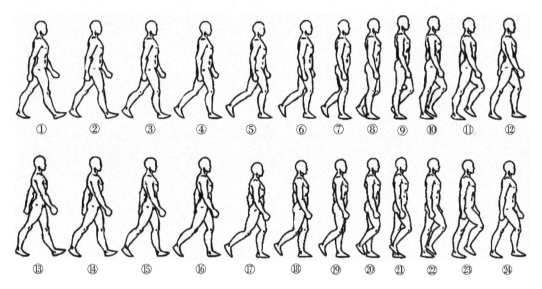

图 5 – 104 人的行走动作

(2) 人类的跑步动作及其规律分析

图 5 – 105 和图 5 – 106 所示为人类跑步时的动作序列情况,从中可以发现如下规律:

①跑步前进时,人的体躯呈波浪式前进态势,处处体现出运动的曲线规律,头顶、手、臂、腿、足皆不例外(见图 5 – 107)。步子跨开时,身体最低;一腿直立支撑时,身体最高。

②两脚交替向前迈动和两手交替前后摆动时的动作方向是相反的。因此,肩部和骨盆也以相反的倾斜度而运动。

③手的摆动是以肩胛为轴心做弧线摆动的。

图 5 – 105　人的跑步动作序列图（一）

图 5 – 106　人的跑步动作序列图（二）

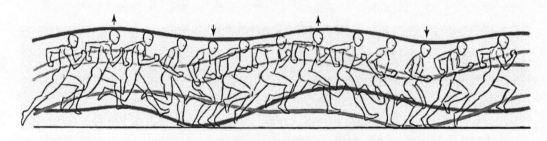

图 5 – 107　人体跑步时的曲线规律

④一脚作支撑，另一脚提起迈步，循环交替，支撑力要随着身体重心的前移而变化，脚

踝与地面成弧线往前运动。

⑤跑步时，身体要略向前倾，步子迈得要大。

⑥跑步时，要握起拳头（不需紧握），手臂自然弯曲，做前后摆动。如想跑快，则手臂可抬得高些，甩得用力些。

⑦脚的弯曲幅度要大，每步蹬出的弹力要强，脚一离地就要弯曲起来往前运动。

⑧身躯呈现的波浪式运动曲线比走路时更大。

从上述内容可以看出，在快速奔跑中，人的脚后跟是不着地的，基本上是靠前脚掌和脚尖来支撑与蹬出，尽量不让脚板贴地。这样的跑法实际上就是动物中的"蹄行"和"趾行"跑法，它能减少脚底与地的接触面积，增加脚尖弹跃的力量，从而获得更快的速度。疾跑时人的身躯向前倾斜度更大，以便减小阻力。同时，两臂摆动要更高、更有力，与双腿的运动交替配合，争取高速。疾跑体力消耗较大，只宜做短途冲刺。需要指出的是，人的行走动作与跑步动作是有区别的，人在行走时总是有一只脚在地面上，而跑步时有双脚离地的时候（见图 5 – 108）。

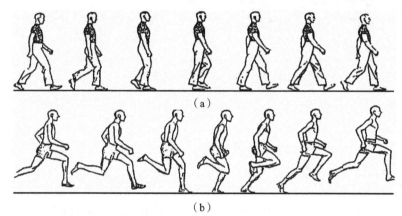

图 5 – 108　人的行走动作（a）与跑步动作（b）比较效果图

（3）人类的跳跃动作及其规律分析

人类除了善于行走和跑步外，还比较善于跳跃。人类的跳跃动作主要包括跨步跳、立定跳远、助跑跳远，一些体操运动员还能完成各种神奇的跳跃动作。在常规的跳跃动作中，基本过程通常分为蹲、蹬、跃起、蜷身、着地、缓冲、恢复等环节。

1）跨步跳

人在做跨步跳时是向上跳的，包括摆臂的同时绕环向上也是为了向上腾起，并同时向前进行。具体要求：后腿用力蹬伸，滞留在身体后的小腿放松，大概与地面平行。前腿屈膝前顶、送髋，落地时小腿积极后拉，脚掌扒地，手臂上提摆至肩高制动，有明显的腾空时间。跨步跳的分解动作如图 5 – 109 所示。

2）立定跳远

人在立定跳远时，两脚左右开立，与肩同宽；两臂前后摆动，前摆时两腿伸直，后摆时屈膝，降低重心，上体前倾，手尽量向后摆[274]；然后两脚快速用力蹬地，同时两臂自后往前上方用力摆动，整个身体向前上方跳起腾空，并充分展体；接着收腹举腿，小腿尽量前伸，同时，两臂用力后摆并屈膝落地缓冲。整个过程如图 5 – 110 所示。其规律可用口诀形容：一提二蹲三跳起，快速蹬地展身体；收腹举腿向前伸，屈膝缓冲巧落地。

图 5-109　人的跨步跳跃动作

图 5-110　人的立定跳远动作

3）助跑跳远

助跑跳远又称急行跳远，由助跑、起跳、腾空与落地等动作组成。在做该动作时，运动员沿直线助跑，在起跳板前沿线后面（不能踩到前沿线，否则算犯规）用单足起跳，经腾空阶段，然后用双足在沙坑落地。

在急行跳远时，助跑是有一定距离和步数的加速跑，它能使人体获得最大水平速度，为起跳做好准备。起跳是助跑后身体按适宜的角度向空中快速腾起的过程。运动员的起跳腿在踏板上要经历放脚、缓冲、蹬伸3个阶段[275]。在起跳腿蹬离地面的同时，摆动臂和起跳腿要协调配合做摆动动作，其要领是运动员要做好抬头、挺胸、提肩、拔腰动作。

急行跳远中，运动员的空中姿势一般分为蹲踞式、挺身式、走步式3种。无论采用哪种空中姿势，运动员的双腿在起跳离地的瞬间都有一个跨步姿势的"腾空步"动作。蹲踞式要求在落地前，运动员尽量将双腿提至胸前并高举落地（见图5-111）。挺身式要求运动员腾空后下放摆动腿和双臂，将髋、胸充分展开，然后收腹举腿落地（见图5-112）。走步式在运动员腾空时采用2步半和3步半两种技术。要求运动员在空中做大幅度的前后迈步换腿动作，并与两臂协调配合。落地动作一般有"前倒缓冲法""侧倒缓冲法"和"坐臀缓冲法"。其目的是使运动员维持好身体重心平衡，避免发生伤害事故。

图 5-111　运动员采用蹲踞式的跳远动作

图 5 – 112   运动员采用挺身式的跳远动作

4）特殊跳跃

受过专业训练的体操运动员，其跳跃能力非常人可比，他们的关节比一般人灵活，肌肉比一般人发达，技巧比一般人娴熟，所以能够跳出高难度的动作（见图 5 – 113）。

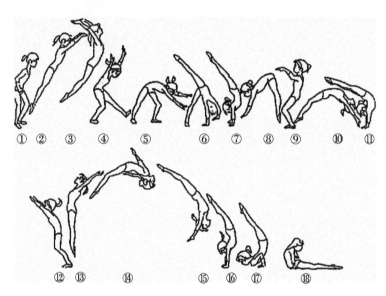

图 5 – 113   体操运动员的连串跳跃动作

5.8   思考与练习

1. 分析鸟类羽翼的特点，说明其对鸟类飞行的影响。
2. 分析鸟类骨骼的特点，说明其对鸟类飞行的影响。
3. 阔翼类鸟儿和短翼类鸟儿的飞行动作有哪些区别？
4. 鱼类的体形可分为几种？举例说明体形对鱼类运动的影响。
5. 鱼鳍可分为几种？举例说明鱼鳍对鱼类运动的影响。
6. 详细说明海豚游泳和跳跃动作的特点。
7. 说明"蹄行"动物和"趾行"动物的运动特性，并比较其优缺点。
8. 马在行走和跑步时的步态有何不同？试加以说明。
9. 袋鼠的跳跃动作有哪些特点？

10. 以图解方式说明青蛙游泳动作的特点。

11. 详述蛇的运动方式及其特点。

12. 详述蜻蜓的飞行方式及其特点。

13. 以蚂蚁为例，说明昆虫行走方式及其特点。

14. 尺蠖的行进方式对人类开发新型移动机器人有何启发？

15. 人手的自由度有多少？各自的作用是什么？

16. 分析人的行走方式、跑步方式和跳跃方式各有何特点。

17. 仿人双足机器人的主要特性有哪些？

18. 列出 10 种仿人双足机器人的主要技术指标与运动特性。

第 6 章

仿生机械运动学分析

6.1 仿生机械运动学分析概述

各种机电一体化装备的工作均是由控制器指挥的，控制器可根据作业任务实时规划相应的执行策略或运行轨迹。例如，在工业机器人中，对应驱动末端位姿运动的各关节参数是需要实时计算的。当机器人执行工作任务时，其控制器就要根据加工轨迹指令规划好位姿的序列数据，实时运用逆向运动学算法计算出机器人各关节的参数序列，并依此驱动机器人的各个关节，使末端按照预定的位姿序列运动[276]。对于仿生机械来说，依同此理。以机器人为例，机器人运动学或机构学从几何或机构的角度描述与研究机器人的运动特性，而不考虑引起这些运动的力或力矩的作用。

仿生机械运动学分析中，有以下两类基本问题：

①仿生机械运动方程的表示问题。这属于正向运动学范畴。例如，对某一给定的机器人（仿生机械的典型代表），现已知连杆的几何参数和关节变量，欲求机器人末端执行器相对于参考坐标系的位置和姿态。机器人程序设计语言具有按照笛卡儿坐标规定任务工作的能力。物体在工作空间内的位置及机器人手臂的位置，都是以某个确定的坐标系的位置和姿态进行描述的，这就需要建立机器人运动方程。运动方程的表示问题属于正向运动学的问题分析，因此，也可以把机器人运动方程的表示问题称为机器人的运动分析。

②仿生机械运动方程的求解问题。这属于逆向运动学范畴。例如，已知机器人连杆的几何参数，给定机器人末端执行器相对于参考坐标系的期望位置和姿态（位姿），求机器人能够达到预期位姿的关节变量。当工作任务由笛卡儿坐标系描述时，必须把上述这些规定变换为一系列能够由手臂驱动的关节变量。确定机器人手臂位置和姿态的各关节变量的解答就是运动方程的求解。仿生机械运动方程的求解问题属于逆向运动学的问题综合，因此，也可以把仿生机械运动方程的求解问题称为仿生机械的运动综合。

在仿生机械运动学分析中，常会用到一些经典的方法，这些方法能够帮助人们有效解决上述两类问题，下面将对这些方法予以系统介绍和深入剖析。

6.2 复数极矢量法

在分析仿生机械运动时，复数极矢量法是一种常用的解析方法。采用复数极矢量法进行问题求解，通常是先建立机构的位置方程，然后将所得位置方程分别对时间求一阶导数和二阶导数，于是可得机构的速度方程和加速度方程。

众所周知，向量法是描述刚体运动的一种基本方法，向量既可用直角坐标表示，也可用极坐标表示。采用复数极矢量法进行运动学分析时，是将机构看成一封闭的矢量多边形，并用复数形式表示该机构的封闭矢量方程式，再将矢量方程分别对所建的直角坐标取投影[277]。

采用复数极矢量法对机构做运动学分析时的主要步骤如下：

①选定直角坐标系。

②选取机构各杆的矢量方向与位置角，并作出封闭矢量多边形图。

③根据图形列出复数极坐标形式的矢量方程式，即位移方程式。

④由位移方程式两边的实部和虚部分别相等的关系解出所求位移参量的解析表达式。

⑤将位移方程对时间求一阶导数和二阶导数，分别得到速度方程和加速度方程；解这些方程可得所求速度和角速度、加速度和角加速度的解析表达式[278]。

6.2.1　复数矢量的定义

用两个实数 x、y 表示一个复数，观察图 6 - 1 所示坐标系中矢量 z 与坐标轴 x、y 的相互关系，可以得出：

$$z = x + \mathrm{i}y \tag{6-1}$$

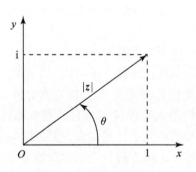

图 6 - 1　复数极矢量法

如果对于实轴的对称点，也对应存在一个复数：

$$\bar{z} = x - \mathrm{i}y \tag{6-2}$$

那么称 $\bar{z}$ 是矢量 z 的共轭复数，$(z \cdot \bar{z})^{1/2}$ 定义为复数 z 的模，记为 $|z|$，且有

$$|z| = (z \cdot \bar{z})^{1/2} = \sqrt{x^2 + y^2} = r \tag{6-3}$$

模等于 1 的复数称为单位复数，即有：

$$\hat{z} = \cos\theta + \mathrm{i}\sin\theta \tag{6-4}$$

式中，θ 称为幅角，由欧拉公式可得：

$$\mathrm{e}^{\mathrm{i}\theta} = \cos\theta + \mathrm{i}\sin\theta \tag{6-5}$$

$$z = |z|\,\mathrm{e}^{\mathrm{i}\theta} \tag{6-6}$$

6.2.2　复数矢量的表示

设在复平面上有一个单位矢量 $\hat{a}$，则该矢量可表示为：

$$\hat{a} = \cos\theta + i\sin\theta = e^{i\theta} \tag{6-7}$$

如图 6 - 2 所示，自由矢量 **a** 可如下表示：

$$\boldsymbol{a} = a\hat{a} = ae^{i\theta} = a(\cos\theta + i\sin\theta) = a_x + ia_y \tag{6-8}$$

于是矢量 **a** 的 x、y 轴的分量分别为 a_x 与 a_y。

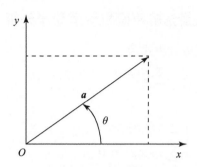

图 6 - 2　复数极矢量法表示向量 **a**

①向量 **a** 与单位矢量 $e^{i\varphi}$ 相乘，可有：

$$e^{i\varphi}(\boldsymbol{a}e^{i\theta}) = ae^{i(\theta+\varphi)} \tag{6-9}$$

表示向量 **a** 逆时针转过一个 φ 角。

②向量 **a** 与虚数单位 i 相乘，可有：

$$i\boldsymbol{a}e^{i\theta} = a(i\cos\theta - \sin\theta) = a\left[\cos\left(\theta + \frac{\pi}{2}\right) + i\sin\left(\theta + \frac{\pi}{2}\right)\right] = ae^{i(\theta+\frac{\pi}{2})} \tag{6-10}$$

相当于矢量 **a** 转过 90°。

同理：

$$i(i\boldsymbol{a}e^{i\theta}) = a(-\cos\theta - i\sin\theta) = a[\cos(\theta + \pi) + i\sin(\theta + \pi)]$$
$$= ae^{i(\theta+\pi)} = -ae^{i\theta} \tag{6-11}$$

相当于矢量 **a** 转过 180°。

③$e^{-i\theta}$ 是单位矢量 $e^{i\theta}$ 的共轭矢量，即有

$$e^{i\theta} \cdot e^{-i\theta} = (\cos\theta + i\sin\theta)(\cos\theta - i\sin\theta) = \cos^2\theta + \sin^2\theta = 1 \tag{6-12}$$

④两个有用的公式：

$$\cos\theta = \frac{e^{i\theta} + e^{-i\theta}}{2} \tag{6-13}$$

$$\sin\theta = -i \cdot \frac{e^{i\theta} - e^{-i\theta}}{2} \tag{6-14}$$

6.2.3　复数矢量的微分

设矢量 $\boldsymbol{r} = re^{i\theta}$，表示某一点相对于固定参考系坐标原点的位置，则一阶导数：

$$\frac{d\boldsymbol{r}}{dt} = \frac{d}{dt}(re^{i\theta}) = \dot{r}e^{i\theta} + r(e^{i\theta}i\dot{\theta}) = \dot{r}e^{i\theta} + r\dot{\theta}ie^{i\theta} \tag{6-15}$$

上述等式右边可看作两个复数矢量：$\dot{r}e^{i\theta}$ 与 $r\dot{\theta}ie^{i\theta}$。其中，$\dot{r}$、$r\dot{\theta}$ 分别为它们的矢量大小（模）；$e^{i\theta}$、$ie^{i\theta}$ 为单位方向矢量。

二阶导数：

$$\frac{\mathrm{d}^2}{\mathrm{d}t^2}(r\mathrm{e}^{\mathrm{i}\theta}) = \ddot{r}\mathrm{e}^{\mathrm{i}\theta} + \dot{r}(\mathrm{e}^{\mathrm{i}\theta} \cdot \mathrm{i}\dot{\theta}) + (r\ddot{\theta} + \dot{r}\dot{\theta})\mathrm{i}\mathrm{e}^{\mathrm{i}\theta} + r\dot{\theta}(\mathrm{i}\mathrm{e}^{\mathrm{i}\theta}\mathrm{i}\dot{\theta})$$

$$= (\ddot{r} - r\dot{\theta}^2)\mathrm{e}^{\mathrm{i}\theta} + (r\ddot{\theta} + 2\dot{r}\dot{\theta})\mathrm{i}\mathrm{e}^{\mathrm{i}\theta} \qquad (6-16)$$

继续求导可求出高阶导数。

6.2.4 基于复数极矢量法的平面机构运动学分析

对于平面机构，封闭环矢量方程式为：

$$\sum l_i = 0, i = 1,2,\cdots,n \qquad (6-17)$$

写成分量位移方程式为：

$$\begin{cases} \sum l_i\cos\varphi_i = 0 \\ \sum l_i\sin\varphi_i = 0 \end{cases}, i = 1,2,\cdots,n \qquad (6-18)$$

对时间 t 求导，得到速度方程式为：

$$\begin{cases} \sum (\dot{l}_i\cos\varphi_i - l_i\dot{\varphi}_i\sin\varphi_i) = 0 \\ \sum (\dot{l}_i\sin\varphi_i + l_i\dot{\varphi}_i\cos\varphi_i) = 0 \end{cases}, i = 1,2,\cdots,n \qquad (6-19)$$

对时间 t 二次求导，得到加速度方程式为：

$$\begin{cases} \sum (\ddot{l}_i\cos\varphi_i - 2\dot{l}_i\dot{\varphi}_i\sin\varphi_i - l_i\dot{\varphi}_i^2\cos\varphi_i - l_i\ddot{\varphi}_i\sin\varphi_i) = 0 \\ \sum (\ddot{l}_i\sin\varphi_i + 2\dot{l}_i\dot{\varphi}_i\cos\varphi_i - l_i\dot{\varphi}_i^2\sin\varphi_i + l_i\ddot{\varphi}_i\cos\varphi_i) = 0 \end{cases}, i = 1,2,\cdots,n \qquad (6-20)$$

下面以图 6-3 所示铰链四杆机构为例，介绍采用复数极矢量法进行平面机构运动学分析的步骤。

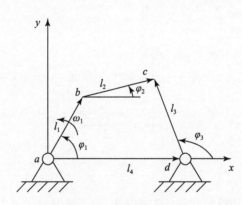

图 6-3　铰链四杆机构

已知：铰链四杆机构各杆杆长分别为 l_1、l_2、l_3、l_4，原动件 l_1 的转角为 φ_1 及等角速度为 ω_1。

试确定构件 l_2、l_3 的角位移、角速度和角加速度。

（1）位置分析

将铰链四杆机构 abcd 看成一闭环矢量，其中 $\boldsymbol{l}_1$、$\boldsymbol{l}_2$、$\boldsymbol{l}_3$、$\boldsymbol{l}_4$ 分别表示各构件矢量，该机构的封闭矢量方程为：

$$l_1 + l_2 - l_3 - l_4 = 0 \tag{6-21}$$

以复数形式表示为：

$$l_1 \cdot e^{i\varphi_1} + l_2 \cdot e^{i\varphi_2} \cdot - l_3 \cdot e^{i\varphi_3} - l_4 = 0 \tag{6-22}$$

采用欧拉公式展开，可得：

$$l_1 (\cos\varphi_1 + i\sin\varphi_1) + l_2 (\cos\varphi_2 + i\sin\varphi_2) = l_3 (\cos\varphi_3 + i\sin\varphi_3) + l_4 \tag{6-23}$$

该方程的实部和虚部分别相等，即有：

$$\begin{cases} l_1\cos\varphi_1 + l_2\cos\varphi_2 = l_3\cos\varphi_3 + l_4 \\ l_1\sin\varphi_1 + l_2\sin\varphi_2 = l_3\sin\varphi_3 \end{cases} \tag{6-24}$$

式（6-24）可进一步整理为如下形式：

$$\begin{cases} l_2\cos\varphi_2 = l_3\cos\varphi_3 + l_4 - l_1\cos\varphi_1 \\ l_2\sin\varphi_2 = l_3\sin\varphi_3 - l_1\sin\varphi_1 \end{cases} \tag{6-25}$$

由式（6-25）左右两边平方后相加，可进一步消去 φ_2，得：

$$(l_4 - l_1\cos\varphi_1)\cos\varphi_3 + (-l_1\sin\varphi_1)\sin\varphi_3 + \left(\frac{A^2 + B^2 + l_3^2 - l_2^2}{2l_3}\right) = 0 \tag{6-26}$$

假设 $A = l_4 - l_1\cos\varphi_1$，$B = -l_1\sin\varphi_1$，$C = \dfrac{A^2 + B^2 + l_3^2 - l_2^2}{2l_3}$，则

$$A\cos\varphi_3 + B\sin\varphi_3 + C = 0 \tag{6-27}$$

令 $x = \tan(\varphi_3/2)$，则 $\cos\varphi_3 = (1 - x^2)/(1 + x^2)$，$\sin\varphi_3 = 2x/(1 + x^2)$。上式可进一步化为 $(A - C)x^2 - 2Bx - (A + C) = 0$，带入求根公式，推导得：

$$x = \frac{B \pm \sqrt{A^2 + B^2 - C^2}}{A - C}$$

因此

$$\varphi_3 = 2\arctan\frac{B \pm \sqrt{A^2 + B^2 - C^2}}{A - C} \tag{6-28}$$

由上式可以看出，φ_3 解中的正负号表明有两个解，其中，"+"表示实线位置解，而"-"表示虚线位置解（见图 6-4）。

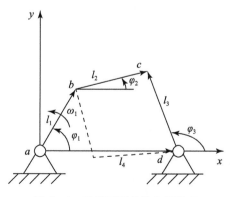

图 6-4　铰链四杆机构多解情况

（2）速度分析

根据式（6-22），可将前述关系写为如下形式：

$$l_1 \cdot e^{i\varphi_1} + l_2 \cdot e^{i\varphi_2} = l_3 \cdot e^{i\varphi_3} + l_4 \tag{6-29}$$

将上式对时间求导数，可得：

$$l_1 \cdot \omega_1 i e^{i\varphi_1} + l_2 \cdot \omega_2 i e^{i\varphi_2} = l_3 \cdot \omega_3 i e^{i\varphi_3} \tag{6-30}$$

两边乘以 $e^{-i\varphi_2}$，并按欧拉公式展开取实部消去 ω_2，可得：

$$\omega_3 = \omega_1 \cdot \frac{l_1 \sin(\varphi_1 - \varphi_2)}{l_3 \sin(\varphi_3 - \varphi_2)} \tag{6-31}$$

同理，可求得：

$$\omega_2 = -\omega_1 \cdot \frac{l_1 \sin(\varphi_1 - \varphi_3)}{l_2 \sin(\varphi_2 - \varphi_3)} \tag{6-32}$$

其中，角速度逆时针方向为正，顺时针方向为负。

（3）加速度分析

将速度方程对时间求导数，可得：

$$-l_1 \omega_1^2 e^{i\varphi_1} + l_2 \varepsilon_2 i e^{i\varphi_2} - l_2 \omega_2^2 e^{i\varphi_2} = l_3 \varepsilon_3 i e^{i\varphi_3} - l_3 \omega_3^2 e^{i\varphi_3} \tag{6-33}$$

上述方程两边乘以 $e^{-i\varphi_2}$，可得：

$$-l_1 \omega_1^2 e^{i(\varphi_1 - \varphi_2)} + l_2 \varepsilon_2 i - l_2 \omega_2^2 = l_3 \varepsilon_3 i e^{i(\varphi_3 - \varphi_2)} - l_3 \omega_3^2 e^{i(\varphi_3 - \varphi_2)} \tag{6-34}$$

根据欧拉公式展开并取实部，消去 ε_2，可得：

$$\varepsilon_3 = \frac{l_2 \omega_2^2 + l_1 \omega_1^2 \cos(\varphi_1 - \varphi_2) - l_3 \omega_3^2 \cos(\varphi_3 - \varphi_2)}{l_3 \sin(\varphi_3 - \varphi_2)} \tag{6-35}$$

同理，可求得 ε_2，有：

$$\varepsilon_2 = \frac{l_3 \omega_3^2 - l_1 \omega_1^2 \cos(\varphi_1 - \varphi_3) - l_2 \omega_2^2 \cos(\varphi_2 - \varphi_3)}{l_2 \sin(\varphi_2 - \varphi_3)} \tag{6-36}$$

6.2.5　基于复数极矢量法的空间机构运动学分析

取坐标系 $O-RIJ$，矢量 $\boldsymbol{a}$ 如图6-5所示，其中 R 为实轴，I、J 为虚轴，矢量 $\boldsymbol{a}$ 可写成：

$$\boldsymbol{a} = a(e^{i\theta}\sin\varphi + j\cos\varphi) \tag{6-37}$$

式中，θ 为矢量 $\boldsymbol{a}$ 在复平面（$O-RIJ$ 平面）上的投影与实轴 R 间夹角；φ 为 $\boldsymbol{a}$ 与 J 轴的夹角。

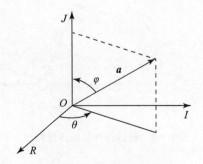

图6-5　空间坐标矢量

矢量 $\boldsymbol{a}$ 可看成长度 a 与单位向量 $\hat{\boldsymbol{a}}$ 的乘积。由式（6-37）可以推出单位向量：

$$\hat{\boldsymbol{a}} = \mathrm{e}^{\mathrm{i}\theta}\sin\varphi + \mathrm{j}\cos\varphi \tag{6-38}$$

$\boldsymbol{a} = a\hat{\boldsymbol{a}}$，其一阶导数和二阶导数为：

$$\left.\begin{aligned}
\dot{\boldsymbol{a}} &= \dot{a}\hat{\boldsymbol{a}} + a\dot{\hat{\boldsymbol{a}}} \\
\ddot{\boldsymbol{a}} &= \ddot{a}\hat{\boldsymbol{a}} + 2\dot{a}\dot{\hat{\boldsymbol{a}}} + a\ddot{\hat{\boldsymbol{a}}}
\end{aligned}\right\} \tag{6-39}$$

式中：

$$\dot{\hat{\boldsymbol{a}}} = \mathrm{e}^{\mathrm{i}\theta}(\mathrm{i}\dot{\theta}\sin\varphi + \cos\varphi\dot{\varphi}) - \mathrm{j}\sin\varphi\dot{\varphi} \tag{6-40}$$

$$\ddot{\hat{\boldsymbol{a}}} = \mathrm{e}^{\mathrm{i}\theta}\sin\varphi(\mathrm{i}\ddot{\theta} - \dot{\theta}^2) + 2\mathrm{i}\dot{\theta}\mathrm{e}^{\mathrm{i}\theta}\cos\varphi\dot{\varphi} + \mathrm{e}^{\mathrm{i}\theta}(\cos\varphi\ddot{\varphi} - \sin\varphi\dot{\varphi}^2) -$$
$$\mathrm{j}(\sin\varphi\ddot{\varphi} + \cos\varphi\dot{\varphi}^2) \tag{6-41}$$

在图 6-6 所示 RSSR 机构中，已知 l_1、l_3、a、b、c、$\dot{\varphi}_2$，杆 l_1 在 I—J 平面旋转，杆 l_3 在平衡 R—J 平面旋转，求当机构运动到 $\varphi_1 = 30°$、$\varphi_3 = 45°$ 时杆 2 的位置角 θ_2、φ_2 及 $\dot{\varphi}_3$。由于杆 l_1 在 I—J 平面内运动，所以矢量 r_1 在 I—R 平面内的投影与 R 轴夹角 $\theta_1 = 90°$，又由于杆 l_3 在平行于 R—J 平面内旋转，因此矢量 r_3 在 I—R 平面内的投影与 R 轴夹角 $\theta_3 = 0°$。

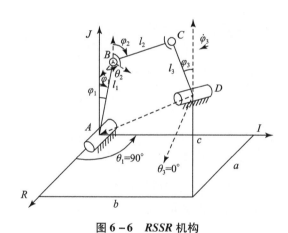

图 6-6　RSSR 机构

矢量 $\boldsymbol{AD}$ 可表达为：$a + \mathrm{i}b + \mathrm{j}c$。

（1）位置分析

对点可列出两个独立位置方程，即有：

$$\boldsymbol{l}_C = \boldsymbol{l}_1 + \boldsymbol{l}_2 = a + \mathrm{i}b + \mathrm{j}c + \boldsymbol{l}_3 \tag{6-42}$$

$$l_1(\mathrm{e}^{\mathrm{i}\theta_1}\sin\varphi_1 + \mathrm{j}\cos\varphi_1) + l_2(\mathrm{e}^{\mathrm{i}\theta_2}\sin\varphi_2 + \mathrm{j}\cos\varphi_2) = a + \mathrm{i}b + \mathrm{j}c + l_3(\mathrm{e}^{\mathrm{i}\theta_3}\sin\varphi_3 + \mathrm{j}\cos\varphi_3) \tag{6-43}$$

代入 θ_1、θ_3 可得：

$$l_1(\mathrm{e}^{\mathrm{i}90°}\sin\varphi_1 + \mathrm{j}\cos\varphi_1) + l_2(\mathrm{e}^{\mathrm{i}\theta_2}\sin\varphi_2 + \mathrm{j}\cos\varphi_2) = a + \mathrm{i}b + \mathrm{j}c + l_3(\sin\varphi_3 + \mathrm{j}\cos\varphi_3) \tag{6-44}$$

展开，可得：

$$l_1(\mathrm{i}\sin\varphi_1 + \mathrm{j}\cos\varphi_1) + l_2(\cos\theta_2\sin\varphi_2 + \mathrm{i}\sin\theta_2\sin\varphi_2 + \mathrm{j}\cos\varphi_2) = a + \mathrm{i}b + \mathrm{j}c + l_3(\sin\varphi_3 + \mathrm{j}\cos\varphi_3) \tag{6-45}$$

方程两边 R、I、J 分量应对应相等，可得：

$$l_2 \cos\theta_2 \sin\varphi_2 = a + l_3 \sin\varphi_3 \qquad (6-46)$$

$$l_1 \sin\varphi_1 + l_2 \sin\theta_2 \sin\varphi_2 = b \qquad (6-47)$$

$$l_1 \cos\varphi_1 + l_2 \cos\varphi_2 = c + l_3 \cos\varphi_3 \qquad (6-48)$$

由式（6-47）移项，可得：

$$l_2 \sin\theta_2 \sin\varphi_2 = b - l_1 \sin\varphi_1 \qquad (6-49)$$

由式（6-49）和式（6-46）相除，可得：

$$\frac{式（6-49）}{式（6-46）} \Rightarrow \tan\theta_2 = \frac{b - l_1 \sin\varphi_1}{a + l_3 \sin\varphi_3} \qquad (6-50)$$

进而得到：

$$\theta_2 = \arctan\left(\frac{b - l_1 \sin\varphi_1}{a + l_3 \sin\varphi_3}\right) \qquad (6-51)$$

由式（6-48）移项，可得：

$$l_2 \cos\varphi_2 = c + l_3 \cos\varphi_3 - l_1 \cos\varphi_1 \qquad (6-52)$$

由式（6-49）和式（6-52）相除，可得：

$$\frac{式（6-49）}{式（6-52）} \Rightarrow \sin\theta_2 \tan\varphi_2 = \frac{b - l_1 \sin\varphi_1}{c + l_3 \cos\varphi_3 - l_1 \cos\varphi_1} \qquad (6-53)$$

进而得到：

$$\varphi_2 = \arctan\left[\frac{b - l_1 \sin\varphi_1}{(c + l_3 \cos\varphi_3 - l_1 \cos\varphi_1)\sin\theta_2}\right] \qquad (6-54)$$

（2）速度分析

可对式（6-45）一次微分后，分别取 R、I、J 方向分量；也可直接由式（6-46）、式（6-47）和式（6-48）一次微分得到速度分量，即有：

$$l_2 \cos\theta_2 \cos\varphi_2 \dot{\varphi}_2 - l_2 \sin\theta_2 \dot{\theta}_2 \sin\varphi_2 = l_3 \cos\varphi_3 \dot{\varphi}_3 \qquad (6-55)$$

$$l_1 \cos\varphi_1 \dot{\varphi}_1 + l_2 \cos\theta_2 \dot{\theta}_2 \sin\varphi_2 + l_2 \sin\theta_2 \cos\varphi_2 \dot{\varphi}_2 = 0 \qquad (6-56)$$

$$l_1 \sin\varphi_1 \dot{\varphi}_1 + l_2 \sin\varphi_2 \dot{\varphi}_2 = l_3 \sin\varphi_3 \dot{\varphi}_3 \qquad (6-57)$$

由式（6-55）移项，可得：

$$l_2 \cos\theta_2 \cos\varphi_2 \dot{\varphi}_2 - l_3 \cos\varphi_3 \dot{\varphi}_3 = l_2 \sin\theta_2 \dot{\theta}_2 \sin\varphi_2 \qquad (6-58)$$

由式（6-56）移项，可得：

$$- l_1 \cos\varphi_1 \dot{\varphi}_1 - l_2 \sin\theta_2 \cos\varphi_2 \dot{\varphi}_2 = l_2 \cos\theta_2 \dot{\theta}_2 \sin\varphi_2 \qquad (6-59)$$

由式（6-58）和式（6-59）相除并推导可得：

$$\frac{式（6-58）}{式（6-59）} \Rightarrow l_2 \dot{\varphi}_2 = \frac{l_3 \cos\varphi_3 \cos\theta_2 \dot{\varphi}_3 - l_1 \cos\varphi_1 \sin\theta_2 \dot{\varphi}_1}{\cos\varphi_2} \qquad (6-60)$$

将式（6-60）代入式（6-57），可得：

$$l_1 \dot{\varphi}_1 (\sin\varphi_1 \cos\varphi_2 - \cos\varphi_1 \sin\varphi_2 \sin\theta_2) = l_3 \dot{\varphi}_3 (\sin\varphi_3 \cos\varphi_2 - \cos\varphi_3 \sin\varphi_2 \cos\theta_2) \qquad (6-61)$$

由此得：

$$\dot{\varphi}_3 = \frac{l_1 \dot{\varphi}_1}{l_3}\left(\frac{\sin\varphi_1 \cos\varphi_2 - \cos\varphi_1 \sin\varphi_2 \sin\theta_2}{\sin\varphi_3 \cos\varphi_2 - \cos\varphi_3 \sin\varphi_2 \cos\theta_2}\right) \qquad (6-62)$$

（3）加速度分析

与平面机构加速度分析相似，对空间机构速度方程继续对时间求导，就可得到加速度[279]。

复数极矢量法在机构运动学分析时得到广泛应用，但该方法对每一个机构都要列出具体方程。对于多杆机构的运动学分析，这样使用会变得非常复杂，有时甚至方程都解不出来。

6.3 直角坐标系矢量法

在笛卡儿空间中，要全面、准确地确定一个物体的状态，需要有三个位置自由度和三个姿态自由度。前者用来确定物体的具体方位，后者则是用来确定物体的指向。人们将物体的六个自由度的状态称为物体的位姿。在描述物体（如零件、工具或机械手）之间的关系时，首先需要了解物体的位置和姿态，然后再来描述这些物体之间，以及它们和操作对象之间的相对运动关系。在具体分析时，首先要建立一个坐标系，然后相对于该坐标系，用三维列向量表示点的位置，接下来分析物体的方位，刚体的方位用 3×3 的旋转坐标矩阵来表示。

（1）位置描述

为了描述点的位置，可以首先建立坐标系，然后用一个 3×1 的位置矢量来表示该点的位置（见图 6-7）。对于直角坐标系 $\{A\}$，空间任一点 P 的位置可用 P_x、P_y、P_z 表示。$^A\boldsymbol{P}$ 的上标代表参考坐标系 $\{A\}$，称 $^A\boldsymbol{P}$ 为位置矢量。

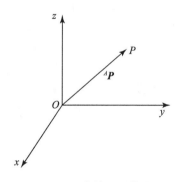

图 6-7 点的位置描述

（2）姿态描述

两个刚体的相对姿态可以用附着于它们之上的坐标系的相对姿态来描述[280]。例如，在分析机器人的姿态时，就可以用研究对象所附着的坐标系（此处用坐标系 $\{B\}$ 表示）来表示。因此，机器人相对于坐标系 $\{A\}$ 的姿态就等价于坐标系 $\{B\}$ 相对于坐标系 $\{A\}$ 的姿态（见图 6-8）。通常，用坐标系 $\{B\}$ 的三个单位主矢量 x_B、y_B 和 z_B 相对于 $\{A\}$ 的方向余弦组成的 3×3 矩阵来表示（见图 6-9）。$^A_B\boldsymbol{R}$ 称为旋转矩阵。上标 A 代表参考坐标系 $\{A\}$，下标 B 代表被描述的坐标系 $\{B\}$[281]。

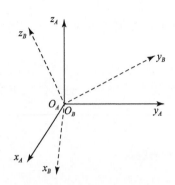

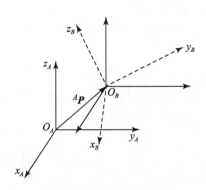

图 6 - 8 刚体的姿态描述   图 6 - 9 刚体的位姿描述

旋转矩阵的性质如下：

①列向量两两正交，行向量两两正交。

②列向量和行向量都是单位向量。

③每一列是 $\{B\}$ 的基矢量在 $\{A\}$ 中的分量表示，同样，每一行是 $\{A\}$ 的基矢量在 $\{B\}$ 中的分量表示。

④旋转矩阵是正交矩阵，其行列式等于 1，即

$$\left| {}_{B}^{A}\boldsymbol{R} \right| = 1 \tag{6-63}$$

⑤它的逆矩阵等于它的转置矩阵，即

$${}_{B}^{A}\boldsymbol{R}^{-1} = {}_{B}^{A}\boldsymbol{R}^{\mathrm{T}} \tag{6-64}$$

⑥当物体分别绕 X 轴、Y 轴或 Z 轴旋转 α、β、θ 时，它的 3×3 旋转变换矩阵分别为：

$$\boldsymbol{R}(X,\alpha) = \begin{bmatrix} 1 & 0 & 0 \\ 0 & \cos\alpha & -\sin\alpha \\ 0 & \sin\alpha & \cos\alpha \end{bmatrix} \tag{6-65}$$

$$\boldsymbol{R}(Y,\beta) = \begin{bmatrix} \cos\beta & 0 & \sin\beta \\ 0 & 1 & 0 \\ -\sin\beta & 0 & \cos\beta \end{bmatrix} \tag{6-66}$$

$$\boldsymbol{R}(Z,\theta) = \begin{bmatrix} \cos\theta & -\sin\theta & 0 \\ \sin\theta & \cos\theta & 0 \\ 0 & 0 & 1 \end{bmatrix} \tag{6-67}$$

（3）坐标系的描述

为了完整、准确地表示物体在空间的位姿，需要同时表示出物体的位置和姿态。用位置矢量 ${}^{A}\boldsymbol{P}_{B_O}$ 表示坐标系 $\{B\}$ 原点相对于坐标系 $\{A\}$ 的位移，再用 ${}_{B}^{A}\boldsymbol{R}$ 表示坐标系 $\{B\}$ 相对于坐标系 $\{A\}$ 的姿态。那么坐标系 $\{B\}$ 可由 ${}_{B}^{A}\boldsymbol{R}$ 和 ${}^{A}\boldsymbol{P}_{B_O}$ 表示，可有：

$$\{B\} = \{{}_{B}^{A}\boldsymbol{R}, {}^{A}\boldsymbol{P}_{B_O}\} \tag{6-68}$$

当表示位置时，${}_{B}^{A}\boldsymbol{R} = \boldsymbol{I}$（单位矩阵）；当表示方位时，${}^{A}\boldsymbol{P}_{B_O} = \boldsymbol{O}$。

6.4 坐标变换矩阵法

由图 6 - 10 可知，点 P 在坐标系 $\{B\}$ 中的描述 ${}^{B}\boldsymbol{P}$ 与在坐标系 $\{A\}$ 中的描述 ${}^{A}\boldsymbol{P}$ 存在如下

关系：

$$^A\boldsymbol{P} = {}_B^A\boldsymbol{R}{}^B\boldsymbol{P} + {}^A\boldsymbol{P}_{BO} \tag{6-69}$$

上述复合映射式相对于$^B\boldsymbol{P}$而言是非齐次的，可以将位置矢量$^A\boldsymbol{P}$和$^B\boldsymbol{P}$表示成 3×1 的列矢量并给位置矢量加第四个量 1，表示成齐次变换的形式如下：

$$\begin{bmatrix} ^A\boldsymbol{P} \\ 1 \end{bmatrix} = \begin{bmatrix} {}_B^A\boldsymbol{R} & & \boldsymbol{P}_{BO} \\ 0 & 0 & 0 & 1 \end{bmatrix} \begin{bmatrix} ^B\boldsymbol{P} \\ 1 \end{bmatrix} \tag{6-70}$$

或表示成矩阵形式如下：

$$^A\boldsymbol{P} = {}_B^A\boldsymbol{T}{}^B\boldsymbol{P} \tag{6-71}$$

其中，${}_B^A\boldsymbol{T}$是齐次坐标变换矩阵，它是一个 4×4 矩阵：

$$^A_B\boldsymbol{T} = \begin{bmatrix} {}_B^A\boldsymbol{R} & & \boldsymbol{P}_{B_O} \\ 0 & 0 & 0 & 1 \end{bmatrix} \tag{6-72}$$

左上角矩阵${}_B^A\boldsymbol{R}$是两个坐标系之间的旋转变换矩阵，它描述了姿态关系[282]；右上角的矩阵$\boldsymbol{P}_{B_O}$是两个坐标系之间的平移变换矩阵，它描述了位置关系。

任何一个齐次坐标变换矩阵均可分解为一个平移变换矩阵与一个旋转变换矩阵的乘积：

$$^A_B\boldsymbol{T} = \text{trans}(P_x, P_y, P_z)\text{Rot}(k_0, \theta) \tag{6-73}$$

图 6 – 10 所示两坐标系的位姿可以有两种理解：

① $\{B\}$ 先相对 $\{A\}$ 旋转，再相对 $\{A\}$ 平移，即绝对变换。

② $\{B\}$ 先相对 $\{A\}$ 平移，再相对平移后的 $\{A\}$ 旋转，即相对变换。

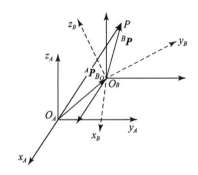

图 6 – 10　复合映射

同样的位姿既可以按绝对运动来实现，也可以按相对运动来实现。但两种方法的矩阵表达式是不同的。绝对运动变换矩阵左乘，即先做的在右边，后做的在左边；相对运动变换矩阵右乘，即先做的在左边，后做的在右边。

6.4.1　连杆坐标系

1955 年，Denavit 和 Hartenberg（迪纳维特和哈坦伯格）在 "ASME Journal of Applied Mechanics" 上发表了一篇学术论文，后来他们利用这篇论文所述方法来对机器人进行表示和建模，并导出了机器人的运动方程[283]。该方法的总体思想是首先给机器人的每个连杆上都固定一个坐标系（见图 6 – 11），然后用 4×4 的齐次变换矩阵来描述相邻两连杆的空间关系。通过依次变换，可最终推导出末端执行器相对于基坐标系的位姿，从而建立机器人的运动学方程，后来该方法逐步成为表示机器人及对机器人建模的标准方法，即首先给机器人的每个关节指定坐标系，然后确定从一个关节到下一个关节进行变化的步骤，这体现在两个相邻参考坐标系之间的变化。将所有变化结合起来，就确定了末端关节与基座之间的总变化，从而建立起机器人的运动学方程，进一步对其求解[284,285]。

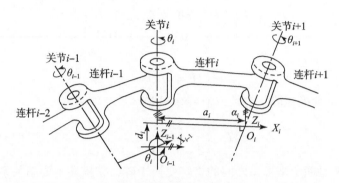

图 6 – 11　连杆坐标系

（1）关节与连杆的命名规则

第一个关节指定为关节 $i-1$，第二个关节为 i，其余关节依此类推。连杆命名规则与关节相同。

（2）相关参数的意义

图 6 – 11 中每个杆件最多与两个杆件相连。从运动学观点来看，杆件的作用仅在于它能保持其两端关节间的形态不变。保持这种形态由两个参数决定，一是杆件的长度 a_i，另外一个则是杆件的扭转角 α_i。确定杆件相对位置关系，则由两个参数决定：一个是杆件的距离 d_i，一个是杆件的回转角 θ_i。

a_i—沿 X_i 轴、Z_{i-1} 轴与 X_i 轴交点到 O_i 的距离；

α_i—绕 X_i 轴，由 Z_{i-1} 转向 Z_i；

d_i—沿 Z_{i-1} 轴、Z_{i-1} 轴和 X_i 交点至 $\{O_{i-1}\}$ 坐标系原点的距离；

θ_i—绕 Z_{i-1} 轴，由 X_{i-1} 转向 X_i。

（3）坐标系建立原则

Z_{i-1} 轴：与关节 i 关节轴重合；

X_{i-1} 轴：与公法线 a_{i-1} 重合，沿 a_{i-1} 由 Z_{i-1} 轴线指向 Z_i 轴线。

6.4.2　连杆变换

坐标系 $\{O_{i-1}\}$ 与坐标系 $\{O_i\}$ 是通过 a_i、α_i、d_i 和 θ_i 四个参数联系起来的。坐标系 $\{O_{i-1}\}$ 到坐标系 $\{O_i\}$ 的齐次变换可表示为[286]：

①将 X_{i-1} 轴绕 Z_{i-1} 轴转 θ_i 角度，将其与 X_i 轴平行；

②沿 Z_{i-1} 轴平移距离 d_i，使 Z_{i-1} 轴与 Z_i 轴重合；

③沿 X_i 轴平移距离 a_i，使两坐标系原点及 X 轴重合；

④绕 X_i 轴转 α_i 角度，使两坐标系完全重合。

由此可以得出连杆相邻关节坐标变换矩阵为：

$$_{i}^{i-1}\boldsymbol{T} = \mathrm{Rot}(Z,\theta_i)\,\mathrm{Trans}(a_i,0,d_i)\,\mathrm{Rot}(X,\alpha_i) \tag{6-74}$$

$$i-1 \atop i} \boldsymbol{T} = \begin{bmatrix} \cos\theta_i & -\sin\theta_i\cos\alpha_i & \sin\theta_i\sin\alpha_i & a_i\cos\theta_i \\ \sin\theta_i & \cos\theta_i\cos\alpha_i & -\cos\theta_i\sin\alpha_i & a_i\sin\theta_i \\ 0 & \sin\alpha_i & \cos\alpha_i & d_i \\ 0 & 0 & 0 & 1 \end{bmatrix} \qquad (6-75)$$

依此类推，可以得到末端坐标系 $\{X_i\}$ 和基坐标系 $\{X_0\}$ 的变换矩阵如下：

$${}^0_i\boldsymbol{T} = {}^0_1\boldsymbol{T}{}^1_2\boldsymbol{T}{}^2_3\boldsymbol{T}\cdots{}^{i-1}_i\boldsymbol{T} \qquad (6-76)$$

6.4.3　机器人运动学

（1）机器人正向运动学

研究机器人运动学首先应建立机器人各杆件的坐标系，然后一次得出齐次坐标变换矩阵 ${}^{i-1}_i\boldsymbol{T}$。若有一个四连杆机器人，机器人末端执行器坐标系（即连杆坐标系 4）的坐标相对于连杆 i 坐标系的齐次变换矩阵，用 ${}^i_4\boldsymbol{T}$ 表示，即

$${}^i_4\boldsymbol{T} = {}^i_{i+1}\boldsymbol{T}{}^{i+1}_{i+2}\boldsymbol{T}\cdots{}^3_4\boldsymbol{T} \qquad (6-77)$$

它描述了第四个连杆相对于连杆 i 坐标系的位姿。

机器人末端执行器相对于机身坐标系的齐次变换矩阵为：

$${}^0_4\boldsymbol{T} = {}^0_1\boldsymbol{T}{}^1_2\boldsymbol{T}{}^2_3\boldsymbol{T}{}^3_4\boldsymbol{T} \qquad (6-78)$$

它描述了第 4 个连杆（末端执行器）相对于连杆 0（机座）坐标系的位姿。

（2）机器人逆向运动学的解

给定末端连杆的位姿计算相应关节变量的过程叫作运动学逆解。

1）多解性

机器人的运动学逆解具有多解性[287]。例如，对于图 6 – 12 所示机构，给定位置与姿态，它具有两组解。多解是由解反三角函数方程产生的。但在多解之中，只有一组解与实际情况对应。剔除多余解的方法有如下几种：一是根据机器人的关节运动空间来选择合适的解；二是选择一个最接近的解；三是根据避障要求选择合适的解；四是逐级剔除多余解。

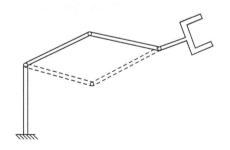

图 6 – 12　机器人逆运动学多解性示意图

2）可解性

能否求得机器人运动学逆解的解析式关系到机器人的可解性问题[288]。对于转动和移动关节的机器人系统来说，在一个单一串联链中，当自由度≤6 时，是可解的。其通解是数值解，不是解析表达式。要使机器人有解析解，设计时就要使机器人的结构尽量简单，并且尽量满足有若干个相交的关节轴或许多 α_i 等于 0°、±90°的特殊条件。

6.5 旋转变换张量法

1976 年，日本学者牧野洋将旋转变换张量法用于空间机构运动分析[289]。该方法的优点是坐标系建立过程较为简易，列写运动方程较为便捷且具有明确的几何意义，在逆问题求解过程中可与几何方法结合，对机构的封闭矢量图进行求解[290]。

6.5.1 旋转变换张量

旋转变换张量是用于表示空间旋转运动的张量。如图 6-13 所示，旋转运动是指在二维复平面内，当初始位置与 x 轴重合的矢量 $\boldsymbol{R}_0 = r + 0 \cdot j$ 绕原点逆时针旋转 θ 成为 $\boldsymbol{R}$ 时，有：

$$\boldsymbol{R} = e^{j\theta} \cdot \boldsymbol{R}_0 = r \cdot e^{j\theta} \qquad (6-79)$$

其中，$e^{j\theta}$ 的几何意义是将矢量 $\boldsymbol{R}$ 逆时针旋转 θ，$e^{j\theta}$ 的表达式为：

$$e^{j\theta} = \cos\theta + j\sin\theta \qquad (6-80)$$

将上述表示和定义旋转的方法推广到三维空间，记空间矢量绕轴 w 逆时针旋转 θ 的旋转为 $\boldsymbol{E}^{w\theta}$，称作旋转变换张量，表示为 $\boldsymbol{R} = \boldsymbol{E}^{w\theta}(\boldsymbol{R}_0)$。它的表达式是一个 3×3 矩阵。由于旋转变换张量拥有矩阵表达形式，它又称为旋转变换矩阵。

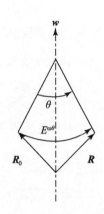

图 6-13 旋转变换张量定义图

6.5.2 采用旋转变换张量法求解机器人正运动与逆运动

$6R$ 喷涂机器人在牧野坐标系下的结构如图 6-14 所示，现求解该机器人的正/逆运动[291]。

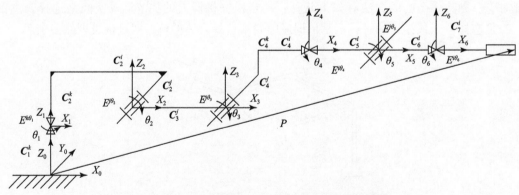

图 6-14 喷涂机器人在牧野坐标系下的结构简图

在图 6-14 中，无长度变化的矢量用 $\boldsymbol{C}$ 表示，分别记为 $\boldsymbol{C}_n$，$\boldsymbol{C}_n$ 在 i、j、k 方向上分别记为 $\boldsymbol{C}_n^i$、$\boldsymbol{C}_n^j$、$\boldsymbol{C}_n^k$，即有：

$$\boldsymbol{C}_n^i = \begin{bmatrix} C_n^i \\ 0 \\ 0 \end{bmatrix}, \ \boldsymbol{C}_n^j = \begin{bmatrix} 0 \\ C_n^j \\ 0 \end{bmatrix}, \ \boldsymbol{C}_n^k = \begin{bmatrix} 0 \\ 0 \\ C_n^k \end{bmatrix} \qquad (6-81)$$

$$E^{i\theta_n} = \begin{bmatrix} 1 & 0 & 0 \\ 0 & \cos\theta_n & -\sin\theta_n \\ 0 & \sin\theta_n & \cos\theta_n \end{bmatrix}, \quad E^{j\theta_n} = \begin{bmatrix} \cos\theta_n & 0 & \sin\theta_n \\ 0 & 1 & 0 \\ -\sin\theta_n & 0 & \cos\theta_n \end{bmatrix}$$

$$E^{k\theta_n} = \begin{bmatrix} \cos\theta_n & -\sin\theta_n & 0 \\ \sin\theta_n & \cos\theta_n & 0 \\ 0 & 0 & 1 \end{bmatrix} \tag{6-82}$$

本节中研究喷涂机器人 $C_2^j = -C_3^j$，$C_6^i = 0$，C_7^i 为喷枪参数。

（1）机器人正运动求解[292]

求机器人喷枪的位置向量 $\boldsymbol{P}$ 和姿态矩阵 $\boldsymbol{E}$ 中各元素的值。

令

$$\boldsymbol{P} = \begin{bmatrix} x \\ y \\ z \end{bmatrix}, \quad \boldsymbol{E} = \begin{bmatrix} e_{11} & e_{12} & e_{13} \\ e_{21} & e_{22} & e_{23} \\ e_{31} & e_{32} & e_{33} \end{bmatrix} \tag{6-83}$$

根据回转变换张量法的法则，可有：

$$E = E^{k\theta_1} E^{j\theta_2} E^{j\theta_3} E^{i\theta_4} E^{j\theta_5} E^{i\theta_6} \tag{6-84}$$

$$\boldsymbol{P} = C_1^k + E^{k\theta_1} \big[(C_2^i + C_2^j + C_2^k + E^{j\theta_2} (C_3^i + C_3^j + E^{j\theta_3}$$
$$\{ C_4^i + C_4^k + E^{i\theta_4} [C_5^i + E^{j\theta_5} (C_6^i + E^{i\theta_6} C_7^i)] \})] \tag{6-85}$$

根据回转向量性质可知：$C_2^k = E^{k\theta_1} C_2^k$，$C_3^j = E^{j\theta_2} C_3^j$，$C_5^i = E^{i\theta_4} C_5^i$，且 $C_2^j = -C_3^j$，所以 $\boldsymbol{P}$ 可以简化为：

$$\boldsymbol{P} = C_1^k + C_2^k + EC_7^i + E^{k\theta_1} C_2^i + E^{k\theta_1} E^{j\theta_2} C_3^i + E^{k\theta_1} E^{j\theta_2} E^{j\theta_3} (C_4^i + C_4^k + C_5^i) \tag{6-86}$$

（2）机器人逆运动求解

由式（6-86）可知：

$$\boldsymbol{P} - C_1^k - C_2^k - EC_7^i = E^{k\theta_1} C_2^i + E^{k\theta_1} E^{j\theta_2} C_3^i + E^{k\theta_1} E^{j\theta_2} E^{j\theta_3} (C_4^i + C_4^k + C_5^i) \tag{6-87}$$

根据回转张量的性质，有 $E^{k(-\theta_1)} E^{k\theta_1} = I$，令

$$\boldsymbol{P} - C_1^k - C_2^k - EC_7^i = \begin{bmatrix} x_1 \\ y_1 \\ z_1 \end{bmatrix} \tag{6-88}$$

等式两端左乘 $E^{k(-\theta_1)}$ 并展开，可得：

$$\begin{bmatrix} x_1\cos\theta_1 + y_1\sin\theta_1 \\ y_1\cos\theta_1 - x_1\sin\theta_1 \\ z_1 \end{bmatrix} = \begin{bmatrix} C_2^i + C_3^i\cos\theta_2 + (C_4^i + C_5^i)\cos(\theta_2+\theta_3) + C_4^k\sin(\theta_2+\theta_3) \\ 0 \\ -C_3^i\sin\theta_2 - (C_4^i + C_5^i)\sin(\theta_2+\theta_3) + C_4^k\cos(\theta_2+\theta_3) \end{bmatrix}$$

$$\tag{6-89}$$

由 $y_1\cos\theta_1 - x_1\sin\theta_1 = 0$，可以求得：

$$\theta_1 = \arctan\frac{y_1}{x_1} \tag{6-90}$$

同理可以求得 θ_2、θ_3、θ_4、θ_5、θ_6。

6.6 对偶数矩阵法

空间五杆 *RCRCR* 机构如图 6 – 15 所示[293]，该机构共有 5 个构件和 5 个运动副（其中包括 3 个转动副 *R* 和 2 个圆柱副 *C*），结构参数分别为 a_{12}、a_{23}、a_{34}、a_{45}、a_{51}、α_{12}、α_{23}、α_{34}、α_{45}、α_{51}，以及 s_1、s_3 和 s_5，均为常数；运动参数为 θ_1、θ_2、s_2、θ_3、θ_4、s_4、θ_5。假设构件 1 为原动件，则 θ_1 为输入角，θ_5 为输出角。

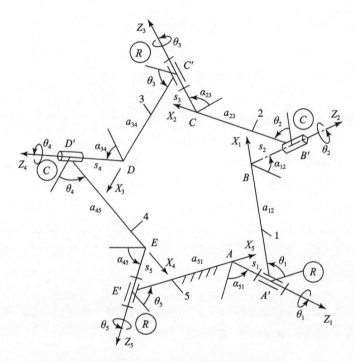

图 6 – 15　空间五杆 *RCRCR* 机构简图

使用 D – H 矩阵法建立右手笛卡儿坐标系，引入对偶数，建立运动学封闭方程，可有：

$$[\hat{\alpha}_{51}][\hat{\theta}_1][\hat{\alpha}_{12}][\hat{\theta}_2][\hat{\alpha}_{23}][\hat{\theta}_3][\hat{\alpha}_{34}][\hat{\theta}_4][\hat{\alpha}_{45}][\hat{\theta}_5] = \boldsymbol{I} \qquad (6-91)$$

其中 $\boldsymbol{I}$ 为 3×3 单位阵。

对偶矩阵为：

$$[\hat{\alpha}_{kn}] = \begin{bmatrix} 1 & 0 & 0 \\ 0 & \cos\hat{\alpha}_{kn} & -\sin\hat{\alpha}_{kn} \\ 0 & \sin\hat{\alpha}_{kn} & \cos\hat{\alpha}_{kn} \end{bmatrix}, \hat{\alpha}_{kn} = \alpha_{kn} + \varepsilon a_{kn} \qquad (6-92)$$

$$[\hat{\theta}_k] = \begin{bmatrix} \cos\hat{\theta}_k & -\sin\hat{\theta}_k & 0 \\ \sin\hat{\theta}_k & \cos\hat{\theta}_k & 0 \\ 0 & 0 & 1 \end{bmatrix}, \hat{\theta}_k = \theta_k + \varepsilon s_k (k = 1,2,3,4,5, n = k \bmod 5 + 1) \qquad (6-93)$$

式中，$\hat{\alpha}_{kn}$、$\hat{\theta}_k$ 均为对偶角；ε 为偶数标识。

为了导出输入/输出方程，可将式（6-91）变形为：

$$[\hat{\theta}_2][\hat{\alpha}_{23}][\hat{\theta}_3][\hat{\alpha}_{34}][\hat{\theta}_4] = \{[\hat{\alpha}_{45}][\hat{\theta}_5][\hat{\alpha}_{51}][\hat{\theta}_1][\hat{\alpha}_{12}]\}^{-1} \tag{6-94}$$

引入酉交矩阵：

$$P = \begin{bmatrix} i/\sqrt{2} & -i/\sqrt{2} & 0 \\ 1/\sqrt{2} & 1/\sqrt{2} & 0 \\ 0 & 0 & 1 \end{bmatrix}, \quad Q = \begin{bmatrix} -i/\sqrt{2} & 1/\sqrt{2} & 0 \\ i/\sqrt{2} & 1/\sqrt{2} & 0 \\ 0 & 0 & 1 \end{bmatrix} \tag{6-95}$$

将$[\hat{\theta}_k]$进行对角化，即$Q[\hat{\theta}_k]P = \mathrm{diag}[\mathrm{e}^{\mathrm{i}\hat{\theta}_k}, \mathrm{e}^{-\mathrm{i}\hat{\theta}_k}, 1]$。其中 $\mathrm{diag}[\cdot]$表示对角矩阵，上式简记为$\{\hat{X}_k\} = \mathrm{diag}[\hat{X}_k, \hat{X}_k^{-1}, 1]$，其中 i 为复数标识。

在式（6-94）两边分别左乘Q，右乘P，每项之间插入PQ后，两边分别记作A 和B，可有：

$$A = \{Q[\hat{\theta}_2]P\}\{Q[\hat{\alpha}_{23}]P\}\{Q[\hat{\theta}_3]P\}\{Q[\hat{\alpha}_{34}]P\}\{Q[\hat{\theta}_4]P\} \tag{6-96}$$

$$\begin{aligned} B &= \overline{Q\{[\hat{\alpha}_{45}][\hat{\theta}_5][\hat{\alpha}_{51}][\hat{\theta}_1][\hat{\alpha}_{12}]\}^{-1}P} \\ &= \{Q[\hat{\alpha}_{45}]P\}\{Q[\hat{\theta}_5]P\}\{Q[\hat{\alpha}_{51}]P\}\{Q[\hat{\theta}_1]P\}\{Q[\hat{\alpha}_{12}]P\}^{\mathrm{T}} \end{aligned} \tag{6-97}$$

简记为：

$$[\hat{X}_2][\hat{\alpha}_{23}][\hat{X}_3][\hat{\alpha}_{34}][\hat{X}_4] = \overline{\{[\hat{\alpha}_{45}][\hat{X}_5][\hat{\alpha}_{51}][\hat{X}_1][\hat{\alpha}_{12}]\}}^{\mathrm{T}} \tag{6-98}$$

其中右边上方的横线表示复数的共轭。每个矩阵都是酉交矩阵，相关元素满足一个共轭关系。因为酉交矩阵中对应元素共轭，因此求酉交矩阵的共轭矩阵不需要对每个元素求共轭，只需要对对应元素交换位置即可。

引入矩阵M，有：

$$M = \begin{bmatrix} 0 & 1 & 0 \\ 1 & 0 & 0 \\ 0 & 0 & 1 \end{bmatrix} \tag{6-99}$$

对酉交矩阵分别左乘、右乘M，能完成酉交矩阵中相关元素的位置变换，另外，$MM = I$，因此B可以写成：

$$B = [M\{\hat{\alpha}_{45}\}\{\hat{X}_5\}\{\hat{\alpha}_{51}\}\{\hat{X}_1\}\{\hat{\alpha}_{12}\}M]^{\mathrm{T}} \tag{6-100}$$

令$H = \{\hat{\alpha}_{45}\}\{\hat{X}_5\}\{\hat{\alpha}_{51}\}\{\hat{X}_1\}\{\hat{\alpha}_{12}\}$，则有：

$$A = [MHM]^{\mathrm{T}} \tag{6-101}$$

因此可以找到A 和H的关系：

$$\begin{cases} A_{11} = H_{22} & A_{12} = H_{12} & A_{13} = H_{32} \\ A_{21} = H_{21} & A_{22} = H_{11} & A_{23} = H_{31} \\ A_{31} = H_{23} & A_{32} = H_{13} & A_{33} = H_{33} \end{cases} \tag{6-102}$$

6.7　机器人的运动分析

6.7.1　机器人正运动学分析实例

图 6-16 所示为 PUMA-560 关节型六自由度机器人，试计算其末端杆件的位姿矩阵。

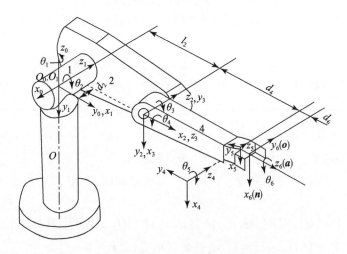

图 6 – 16　PUMA – 560 关节型六自由度机器人

现根据图 6 – 17 所示机器人前置坐标系来分析机器人的杆件参数情况。

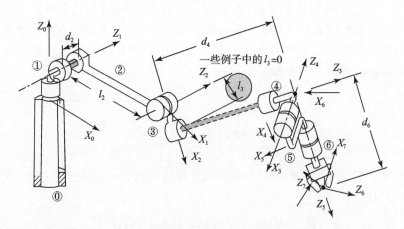

图 6 – 17　PUMA – 560 关节型六自由度机器人前置坐标系

由图 6 – 17 可知杆件 1 和 3 的长度都为零，两轴线垂直，4、5、6 关节轴线交于一点。经过分析得到参数表 6 – 1。

表 6 – 1　PUMA – 560 参数表

i	l_i	α_i	d_i	θ_i
1	0	$-90°$	0	θ_1
2	l_2	0	d_2	θ_2
3	0	$90°$	0	θ_3
4	0	$-90°$	d_4	θ_4
5	0	$90°$	0	θ_5
6	0	0	d_6	θ_6

由式（6-75），取 $l_i = a_i$。现写出各相邻杆件坐标系的位姿矩阵，可有：

$$
{}^0_1\boldsymbol{T} = \begin{bmatrix} c_1 & 0 & -s_1 & 0 \\ s_1 & 0 & c_1 & 0 \\ 0 & -1 & 0 & 0 \\ 0 & 0 & 0 & 1 \end{bmatrix}, \quad
{}^1_2\boldsymbol{T} = \begin{bmatrix} c_2 & -s_2 & 0 & l_2 c_2 \\ s_2 & c_2 & 0 & l_2 s_2 \\ 0 & 0 & 1 & d_2 \\ 0 & 0 & 0 & 1 \end{bmatrix}, \quad
{}^2_3\boldsymbol{T} = \begin{bmatrix} c_3 & 0 & s_3 & 0 \\ s_3 & 0 & -c_3 & 0 \\ 0 & 1 & 0 & 0 \\ 0 & 0 & 0 & 1 \end{bmatrix}
$$

$$
{}^3_4\boldsymbol{T} = \begin{bmatrix} c_4 & 0 & -s_4 & 0 \\ s_4 & 0 & c_4 & 0 \\ 0 & -1 & 0 & d_4 \\ 0 & 0 & 0 & 1 \end{bmatrix}, \quad
{}^4_5\boldsymbol{T} = \begin{bmatrix} c_5 & 0 & s_5 & 0 \\ s_5 & 0 & -c_5 & 0 \\ 0 & 1 & 0 & 0 \\ 0 & 0 & 0 & 1 \end{bmatrix}, \quad
{}^5_6\boldsymbol{T} = \begin{bmatrix} c_6 & -s_6 & 0 & 0 \\ s_6 & c_6 & 0 & 0 \\ 0 & 0 & 1 & d_6 \\ 0 & 0 & 0 & 1 \end{bmatrix}
$$

$$(6-103)$$

其中，$c_i = \cos\theta_i$，$s_i = \sin\theta_i$。

$$
{}^0_6\boldsymbol{T} = {}^0_1\boldsymbol{T}\,{}^1_2\boldsymbol{T}\,{}^2_3\boldsymbol{T}\,{}^3_4\boldsymbol{T}\,{}^4_5\boldsymbol{T}\,{}^5_6\boldsymbol{T} = \begin{bmatrix} n_x & o_x & a_x & p_x \\ n_y & o_y & a_y & p_y \\ n_z & o_z & a_z & p_z \\ 0 & 0 & 0 & 1 \end{bmatrix} \qquad (6-104)
$$

其中：

$n_x = c_1[\,c_{23}(c_4 c_5 c_6 - s_4 s_6) - s_{23} s_5 c_6\,] - s_1(s_4 c_5 c_6 + c_4 s_6)$

$n_y = s_1[\,c_{23}(c_4 c_5 c_6 - s_4 s_6) - s_{23} s_5 c_6\,] + c_1(s_4 c_5 c_6 + c_4 s_6)$

$n_z = -s_{23}(c_4 c_5 c_6 - s_4 s_6) - c_{23} s_5 c_6$

$o_x = c_1[\,-c_{23}(c_4 c_5 s_6 + s_4 c_6) + s_{23} s_5 s_6\,] - s_1(-s_4 c_5 s_6 + c_4 c_6)$

$o_y = s_1[\,-c_{23}(c_4 c_5 s_6 + s_4 c_6) + s_{23} s_5 s_6\,] + c_1(-s_4 c_5 s_6 + c_4 c_6)$

$o_z = s_{23}(c_4 c_5 c_6 + s_4 c_6) + c_{23} s_5 s_6$

$a_x = c_1(c_{23} c_4 s_5 + s_{23} c_5) - s_1 s_4 s_5$

$a_y = s_1(c_{23} c_4 s_5 + s_{23} c_5) + c_1 s_4 s_5$

$a_z = -s_{23} c_4 s_5 + c_{23} c_5$

$p_x = c_1[\,d_6(c_{23} c_4 s_5 + s_{23} c_5) + d_4 s_{23} + l_2 c_2\,] - s_1(d_6 s_4 s_5 + d_2)$

$p_y = s_1[\,d_6(c_{23} c_4 s_5 + s_{23} c_5) + d_4 s_{23} + l_2 c_2\,] + c_1(d_6 s_4 s_5 + d_2)$

$p_z = d_6(c_{23} c_5 - s_{23} c_4 c_5) + d_4 s_{23} - l_2 s_2$

式中，$c_{ij} = \cos(\theta_i + \theta_j)$，$s_{ij} = \sin(\theta_i + \theta_j)$。

6.7.2　机器人逆运动学求解实例

给定机器人终端位姿，求各关节变量，称为求机器人运动学逆解。已知某平面关节型机器人的连杆初始位置及相应参数如图6-18所示，求该机器人的关节变量 d_i、θ_i。

不同文献中采用了不同的 D-H 构件坐标系表示法，但无论选择怎样的坐标系变换顺序，其关键都在于引入约束条件，使原本需要6个参数才能描述的空间位姿仅通过4个参数表示。除了上文中介绍的连杆坐标系外，还可采用如下 D-H 构件坐标系表示法，建立全部的连杆坐标系之后，就可以按照下列顺序建立相邻两连杆 $i-1$ 和 i 之间的相对关系[294-296]：

①绕 X_{i-1} 轴转 α_{i-1} 角；

②沿 X_{i-1} 轴移动 a_{i-1}；

③绕 Z_i 轴转 θ_i 角；

④沿 Z_i 轴移动 d_i。

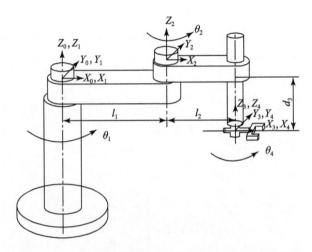

图6－18　平面关节型机器人初始位置及相应参数示意图

以上关系可由表示连杆 i 与连杆 $i-1$ 之间的相对位置齐次变换 $_1^{i-1}T$ 来表征，即

$$_1^{i-1}T = \mathrm{Rot}(X_{i-1},\alpha_{i-1})\mathrm{Trans}(X_{i-1},a_{i-1})\mathrm{Rot}(Z_i,\theta_i)\mathrm{Trans}(Z_i,d_i) \qquad (6-105)$$

利用平移变换矩阵及旋转变换矩阵，开展上式得：

$$_1^{i-1}T = \begin{bmatrix} \cos\theta_i & -\sin\theta_i & 0 & a_{i-1} \\ \sin\theta_i\cos\alpha_{i-1} & \cos\theta_i\sin\alpha_{i-1} & -\sin\alpha_{i-1} & -d_i\sin\alpha_{i-1} \\ \sin\theta_i\sin\alpha_{i-1} & \cos\theta_i\sin\alpha_{i-1} & \cos\alpha_{i-1} & d_i\cos\alpha_{i-1} \\ 0 & 0 & 0 & 1 \end{bmatrix} \qquad (6-106)$$

而分析该机器人的特征，可得其坐标参数情况见表6－2。

表6－2　某平面关节型机器人坐标参数表

构件	a_{i-1}	α_{i-1}	d_i	θ_i
1	0	0	0	θ_1
2	l_1	0	0	θ_2
3	l_2	0	$-d_3$	0
4	0	0	0	θ_4

带入式（6－106），可写出图中四连杆的变换矩阵分别如下：

$$_1^0T = \begin{bmatrix} c_1 & -s_1 & 0 & 0 \\ s_1 & c_1 & 0 & 0 \\ 0 & 0 & 1 & 0 \\ 0 & 0 & 0 & 1 \end{bmatrix}, _2^1T = \begin{bmatrix} c_2 & -s_2 & 0 & l_1 \\ s_2 & c_2 & 0 & 0 \\ 0 & 0 & 1 & 0 \\ 0 & 0 & 0 & 1 \end{bmatrix}$$

$$\begin{array}{cc}
{}^2_3\boldsymbol{T} = \begin{bmatrix} 1 & 0 & 0 & l_2 \\ 0 & 1 & 0 & 0 \\ 0 & 0 & 1 & -d_3 \\ 0 & 0 & 0 & 1 \end{bmatrix}, & {}^3_4\boldsymbol{T} = \begin{bmatrix} c_4 & -s_4 & 0 & 0 \\ s_4 & c_4 & 0 & 0 \\ 0 & 0 & 1 & 0 \\ 0 & 0 & 0 & 1 \end{bmatrix}
\end{array}$$

其中，$c_i = \cos\theta_i$；$s_i = \sin\theta_i$。

由于 ${}^{i-1}_i\boldsymbol{T}$ 描述第 i 个连杆相对于第 $i-1$ 连杆的位姿，对于该机器人（具有四个自由度）来说，机器人的末端装置即为连杆 4 的坐标系，它与基座的关系为：

$$ {}^0_4\boldsymbol{T} = {}^0_1\boldsymbol{T}{}^1_2\boldsymbol{T}{}^2_3\boldsymbol{T}{}^3_4\boldsymbol{T} \tag{6-107} $$

又因为

$$ {}^0_4\boldsymbol{T} = {}^0_1\boldsymbol{T}{}^1_2\boldsymbol{T}{}^2_3\boldsymbol{T}{}^3_4\boldsymbol{T} = \begin{bmatrix} n_x & o_x & a_x & p_x \\ n_y & o_y & a_y & p_y \\ n_z & o_z & a_z & p_z \\ 0 & 0 & 0 & 1 \end{bmatrix} = $$

$$ \begin{bmatrix} c_1c_2c_4 - s_1s_2c_4 - c_1s_2s_4 - s_1c_2s_4 & -c_1c_2s_4 + s_1s_2s_4 - c_1s_2c_4 - s_1c_2c_4 & 0 & c_1c_2l_2 - s_1s_2l_2 + c_1l_1 \\ s_1c_2c_4 + c_1s_2c_4 - s_1s_2s_4 + c_1c_2s_4 & -s_1c_2s_4 - c_1s_2s_4 - s_1c_2c_4 + c_1c_2c_4 & 0 & s_1c_2l_2 + c_1s_2l_2 + s_1l_1 \\ 0 & 0 & 1 & -d_3 \\ 0 & 0 & 0 & 0 \end{bmatrix} $$

$$ \tag{6-108} $$

为了求得机器人关节变量 θ_1，需要先分离变量，因此对方程的两边同时左乘 ${}^0_1\boldsymbol{T}^{-1}$，可得：

$$ {}^0_1\boldsymbol{T}^{-1}{}^0_4\boldsymbol{T} = {}^1_2\boldsymbol{T}{}^2_3\boldsymbol{T}{}^3_4\boldsymbol{T} \tag{6-109} $$

即有：

$$ \begin{bmatrix} c_1 & s_1 & 0 & 0 \\ -s_1 & c_1 & 0 & 0 \\ 0 & 0 & 1 & 0 \\ 0 & 0 & 0 & 1 \end{bmatrix}\begin{bmatrix} n_x & o_x & a_x & p_x \\ n_y & o_y & a_y & p_y \\ n_z & o_z & a_z & p_z \\ 0 & 0 & 0 & 1 \end{bmatrix} = \begin{bmatrix} c_2c_4 - s_2s_4 & -c_2s_4 - s_2c_4 & 0 & c_2l_2 + l_1 \\ s_2c_4 + c_2s_4 & -s_2s_4 + c_2c_4 & 0 & s_2l_2 \\ 0 & 0 & 1 & -d_3 \\ 0 & 0 & 0 & 1 \end{bmatrix} $$

$$ \tag{6-110} $$

左右矩阵中第一行第四列元素与第二行第四列元素分别相等，即

$$ \begin{cases} \cos\theta_1 \cdot p_x + \sin\theta_1 \cdot p_y = \cos\theta_2 \cdot l_2 + l_1 \\ -\sin\theta_1 \cdot p_x + \cos\theta_1 \cdot p_y = \sin\theta_2 \cdot l_2 \end{cases} \tag{6-111} $$

联立以上两式，由三角函数辅助角公式可得：

$$ \theta_1 = \arctan\left(\frac{A}{\pm\sqrt{1-A^2}}\right) - \varphi, \theta_2 = \arctan\left[\frac{r\cos(\theta_1+\varphi)}{r\sin(\theta_1+\varphi) - l_1}\right] \tag{6-112} $$

其中，$A = \dfrac{l_1^2 - l_2^2 + p_x^2 + p_y^2}{2l_1 \cdot \sqrt{p_x^2 + p_y^2}}$；$\varphi = \arctan\dfrac{p_x}{p_y}$；$r = \sqrt{p_x^2 + p_y^2}$。

求关节变量 d_3，再令左右矩阵中第三行第四个元素相等，可得：

$$ d_3 = -p_z \tag{6-113} $$

求关节变量 θ_4，再令左右矩阵中第一行第一个元素、第二行第一个元素分别相等，即：

$$\begin{cases} \cos \theta_1 \cdot n_x + \sin \theta_1 \cdot n_y = \cos \theta_2 \cos \theta_4 - \sin \theta_2 \sin \theta_4 \\ -\sin \theta_1 \cdot n_x + \cos \theta_1 \cdot n_y = \sin \theta_2 \cos \theta_4 + \cos \theta_2 \sin \theta_4 \end{cases} \qquad (6-114)$$

由以上两式可求得：

$$\theta_4 = \arctan \left(\frac{-\sin \theta_1 \cdot n_x + \cos \theta_1 \cdot n_y}{\cos \theta_1 \cdot n_x + \sin \theta_1 \cdot n_y} \right) - \theta_2 \qquad (6-115)$$

至此，该平面关节型机器人的所有运动学逆解都已求出。在逆解的求解过程中，只进行了一次矩阵逆乘，从而使计算过程大为简化，从 θ_1 的表达式中可以看出它有两个解，所以该机器人实际应该存在两组解。

6.8 机器人的微分运动

微分变换在机器人视觉和机器人控制领域都有十分重要的研究意义，通常用微分变化来描述机器人位姿微小变化的过程。了解机器人的微分运动，有助于了解机器人机械手的末端执行器在空间坐标系中转换的过程，获取机器人刚度控制坐标系中力与位置的微分变换，对研究机器人机械手的动力学问题，也有非常重要的作用。

机器人各杆件的位置变换主要包括平移变换和旋转变换，因此采用导数项表示机器人的微分平移和微分旋转。

6.8.1 微分平移与微分旋转

微分平移和微分旋转，既可以是针对基坐标系或参考坐标系，也可以是针对某个指定坐标系进行。假设已知变换矩阵 $\boldsymbol{T}$，可知它对基坐标的微分变换表示为如下形式：

$$\boldsymbol{T} + \mathrm{d}\boldsymbol{T} = \mathrm{Trans}(d_x, d_y, d_z) \mathrm{Rot}(f, \mathrm{d}\theta) \boldsymbol{T} \qquad (6-116)$$

其中，$\mathrm{Trans}(d_x, d_y, d_z)$ 表示在基坐标的 X、Y、Z 三轴上分别平移 d_x、d_y、d_z；$\mathrm{Rot}(f, \mathrm{d}\theta)$ 表示绕向量 $\boldsymbol{f}$ 旋转 $\mathrm{d}\theta$。因此：

$$\mathrm{d}\boldsymbol{T} = [\mathrm{Trans}(d_x, d_y, d_z) \mathrm{Rot}(f, \mathrm{d}\theta) - \boldsymbol{I}] \boldsymbol{T} \qquad (6-117)$$

与此类似，针对指定坐标系 $\{\boldsymbol{T}\}$ 的微分平移和旋转可表示为如下形式：

$$\boldsymbol{T} + \mathrm{d}\boldsymbol{T} = \boldsymbol{T} \mathrm{Trans}(d_x, d_y, d_z) \mathrm{Rot}(f, \mathrm{d}\theta) \qquad (6-118)$$

其中，$\mathrm{Trans}(d_x, d_y, d_z)$ 表示在 $\{\boldsymbol{T}\}$ 坐标系的 X、Y、Z 三轴上分别平移 d_x、d_y、d_z，$\mathrm{Rot}(f, \mathrm{d}\theta)$ 表示绕 $\boldsymbol{T}$ 坐标中的向量 $\boldsymbol{f}$ 旋转 $\mathrm{d}\theta$，因此：

$$\mathrm{d}\boldsymbol{T} = \boldsymbol{T} [\mathrm{Trans}(d_x, d_y, d_z) \mathrm{Rot}(f, \mathrm{d}\theta) - \boldsymbol{I}] \qquad (6-119)$$

采用微分变换算子 Δ 表示 $\mathrm{Trans}(d_x, d_y, d_z) \mathrm{Rot}(f, \mathrm{d}\theta) - \boldsymbol{I}$。并规定，当微分运动是针对基坐标系进行时，$\mathrm{d}\boldsymbol{T} = \Delta \boldsymbol{T}$；当微分运动针对坐标系 $\{\boldsymbol{T}\}$ 进行时，$\mathrm{d}\boldsymbol{T} = \boldsymbol{T}^{\mathrm{T}} \Delta$。

当平移向量是微分矢量 $\boldsymbol{d} = d_x \boldsymbol{i} + d_y \boldsymbol{j} + d_z \boldsymbol{k}$ 时，微分平移的齐次变换为

$$\mathrm{Trans}(d_x, d_y, d_z) = \begin{bmatrix} 1 & 0 & 0 & d_x \\ 0 & 1 & 0 & d_y \\ 0 & 0 & 1 & d_z \\ 0 & 0 & 0 & 1 \end{bmatrix} \qquad (6-120)$$

一般性旋转变换的变换矩阵为

$$\text{Rot}(f,\ \theta) = \begin{bmatrix} f_x f_x \text{vers}\theta + c\theta & f_x f_y \text{vers}\theta - f_z s\theta & f_z f_x \text{vers}\theta + f_y s\theta & 0 \\ f_x f_y \text{vers}\theta + f_z s\theta & f_y f_y \text{vers}\theta + c\theta & f_z f_y \text{vers}\theta - f_x s\theta & 0 \\ f_z f_x \text{vers}\theta - f_y s\theta & f_y f_z \text{vers}\theta + f_x s\theta & f_z f_z \text{vers}\theta + c\theta & 0 \\ 0 & 0 & 0 & 1 \end{bmatrix} \tag{6-121}$$

微分旋转变换时，由于旋转角 $\mathrm{d}\theta$ 极小，$\lim\limits_{\theta\to 0}\sin\theta\to\mathrm{d}\theta$，$\lim\limits_{\theta\to 0}\cos\theta\to 1$，$\lim\limits_{\theta\to 0}\text{vers}\theta\to 0$。代入式（6-121）可得微分旋转齐次变换如下形式：

$$\text{Rot}(f,\ \theta) = \begin{bmatrix} 1 & -f_z\mathrm{d}\theta & f_y\mathrm{d}\theta & 0 \\ f_z\mathrm{d}\theta & 1 & -f_x\mathrm{d}\theta & 0 \\ -f_y\mathrm{d}\theta & f_x\mathrm{d}\theta & 1 & 0 \\ 0 & 0 & 0 & 1 \end{bmatrix} \tag{6-122}$$

代入 $\Delta = \text{Trans}(d_x,\ d_y,\ d_z)\text{Rot}(f,\ \mathrm{d}\theta) - I$，得：

$$\Delta = \begin{bmatrix} 1 & 0 & 0 & d_x \\ 0 & 1 & 0 & d_y \\ 0 & 0 & 1 & d_z \\ 0 & 0 & 0 & 1 \end{bmatrix} \begin{bmatrix} 1 & -f_z\mathrm{d}\theta & f_y\mathrm{d}\theta & 0 \\ f_z\mathrm{d}\theta & 1 & -f_x\mathrm{d}\theta & 0 \\ -f_y\mathrm{d}\theta & f_x\mathrm{d}\theta & 1 & 0 \\ 0 & 0 & 0 & 1 \end{bmatrix} - \begin{bmatrix} 1 & 0 & 0 & 0 \\ 0 & 1 & 0 & 0 \\ 0 & 0 & 1 & 0 \\ 0 & 0 & 0 & 1 \end{bmatrix}$$

$$= \begin{bmatrix} 0 & -f_z\mathrm{d}\theta & f_y\mathrm{d}\theta & d_x \\ f_z\mathrm{d}\theta & 0 & -f_x\mathrm{d}\theta & d_y \\ -f_y\mathrm{d}\theta & f_x\mathrm{d}\theta & 0 & d_z \\ 0 & 0 & 0 & 0 \end{bmatrix} \tag{6-123}$$

上式中绕矢量 f 的微分旋转 $\mathrm{d}\theta$ 等价于分别绕 X、Y、Z 三轴的微分旋转 δ_x、δ_y、δ_z，即 $f_x\mathrm{d}\theta = \delta_x$，$f_y\mathrm{d}\theta = \delta_y$，$f_z\mathrm{d}\theta = \delta_z$。式（6-123）可变形为：

$$\Delta = \begin{bmatrix} 0 & -\delta_z & \delta_y & d_x \\ \delta_z & 0 & -\delta_x & d_y \\ -\delta_y & \delta_x & 0 & d_z \\ 0 & 0 & 0 & 0 \end{bmatrix} \tag{6-124}$$

同理可得：

$$^T\Delta = \begin{bmatrix} 0 & -{}^T\delta_z & {}^T\delta_y & {}^T d_x \\ {}^T\delta_z & 0 & -{}^T\delta_x & {}^T d_y \\ -{}^T\delta_y & {}^T\delta_x & 0 & {}^T d_z \\ 0 & 0 & 0 & 0 \end{bmatrix} \tag{6-125}$$

因此微分平移和旋转变换 Δ 可看作由微分平移矢量 d 和微分旋转矢量 δ 构成，其中 $d = d_x\boldsymbol{i} + d_y\boldsymbol{j} + d_z\boldsymbol{k}$，$\boldsymbol{\delta} = \delta_x\boldsymbol{i} + \delta_y\boldsymbol{j} + \delta_z\boldsymbol{k}$。用 $\boldsymbol{D}$ 表示刚体或坐标系的微分运动矢量，则：

$$D = \begin{bmatrix} d_x \\ d_y \\ d_z \\ \delta_x \\ \delta_y \\ \delta_z \end{bmatrix}, \ \text{或} \ D = \begin{bmatrix} d \\ \delta \end{bmatrix} \qquad (6-126)$$

同理，有下列各式：

$$^T d = {}^T d_x i + {}^T d_y j + {}^T d_z k$$

$$^T \delta = {}^T \delta_x i + {}^T \delta_y j + {}^T \delta_z k$$

$$^T D = \begin{bmatrix} {}^T d_x \\ {}^T d_y \\ {}^T d_z \\ {}^T \delta_x \\ {}^T \delta_y \\ {}^T \delta_z \end{bmatrix}, \ \text{或} \ ^T D = \begin{bmatrix} {}^T d \\ {}^T \delta \end{bmatrix} \qquad (6-127)$$

6.8.2 微分运动等价变换

上一节介绍了基于基坐标或某个指定坐标系的微分变换，本节讨论坐标系之间的微分变换，即已知一个坐标系中的微分变换算子 Δ，变换为另一个 $\{T\}$ 坐标系内的等效表达的过程。

由上一节得 $\mathrm{d}T = \Delta T$ 和 $\mathrm{d}T = T {}^T\Delta$，若两坐标系等价，则 $\Delta T = T {}^T\Delta$，两边同左乘 T^{-1}，得：

$$T^{-1} \Delta T = {}^T\Delta \qquad (6-128)$$

已知变换矩阵 $T = \begin{bmatrix} n_x & o_x & a_x & p_x \\ n_y & o_y & a_y & p_y \\ n_z & o_z & a_z & p_z \\ 0 & 0 & 0 & 1 \end{bmatrix}$，$\Delta = \begin{bmatrix} 0 & -\delta_z & \delta_y & d_x \\ \delta_z & 0 & -\delta_x & d_y \\ -\delta_y & \delta_x & 0 & d_z \\ 0 & 0 & 0 & 0 \end{bmatrix}$，因此

$$\Delta T = \begin{bmatrix} 0 & -\delta_z & \delta_y & d_x \\ \delta_z & 0 & -\delta_x & d_y \\ -\delta_y & \delta_x & 0 & d_z \\ 0 & 0 & 0 & 0 \end{bmatrix} \begin{bmatrix} n_x & o_x & a_x & p_x \\ n_y & o_y & a_y & p_y \\ n_z & o_z & a_z & p_z \\ 0 & 0 & 0 & 1 \end{bmatrix}$$

$$= \begin{bmatrix} -\delta_z n_y + \delta_y n_z & -\delta_z o_y + \delta_y o_z & -\delta_z a_y + \delta_y a_z & -\delta_z p_y + \delta_y p_z + d_x \\ \delta_z n_x - \delta_x n_z & \delta_z o_x - \delta_x o_z & \delta_z a_x - \delta_x a_z & \delta_z p_x - \delta_x p_z + d_y \\ -\delta_y n_x + \delta_x n_y & -\delta_y o_x + \delta_x o_y & -\delta_y o_x + \delta_x o_y & -\delta_y o_x + \delta_x o_y + d_z \\ 0 & 0 & 0 & 0 \end{bmatrix} \qquad (6-129)$$

式（6-129）与下式等价：

$$\Delta T = \begin{bmatrix} (\boldsymbol{\delta} \times \boldsymbol{n})_x & (\boldsymbol{\delta} \times \boldsymbol{o})_x & (\boldsymbol{\delta} \times \boldsymbol{a})_x & (\boldsymbol{\delta} \times \boldsymbol{p} + \boldsymbol{d})_x \\ (\boldsymbol{\delta} \times \boldsymbol{n})_y & (\boldsymbol{\delta} \times \boldsymbol{o})_y & (\boldsymbol{\delta} \times \boldsymbol{a})_y & (\boldsymbol{\delta} \times \boldsymbol{p} + \boldsymbol{d})_y \\ (\boldsymbol{\delta} \times \boldsymbol{n})_z & (\boldsymbol{\delta} \times \boldsymbol{o})_z & (\boldsymbol{\delta} \times \boldsymbol{a})_z & (\boldsymbol{\delta} \times \boldsymbol{p} + \boldsymbol{d})_z \\ 0 & 0 & 0 & 0 \end{bmatrix} \qquad (6-130)$$

用 $\boldsymbol{T}^{-1}$ 左乘式（6-130）得：

$$\boldsymbol{T}^{-1}\Delta T = \begin{bmatrix} n_x & n_y & n_z & -\boldsymbol{p} \cdot \boldsymbol{n} \\ o_x & o_y & o_z & -\boldsymbol{p} \cdot \boldsymbol{o} \\ a_x & a_y & a_z & -\boldsymbol{p} \cdot \boldsymbol{a} \\ 0 & 0 & 0 & 1 \end{bmatrix} \begin{bmatrix} (\boldsymbol{\delta} \times \boldsymbol{n})_x & (\boldsymbol{\delta} \times \boldsymbol{o})_x & (\boldsymbol{\delta} \times \boldsymbol{a})_x & (\boldsymbol{\delta} \times \boldsymbol{p} + \boldsymbol{d})_x \\ (\boldsymbol{\delta} \times \boldsymbol{n})_y & (\boldsymbol{\delta} \times \boldsymbol{o})_y & (\boldsymbol{\delta} \times \boldsymbol{a})_y & (\boldsymbol{\delta} \times \boldsymbol{p} + \boldsymbol{d})_y \\ (\boldsymbol{\delta} \times \boldsymbol{n})_z & (\boldsymbol{\delta} \times \boldsymbol{o})_z & (\boldsymbol{\delta} \times \boldsymbol{a})_z & (\boldsymbol{\delta} \times \boldsymbol{p} + \boldsymbol{d})_z \\ 0 & 0 & 0 & 0 \end{bmatrix}$$

$$= \begin{bmatrix} \boldsymbol{n} \cdot (\boldsymbol{\delta} \times \boldsymbol{n}) & \boldsymbol{n} \cdot (\boldsymbol{\delta} \times \boldsymbol{o}) & \boldsymbol{n} \cdot (\boldsymbol{\delta} \times \boldsymbol{a}) & \boldsymbol{n} \cdot (\boldsymbol{\delta} \times \boldsymbol{p} + \boldsymbol{d}) \\ \boldsymbol{o} \cdot (\boldsymbol{\delta} \times \boldsymbol{n}) & \boldsymbol{o} \cdot (\boldsymbol{\delta} \times \boldsymbol{o}) & \boldsymbol{o} \cdot (\boldsymbol{\delta} \times \boldsymbol{a}) & \boldsymbol{o} \cdot (\boldsymbol{\delta} \times \boldsymbol{p} + \boldsymbol{d}) \\ \boldsymbol{a} \cdot (\boldsymbol{\delta} \times \boldsymbol{n}) & \boldsymbol{a} \cdot (\boldsymbol{\delta} \times \boldsymbol{o}) & \boldsymbol{a} \cdot (\boldsymbol{\delta} \times \boldsymbol{a}) & \boldsymbol{a} \cdot (\boldsymbol{\delta} \times \boldsymbol{p} + \boldsymbol{d}) \\ 0 & 0 & 0 & 0 \end{bmatrix} \qquad (6-131)$$

将三矢量积的性质 $\boldsymbol{a} \cdot (\boldsymbol{b} \times \boldsymbol{c}) = -\boldsymbol{b} \cdot (\boldsymbol{a} \times \boldsymbol{c}) = \boldsymbol{b} \cdot (\boldsymbol{c} \times \boldsymbol{a})$，以及 $\boldsymbol{a} \cdot (\boldsymbol{a} \times \boldsymbol{c}) = \boldsymbol{o}$ 代入上式：

$$\boldsymbol{T}^{-1}\Delta T = {}^{T}\Delta = \begin{bmatrix} 0 & -\boldsymbol{\delta} \cdot (\boldsymbol{n} \times \boldsymbol{o}) & \boldsymbol{\delta} \cdot (\boldsymbol{a} \times \boldsymbol{n}) & \boldsymbol{\delta} \cdot (\boldsymbol{p} \times \boldsymbol{n}) + \boldsymbol{d} \cdot \boldsymbol{n} \\ \boldsymbol{\delta} \cdot (\boldsymbol{n} \times \boldsymbol{o}) & 0 & -\boldsymbol{\delta} \cdot (\boldsymbol{o} \times \boldsymbol{a}) & \boldsymbol{\delta} \cdot (\boldsymbol{p} \times \boldsymbol{o}) + \boldsymbol{d} \cdot \boldsymbol{o} \\ -\boldsymbol{\delta} \cdot (\boldsymbol{a} \times \boldsymbol{n}) & \boldsymbol{\delta} \cdot (\boldsymbol{o} \times \boldsymbol{a}) & 0 & \boldsymbol{\delta} \cdot (\boldsymbol{p} \times \boldsymbol{a}) + \boldsymbol{d} \cdot \boldsymbol{a} \\ 0 & 0 & 0 & 0 \end{bmatrix}$$

$$(6-132)$$

而对于正交矢量，可得 $\boldsymbol{n} \times \boldsymbol{o} = \boldsymbol{a}$，$\boldsymbol{a} \times \boldsymbol{n} = \boldsymbol{o}$，$\boldsymbol{o} \times \boldsymbol{a} = \boldsymbol{n}$，代入上式得：

$$^{T}\Delta = \begin{bmatrix} 0 & -\boldsymbol{\delta} \cdot \boldsymbol{a} & \boldsymbol{\delta} \cdot \boldsymbol{o} & \boldsymbol{\delta} \cdot (\boldsymbol{p} \times \boldsymbol{n}) + \boldsymbol{d} \cdot \boldsymbol{n} \\ \boldsymbol{\delta} \cdot \boldsymbol{a} & 0 & -\boldsymbol{\delta} \cdot \boldsymbol{n} & \boldsymbol{\delta} \cdot (\boldsymbol{p} \times \boldsymbol{o}) + \boldsymbol{d} \cdot \boldsymbol{o} \\ -\boldsymbol{\delta} \cdot \boldsymbol{o} & \boldsymbol{\delta} \cdot \boldsymbol{n} & 0 & \boldsymbol{\delta} \cdot (\boldsymbol{p} \times \boldsymbol{a}) + \boldsymbol{d} \cdot \boldsymbol{a} \\ 0 & 0 & 0 & 0 \end{bmatrix} \qquad (6-133)$$

对比式（6-125）可得：

$$^{T}\delta_x = \boldsymbol{\delta} \cdot \boldsymbol{n}, \, ^{T}\delta_y = \boldsymbol{\delta} \cdot \boldsymbol{o}, \, ^{T}\delta_z = \boldsymbol{\delta} \cdot \boldsymbol{a}$$
$$^{T}d_x = \boldsymbol{\delta} \cdot (\boldsymbol{p} \times \boldsymbol{n}) + \boldsymbol{d} \cdot \boldsymbol{n}$$
$$^{T}d_y = \boldsymbol{\delta} \cdot (\boldsymbol{p} \times \boldsymbol{o}) + \boldsymbol{d} \cdot \boldsymbol{o}$$
$$^{T}d_z = \boldsymbol{\delta} \cdot (\boldsymbol{p} \times \boldsymbol{a}) + \boldsymbol{d} \cdot \boldsymbol{a} \qquad (6-134)$$

式中，$\boldsymbol{n}$、$\boldsymbol{o}$、$\boldsymbol{a}$ 和 $\boldsymbol{p}$ 分别为微分坐标变换 $\boldsymbol{T}$ 的列矢量，由此可得 $^{T}\boldsymbol{D}$ 与 $\boldsymbol{D}$ 的关系：

$$\begin{bmatrix} ^{T}d_x \\ ^{T}d_y \\ ^{T}d_z \\ ^{T}\delta_x \\ ^{T}\delta_y \\ ^{T}\delta_z \end{bmatrix} = \begin{bmatrix} n_x & n_y & n_z & (\boldsymbol{p} \times \boldsymbol{n})_x & (\boldsymbol{p} \times \boldsymbol{n})_y & (\boldsymbol{p} \times \boldsymbol{n})_z \\ o_x & o_y & o_z & (\boldsymbol{p} \times \boldsymbol{o})_x & (\boldsymbol{p} \times \boldsymbol{o})_y & (\boldsymbol{p} \times \boldsymbol{o})_z \\ a_x & a_y & a_z & (\boldsymbol{p} \times \boldsymbol{a})_x & (\boldsymbol{p} \times \boldsymbol{a})_y & (\boldsymbol{p} \times \boldsymbol{a})_z \\ 0 & 0 & 0 & n_x & n_y & n_z \\ 0 & 0 & 0 & o_x & o_y & o_z \\ 0 & 0 & 0 & a_x & a_y & a_z \end{bmatrix} \begin{bmatrix} d_x \\ d_y \\ d_z \\ \delta_x \\ \delta_y \\ \delta_z \end{bmatrix} \qquad (6-135)$$

再将三矢量积的性质 $\boldsymbol{a} \cdot (\boldsymbol{b} \times \boldsymbol{c}) = \boldsymbol{c} \cdot (\boldsymbol{a} \times \boldsymbol{b})$ 代入式（6 – 134）可得：

$$^T\delta_x = \boldsymbol{n} \cdot \boldsymbol{\delta}, \, ^T\delta_y = \boldsymbol{o} \cdot \boldsymbol{\delta}, \, ^T\delta_z = \boldsymbol{a} \cdot \boldsymbol{\delta}$$

$$^Td_x = \boldsymbol{n} \cdot \left[(\boldsymbol{\delta} \times \boldsymbol{p}) + \boldsymbol{d} \right]$$

$$^Td_y = \boldsymbol{o} \cdot \left[(\boldsymbol{\delta} \times \boldsymbol{p}) + \boldsymbol{d} \right]$$

$$^Td_z = \boldsymbol{a} \cdot \left[(\boldsymbol{\delta} \times \boldsymbol{p}) + \boldsymbol{d} \right] \tag{6 – 136}$$

应用式（6 – 136）可将对基坐标的微分变换转化为对坐标系 $\{T\}$ 的微分变换：

$$\begin{bmatrix} ^T\boldsymbol{d} \\ ^T\boldsymbol{\delta} \end{bmatrix} = \begin{bmatrix} \boldsymbol{R}^{\mathrm{T}} & -\boldsymbol{R}^{\mathrm{T}}\boldsymbol{S}(\boldsymbol{p}) \\ 0 & \boldsymbol{R}^{\mathrm{T}} \end{bmatrix} \begin{bmatrix} \boldsymbol{d} \\ \boldsymbol{\delta} \end{bmatrix} \tag{6 – 137}$$

其中 $\boldsymbol{R}$ 为旋转矩阵，

$$\boldsymbol{R} = \begin{bmatrix} n_x & o_x & a_x \\ n_y & o_y & a_y \\ n_z & o_z & a_z \end{bmatrix} \tag{6 – 138}$$

对于代表坐标系平移的 3 维矢量 $\boldsymbol{p} = [p_x, \, p_y, \, p_z]^{\mathrm{T}}$，其反对称矩阵 $\boldsymbol{S}(\boldsymbol{p})$ 形式如下：

$$\boldsymbol{S}(\boldsymbol{p}) = \begin{bmatrix} 0 & -p_z & p_y \\ p_z & 0 & p_x \\ -p_y & p_x & 0 \end{bmatrix} \tag{6 – 139}$$

6.9　思考与练习

1. 仿生机械运动分析的主要研究内容有哪些？

2. 复数极矢量法对机构做运动分析时的主要步骤是什么？

3. 列出复数极矢量法的优缺点。

4. 在图 6 – 19 所示机构中，已知曲柄长 l_1、φ_1，等角速度 ω_1。求连杆的 φ_2、ω_2、ε_2，以及滑块的 x_C、v_C、a_C。

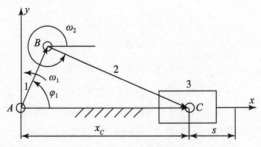

图 6 – 19　曲柄滑块机构

5. 在图 6 – 20 所示机构中，已知 $l_{AB} = 150$ mm、$l_{BC} = 500$ mm、$l_{DC} = 265$ mm、$l_{BE} = 250$ mm、$l_{AF} = 600$ mm 和 $l_{AD} = 210$ mm、$\varphi_1 = 45°$、$BE \perp BC$，$AF \perp AD$，角速度 $\omega_1 = 20$ rad/s。求 ω_4、ε_4、$v_{F_4F_5}$ 和 $a_{F_4F_5}$。

6. 简述建立工业机器人运动学方程的方法与步骤。

7. 已知 $\boldsymbol{R}$ 为旋转矩阵，$\boldsymbol{b}$ 为平移向量，试写出相应的齐次矩阵。

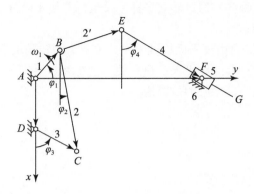

图 6-20　复合曲柄滑块机构

$$\boldsymbol{R} = \begin{bmatrix} 1 & 0 & 0 \\ 0 & 0 & 1 \\ 0 & -1 & 0 \end{bmatrix}, \quad \boldsymbol{b} = \begin{bmatrix} 2 \\ 2 \\ -5 \end{bmatrix}$$

8. 矩阵

$$\begin{bmatrix} x & 0 & 1 & 0 \\ y & 0 & 0 & 1 \\ z & -1 & 0 & 2 \\ w & 0 & 0 & 1 \end{bmatrix}$$

代表齐次坐标变换，求其中的未知元素值 x、y、z、w（第一列元素）。

9. 写出齐次变换矩阵 ${}_B^A\boldsymbol{T}$，它表示相对固定坐标系 $\{A\}$ 做以下变换：

a. 绕 Z_A 轴转 $-90°$；b. 再绕 X_A 轴转 $90°$；c. 最后做移动 $(1, 2, 3)^{\mathrm{T}}$。

10. 写出齐次变换矩阵，它表示相对固定坐标系 $\{A\}$ 做以下变换：

a. 移动 $(1, 2, 3)^{\mathrm{T}}$；b. 绕 X_A 轴转 $90°$；c. 再绕 Z_A 轴转 $-90°$。

11. 求下面齐次变换

$$\boldsymbol{T} = \begin{bmatrix} 0 & 1 & 0 & -2 \\ 0 & 0 & -1 & 3 \\ -1 & 0 & 0 & 0 \\ 0 & 0 & 0 & 1 \end{bmatrix}$$

的逆变换 $\boldsymbol{T}^{-1}$。

12. 矢量 ${}^A\boldsymbol{P}$ 绕 Z_A 轴旋转 $60°$，然后绕 X_A 轴旋转 $30°$。试给出依次按上述次序完成旋转的旋转矩阵。

13. 下面的坐标系矩阵 $\boldsymbol{B}$ 移动距离 $\boldsymbol{d} = (1, 2, 3)^{\mathrm{T}}$：

$$\boldsymbol{B} = \begin{bmatrix} 0 & 1 & 0 & 2 \\ 1 & 0 & 0 & 4 \\ 0 & 0 & -1 & 6 \\ 0 & 0 & 0 & 1 \end{bmatrix}$$

求该坐标系相对于参考坐标系的新位置。

14. 图 6-21 所示为二连杆型机械手，已知各杆长度分别为 d_1 和 d_2。在此例中进行机械手运动学分析的步骤有哪些？通过建立坐标系及坐标变换矩阵 $_1^0T$、$_2^1T$ 等，求出该机械手末端 O_3 点的位置和速度方程。

15. 在图 6-22 所示二自由度平面机械手中，关节 1 为转动关节，关节变量为 θ_1；关节 2 为移动关节，关节变量为 d_2。现要求：建立关节坐标系，并写出该机械手的运动方程式。按下列关节变量参数求出手部中心的位置值。

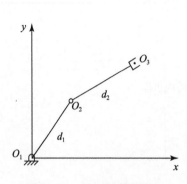

图 6-21　二连杆型机械手

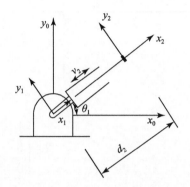

图 6-22　二自由度平面机械手

$\theta_1/(°)$	0	30	45	90
d_2/m	0.2	0.4	0.6	1

16. 试述三维旋转变换张量的定义，并作图说明。

17. 阐述如何运用对偶数矩阵法做机构运动分析。

第7章
仿生机械动力学分析

7.1 仿生机械动力学分析概述

7.1.1 研究目的

前述章节讨论了仿生机械运动学问题，众所周知，仿生机械运动学分析十分重要，属于仿生机械学科的基础性、支撑性内容，但仅仅只对仿生机械进行运动学分析还远远不够。仿生机械在完成规定动作的过程中，每个关节需要提供不同的驱动力或力矩，为了得到仿生机械运动中各电动机驱动力（力矩）之间的变化规律，必须建立准确的动力学表达公式。因此，本章的主要工作就是对仿生机械进行动力学分析，以研究仿生机械的机械运动和与之对应的驱动力（力矩）之间存在的关系。

仿生机械动力学分析不论是对仿生机械的结构设计研究，还是对仿生机械的控制技术探索，都颇有助益。它直接反映了仿生机械运动过程和力学特性之间的规律，对仿生机械控制方案的选择具有重要的指导意义。动力学的研究涉及多种物理量，需要用到更加深入的理论方法，因此，动力学分析相比运动学分析会更为复杂。仿生机械一般是由多连杆和多关节组合而成的串联结构，具有多输入和多输出的结构特点，并且它们之间存在着复杂的耦合关系，这就使得仿生机械的动力学问题变得错综迷离，需要人们花费更多的精力来研究与探索，以掌握其精髓与规律。

7.1.2 研究方法

在仿生机械范畴，其动力学研究方法可以分为试验验证法、数学分析法、仿真验证法三类，具体介绍如下：

（1）试验验证法

该方法是在仿生机械产品实物被制造出来以后，使用相关仪器设备直接检验其动力学性能，然后根据试验结果分析并判断该产品是否符合使用要求，同时也可以为数学分析法提供必要的数据，作为不同产品性能对比与判别的依据。

（2）数学分析法

该方法主要应用在仿生机械产品设计阶段。为了对仿生机械的结构进行合理设计，应建立起相应的仿生机械力学模型（物理模型），为此，可采用牛顿－欧拉方法（Newton－Euler）、拉格朗日法（Lagrange）、休斯顿法或凯恩方法等相关动力学理论及建模方法[297]，建立仿生机械物理模型的运动微分方程（数学模型），并通过对运动方程进行数值仿真计算，获得仿生机械的结构动态特性。

（3）仿真验证法

该方法同样应用在仿生机械产品设计阶段。对复杂的仿生机械结构进行简化后，可将产品模型导入到仿真软件中，根据给定的结构几何形状、材料属性、载荷状况和边界条件等数据，采用相应的单元进行仿真分析，给出相应的结果数据和图形表示。该方法实施过程中，用户虽然不需要具有深厚的数学建模理论功底和丰富的数值求解知识储备，但是需要了解真实的结构材料属性和具体的生产应用条件，从而合理简化物理模型，快速选择划分单元，准确求解仿生机械结构的动力学特性。

在以上三种仿生机械动力学研究方法中，试验验证法需要在仿生机械产品制造出来以后才能逐渐进行，不能为之前的设计工作提供指导，只能用于事后纠正设计错误；仿真验证法需要根据动力学分析原理将实际的仿生机械结构简化，建立对应的物理模型，用于验证与优化设计产品；数学分析法则是需要为产品设计和仿真验证提供相应的理论基础，通过数值计算得到具体表达式。因此，仿生机械动力学中数学分析法的研究一直备受关注，其中最具代表性的数学分析法的有牛顿 - 欧拉法和拉格朗日法。

7.2　动力学分析的数学方法

牛顿 - 欧拉法是仿生机械动力学分析的基本方法和常用方法，本质上属于受力平衡法，使用时需要从运动学角度出发求得加速度，并消去各自内部作用力，从而得到仿生机械运动过程中各部件需要的力或力矩。拉格朗日法也称拉格朗日能量平衡法，使用时只需求解速度而不必求解内部作用力。对于较为复杂的系统而言，由于连杆数目较多，关节连接复杂，采用牛顿 - 欧拉法会显得十分复杂，而拉格朗日法则更加直截了当和简便易行，因此，对仿生机械动力学问题进行分析和求解主要采用拉格朗日法。

7.2.1　牛顿 - 欧拉法

（1）公式推导

仿生机械的运动普遍可以分解为两种运动——构件绕某个基点的平移和绕该基点的转动。为了使仿生机械实现特定规律的运动，必须对各个连杆进行加速或减速，因此，需要使用牛顿方程和欧拉方程来描述力、惯量和角速度三者之间的关系。通过这两个方程共同联立解决仿生机械动力学问题的方法称为牛顿 - 欧拉法[298 - 300]。

1）牛顿第二定律

根据牛顿第二定律可得，刚体质心受到的力与其角速度成正比，具体表示为：

$$F = m\dot{v}_c \tag{7-1}$$

其中，F 为作用在质点上的外荷载的合力；v_c 为质点相对静止坐标系 $\{C\}$ 的速度。

2）欧拉方程

对于一个旋转刚体，假设其角速度为 ω，由欧拉方程可得作用在刚体上的力矩 N 与引起刚体转动的直接表达式为：

$$N = I_c\dot{\omega} + \omega \times I_c\omega \tag{7-2}$$

其中，I_c 为刚体在 $\{C\}$ 坐标系中的惯性张量，刚体的质心与坐标系 $\{C\}$ 的原点重合。

3）牛顿 – 欧拉方程

根据连杆典型的受力状态列出力平衡方程和力矩平衡方程。每个连杆都会受到相邻连杆的作用力（或力矩）及附加的惯性力（或力矩），因此，将所有作用在连杆 i 上的力（或力矩）相加，得到牛顿方程和欧拉方程表示为：

$$\begin{cases} {}^{i-1}f_i - {}^if_{i+1} + m_i g = m_i \dot{v}_{ci} \\ {}^{i-1}N_i - {}^iN_{i+1} + {}^iP_{ci} \times {}^if_{i+1} - {}^iP_{ci} \times {}^{i-1}f_i - I_c \dot{\omega}_i - \omega_i \times (I_c \omega_i) = 0 \end{cases} \tag{7-3}$$

其中，作用在 i 杆件上的外力和外力矩，包括 $i-1$ 杆件作用在 i 杆件上的作用力 ${}^{i-1}f_i$ 和外力矩 ${}^{i-1}N_i$，以及 $i+1$ 杆件作用在 i 杆件上的作用力 ${}^if_{i+1}$ 和外力矩 ${}^iN_{i+1}$。上述力和力矩包括了运动副中的约束反力、驱动力、摩擦力等引起的作用力与作用力矩。

4）关节力/力矩的计算

通过牛顿 – 欧拉方程计算出作用在每个连杆上的力（或力矩）之后，需要计算实际施加在连杆上的力（或力矩）。该求解过程称为关节力（或力矩）的计算。通过递推关系得到关节位移与关节力（或力矩）之间关系的机器人封闭运动学方程为：

$$\tau_i = \sum_{j=1}^n M_{ij}\dot{q}_j + \sum_{j=1}^n \sum_{k=1}^n h_{ijk}\dot{q}_j\dot{q}_k + G_i \tag{7-4}$$

其中，右边第一项为惯性力项；右边第二项为哥氏力和离心力；右边第三项为重力项。

（2）计算步骤

牛顿 – 欧拉法主要是用来求解目标所受到的力和力矩，而该力和力矩的求解又主要是通过对目标的运动过程进行分析来实现的。因此，牛顿 – 欧拉法的动力学方程推导步骤如下：

①求解目标机械手中每个杆件上的任意点的速度；

②求解目标机械手中每个杆件的受力，根据牛顿第二定律得到第一个方程；

③求解目标机械手中每个杆件的扭矩，根据欧拉方程得到第二个方程；

④将第一个方程和第二个方程联立得到牛顿 – 欧拉方程；

⑤通过关节力/力矩的计算，得到需要施加的具体力/力矩数值。

7.2.2　拉格朗日法

（1）公式推导

通常，对于自由度数不多的连杆机构，可以使用牛顿 – 欧拉法求出其动力学方程，但对于多自由度的机器人来说，用牛顿 – 欧拉法求解动力学方程则会非常困难，取而代之的是采用拉格朗日法来求机器人的动力学方程[301]。该方法的基础是系统能量对系统变量及时间进行微分。

拉格朗日函数被定义为系统动能和位能之差，方程如下：

$$L = K - P \tag{7-5}$$

其中，L 代表的是拉格朗日函数；K 代表的是系统的动能；P 代表的是系统的势能。

通过对拉格朗日方程求导，对于旋转关节，可得系统动力学方程如下：

$$F_i = \frac{\mathrm{d}}{\mathrm{d}t}\left[\frac{\partial L}{\partial \dot{q}_i}\right] - \frac{\partial L}{\partial q_i}, \quad i = 1, 2, 3, \cdots, n \tag{7-6}$$

其中，n 为连杆的数目；q_i 为广义坐标；$\dot{q}_i$ 为广义速度；F_i 为作用在第 i 个坐标上的广义力。

（2）计算步骤

进行拉格朗日动力学方程推导的主要目的是求解目标的动能与势能，通过对拉格朗日方程求导得到对应的运动学方程，而动能的计算与目标的速度相关，因此，拉格朗日动力学方程推导的具体步骤如下：

①求解目标机械手中每个杆件上的任意点的速度；

②求解目标机械手中每个杆件的动能，然后进行加和，以得到系统的总动能 K；

③求解目标机械手中每个杆件的位能，然后进行加和，以得到系统的总位能 P；

④将总动能和总势能带入拉格朗日函数，得到具体的表达公式；

⑤对拉格朗日函数进行求导运算，从而获得系统的动力学方程。

7.3　机械手动力学方程的建立与简化

7.3.1　预备知识

（1）空间点变化

1）空间点的齐次坐标

假设：空间中存在任意一点 P，现以坐标系 $\{A\}$ 作为参考坐标系，那么 P 点的位置就可以使用一个 3×1 的位置矢量 $^A\boldsymbol{P}$ 进行表达，可有：

$$^A\boldsymbol{P} = (x_1 \quad y_1 \quad z_1)^{\mathrm{T}} \tag{7-7}$$

其中，x_1、y_1、z_1 表示空间点 P 在三个坐标轴的分量。

如果用 4 个数值组成的阵列

$$^A\boldsymbol{P} = (x_1 \quad y_1 \quad z_1 \quad 1)^{\mathrm{T}} \tag{7-8}$$

表示直角坐标系 $\{A\}$ 空间中某一点 P 的位置，则该点公式（7-8）的表示方法可以称为空间点 P 的齐次坐标。

2）空间点的齐次坐标变换

空间坐标系 $\{1\}$ 中某一点的坐标 (x_1, y_1, z_1) 向另外一个空间坐标系 $\{2\}$ 中变换，变换结果可以表示为 (x_2, y_2, z_2)，则有：

$$\begin{cases} x_2 = n_x x_1 + o_x y_1 + a_x z_1 + p_x \\ y_2 = n_y x_1 + o_y y_1 + a_y z_1 + p_y \\ z_2 = n_z x_1 + o_z y_1 + a_z z_1 + p_z \end{cases} \tag{7-9}$$

其中，p_x、p_y、p_z 表示空间坐标系 $\{1\}$ 的原点在空间坐标系 $\{2\}$ 中的表示；n_x、n_y、n_z 表示空间坐标系 $\{1\}$ 的 X 轴在空间坐标系 $\{2\}$ 中的 3 个方向余弦；o_x、o_y、o_z 表示空间坐标系 $\{1\}$ 的 Y 轴在空间坐标系 $\{2\}$ 中的 3 个方向余弦；a_x、a_y、a_z 表示空间坐标系 $\{1\}$ 的 Z 轴在空间坐标系 $\{2\}$ 中的 3 个方向余弦。

如果采用齐次坐标 (x_1, y_1, z_1, w_1) 表示空间坐标系 $\{1\}$ 中该点坐标，该点在空间坐标系 $\{2\}$ 中的齐次坐标表示为 (x_2, y_2, z_2, w_2)，则两者存在如下关系：

$$\begin{cases} x_2 = n_x x_1 + o_x y_1 + a_x z_1 + p_x w_1 \\ y_2 = n_y x_1 + o_y y_1 + a_y z_1 + p_y w_1 \\ z_2 = n_z x_1 + o_z y_1 + a_z z_1 + p_z w_1 \\ w_2 = w_1 \end{cases} \tag{7-10}$$

将式（7-10）转化为矩阵表达形式，则有：

$$\begin{bmatrix} x_2 \\ y_2 \\ z_2 \\ w_2 \end{bmatrix} = \begin{bmatrix} n_x & o_x & a_x & p_x \\ n_y & o_y & a_y & p_y \\ n_z & o_z & a_z & p_z \\ 0 & 0 & 0 & 1 \end{bmatrix} \begin{bmatrix} x_1 \\ y_1 \\ z_1 \\ w_1 \end{bmatrix} \tag{7-11}$$

假设：

$$\boldsymbol{P}_1 = \begin{bmatrix} x_1 & y_1 & z_1 & w_1 \end{bmatrix}^{\mathrm{T}}, \quad \boldsymbol{P}_2 = \begin{bmatrix} x_2 & y_2 & z_2 & w_2 \end{bmatrix}^{\mathrm{T}}, \quad \boldsymbol{T} = \begin{bmatrix} n_x & o_x & a_x & p_x \\ n_y & o_y & a_y & p_y \\ n_z & o_z & a_z & p_z \\ 0 & 0 & 0 & 1 \end{bmatrix}$$

则有：

$$\boldsymbol{P}_2 = \boldsymbol{T}\boldsymbol{P}_1 \tag{7-12}$$

其中，$\boldsymbol{T}$ 表示空间坐标变换矩阵，式（7-12）称为空间点的齐次坐标变换。

3）平移变换

平移是空间位置变换的一个重要方式，空间坐标系{1}中一点的位置使用向量 $\boldsymbol{O}_1\boldsymbol{P}$ 表示，该点相对坐标系{2}的位置使用向量 $\boldsymbol{O}_2\boldsymbol{P}$ 表示，根据矢量相加原理，两者具有如下关系：

$$\boldsymbol{O}_2\boldsymbol{P} = \boldsymbol{O}_1\boldsymbol{P} + \boldsymbol{r} \tag{7-13}$$

如果采用齐次坐标 (x_1, y_1, z_1, w_1)、(x_2, y_2, z_2, w_2) 和 $(a, b, c, 1)$ 来分别表示向量 $\boldsymbol{O}_1\boldsymbol{P}$、$\boldsymbol{O}_2\boldsymbol{P}$ 和 $\boldsymbol{r}$，将 $\boldsymbol{O}_1\boldsymbol{P}$ 和 $\boldsymbol{r}$ 统一在同一坐标系下进行运算，则有：

$$\boldsymbol{O}_2\boldsymbol{P} = \boldsymbol{O}_1\boldsymbol{P} + \boldsymbol{r} = \begin{bmatrix} a + \dfrac{x_1}{w_1} \\ b + \dfrac{y_1}{w_1} \\ c + \dfrac{z_1}{w_1} \\ 1 \end{bmatrix} = \begin{bmatrix} w_1 a + x_1 \\ w_1 b + y_1 \\ w_1 c + z_1 \\ w_1 \end{bmatrix} = \begin{bmatrix} 1 & 0 & 0 & a \\ 0 & 1 & 0 & b \\ 0 & 0 & 1 & c \\ 0 & 0 & 0 & 1 \end{bmatrix} \begin{bmatrix} x_1 \\ y_1 \\ z_1 \\ w_1 \end{bmatrix} \tag{7-14}$$

则第一个向量 $\boldsymbol{O}_1\boldsymbol{P}$ 可以通过矩阵变换表示为第二个向量 $\boldsymbol{O}_2\boldsymbol{P}$，即有：

$$\boldsymbol{O}_2\boldsymbol{P} = \mathrm{Trans}\,\boldsymbol{O}_1\boldsymbol{P} \tag{7-15}$$

其中，Trans 称为平移变换矩阵。

4）旋转变换

根据解析几何知识，可以分别将绕坐标轴 OX、OY、OZ 转动 θ 角度的坐标变换改写为齐次坐标变换，具体的表达公式为：

$$
\boldsymbol{R}(X,\ \theta) = \begin{bmatrix} 1 & 0 & 0 & 0 \\ 0 & \cos\theta & -\sin\theta & 0 \\ 0 & \sin\theta & \cos\theta & 0 \\ 0 & 0 & 0 & 1 \end{bmatrix},\ \boldsymbol{R}(Y,\ \theta) = \begin{bmatrix} \cos\theta & 0 & \sin\theta & 0 \\ 0 & 1 & 0 & 0 \\ -\sin\theta & 0 & \cos\theta & 0 \\ 0 & 0 & 0 & 1 \end{bmatrix}
$$

$$
\boldsymbol{R}(Z,\ \theta) = \begin{bmatrix} \cos\theta & -\sin\theta & 0 & 0 \\ \sin\theta & \cos\theta & 0 & 0 \\ 0 & 0 & 0 & 0 \\ 0 & 0 & 0 & 1 \end{bmatrix} \tag{7-16}
$$

5）齐次变换表示为平移变换与旋转变换

式（7-11）中齐次变换矩阵可以分解为平移变换矩阵和旋转变换矩阵，具体表达为：

$$
\boldsymbol{H} = \begin{bmatrix} n_x & o_x & a_x & p_x \\ n_y & o_y & a_y & p_y \\ n_z & o_z & a_z & p_z \\ 0 & 0 & 0 & 1 \end{bmatrix} = \begin{bmatrix} 1 & 0 & 0 & p_x \\ 0 & 1 & 0 & p_y \\ 0 & 0 & 1 & p_z \\ 0 & 0 & 0 & 1 \end{bmatrix} \begin{bmatrix} n_x & o_x & a_x & 0 \\ n_y & o_y & a_y & 0 \\ n_z & o_z & a_z & 0 \\ 0 & 0 & 0 & 1 \end{bmatrix} \tag{7-17}
$$

（2）空间运动分析

1）刚体速度角速度

为了计算作用在连杆上的惯性力，需要获得每个连杆在某一时刻的角速度、线加速度和角加速度，并可应用迭代方法完成各连杆惯性力的计算。首先对连杆 1 进行计算，接着计算下一个连杆，然后一直迭代下去。

机器人的机械臂末端携带重物运动过程中，杆件将产生弯曲力矩，导致杆件振动。为提高机械臂末端的定位精度，需要通过机械臂系统的动能和弹性势能，导出拉格朗日方程，因此需要计算机械臂末端速度及加速度[302]。根据坐标变换方法，若第 $i+1$ 个关节为旋转运动，则对应的角速度、角加速度和线加速度可以表示为[303]：

$$
{}^{i+1}\boldsymbol{\omega}_{i+1} = {}^{i+1}_{0}\boldsymbol{R} \cdot \boldsymbol{\omega}_{i+1} = {}^{i+1}_{i}\boldsymbol{R}({}^{i}_{0}\boldsymbol{R} \cdot \boldsymbol{\omega}_i + {}^{i}_{0}\boldsymbol{R} \cdot \dot{\boldsymbol{\theta}}_{i+1} \cdot \hat{\boldsymbol{Z}}_{i+1}) = {}^{i+1}_{i}\boldsymbol{R}\,{}^{i}\boldsymbol{\omega}_i + \dot{\boldsymbol{\theta}}_{i+1}\,{}^{i+1}\hat{\boldsymbol{Z}}_{i+1} \tag{7-18}
$$

其中，${}^{k}_{0}\boldsymbol{R} \cdot \boldsymbol{\omega}_k = {}^{k}\boldsymbol{\omega}_k$。利用 $\boldsymbol{\omega}_{i+1} = \boldsymbol{\omega}_i + \dot{\boldsymbol{\theta}}_{i+1} \cdot {}^{0}_{i+1}\boldsymbol{R}\,{}^{i+1}\hat{\boldsymbol{Z}}_{i+1}$ 可得：

$$
\dot{\boldsymbol{\omega}}_{i+1} = \dot{\boldsymbol{\omega}}_i + \ddot{\boldsymbol{\theta}}_{i+1} \cdot {}^{0}_{i+1}\boldsymbol{R}\,{}^{i+1}\hat{\boldsymbol{Z}}_{i+1} + \boldsymbol{\omega}_i \times \dot{\boldsymbol{\theta}}_{i+1} \cdot {}^{0}_{i+1}\boldsymbol{R}\,{}^{i+1}\hat{\boldsymbol{Z}}_{i+1} \tag{7-19}
$$

两端同乘 ${}^{i+1}_{0}\boldsymbol{R}$，并记 ${}^{k}_{0}\boldsymbol{R} \cdot \dot{\boldsymbol{\omega}}_k = {}^{k}\dot{\boldsymbol{\omega}}_k$，可得：

$$
{}^{i+1}\dot{\boldsymbol{\omega}}_{i+1} = {}^{i+1}_{i}\boldsymbol{R}\,{}^{i}\dot{\boldsymbol{\omega}}_i + \ddot{\boldsymbol{\theta}}_{i+1}\,{}^{i+1}\hat{\boldsymbol{Z}}_{i+1} + {}^{i+1}_{i}\boldsymbol{R}\,{}^{i}\boldsymbol{\omega}_i \times \dot{\boldsymbol{\theta}}_{i+1}\,{}^{i+1}\hat{\boldsymbol{Z}}_{i+1} \tag{7-20}
$$

同理可得：

$$
{}^{i+1}\dot{\boldsymbol{v}}_{i+1} = {}^{i+1}_{i}\boldsymbol{R}[{}^{i}\dot{\boldsymbol{\omega}}_i \times {}^{i}\boldsymbol{p}_{i+1} + {}^{i}\boldsymbol{\omega}_i \times ({}^{i}\boldsymbol{\omega}_i \times {}^{i}\boldsymbol{p}_{i+1}) + {}^{i}\dot{\boldsymbol{v}}_i] \tag{7-21}
$$

因此

$$
\begin{cases} {}^{i+1}\boldsymbol{\omega}_{i+1} = {}^{i+1}_{i}\boldsymbol{R}\,{}^{i}\boldsymbol{\omega}_i + \dot{\boldsymbol{\theta}}_{i+1}\,{}^{i+1}\hat{\boldsymbol{Z}}_{i+1} \\ {}^{i+1}\dot{\boldsymbol{\omega}}_{i+1} = {}^{i+1}_{i}\boldsymbol{R}\,{}^{i}\dot{\boldsymbol{\omega}}_i + {}^{i+1}_{i}\boldsymbol{R}\,{}^{i}\boldsymbol{\omega}_i \times \dot{\boldsymbol{\theta}}_{i+1}\,{}^{i+1}\hat{\boldsymbol{Z}}_{i+1} + \ddot{\boldsymbol{\theta}}_{i+1}\,{}^{i+1}\hat{\boldsymbol{Z}}_{i+1} \\ {}^{i+1}\dot{\boldsymbol{v}}_{i+1} = {}^{i+1}_{i}\boldsymbol{R}[{}^{i}\dot{\boldsymbol{\omega}}_i \times {}^{i}\boldsymbol{p}_{i+1} + {}^{i}\boldsymbol{\omega}_i \times ({}^{i}\boldsymbol{\omega}_i \times {}^{i}\boldsymbol{p}_{i+1}) + {}^{i}\dot{\boldsymbol{v}}_i] \end{cases} \tag{7-22}
$$

其中，$^{i+1}_iR$ 表示第 i 个坐标系到第 $i+1$ 个坐标系的旋转矩阵；$\hat{Z}_{i+1}$ 是第 $i+1$ 个坐标系上 Z 轴上的单位向量；p_i 是第 i 个关节在基坐标系中的坐标；θ_i 是第 i 个关节的旋转角度。

若第 $i+1$ 个关节为平移关节，则对应的角速度、线速度和线加速度可以表示为：

$$
\begin{cases}
^{i+1}\omega_{i+1} = {}^{i+1}_iR\,^i\omega_i \\
^{i+1}\dot{\omega}_{i+1} = {}^{i+1}_iR\,^i\dot{\omega}_i \\
^{i+1}\dot{v}_{i+1} = {}^{i+1}_iR[\,^i\dot{\omega}_i \times\,^ip_{i+1} + {}^i\omega_i \times (^i\omega_i \times\,^ip_{i+1}) + {}^i\dot{v}_i\,] + 2\omega_{i+1} \times \dot{d}_{i+1}\,^{i+1}\hat{Z}_{i+1} + \ddot{d}_{i+1}\,^{i+1}\hat{Z}_{i+1}
\end{cases}
$$

$$(7-23)$$

式中，d_{i+1} 是沿 $\hat{Z}_{i+1}$ 度量的 $\hat{X}_i$ 和 $\hat{X}_{i+1}$ 轴之间的距离。

各个连杆质心的线加速度可以表示为：

$$^i\dot{v}_c = {}^i\dot{\omega}_i \times\,^ip_{i+1} + {}^i\omega_i \times (^i\omega_i \times\,^ip_{i+1}) + {}^i\dot{v}_i \tag{7-24}$$

2）惯量矩

在单自由度系统中，常常需要考虑刚体的质量，对于定轴转动的情况，经常用到惯量矩这个概念。对一个可以在三维空间自由运动的刚体来说，可能存在无穷多个旋转轴。当刚体绕任意一个坐标轴进行旋转运动时，人们需要一种能够表征刚体质量分布的方法。因此，本章中引入惯性张量，它可以被看作是对一个物体惯量的广义度量。

在固定坐标系，定义一组参量，给出刚体质量在参考坐标系中分布的信息。惯性张量可以在任何坐标系中进行定义，但是为了方便分析刚体运动起见，一般可将坐标系固定刚体上，即此坐标系与刚体不发生相对运动，并用左上标表明已知惯性张量所在的参考坐标系。坐标系 $\{A\}$ 中的惯性张量可用 3×3 矩阵表示如下：

$$
^AI_i = \begin{bmatrix} I_{xx} & -I_{xy} & -I_{xz} \\ -I_{xy} & I_{yy} & -I_{yz} \\ -I_{xz} & -I_{yz} & I_{zz} \end{bmatrix} \tag{7-25}
$$

式（7-25）右端矩阵中各元素的具体表达为：

$$
\begin{aligned}
&I_{xx} = \iiint_V (y^2 + z^2)\rho\mathrm{d}v,\ I_{yy} = \iiint_V (x^2 + z^2)\rho\mathrm{d}v, \\
&I_{zz} = \iiint_V (x^2 + y^2)\rho\mathrm{d}v,\ I_{xy} = \iiint_V xy\rho\mathrm{d}v, \\
&I_{xz} = \iiint_V xz\rho\mathrm{d}v,\ I_{yz} = \iiint_V yz\rho\mathrm{d}v
\end{aligned} \tag{7-26}
$$

其中，$\mathrm{d}v$ 表示刚体的最小组成单元体；ρ 表示单元体的密度。

每个单元体的位置由矢量 $^AP = [x,\ y,\ z]^T$ 确定，I_{xx}、I_{yy}、I_{zz} 称为惯量矩，它们是单元体质量乘以单元体到相应转轴垂直距离的平方并在整个刚体上的积分；其余三个交叉项称为惯量积。对于一个刚体来说，这六个相互独立的参量取决于所在坐标系的位姿。当合理选择一个坐标系的方位时，可能会使刚体的惯量积为零。此时，参考坐标系的轴称为主轴，而相应的惯量矩称为主惯量矩。

当参考系发生变化时，惯性张量仍然是坐标系位姿的函数，而众所周知的平行移轴定理就是在参考坐标系发生平移时对应惯性张量的计算方法。平行移轴定理描述了一个以刚体质心为原点的坐标系平移到另一个坐标系时惯性张量的变换关系。假设 $\{C\}$ 是以刚体质心为原点的坐标系，$\{A\}$ 为任意平移后的坐标系，则平行移轴定理可以表示为：

$$\begin{cases} ^A I_{zz} = {}^C I_{zz} + m(x_c^2 + y_c^2) \\ ^A I_{xy} = {}^C I_{xy} - m x_c y_c \end{cases} \tag{7-27}$$

式中，矢量 $\boldsymbol{P}_c = [x_c, \ y_c, \ z_c]^{\mathrm{T}}$ 表示刚体质心 $\boldsymbol{P}_c$ 在 $\{A\}$ 坐标系中的位置，其余的惯量矩和惯量积都可以通过式（7-27）交换 x、y 和 z 的顺序计算而得。平行移轴定理又可以表示为如下的矢量矩阵形式：

$$^A \boldsymbol{I} = {}^C \boldsymbol{I} + m(\boldsymbol{P}_c^{\mathrm{T}} \boldsymbol{P}_c \boldsymbol{I}_3 - \boldsymbol{P}_c \boldsymbol{P}_c^{\mathrm{T}}) \tag{7-28}$$

实际使用时，惯性张量具有以下特征：一是如果由坐标系的两个坐标轴构成的平面为刚体质量分布的对称平面，则正交于这个对称平面的坐标轴与另一个坐标轴的惯量积为零；二是惯量矩恒为正值，而惯量积则可能是正值或负值；三是不论参考坐标系方位如何变化，三个惯量矩的和保持不变；四是惯性张量的特征值为刚体的主惯量矩，相应的特征矢量为主轴。

大多数连杆的几何形状及结构组成都比较复杂，因而很难直接应用公式进行求解。一般是使用测量装置（例如惯量摆）来测量每个连杆的惯量矩，而不是通过计算求得。

7.3.2　机械手动力学方程的建立

在对机械手进行动力学分析过程中，通常会忽略机械手的外形结构，将机械手的每一段简化为连杆结构，于是整个机械手的简化结果如图 7-1 所示。

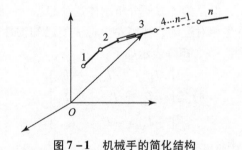

图 7-1　机械手的简化结构

为了更好地掌控机械手运动过程的求解，需要建立多连杆机构的动力学方程。其中，连杆 i 的旋转角度、角速度和角加速度分别用 q_i、$\dot{q}_i$ 和 $\ddot{q}_i$ 表示，连杆 i 的质量记为 m_i，连杆 i 添加的力矩用 $\boldsymbol{T}_i$ 表示。

（1）各杆件速度的计算

图 7-1 中连杆 3 上 P 点的位置为：

$$^0 \boldsymbol{r}_p = \boldsymbol{T}_3 \, ^3 \boldsymbol{r}_p \tag{7-29}$$

式中，$^0 \boldsymbol{r}_p$ 表示极坐标系中的位置矢量；$^3 \boldsymbol{r}_p$ 表示局部（关节 3）坐标系的位置矢量；$\boldsymbol{T}_3$ 表示位置变换矩阵，包括旋转矩阵和平移矩阵。

P 点的速度为：

$$^0 \boldsymbol{v}_p = \frac{\mathrm{d}}{\mathrm{d}t}(^0 \boldsymbol{r}_p) = \frac{\mathrm{d}}{\mathrm{d}t}(\boldsymbol{T}_3 \, ^3 \boldsymbol{r}_p) = \left(\sum_{j=1}^{3} \frac{\partial \boldsymbol{T}_3}{\partial q_j} \dot{q}_j \right) ^3 \boldsymbol{r}_p \tag{7-30}$$

P 点速度平方的具体表达公式为：

$$(^0 \boldsymbol{v}_p)^2 = \mathrm{tr}[^0 \boldsymbol{v}_p \, (^0 \boldsymbol{v}_p)^{\mathrm{T}}] = \mathrm{tr}\left[\sum_{j=1}^{3} \sum_{k=1}^{3} \frac{\partial \boldsymbol{T}_3}{\partial q_j} (^3 \boldsymbol{r}_p)(^3 \boldsymbol{r}_p^{\mathrm{T}}) \left(\frac{\partial \boldsymbol{T}_3}{\partial q_k} \right)^{\mathrm{T}} \dot{q}_j \dot{q}_k \right] \tag{7-31}$$

同理，连杆 i 上某一点的位置为：

$$\boldsymbol{r} = \boldsymbol{T}_i{}^i\boldsymbol{r} \tag{7-32}$$

连杆 i 上该点的速度为：

$$\boldsymbol{v} = \frac{\mathrm{d}}{\mathrm{d}t}(\boldsymbol{r}) = \frac{\mathrm{d}}{\mathrm{d}t}(\boldsymbol{T}_i{}^i\boldsymbol{r}) = \Big(\sum_{j=1}^{i}\frac{\partial\boldsymbol{T}_i}{\partial q_j}\dot{q}_j\Big)^i\boldsymbol{r} \tag{7-33}$$

连杆 i 上该点速度平方的具体表达公式为：

$$\boldsymbol{v}^2 = \mathrm{tr}\Big[\Big(\sum_{j=1}^{i}\frac{\partial\boldsymbol{T}_i}{\partial q_j}\dot{q}_j{}^i\boldsymbol{r}\Big)\Big(\sum_{k=1}^{i}\frac{\partial\boldsymbol{T}_i}{\partial q_k}\dot{q}_k{}^i\boldsymbol{r}\Big)^{\mathrm{T}}\Big]$$
$$= \mathrm{tr}\Big[\sum_{j=1}^{i}\sum_{k=1}^{i}\frac{\partial\boldsymbol{T}_i}{\partial q_j}{}^i\boldsymbol{r}\boldsymbol{r}^{\mathrm{T}}\Big(\frac{\partial\boldsymbol{T}_i}{\partial q_k}\Big)^{\mathrm{T}}\dot{q}_j\dot{q}_k\Big] \tag{7-34}$$

式中，tr 表示矩阵的迹。对于矩阵来说，表示主对角线上各元素的和。

（2）系统动能

连杆 3 上某一 P 点的质量为 $\mathrm{d}m$，则可求得 P 点的动能为：

$$\mathrm{d}K_3 = \frac{1}{2}m_p v_p^2$$
$$= \frac{1}{2}\mathrm{tr}\Big[\sum_{j=1}^{3}\sum_{k=1}^{3}\frac{\partial T_3}{\partial q_j}\dot{q}_j{}^3\boldsymbol{r}_p{}^3\boldsymbol{r}_p^{\mathrm{T}}\Big(\frac{\partial \boldsymbol{T}_3}{\partial q_k}\dot{q}_k\Big)^{\mathrm{T}}\Big]\mathrm{d}m$$
$$= \frac{1}{2}\mathrm{tr}\Big[\sum_{j=1}^{3}\sum_{k=1}^{3}\frac{\partial \boldsymbol{T}_3}{\partial q_j}({}^3\boldsymbol{r}_p\mathrm{d}m^3\boldsymbol{r}_p^{\mathrm{T}})\Big(\frac{\partial\boldsymbol{T}_3}{\partial q_k}\Big)^{\mathrm{T}}\dot{q}_j\dot{q}_k\Big] \tag{7-35}$$

在连杆 3 上进行积分，可求得整体动能，具体表达为：

$$K_3 = \int_{\text{连杆3}}\mathrm{d}K_3$$
$$= \frac{1}{2}\mathrm{tr}\Big[\sum_{j=1}^{3}\sum_{k=1}^{3}\frac{\partial\boldsymbol{T}_3}{\partial q_j}\Big(\int_{\text{连杆3}}{}^3\boldsymbol{r}_p\mathrm{d}m^3\boldsymbol{r}_p^{\mathrm{T}}\Big)\Big(\frac{\partial\boldsymbol{T}_3}{\partial q_k}\Big)^{\mathrm{T}}\dot{q}_j\dot{q}_k\Big]$$
$$= \frac{1}{2}\mathrm{tr}\Big[\sum_{j=1}^{3}\sum_{k=1}^{3}\frac{\partial\boldsymbol{T}_3}{\partial q_j}\boldsymbol{J}_3\Big(\frac{\partial\boldsymbol{T}_3}{\partial q_k}\Big)^{\mathrm{T}}\dot{q}_j\dot{q}_k\Big] \tag{7-36}$$

同理，连杆 i 上某一点的动能为：

$$\mathrm{d}K_i = \frac{1}{2}m_i v^2$$
$$= \frac{1}{2}\mathrm{tr}\Big[\sum_{j=1}^{i}\sum_{k=1}^{i}\frac{\partial\boldsymbol{T}_i}{\partial q_j}{}^i\boldsymbol{r}\boldsymbol{r}^{\mathrm{T}}\Big(\frac{\partial\boldsymbol{T}_i}{\partial q_k}\Big)^{\mathrm{T}}\dot{q}_j\dot{q}_k\Big]\mathrm{d}m$$
$$= \frac{1}{2}\mathrm{tr}\Big[\sum_{j=1}^{i}\sum_{k=1}^{i}\frac{\partial\boldsymbol{T}_i}{\partial q_j}({}^i\boldsymbol{r}\mathrm{d}m^i\boldsymbol{r}^{\mathrm{T}})\Big(\frac{\partial\boldsymbol{T}_i}{\partial q_k}\Big)^{\mathrm{T}}\dot{q}_j\dot{q}_k\Big] \tag{7-37}$$

连杆 i 整体动能的具体表达公式为：

$$K_i = \int_{\text{连杆}i}\mathrm{d}K_i$$
$$= \frac{1}{2}\mathrm{tr}\Big[\sum_{j=1}^{i}\sum_{k=1}^{i}\frac{\partial\boldsymbol{T}_i}{\partial q_j}\Big(\int_{\text{连杆}i}{}^i\boldsymbol{r}\mathrm{d}m^i\boldsymbol{r}^{\mathrm{T}}\Big)\Big(\frac{\partial\boldsymbol{T}_i}{\partial q_k}\Big)^{\mathrm{T}}\dot{q}_j\dot{q}_k\Big]$$

$$= \frac{1}{2}\text{tr}\Big[\sum_{j=1}^{i} \sum_{k=1}^{i} \frac{\partial \boldsymbol{T}_i}{\partial q_j} \boldsymbol{J}_i \left(\frac{\partial \boldsymbol{T}_i}{\partial q_k} \right)^{\text{T}} \dot{q}_j \dot{q}_k \Big] \tag{7-38}$$

其中，$\boldsymbol{J}_i$ 表示伪惯性矩阵，一般形式为：

$$\boldsymbol{J}_i = \int_{\text{连杆}i} {}^i\boldsymbol{r}^i\boldsymbol{r}^{\text{T}}\text{d}m = \begin{bmatrix} \int_i {}^ix^2\text{d}m & \int_i {}^ix^iy\text{d}m & \int_i {}^ix^iz\text{d}m & \int_i {}^ix\text{d}m \\ \int_i {}^ix^iy\text{d}m & \int_i {}^iy^2\text{d}m & \int_i {}^iy^iz\text{d}m & \int_i {}^iy\text{d}m \\ \int_i {}^ix^iz\text{d}m & \int_i {}^iy^iz\text{d}m & \int_i {}^iz^2\text{d}m & \int_i {}^iz\text{d}m \\ \int_i {}^ix\text{d}m & \int_i {}^iy\text{d}m & \int_i {}^iz\text{d}m & \int_i \text{d}m \end{bmatrix} \tag{7-39}$$

根据理论力学与物理学有关物体的转动惯量、矢量积和一阶矩理论，可得：

$$I_{xx} = \iiint_V (y^2 + z^2)\rho\text{d}v, I_{yy} = \iiint_V (x^2 + z^2)\rho\text{d}v, I_{zz} = \iiint_V (x^2 + y^2)\rho\text{d}v$$

$$I_{xy} = \iiint_V xy\rho\text{d}v, I_{xz} = \iiint_V xz\rho\text{d}v, I_{yz} = \iiint_V yz\rho\text{d}v \tag{7-40}$$

$$mx = \int x\text{d}m, my = \int y\text{d}m, mz = \int z\text{d}m$$

如果令

$$\int x^2\text{d}m = -\frac{1}{2}\int (y^2 + z^2)\text{d}m + \frac{1}{2}\int (x^2 + z^2)\text{d}m + \frac{1}{2}\int (x^2 + y^2)\text{d}m = \frac{1}{2}(-I_{xx} + I_{yy} + I_{zz})$$

$$\int y^2\text{d}m = \frac{1}{2}\int (y^2 + z^2)\text{d}m - \frac{1}{2}\int (x^2 + z^2)\text{d}m + \frac{1}{2}\int (x^2 + y^2)\text{d}m = \frac{1}{2}(I_{xx} - I_{yy} + I_{zz})$$

$$\int z^2\text{d}m = \frac{1}{2}\int (y^2 + z^2)\text{d}m + \frac{1}{2}\int (x^2 + z^2)\text{d}m - \frac{1}{2}\int (x^2 + y^2)\text{d}m = \frac{1}{2}(I_{xx} + I_{yy} - I_{zz})$$

$$\tag{7-41}$$

其具体形式如下：

$$\boldsymbol{J}_i = \begin{bmatrix} \dfrac{-I_{ixx} + I_{iyy} + I_{izz}}{2} & I_{ixy} & I_{ixz} & m_i\bar{x}_i \\ I_{ixy} & \dfrac{I_{ixx} - I_{iyy} + I_{izz}}{2} & I_{iyz} & m_i\bar{y}_i \\ I_{ixz} & I_{iyz} & \dfrac{I_{ixx} + I_{iyy} - I_{izz}}{2} & m_i\bar{z}_i \\ m_i\bar{x}_i & m_i\bar{y}_i & m_i\bar{z}_i & m_i \end{bmatrix} \tag{7-42}$$

则多连杆机械手总的动能可以表示为：

$$K_t = \sum_{i=1}^{n} K_i = \frac{1}{2}\sum_{i=1}^{n} \text{tr}\Big[\sum_{j=1}^{i} \sum_{k=1}^{i} \frac{\partial \boldsymbol{T}_i}{\partial q_j} \boldsymbol{J}_i \left(\frac{\partial \boldsymbol{T}_i}{\partial q_k} \right)^{\text{T}} \dot{q}_j \dot{q}_k \Big] \tag{7-43}$$

上面方程表示机器人机构的动能，但是各关节传动机构的动能仍然是整体动能的一个重要组成部分，连杆机构中第 i 关节传动装置的动能可以表示为：

$$K_{ai} = \frac{1}{2}I_{ai}\dot{q}_i^2 \tag{7-44}$$

其中，I_{ai} 表示传动装置的等效转动惯量；$\dot{q}_i$ 表示关节 i 的角速度（rad/s）。

多连杆系统多关节传动装置动能叠加，传动装置总的动能为：

$$K_a = \sum_{i=1}^{n} K_{ai} = \frac{1}{2}\sum_{i=1}^{n} I_{ai}\dot{q}_i^2 \qquad (7-45)$$

综上，即可得到多连杆机械手系统（包括传动装置）的总动能为：

$$\begin{aligned}
K &= K_t + K_a \\
&= \frac{1}{2}\sum_{i=1}^{n}\text{tr}\Big[\sum_{j=1}^{i}\sum_{k=1}^{i}\frac{\partial \boldsymbol{T}_i}{\partial q_j}\boldsymbol{J}_i\Big(\frac{\partial \boldsymbol{T}_i}{\partial q_k}\Big)^{\text{T}}\dot{q}_j\dot{q}_k\Big] + \frac{1}{2}\sum_{i=1}^{n}I_{ai}\dot{q}_i^2 \\
&= \frac{1}{2}\sum_{i=1}^{n}\sum_{j=1}^{i}\sum_{k=1}^{i}\text{tr}\Big[\frac{\partial \boldsymbol{T}_i}{\partial q_j}\boldsymbol{J}_i\Big(\frac{\partial \boldsymbol{T}_i}{\partial q_k}\Big)^{\text{T}}\Big]\dot{q}_j\dot{q}_k + \frac{1}{2}\sum_{i=1}^{n}I_{ai}\dot{q}_i^2
\end{aligned} \qquad (7-46)$$

（3）系统势能

连杆 i 的势能可表示为：

$$P_i = \int_i \mathrm{d}P_i = -\int_i \boldsymbol{g}^{\text{T}}\boldsymbol{T}_i{}^i\boldsymbol{r}\mathrm{d}m = -\boldsymbol{g}^{\text{T}}\boldsymbol{T}_i\int_i {}^i\boldsymbol{r}\mathrm{d}m = -\boldsymbol{g}^{\text{T}}\boldsymbol{T}_i m_i{}^i\boldsymbol{r}_i = -m_i\boldsymbol{g}^{\text{T}}\boldsymbol{T}_i{}^i\boldsymbol{r}_i \quad (7-47)$$

其中，m_i 表示连杆 i 的质量；${}^i\boldsymbol{r}_i$ 表示连杆 i 相对于其前端关节坐标系的重心位置。

由于传动装置质量较小，可以忽略不计，因此，多连杆系统总势能表示为：

$$P = \sum_{i=1}^{n} P_i = -\sum_{i=1}^{n} m_i\boldsymbol{g}^{\text{T}}\boldsymbol{T}_i{}^i\boldsymbol{r}_i \qquad (7-48)$$

（4）拉格朗日动力学方程

将多连杆机械手的动能和势能带入拉格朗日函数，可得具体表达式为：

$$L = K - P = \frac{1}{2}\sum_{i=1}^{n}\sum_{j=1}^{i}\sum_{k=1}^{i}\text{tr}\Big[\frac{\partial \boldsymbol{T}_i}{\partial q_j}\boldsymbol{J}_i\Big(\frac{\partial \boldsymbol{T}_i}{\partial q_k}\Big)^{\text{T}}\Big]\dot{q}_j\dot{q}_k + \frac{1}{2}\sum_{i=1}^{n}I_{ai}\dot{q}_i^2 + \sum_{i=1}^{n}m_i\boldsymbol{g}^{\text{T}}\boldsymbol{T}_i{}^i\boldsymbol{r}_i$$

$$(7-49)$$

对拉格朗日函数进行求导，可得：

$$\frac{\partial L}{\partial \dot{q}_p} = \frac{1}{2}\sum_{i=1}^{n}\sum_{k=1}^{i}\text{tr}\Big[\frac{\partial \boldsymbol{T}_i}{\partial q_p}\boldsymbol{J}_i\Big(\frac{\partial \boldsymbol{T}_i}{\partial q_k}\Big)^{\text{T}}\Big]\dot{q}_k + \frac{1}{2}\sum_{i=1}^{n}\sum_{j=1}^{i}\text{tr}\Big[\frac{\partial \boldsymbol{T}_i}{\partial q_j}\boldsymbol{J}_i\Big(\frac{\partial \boldsymbol{T}_i}{\partial q_p}\Big)^{\text{T}}\Big]\dot{q}_j + I_{ap}\dot{q}_p \quad (7-50)$$

由于 $\boldsymbol{J}_i$ 为对称矩阵，所以可做如下推导：

$$\text{tr}\Big[\frac{\partial \boldsymbol{T}_i}{\partial q_j}\boldsymbol{J}_i\Big(\frac{\partial \boldsymbol{T}_i}{\partial q_k}\Big)^{\text{T}}\Big] = \text{tr}\Big[\frac{\partial \boldsymbol{T}_i}{\partial q_k}\boldsymbol{J}_i^{\text{T}}\Big(\frac{\partial \boldsymbol{T}_i}{\partial q_j}\Big)^{\text{T}}\Big] = \text{tr}\Big[\frac{\partial \boldsymbol{T}_i}{\partial q_k}\boldsymbol{J}_i\Big(\frac{\partial \boldsymbol{T}_i}{\partial q_j}\Big)^{\text{T}}\Big] \qquad (7-51)$$

将公式（7-51）带入公式（7-50）中，令第二项中的下标 $j=k$，进行化简，可得：

$$\frac{\partial L}{\partial \dot{q}_p} = \sum_{i=1}^{n}\sum_{k=1}^{i}\text{tr}\Big[\frac{\partial \boldsymbol{T}_i}{\partial q_k}\boldsymbol{J}_i\Big(\frac{\partial \boldsymbol{T}_i}{\partial q_p}\Big)^{\text{T}}\Big]\dot{q}_k + I_{ap}\dot{q}_p \qquad (7-52)$$

当 $p>i$ 时，后面连杆变量 q_p 对于前面各连杆不产生影响，即 $\partial T_i/\partial q_p = 0$，由此可得

$$\frac{\partial L}{\partial \dot{q}_p} = \sum_{i=p}^{n}\sum_{k=1}^{i}\text{tr}\Big[\frac{\partial \boldsymbol{T}_i}{\partial q_k}\boldsymbol{J}_i\Big(\frac{\partial \boldsymbol{T}_i}{\partial q_p}\Big)^{\text{T}}\Big]\dot{q}_k + I_{ap}\dot{q}_p \qquad (7-53)$$

因为

$$\frac{\mathrm{d}}{\mathrm{d}t}\Big(\frac{\partial \boldsymbol{T}_i}{\partial q_j}\Big) = \sum_{k=1}^{i}\frac{\partial}{\partial q_k}\Big(\frac{\partial \boldsymbol{T}_i}{\partial q_j}\Big)\dot{q}_k \qquad (7-54)$$

所以

$$\frac{\mathrm{d}}{\mathrm{d}t}\left(\frac{\partial L}{\partial \dot{q}_p}\right) = \sum_{i=p}^{n}\sum_{k=1}^{i}\mathrm{tr}\left[\frac{\partial \boldsymbol{T}_i}{\partial q_k}\boldsymbol{J}_i\left(\frac{\partial \boldsymbol{T}_i}{\partial q_p}\right)^{\mathrm{T}}\right]\ddot{q}_k + I_{ap}\ddot{q}_p +$$

$$\sum_{i=p}^{n}\sum_{j=1}^{i}\sum_{k=1}^{i}\mathrm{tr}\left[\frac{\partial^2 \boldsymbol{T}_i}{\partial q_j \partial q_k}\boldsymbol{J}_i\left(\frac{\partial \boldsymbol{T}_i}{\partial q_p}\right)^{\mathrm{T}}\right]\dot{q}_j\dot{q}_k +$$

$$\sum_{i=p}^{n}\sum_{j=1}^{i}\sum_{k=1}^{i}\mathrm{tr}\left[\frac{\partial^2 \boldsymbol{T}_i}{\partial q_p \partial q_k}\boldsymbol{J}_i\left(\frac{\partial \boldsymbol{T}_i}{\partial q_j}\right)^{\mathrm{T}}\right]\dot{q}_j\dot{q}_k$$

$$= \sum_{i=p}^{n}\sum_{k=1}^{i}\mathrm{tr}\left[\frac{\partial \boldsymbol{T}_i}{\partial q_k}\boldsymbol{J}_i\left(\frac{\partial \boldsymbol{T}_i}{\partial q_p}\right)^{\mathrm{T}}\right]\ddot{q}_k + I_{ap}\ddot{q}_p +$$

$$2\sum_{i=p}^{n}\sum_{j=1}^{i}\sum_{k=1}^{i}\mathrm{tr}\left[\frac{\partial^2 \boldsymbol{T}_i}{\partial q_j \partial q_k}\boldsymbol{J}_i\left(\frac{\partial \boldsymbol{T}_i}{\partial q_k}\right)^{\mathrm{T}}\right]\dot{q}_j\dot{q}_k \qquad (7-55)$$

$$\frac{\partial L}{\partial q_p} = \frac{1}{2}\sum_{i=p}^{n}\sum_{j=1}^{i}\sum_{k=1}^{i}\mathrm{tr}\left[\frac{\partial^2 \boldsymbol{T}_i}{\partial q_j \partial q_k}\boldsymbol{J}_i\left(\frac{\partial \boldsymbol{T}_i}{\partial q_k}\right)^{\mathrm{T}}\right]\dot{q}_j\dot{q}_k +$$

$$\frac{1}{2}\sum_{i=p}^{n}\sum_{j=1}^{i}\sum_{k=1}^{i}\mathrm{tr}\left[\frac{\partial^2 \boldsymbol{T}_i}{\partial q_k \partial q_p}\boldsymbol{J}_i\left(\frac{\partial \boldsymbol{T}_i}{\partial q_j}\right)^{\mathrm{T}}\right]\dot{q}_j\dot{q}_k + \sum_{i=p}^{n}m_i\boldsymbol{g}^{\mathrm{T}}\frac{\partial \boldsymbol{T}_i}{\partial q_p}{}^i\boldsymbol{r}_i$$

$$= \sum_{i=p}^{n}\sum_{j=1}^{i}\sum_{k=1}^{i}\mathrm{tr}\left[\frac{\partial^2 \boldsymbol{T}_i}{\partial q_p \partial q_j}\boldsymbol{J}_i\left(\frac{\partial \boldsymbol{T}_i}{\partial q_k}\right)^{\mathrm{T}}\right]\dot{q}_j\dot{q}_k + \sum_{i=p}^{n}m_i\boldsymbol{g}^{\mathrm{T}}\frac{\partial \boldsymbol{T}_i}{\partial q_p}{}^i\boldsymbol{r}_i \qquad (7-56)$$

（5）系统动力学方程

交换上列各和式中的哑元，以 i 代替 p，以 j 代替 i，以 m 代替 j，即可得具有 n 个连杆的多连杆机械手的系统动力学方程如下：

$$F_i = \frac{\mathrm{d}}{\mathrm{d}t}\left(\frac{\partial L}{\partial \dot{q}_i}\right) - \frac{\partial L}{\partial q_i} = \sum_{j=i}^{n}\sum_{k=1}^{j}\mathrm{tr}\left[\frac{\partial \boldsymbol{T}_j}{\partial q_k}\boldsymbol{J}_j\left(\frac{\partial \boldsymbol{T}_j}{\partial q_i}\right)^{\mathrm{T}}\right]\ddot{q}_k + I_{ai}\ddot{q}_i +$$

$$\sum_{j=i}^{n}\sum_{k=1}^{j}\sum_{m=1}^{j}\mathrm{tr}\left[\frac{\partial^2 \boldsymbol{T}_i}{\partial q_k \partial q_m}\boldsymbol{J}_j\left(\frac{\partial \boldsymbol{T}_j}{\partial q_i}\right)^{\mathrm{T}}\right]\dot{q}_k\dot{q}_m - \sum_{j=i}^{n}m_j\boldsymbol{g}^{\mathrm{T}}\frac{\partial \boldsymbol{T}_i}{\partial q_i}{}^i\boldsymbol{r}_i \qquad (7-57)$$

这些方程式是与求和次序无关的。可以将公式（7-57）简化为：

$$F_i = \sum_{j=1}^{n}D_{ij}\ddot{q}_j + I_{ai}\ddot{q}_i + \sum_{j=1}^{n}\sum_{k=1}^{n}D_{ijk}\dot{q}_j\dot{q}_k + D_i, i = 1,2,3,\cdots,n \qquad (7-58)$$

取 $n=6$，可得：

$$D_{ij} = \sum_{p=\max\{i,j\}}^{6}\mathrm{tr}\left[\frac{\partial \boldsymbol{T}_p}{\partial q_j}\boldsymbol{J}_p\left(\frac{\partial \boldsymbol{T}_p}{\partial q_i}\right)^{\mathrm{T}}\right] \qquad (7-59)$$

$$D_{ijk} = \sum_{p=\max\{i,j,k\}}^{6}\mathrm{tr}\left[\frac{\partial^2 \boldsymbol{T}_p}{\partial q_j \partial q_k}\boldsymbol{J}_p\left(\frac{\partial \boldsymbol{T}_p}{\partial q_i}\right)^{\mathrm{T}}\right] \qquad (7-60)$$

$$D_i = -\sum_{p=i}^{6}m_p\boldsymbol{g}^{\mathrm{T}}\frac{\partial \boldsymbol{T}_p}{\partial q_i}{}^p\boldsymbol{r}_p \qquad (7-61)$$

式中，D_{ij} 为惯量项；D_{ijk} 为向心加速度或哥式加速度系数；D_i 为重力项。

7.3.3　机械手动力学方程的简化

在对机械手进行动力学分析的过程中，q_i、$\dot{q}_i$ 和 $\ddot{q}_i$ 分别表示连杆 i 的旋转角度、角速度和角加速度，N_i 则表示连杆 i 需要添加的力矩。惯量项和重力项直接影响机械手的稳定性和定位精度，只有当机械手在高速运动时，向心力和哥氏力才会产生作用。在实际的应用过程中，为了实现多连杆机械手运动过程的快速计算，必须将动力学方程中的惯量项 D_{ij} 和重力项 D_i 进行简化[304]。

（1）惯量项 D_{ij} 的简化

对于多连杆机构，其微分变化 ∂T_p 与坐标系 T_p 内的微分变化 $^{T_p}\Delta_i$ 和任意关节坐标 q_i 内的微分变化 ∂q_i 之间具有下列关系：

$$\frac{\partial T_p}{\partial q_i} = T_p{}^{T_p}\Delta_i \tag{7-62}$$

式中，$^{T_p}\Delta_i = (A_i, A_{i-1}, \cdots, A_p)^{-1}({}^{i-1}\Delta_i)(A_i, A_{i-1}, \cdots, A_p)$，而微分坐标变换为：

$$^{i-1}T_p = (A_i, A_{i-1}, \cdots, A_p) \tag{7-63}$$

对于旋转关节 i，连杆 i 相对连杆 $i-1$ 绕坐标系的 z_i 轴做微分转动 $\mathrm{d}\theta_i$，可知：

$$d = \begin{bmatrix} 0 \\ 0 \\ 0 \end{bmatrix}, \quad \delta = \begin{bmatrix} 0 \\ 0 \\ 1 \end{bmatrix}\mathrm{d}\theta_i \tag{7-64}$$

根据式（6-134）可得微分平移矢量和微分旋转矢量为：

$$\begin{cases} {}^p d_{ix} = -{}^{i-1}n_{px}{}^{i-1}p_{py} + {}^{i-1}n_{py}{}^{i-1}p_{px} \\ {}^p d_{iy} = -{}^{i-1}o_{px}{}^{i-1}p_{py} + {}^{i-1}o_{py}{}^{i-1}p_{px} \\ {}^p d_{iz} = -{}^{i-1}a_{px}{}^{i-1}p_{py} + {}^{i-1}a_{py}{}^{i-1}p_{px} \\ {}^p\delta_i = {}^{i-1}n_{pz}i + {}^{i-1}o_{pz}j + {}^{i-1}a_{pz}k \end{cases} \tag{7-65}$$

对于平移关节，连杆 i 相对连杆 $i-1$ 做微分移动 $\mathrm{d}d_i$，可知：

$$d = \begin{bmatrix} 0 \\ 0 \\ 1 \end{bmatrix}\mathrm{d}d_i, \quad \delta = \begin{bmatrix} 0 \\ 0 \\ 0 \end{bmatrix}\mathrm{d}\theta_i \tag{7-66}$$

同上可得微分平移矢量和微分旋转矢量为：

$$\begin{cases} {}^p d_i = {}^{i-1}n_{pz}i + {}^{i-1}o_{pz}j + {}^{i-1}a_{pz}k \\ {}^p\delta_i = 0i + 0j + 0k \end{cases} \tag{7-67}$$

从而惯量项具体的计算公式变为：

$$\begin{aligned} D_{ij} &= \sum_{p=\max\{i,j\}}^{n} \mathrm{tr}(T_p{}^{T_p\Delta_j}I_p{}^{T_p}\Delta_i T_p{}^{\mathrm{T}}) \\ &= \sum_{p=\max\{i,j\}}^{n} \mathrm{tr}\left(T_p\begin{bmatrix} 0 & -{}^p\delta_{jz} & {}^p\delta_{jy} & {}^p\delta_{jx} \\ {}^p\delta_{jz} & 0 & -{}^p\delta_{jx} & {}^p\delta_{jy} \\ -{}^p\delta_{jy} & {}^p\delta_{jx} & 0 & {}^p\delta_{jz} \\ 0 & 0 & 0 & 0 \end{bmatrix}\times\right. \end{aligned}$$

$$
\begin{bmatrix}
\dfrac{-I_{ixx}+I_{iyy}+I_{izz}}{2} & I_{ixy} & I_{ixz} & m_i\bar{x}_i \\[3mm]
I_{ixy} & \dfrac{I_{ixx}-I_{iyy}+I_{izz}}{2} & I_{iyz} & m_i\bar{y}_i \\[3mm]
I_{ixz} & I_{iyz} & \dfrac{I_{ixx}+I_{iyy}-I_{izz}}{2} & m_i\bar{z}_i \\[3mm]
m_i\bar{x}_i & m_i\bar{y}_i & m_i\bar{z}_i & m_i
\end{bmatrix} \times
$$

$$
\begin{bmatrix}
0 & {}^{p}\delta_{iz} & -{}^{p}\delta_{iy} & 0 \\
-{}^{p}\delta_{iz} & 0 & {}^{p}\delta_{ix} & 0 \\
{}^{p}\delta_{iy} & -{}^{p}\delta_{ix} & 0 & 0 \\
{}^{p}\delta_{ix} & {}^{p}\delta_{iy} & {}^{p}\delta_{iz} & 0
\end{bmatrix} \boldsymbol{T}_p{}^{\mathrm{T}}) \tag{7-68}
$$

以上矩阵相乘所得矩阵的最后一行和最后一列的各个元素为 0，但矩阵在左乘 $\boldsymbol{T}_p$ 和右乘 $\boldsymbol{T}_p{}^{\mathrm{T}}$ 时，只用到旋转部分，矩阵的迹不变。因此，惯量项的计算可以简化为：

$$
D_{ij} = \sum_{p=\max\{i,j\}}^{n} m_p \left[{}^{p}\boldsymbol{\delta}_i{}^{\mathrm{T}}\boldsymbol{k}_p{}^{p}\boldsymbol{\delta}_j + {}^{p}\boldsymbol{d}_i \cdot {}^{p}\boldsymbol{d}_j + {}^{p}\bar{\boldsymbol{r}}_p({}^{p}\boldsymbol{d}_i \times {}^{p}\boldsymbol{\delta}_j + {}^{p}\boldsymbol{d}_j \times {}^{p}\boldsymbol{\delta}_i) \right] \tag{7-69}
$$

其中，${}^{p}\bar{\boldsymbol{r}}_p$ 为质心质量，且

$$
\boldsymbol{k}_p = \begin{bmatrix}
k_{pxx}^2 & -k_{pxy}^2 & -k_{pxz}^2 \\
-k_{pxy}^2 & -k_{pyy}^2 & -k_{pyz}^2 \\
-k_{pxz}^2 & -k_{pyz}^2 & -k_{pzz}^2
\end{bmatrix}, \quad
\begin{array}{l}
m_p k_{pxx}^2 = I_{pxx}, \ m_p k_{pyy}^2 = I_{pyy}, \ m_p k_{pzz}^2 = I_{pzz} \\
m_p k_{pxy}^2 = I_{pxy}, \ m_p k_{pxz}^2 = I_{pxz}, \ m_p k_{pyz}^2 = I_{pyz}
\end{array} \tag{7-70}
$$

假设各非对角线各惯量项为 0，则公式简化为：

$$
\begin{aligned}
D_{ij} = \sum_{p=\max\{i,j\}}^{n} m_p & \left\{ ({}^{p}\delta_{ix}k_{pxx}^2{}^{p}\delta_{jx} + {}^{p}\delta_{iy}k_{pyy}^2{}^{p}\delta_{jy} + {}^{p}\delta_{iz}k_{pzz}^2{}^{p}\delta_{jz}) + \right. \\
& \left. {}^{p}\boldsymbol{d}_i \cdot {}^{p}\boldsymbol{d}_j + \left[{}^{p}\bar{\boldsymbol{r}}_p({}^{p}\boldsymbol{d}_i \times {}^{p}\boldsymbol{\delta}_j + {}^{p}\boldsymbol{d}_j \times {}^{p}\boldsymbol{\delta}_i) \right] \right\}
\end{aligned} \tag{7-71}
$$

（2）惯量项 D_{ii} 的简化

当 $i=j$ 时，惯量项 D_{ij} 简化为 D_{ii}：

$$
\begin{aligned}
D_{ii} = \sum_{p=i}^{n} m_p & \left\{ ({}^{p}\delta_{ix}^2 k_{pxx}^2 + {}^{p}\delta_{iy}^2 k_{pyy}^2 + {}^{p}\delta_{iz}^2 k_{pzz}^2) + \right. \\
& \left. ({}^{p}\boldsymbol{d}_i \cdot {}^{p}\boldsymbol{d}_i) + \left[2{}^{p}\bar{\boldsymbol{r}}_p({}^{p}\boldsymbol{d}_i \times {}^{p}\boldsymbol{\delta}_i) \right] \right\}
\end{aligned} \tag{7-72}
$$

如果为旋转关节，则有：

$$
\begin{aligned}
D_{ii} = \sum_{p=i}^{n} m_p & \left\{ (n_{px}^2 k_{pxx}^2 + o_{py}^2 k_{pyy}^2 + a_{px}^2 k_{pzz}^2) + (\bar{\boldsymbol{p}}_p \cdot \bar{\boldsymbol{p}}_p) + \right. \\
& \left. 2{}^{p}\bar{\boldsymbol{r}}_p \cdot \left[(\bar{\boldsymbol{p}}_p \cdot \boldsymbol{n}_p)\boldsymbol{i} + (\bar{\boldsymbol{p}}_p \cdot \boldsymbol{o}_p)\boldsymbol{j} + (\bar{\boldsymbol{p}}_p \cdot \boldsymbol{a}_p)\boldsymbol{k} \right] \right\}
\end{aligned} \tag{7-73}
$$

如果为平移关节，则有 ${}^{p}\boldsymbol{\delta}_i=0$，${}^{p}\boldsymbol{d}_i \cdot {}^{p}\boldsymbol{d}_i=1$，那么：

$$
D_{ii} = \sum_{p=i}^{n} m_p \tag{7-74}
$$

（3）重力项的化简

将式（7-62）代入式（7-61）得

$$D_i = -\sum_{p=i}^{n} M_p \boldsymbol{g}^{\mathrm{T}} \frac{\partial \boldsymbol{T}_p}{\partial q_i}{}^p \boldsymbol{r}_p = -\sum_{p=i}^{n} m_p \boldsymbol{g}^{\mathrm{T}} \boldsymbol{T}_p{}^{T_p}\boldsymbol{\Delta}_i{}^p \bar{\boldsymbol{r}}_p \tag{7-75}$$

由于 $\boldsymbol{T}_p = \boldsymbol{T}_{i-1}{}^{i-1}\boldsymbol{T}_p$，${}^{T_p}\boldsymbol{\Delta}_i$ 缩写为 ${}^p\boldsymbol{\Delta}_i$，并用 ${}^{i-1}\boldsymbol{T}_p^{-1\,i-1}\boldsymbol{T}_p$ 后乘 ${}^p\boldsymbol{\Delta}_i$，则有：

$$D_i = -\sum_{p=i}^{n} m_p \boldsymbol{g}^{\mathrm{T}} \boldsymbol{T}_p{}^{T_p}\boldsymbol{\Delta}_i{}^p \bar{\boldsymbol{r}}_p = -\sum_{p=i}^{n} m_p \boldsymbol{g}^{\mathrm{T}} \boldsymbol{T}_{i-1}{}^{i-1}\boldsymbol{T}_p{}^p\boldsymbol{\Delta}_i{}^{i-1}\boldsymbol{T}_p^{-1\,i-1}\boldsymbol{T}_p{}^p \bar{\boldsymbol{r}}_p \tag{7-76}$$

当 ${}^{i-1}\boldsymbol{\Delta}_i = {}^{i-1}\boldsymbol{T}_p{}^p\boldsymbol{\Delta}_i{}^{i-1}\boldsymbol{T}_p^{-1}$，${}^i\boldsymbol{r}_p = {}^i\boldsymbol{T}_p{}^p\bar{\boldsymbol{r}}_p$ 时，进一步简化方程，可有：

$$D_i = -\boldsymbol{g}^{\mathrm{T}} \boldsymbol{T}_{i-1}{}^{i-1}\boldsymbol{\Delta}_i \sum_{p=i}^{n} m_p{}^{i-1} \bar{\boldsymbol{r}}_p \tag{7-77}$$

定义 ${}^{i-1}\boldsymbol{g} = -\boldsymbol{g}^{\mathrm{T}} \boldsymbol{T}_{i-1}{}^{i-1}\boldsymbol{\Delta}_i$，则有：

$$^{i-1}\boldsymbol{g} = -[g_x,\ g_y,\ g_z,\ 0]\begin{bmatrix} n_x & o_x & a_x & p_x \\ n_y & o_y & a_y & p_y \\ n_z & o_z & a_z & p_z \\ 0 & 0 & 0 & 1 \end{bmatrix}\begin{bmatrix} 0 & -\delta_z & \delta_y & d_x \\ \delta_z & 0 & -\delta_x & d_y \\ -\delta_y & \delta_x & 0 & d_z \\ 0 & 0 & 0 & 0 \end{bmatrix} \tag{7-78}$$

对于旋转关节 i，${}^{i-1}\boldsymbol{\Delta}_i$ 表示 Z 轴旋转，简化为：

$$^{i-1}\boldsymbol{g} = -[g_x,\ g_y,\ g_z,\ 0]\begin{bmatrix} n_x & o_x & a_x & p_x \\ n_y & o_y & a_y & p_y \\ n_z & o_z & a_z & p_z \\ 0 & 0 & 0 & 1 \end{bmatrix}\begin{bmatrix} 0 & -1 & 0 & 0 \\ 1 & 0 & 0 & 0 \\ 0 & 0 & 0 & 0 \\ 0 & 0 & 0 & 0 \end{bmatrix} = [-\boldsymbol{g}\cdot\boldsymbol{o},\ \boldsymbol{g}\cdot\boldsymbol{n},\ 0,\ 0]$$
$$\tag{7-79}$$

对于平移关节，${}^{i-1}\boldsymbol{\Delta}_i$ 表示 Z 轴平移，简化为：

$$^{i-1}\boldsymbol{g} = -[g_x,\ g_y,\ g_z,\ 0]\begin{bmatrix} n_x & o_x & a_x & p_x \\ n_y & o_y & a_y & p_y \\ n_z & o_z & a_z & p_z \\ 0 & 0 & 0 & 1 \end{bmatrix}\begin{bmatrix} 0 & 0 & 0 & 0 \\ 0 & 0 & 0 & 0 \\ 0 & 0 & 0 & 1 \\ 0 & 0 & 0 & 0 \end{bmatrix} = [0,\ 0,\ 0,\ -\boldsymbol{g}\cdot\boldsymbol{a}]$$
$$\tag{7-80}$$

7.3.4　应用举例

实例一：单转动和移动的双杆结构动力学分析

如图 7-2 所示，已知连杆 1 与连杆 2 的质量为 m_1 和 m_2，且以连杆端点质量表示；连杆 1 的长度（r_1）恒定不变，实现转动功能，转角记为 θ；连杆 2 只做平动而不发生转动，可实现结构的伸缩功能。连杆 2 末端到原点的长度一直发生变化，某一时刻的长度记为 r。两连杆变化后的位置坐标分别为（x_1，y_1）和（x_2，y_2），重力加速度表示为 g，求解该机构的动力学方程。

两杆的位置坐标表示为：

$$\begin{cases} x_1 = r_1\cos\theta \\ y_1 = r_1\sin\theta \end{cases} \qquad \begin{cases} x_2 = r\cos\theta \\ y_2 = r\sin\theta \end{cases} \tag{7-81}$$

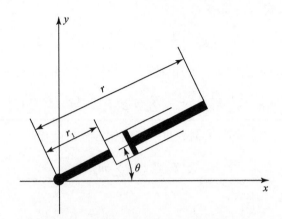

图 7 - 2 单平动与单转动混合双杆结构

两连杆不同方向上的速度表示为:

$$\begin{cases} \dot{x}_1 = -r_1\dot{\theta}\sin\theta \\ \dot{y}_1 = r_1\dot{\theta}\cos\theta \end{cases} \qquad \begin{cases} \dot{x}_2 = \dot{r}\cos\theta - r\dot{\theta}\sin\theta \\ \dot{y}_2 = \dot{r}\sin\theta + r\dot{\theta}\cos\theta \end{cases} \tag{7-82}$$

两连杆的速度平方值表示为:

$$\begin{cases} v_1^2 = \dot{x}_1^2 + \dot{y}_1^2 = r_1^2\dot{\theta}^2 \\ v_1^2 = \dot{x}_1^2 + \dot{y}_1^2 = \dot{r} + r^2\dot{\theta}^2 \end{cases} \tag{7-83}$$

两连杆的动能表示为:

$$\begin{cases} K_1 = \dfrac{1}{2}m_1 v_1^2 = \dfrac{1}{2}m_1(r_1\dot{\theta})^2 \\ K_2 = \dfrac{1}{2}m_2 v_2^2 = \dfrac{1}{2}m_2(\dot{r}^2 + r^2\dot{\theta}^2) \end{cases} \tag{7-84}$$

系统总动能表示为:

$$K = K_1 + K_2 = \frac{1}{2}m_1(r_1\dot{\theta})^2 + \frac{1}{2}m_2(\dot{r}^2 + r^2\dot{\theta}^2) \tag{7-85}$$

两连杆的势能分别为:

$$\begin{cases} P_1 = m_1 g y_1 = m_1 g r_1\sin\theta \\ P_2 = m_2 g y_2 = m_2 g r\sin\theta \end{cases} \tag{7-86}$$

系统总势能为:

$$P = P_1 + P_2 = m_1 g r_1\sin\theta + m_2 g r\sin\theta \tag{7-87}$$

将其带入 L 方程, 可得:

$$L = K - P = \frac{1}{2}m_1(r_1\dot{\theta})^2 + \frac{1}{2}m_2(\dot{r}^2 + r^2\dot{\theta}^2) - (m_1 g r_1\sin\theta + m_2 g r\sin\theta) \tag{7-88}$$

对转动杆 1 的角度求偏导数和导数, 可得:

$$\begin{cases} \dfrac{\partial L}{\partial \theta} = -g\cos\theta(m_1 r_1 + m_2 r) \\[3mm] \dfrac{\partial L}{\partial \dot{\theta}} = m_1 r_1^2 \dot{\theta} + m_2 r^2 \dot{\theta} \\[3mm] \dfrac{\mathrm{d}}{\mathrm{d}t}\left(\dfrac{\partial L}{\partial \dot{\theta}}\right) = m_1 r_1^2 \ddot{\theta} + m_2 r^2 \ddot{\theta} + 2m_2 r\dot{r}\dot{\theta} \end{cases} \qquad (7-89)$$

杆 1 转动需要加载的力矩为：

$$T = \frac{\mathrm{d}}{\mathrm{d}t}\left(\frac{\partial L}{\partial \dot{\theta}}\right) - \frac{\partial L}{\partial \theta} = m_1 r_1^2 \ddot{\theta} + m_2 r^2 \ddot{\theta} + 2m_2 r\dot{r}\dot{\theta} + g\cos\theta(m_1 r_1 + m_2 r) \qquad (7-90)$$

对移动杆 2 的位移求偏导数和导数，可得：

$$\begin{cases} \dfrac{\partial L}{\partial r} = m_2 r\dot{\theta}^2 - m_2 g\sin\theta \\[3mm] \dfrac{\partial L}{\partial \dot{r}} = m_2 \dot{r} \\[3mm] \dfrac{\mathrm{d}}{\mathrm{d}t}\left(\dfrac{\partial L}{\partial \dot{r}}\right) = m_2 \ddot{r} \end{cases} \qquad (7-91)$$

杆 2 移动需要加载的力为：

$$F = \frac{\mathrm{d}}{\mathrm{d}t}\left(\frac{\partial L}{\partial \dot{r}}\right) - \frac{\partial L}{\partial r} = m_2 \ddot{r} - m_2 r\dot{\theta}^2 + m_2 g\sin\theta \qquad (7-92)$$

实例二：双转动连杆机构的动力学分析

如图 7 - 3 所示，已知连杆 1 与连杆 2 的质量为 m_1 和 m_2，且以连杆末端端点质量表示；两连杆的长度分别为 d_1 和 d_2，广义转角分别为 θ_1 和 θ_2，两连杆变化后的位置坐标为（x_1，y_1）和（x_2，y_2）；重力加速度表示为 g，求解该机构的动力学方程。

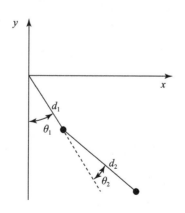

图 7 - 3　双转动机械手简化

解法 1：（公式推导法）

连杆 1 的位置和速度表示为：

$$y_1 = -d_1\cos\theta_1, \ v_1 = d_1\dot{\theta}_1 \tag{7-93}$$

连杆 1 的动能和势能表示为：

$$K_1 = \frac{1}{2}m_1 v_1^2, \ P_1 = m_1 g y_1 \tag{7-94}$$

将式（7-93）的表达式带入式（7-94），可得：

$$\begin{cases} K_1 = \frac{1}{2}m_1 (d_1\dot{\theta}_1)^2 \\ P_1 = -m_1 g d_1 \cos\theta_1 \end{cases} \tag{7-95}$$

连杆 2 的动能和势能表示为：

$$K_2 = \frac{1}{2}m_2 v_2^2, \ P_2 = m_2 g y_2 \tag{7-96}$$

根据坐标轴中连杆 2 的位置坐标可得连杆 2 的速度为：

$$\begin{cases} v_2^2 = \dot{x}_2^2 + \dot{y}_2^2 \\ x_2 = d_1\sin\theta_1 + d_2\sin(\theta_1 + \theta_2) \\ y_2 = -d_1\cos\theta_1 - d_2\cos(\theta_1 + \theta_2) \\ \dot{x}_2 = d_1\cos\theta_1\dot{\theta}_1 + d_2\cos(\theta_1 + \theta_2)(\dot{\theta}_1 + \dot{\theta}_2) \\ \dot{y}_2 = d_1\sin\theta_1\dot{\theta}_1 + d_2\sin(\theta_1 + \theta_2)(\dot{\theta}_1 + \dot{\theta}_2) \end{cases} \tag{7-97}$$

将式（7-97）的表达式带入式（7-96），可得：

$$\begin{cases} v_2^2 = d_1^2\dot{\theta}_1^2 + d_2^2 (\dot{\theta}_1 + \dot{\theta}_2)^2 + 2d_1 d_2\cos\theta_2(\dot{\theta}_1^2 + \dot{\theta}_1\dot{\theta}_2) \\ K_2 = \frac{1}{2}m_2 d_1^2\dot{\theta}_1^2 + \frac{1}{2}m_2 d_2^2 (\dot{\theta}_1 + \dot{\theta}_2)^2 + m_2 d_1 d_2\cos\theta_2(\dot{\theta}_1^2 + \dot{\theta}_1\dot{\theta}_2) \\ P_2 = -m_2 g d_1\cos\theta_1 - m_2 g d_2\cos(\theta_1 + \theta_2) \end{cases} \tag{7-98}$$

系统总动能和总势能为：

$$\begin{cases} K = K_1 + K_2 = \frac{1}{2}(m_1 + m_2)d_1^2\dot{\theta}_1^2 + \frac{1}{2}m_2 d_2^2 (\dot{\theta}_1 + \dot{\theta}_2)^2 + m_2 d_1 d_2\cos\theta_2(\dot{\theta}_1^2 + \dot{\theta}_1\dot{\theta}_2) \\ P = P_1 + P_2 = -(m_1 + m_2)g d_1\cos\theta_1 - m_2 g d_2\cos(\theta_1 + \theta_2) \end{cases}$$
$$\tag{7-99}$$

将式（7-99）带入拉格朗日动力学方程（7-5），可得：

$$L = K - P$$
$$= \frac{1}{2}(m_1 + m_2)d_1^2\dot{\theta}_1^2 + \frac{1}{2}m_2 d_2^2 (\dot{\theta}_1 + \dot{\theta}_2)^2 + m_2 d_1 d_2\cos\theta_2(\dot{\theta}_1^2 + \dot{\theta}_1\dot{\theta}_2) +$$
$$(m_1 + m_2)g d_1\cos\theta_1 + m_2 g d_2\cos(\theta_1 + \theta_2) \tag{7-100}$$

对式（7-100）求偏导数和导数，可得：

$$
\begin{cases}
\dfrac{\partial L}{\partial \theta_1} = -(m_1 + m_2)gd_1\sin\theta_1 - m_2 gd_2\sin(\theta_1 + \theta_2) \\[2mm]
\dfrac{\partial L}{\partial \theta_2} = -m_2 d_1 d_2 \sin\theta_2(\dot{\theta}_1^2 + \dot{\theta}_1\dot{\theta}_2) - m_2 gd_2\sin(\theta_1 + \theta_2) \\[2mm]
\dfrac{\partial L}{\partial \dot{\theta}_1} = (m_1 + m_2)d_1^2\dot{\theta}_1 + m_2 d_2^2(\dot{\theta}_1 + \dot{\theta}_2) + m_2 d_1 d_2\cos\theta_2(2\dot{\theta}_1 + \dot{\theta}_2) \\[2mm]
\dfrac{\partial L}{\partial \dot{\theta}_2} = m_2 d_2^2(\dot{\theta}_1 + \dot{\theta}_2) + m_2 d_1 d_2\cos\theta_2\dot{\theta}_1
\end{cases}
\tag{7-101}
$$

与

$$
\begin{cases}
\dfrac{\mathrm{d}}{\mathrm{d}t}\left(\dfrac{\partial L}{\partial \dot{\theta}_1}\right) = (m_1 + m_2)d_1^2\ddot{\theta}_1 + m_2 d_2^2(\ddot{\theta}_1 + \ddot{\theta}_2) + \\[2mm]
\qquad\qquad m_2 d_1 d_2\cos\theta_2(2\ddot{\theta}_1 + \ddot{\theta}_2) - m_2 d_1 d_2\sin\theta_2(2\dot{\theta}_1\dot{\theta}_2 + \dot{\theta}_2^2) \\[2mm]
\dfrac{\mathrm{d}}{\mathrm{d}t}\left(\dfrac{\partial L}{\partial \dot{\theta}_2}\right) = m_2 d_2^2(\ddot{\theta}_1 + \ddot{\theta}_2) + m_2 d_1 d_2\cos\theta_2\ddot{\theta}_1 - m_2 d_1 d_2\sin\theta_2\dot{\theta}_1\dot{\theta}_2
\end{cases}
\tag{7-102}
$$

将式（7-101）和式（7-102）带入动力学方程表达式，可得：

$$
\begin{aligned}
T_1 &= \frac{\mathrm{d}}{\mathrm{d}t}\left(\frac{\partial L}{\partial \dot{\theta}_1}\right) - \frac{\partial L}{\partial \theta_1} = (m_1 + m_2)d_1^2\ddot{\theta}_1 + m_2 d_2^2(\ddot{\theta}_1 + \ddot{\theta}_2) + m_2 d_1 d_2\cos\theta_2(2\ddot{\theta}_1 + \ddot{\theta}_2) - \\
&\quad m_2 d_1 d_2\sin\theta_2(2\dot{\theta}_1\dot{\theta}_2 + \dot{\theta}_2^2) + (m_1 + m_2)gd_1\sin\theta_1 + m_2 gd_2\sin(\theta_1 + \theta_2) \\
&= \ddot{\theta}_1(m_1 d_1^2 + m_2 d_1^2 + m_2 d_2^2 + 2m_2 d_1 d_2\cos\theta_2) + \ddot{\theta}_2(m_2 d_2^2 + m_2 d_1 d_2\cos\theta_2) - \\
&\quad 2\dot{\theta}_1\dot{\theta}_2 m_2 d_1 d_2\sin\theta_2 - \dot{\theta}_2^2 m_2 d_1 d_2\sin\theta_2 + (m_1 + m_2)gd_1\sin\theta_1 + m_2 gd_2\sin(\theta_1 + \theta_2)
\end{aligned}
\tag{7-103}
$$

$$
\begin{aligned}
T_2 &= \frac{\mathrm{d}}{\mathrm{d}t}\left(\frac{\partial L}{\partial \dot{\theta}_2}\right) - \frac{\partial L}{\partial \theta_2} = m_2 d_2^2(\ddot{\theta}_1 + \ddot{\theta}_2) + m_2 d_1 d_2\cos\theta_2\ddot{\theta}_1 - \\
&\quad m_2 d_1 d_2\sin\theta_2\dot{\theta}_1\dot{\theta}_2 + m_2 d_1 d_2\sin\theta_2(\dot{\theta}_1^2 + \dot{\theta}_1\dot{\theta}_2) + m_2 gd_2\sin(\theta_1 + \theta_2) \\
&= \ddot{\theta}_1(m_2 d_2^2 + m_2 d_1 d_2\cos\theta_2) + \ddot{\theta}_2 m_2 d_2^2 + m_2 d_1 d_2\sin\theta_2\dot{\theta}_1^2 + m_2 gd_2\sin(\theta_1 + \theta_2)
\end{aligned}
\tag{7-104}
$$

式（7-103）和式（7-104）的一般形式和矩阵形式如下所示：

$$
T_1 = D_{11}\ddot{\theta}_1 + D_{12}\ddot{\theta}_2 + D_{111}\dot{\theta}_1^2 + D_{122}\dot{\theta}_2^2 + D_{112}\dot{\theta}_1\dot{\theta}_2 + D_{121}\dot{\theta}_2\dot{\theta}_1 + D_1
$$

$$
T_2 = D_{21}\ddot{\theta}_1 + D_{22}\ddot{\theta}_2 + D_{211}\dot{\theta}_1^2 + D_{222}\dot{\theta}_2^2 + D_{212}\dot{\theta}_1\dot{\theta}_2 + D_{221}\dot{\theta}_2\dot{\theta}_1 + D_2
\tag{7-105}
$$

$$
\begin{bmatrix} T_1 \\ T_2 \end{bmatrix} = \begin{bmatrix} D_{11} & D_{12} \\ D_{21} & D_{22} \end{bmatrix}\begin{bmatrix} \ddot{\theta}_1 \\ \ddot{\theta}_2 \end{bmatrix} + \begin{bmatrix} D_{111} & D_{122} \\ D_{211} & D_{222} \end{bmatrix}\begin{bmatrix} \dot{\theta}_1^2 \\ \dot{\theta}_2^2 \end{bmatrix} + \begin{bmatrix} D_{112} & D_{121} \\ D_{212} & D_{221} \end{bmatrix}\begin{bmatrix} \dot{\theta}_1\dot{\theta}_2 \\ \dot{\theta}_2\dot{\theta}_1 \end{bmatrix} + \begin{bmatrix} D_1 \\ D_2 \end{bmatrix}
$$

式中，D_{ii} 称为关节 i 的有效惯量；D_{ij} 称为关节 i 和 j 间的耦合惯量；$D_{ijk}\dot{\theta}_j^2$ 项是由关节 j 的速度 $\dot{\theta}_j$ 在关节 i 上产生的向心力；$(D_{ijk}\dot{\theta}_j\dot{\theta}_k + D_{ikj}\dot{\theta}_k\dot{\theta}_j)$ 项是由关节 j 和 k 的速度 $\dot{\theta}_j$ 和 $\dot{\theta}_k$ 引起的作用于关节 i 的哥氏力；D_i 表示关节 i 处的重力。由此可得：

$$\begin{cases} D_{11} = (m_1 + m_2)d_1^2 + m_2 d_2^2 + 2m_2 d_1 d_2 \cos\theta_2 \\ D_{12} = m_2 d_2^2 + m_2 d_1 d_2 \cos\theta_2 \\ D_{111} = 0 \\ D_{122} = -m_2 d_1 d_2 \sin\theta_2 \\ D_{112} = D_{121} = -m_2 d_1 d_2 \sin\theta_2 \\ D_1 = (m_1 + m_2)gd_1 \sin\theta_1 + m_2 g d_2 \sin(\theta_1 + \theta_2) \end{cases}, \begin{cases} D_{21} = m_2 d_2^2 + m_2 d_1 d_2 \cos\theta_2 \\ D_{22} = m_2 d_2^2 \\ D_{211} = m_2 d_1 d_2 \sin\theta_2 \\ D_{222} = 0 \\ D_{212} = D_{221} = 0 \\ D_2 = m_2 g d_2 \sin(\theta_1 + \theta_2) \end{cases} \quad (7-106)$$

解法2：（使用公式直接带入法求解关键项）

（1）规定二连杆机械手的坐标系（如图7-4所示）

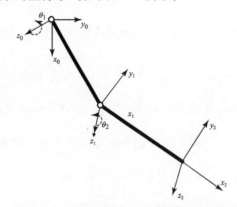

图7-4 双转动连杆机械手新建坐标系

计算矩阵 $\boldsymbol{A}$ 和矩阵 $\boldsymbol{T}$，记 $\cos\theta_i = c_i$，$\sin\theta_i = s_i$，$\sin(\theta_i + \theta_j) = s_{ij}$，$\cos(\theta_i + \theta_j) = c_{ij}$，则

$$\boldsymbol{A}_1 = {}^0\boldsymbol{T}_1 = \begin{bmatrix} c_1 & -s_1 & 0 & d_1 c_1 \\ s_1 & c_1 & 0 & d_1 s_1 \\ 0 & 0 & 1 & 0 \\ 0 & 0 & 0 & 1 \end{bmatrix}, \boldsymbol{A}_2 = {}^1\boldsymbol{T}_2 = \begin{bmatrix} c_2 & -s_2 & 0 & d_2 c_2 \\ s_2 & c_2 & 0 & d_2 s_2 \\ 0 & 0 & 1 & 0 \\ 0 & 0 & 0 & 1 \end{bmatrix}$$

$$ {}^0\boldsymbol{T}_2 = \begin{bmatrix} c_{12} & -s_{12} & 0 & d_1 c_1 + d_2 c_{12} \\ s_{12} & c_{12} & 0 & d_1 s_1 + d_2 s_{12} \\ 0 & 0 & 1 & 0 \\ 0 & 0 & 0 & 1 \end{bmatrix} \quad (7-107)$$

两关节为旋转关节，故可根据式（7-65）来计算 $\boldsymbol{d}$ 和 $\boldsymbol{\delta}$。以 ${}^0\boldsymbol{T}_1$ 为基础，则有：

$$ {}^1\boldsymbol{d}_1 = 0\boldsymbol{i} + d_1\boldsymbol{j} + 0\boldsymbol{k}, {}^1\boldsymbol{\delta}_1 = 0\boldsymbol{i} + 0\boldsymbol{j} + 1\boldsymbol{k} \quad (7-108)$$

以 ${}^1\boldsymbol{T}_2$ 为基础，则有：

$$ {}^2\boldsymbol{d}_2 = 0\boldsymbol{i} + d_2\boldsymbol{j} + 0\boldsymbol{k}, {}^2\boldsymbol{\delta}_2 = 0\boldsymbol{i} + 0\boldsymbol{j} + 1\boldsymbol{k} \quad (7-109)$$

以 ${}^0\boldsymbol{T}_2$ 为基础，则有：

$$ {}^2\boldsymbol{d}_1 = s_2 d_1\boldsymbol{i} + (c_2 d_1 + d_2)\boldsymbol{j} + 0\boldsymbol{k}, {}^2\boldsymbol{\delta}_1 = 0\boldsymbol{i} + 0\boldsymbol{j} + 1\boldsymbol{k} \quad (7-110)$$

（2）计算惯量项

在该二连杆机构中，所有的惯性力矩为零，因此，惯量项可以表示为：

$$D_{11} = \sum_{p=1}^{2} m_p \left[(n_{px}^2 k_{pxx}^2) + (\bar{\boldsymbol{p}}_p \cdot \bar{\boldsymbol{p}}_p) \right]$$

$$= m_1(p_{1x}^2 + p_{1y}^2) + m_2(p_{2x}^2 + p_{2y}^2)$$

$$= m_1 d_1^2 + m_2(d_1^2 + d_2^2 + 2c_2 d_1 d_2)$$

$$= (m_1 + m_2)d_1^2 + m_2 d_2^2 + 2m_2 c_2 d_1 d_2 \tag{7-111}$$

$$D_{22} = \sum_{p=2}^{2} m_p \left[(n_{px}^2 k_{pxx}^2) + (\bar{\boldsymbol{p}}_p \cdot \bar{\boldsymbol{p}}_p) \right] = m_2({}^1 p_{2x}^2 + {}^1 p_{2y}^2) = m_2 d_2^2 \tag{7-112}$$

$$D_{12} = \sum_{p=\max\{1,2\}}^{2} m_p \left[({}^p \boldsymbol{d}_1 \cdot {}^p \boldsymbol{d}_2) \right] = m_2({}^2 \boldsymbol{d}_1 \cdot {}^2 \boldsymbol{d}_2)$$

$$= m_2 d_2(c_2 d_1 + d_2) = m_2(c_2 d_1 d_2 + d_2^2) \tag{7-113}$$

（3）计算重力项

因为，${}^{i-1}\boldsymbol{g} = \left[-\boldsymbol{g} \cdot \boldsymbol{o}, \ \boldsymbol{g} \cdot \boldsymbol{n}, \ 0, \ 0 \right]$，则有：

$$\begin{cases} \boldsymbol{g} = [g, \ 0, \ 0, \ 0] \\ {}^0\boldsymbol{g} = [0, \ g, \ 0, \ 0] \\ {}^1\boldsymbol{g} = [gs_1, \ gc_1, \ 0, \ 0] \end{cases} \tag{7-114}$$

各质心矢量为：

$$\begin{cases} {}^2\bar{\boldsymbol{r}}_2 = [0 \quad 0 \quad 0 \quad 1]^T \\ {}^1\bar{\boldsymbol{r}}_2 = [c_2 d_2 \quad s_2 d_2 \quad 0 \quad 1]^T \\ {}^0\bar{\boldsymbol{r}}_2 = [c_1 d_1 + c_{12} d_2 \quad s_1 d_1 + s_{12} d_2 \quad 0 \quad 1]^T \\ {}^1\bar{\boldsymbol{r}}_1 = [0 \quad 0 \quad 0 \quad 1]^T \\ {}^0\bar{\boldsymbol{r}}_1 = [c_1 d_1 \quad s_1 d_1 \quad 0 \quad 1]^T \end{cases} \tag{7-115}$$

故重力项可表示为：

$$D_1 = m_1 {}^0\boldsymbol{g} {}^0\bar{\boldsymbol{r}}_1 + m_2 {}^0\boldsymbol{g} {}^0\bar{\boldsymbol{r}}_2 = m_1 g s_1 d_1 + m_2 g(s_1 d_1 + s_{12} d_2)$$

$$= (m_1 + m_2)g s_1 d_1 + m_2 g s_{12} d_2 \tag{7-116}$$

$$D_2 = m_2 {}^1\boldsymbol{g} {}^1\bar{\boldsymbol{r}}_2 = m_2 g d_2(s_1 c_2 + s_2 c_1) = m_2 g d_2 s_{12}$$

通过两种计算方法比较可以得知：惯量项和重力项的计算结果相同，第二种方法计算简便，只需套用计算公式即可。

7.4　思考与练习

1. 在如图 7-5 所示的二自由度机械手中，杆件 1、2 的质量为 m_1、m_2，且集中于杆件长度的 1/2 处。试求解：

①各连杆机构的角速度；②各连杆机构的线速度；③广义质量矩阵。

2. 在如图 7-6 所示的二自由度机械手中，杆件 1、2 的质心 C_1、C_2 的位置如图所示，试求解：

①各连杆机构的动能；②各连杆机构的势能。

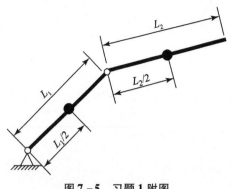

图 7-5 习题 1 附图

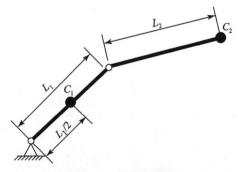

图 7-6 习题 2 附图

3. 在如图 7-7 所示的二自由度机械手中，杆件 1、2 的质量 m_1、m_2 分别集中于杆件的末端，试求解：

①系统整体的动能；②系统的拉格朗日方程表达式。

4. 在如图 7-8 所示的二自由度机械手中，杆件 1、2 的质量分布均匀，每个杆件长、宽、高分别为 L、W、H，单杆的质量相等，记为 m。试求解：

①各连杆机构的动能；②各连杆机构的势能；③系统的拉格朗日方程表达式。

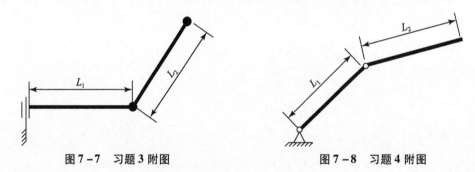

图 7-7 习题 3 附图   图 7-8 习题 4 附图

5. 假设图 7-9 中各连杆的位移和长度已知，求解图中机械手的坐标变换矩阵和速度求解公式。

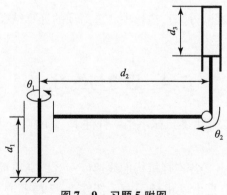

图 7-9 习题 5 附图

6. 二连杆机械手如图 7-10 所示，求解下列问题：

①惯性项和重力项具体表达式；②拉格朗日方法表示动力学方程。

7. 在图 7-10 所示二连杆机械手中，连杆 1 只能发生转动，对应的惯量矩阵为：

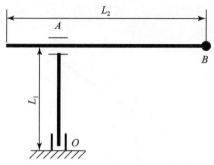

图 7 - 10　习题 6 和习题 7 附图

$$I = \begin{bmatrix} I_{xx1} & 0 & 0 \\ 0 & I_{yy1} & 0 \\ 0 & 0 & I_{zz1} \end{bmatrix}$$

假设连杆 2 的全部质量集中于末端，并且只能进行水平方向移动，求解该机械手动力学方程。

8. 对于某单连杆机械手，其惯量矩阵为：

$$I = \begin{bmatrix} I_{xx1} & 0 & 0 \\ 0 & I_{yy1} & 0 \\ 0 & 0 & I_{zz1} \end{bmatrix}$$

该矩阵刚好为连杆本身的惯量。如果电动机转动惯量为 I_M，减速齿轮传动比为 N。对于电动机轴向方向，传动系统的总惯量应为多大？

9. 在图 7 - 11 所示单独转动三连杆机械手中，已知各连杆的长度为 L_i，对应的质量为 M_i，假设连杆的质量集中在各自的末端，求该机械手的动力学方程。

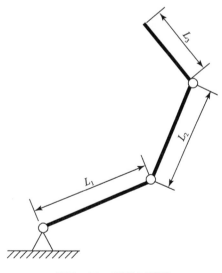

图 7 - 11　习题 9 附图

10. 改变习题 9 中所示三连杆机构的质量分布，将其集中在各连杆的中心位置，重新求解该 3 连杆机械手的动力学方程表达式。

11. 已知三连杆机构的长度分别为 L_i，对应杆的质量为 M_i，假设连杆的质量均匀分布如图 7 – 12 所示，求解该机械手的动力学方程。

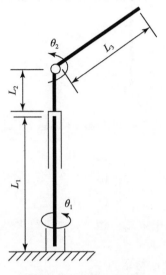

图 7 – 12　习题 11 附图

12. 在图 7 – 13 所示三连杆机械手中，连杆 1 只发生转动，连杆 2 可以实现左右移动，连杆 3 只发生转动。假设：

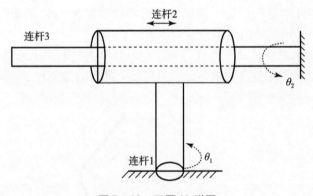

图 7 – 13　习题 12 附图

连杆 1 的惯性矩阵为：

$$^{c_1}\boldsymbol{I} = \begin{bmatrix} I_{xx1} & 0 & 0 \\ 0 & I_{yy1} & 0 \\ 0 & 0 & I_{zz1} \end{bmatrix}$$

连杆 2 具有质量 m_2，位于此连杆坐标系的原点。连杆 3 的惯性矩阵为：

$$^{c_3}\boldsymbol{I} = \begin{bmatrix} I_{xx3} & 0 & 0 \\ 0 & I_{yy3} & 0 \\ 0 & 0 & I_{zz3} \end{bmatrix}$$

假设重力方向垂直向下，各关节无摩擦，求解该连杆机械手的动力学方程。

第 8 章
仿生机械运动机理及控制方法

8.1 仿生机械运动机理概述

运动是生物最主要的特性，也是生物最出色的特性，往往表现着"最优"的状态。生物运动模拟就是研究生物运动的几何性质，包括运动轨迹、速度、加速度等，以便寻找出共同的运动规律，并把它抽象为数学模型，然后根据需要简化为实用的运动模型，从而作为设计仿生机械运动机构的依据。

8.1.1 仿生机械运动测定方法

众所周知，机构是具有确定相对运动的构件组合，是用来传递运动和力的构件系统[305]，所以机构的运动设计常常是机器各种复杂设计步骤的第一步。例如，为了进行机器人手臂和两足步行机器人腿足的设计，首先必须认真进行人体上肢运动特性和下肢步行姿态的研究与分析，其间就会用到运动测定方法。按照空间和时间的表现手段不同，运动测定的方法可分为好几种，具体见表 8 – 1 所列。

表 8 – 1 运动测定方法的分类及其特点

测定方法	空间	时间
电影照相机	图像	每帧时间
电视摄像机		扫描时间
半导体照相机	坐标	
测位器	角度	实时
加速度计	加速度	
光点照相	轨迹	闪光时间
计时轮转全景照相	图像	曝光时间
通 – 断开关	—	实时

用电影照相机进行照相测定是一种常用的方法，它可以记录身体各个部分空间位置的图像，并能摄取在微小时间内变化的图像，其优点是可以直接记录动作的视觉图像。但是要使记录到的视觉图像定量化，则需要花费很多的时间和精力。采用电视摄像机的方法，虽然可通过电子计算机将图像自动化处理，但是为了把多维的图像变换为一维的电信号，往往要受

到扫描线数（分辨率）和时间（每秒帧数、快门速度）的限制。为了克服上述不足，可采用半导体照相机进行测定，它可实时直接地获得标点的坐标值，但其缺点是不能反过来进行图像记录。

除了上述光学测定方法外，还可采用在身体关节部位上安装电气角度计而直接进行关节角度测定，以及通过加速度计进行运动图形测定。这两种方法虽然都是非照相型的接触式测定方法，但它们具有无须测定空间、价格较为低廉，并且可以实时测定等优点。

作为更加简便的测定方法，还有可在标点处安置灯光，通过在暗室内打开照相机快门而进行照相的光点追迹法，利用旋转快门或让照明闪光而进行照相的计时轮转全景照相法或杠杆式照相镜头照相法。这些方法通过光源的周期性闪光能够记录到图像的时间信息，但是读取其数据却十分繁杂。所以，若仅仅是为了取得时间信息，特别是在步行分析中，大多采用通 – 断开关方式进行时间测定。

对步行分析技术与方法的现状调查表明，采用半导体照相机和电子计算机组合作为运动测定的方法将会得到不断发展，并且这种发展倾向也将同样存在于上肢及日常生活动作的测定中。

应当看到，这里所指的运动分析是以生物体作为对象的，在康复医学工程领域中则是以残疾人作为对象的，残疾人的一些特殊情况将会给测定工作及数据处理带来各种问题。例如，受测人肌肉的膨胀及皮肤的收缩会引起身体表面标点的移位，或难以在受测人肢体上固定测定装置，并且测定行为本身还会受到受测人心理、生理变化的影响。为了消除上述标点位置的不确定性给测定工作带来的困难，最好对受测人采用非接触式的测定方法。但是，目前常用的半导体照相机方法还需在受测人身体上安装一组红外发光标点，所以仍属于半非接触式测定。

有关测定数据的处理，还应重点考虑以下两个方面的问题：
①对能通过五感检查的现象，要做到客观化、定量化。
②对不能通过五感检查的现象，要通过分析做到显性化、实现化。

例如，在康复医学工程领域，前者主要用于对治疗、手术、训练的效果和假肢、装具、轮椅的适合性两方面进行综合与统一的评价，希望采用价廉、简便的测定处理方法；后者主要是为了决定治疗、手术、训练的方针和假肢、装具、轮椅等的调整、开发而进行分析检查，所以要求具有能对动作进行多方面分析的综合测定功能和高度的数据处理功能的大规模测定处理系统。

常用运动分析系统的构成和注意要点如图 8 – 1 所示。

对于运动分析来说，有两个课题：一是运动的测定，二是测定结果的分析和应用。而有关运动测定的课题，近年来正在开发各种非接触式测定方法，但其经济性与操作性能都有待进一步改善。而关于测定结果的分析和应用课题，目前随着微型计算机的引入和人工智能的加入，将更趋完善与实用。

模拟人体各种运动机能实质上是一种高级的仿生模拟[306]。由于人体运动是与骨骼及肌肉的力学行为、感觉反馈、中枢神经控制等联系在一起的，非常复杂，只有在科学技术高度发展的今天，对人体运动机能的高级模拟才会成为可能。例如，对于动力假肢，特别是多自由度和多功能的假肢，必须在解决了精密机械元件、材料、能源、控制技术及反馈方式等多种难题之后，才有可能真正达到实用化的要求。

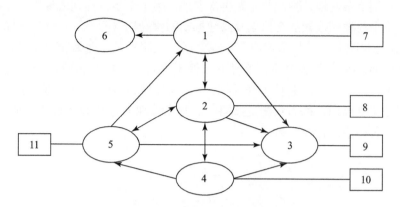

图 8 - 1　运动分析系统构成

1—记录部；2—处理部；3—显示部；4—操作部；5—测定部；6—其他单位记录部；
7—融通、公开；8—可靠、扩展；9—直观、实时；10—简便；11—非接触、简便、可靠

目前，大多数的仿生机械只要求能代替人类执行某种作业完成一定的功能，并不需要在结构上做到完全相似。例如，工业机械手、机器人一般并不要求像人。只有在它成为人体一部分的装置时，如动力假胶，才不但要求其功能与人类似，而且要求外形仿真，以适合病人生理、病理及心理的要求。

8.1.2　人的步行运动机理研究

步态是指人体步行时的姿态，是人类步行的行为特征[307]。步行是人体通过髋、膝、踝、足趾的一系列连续活动而使身体沿着一定方向移动的过程。步行是人类生存的基础，是人类与其他动物区别的关键特征之一[308]。人类在正常步行时并不需要思考，是一种正常的生理反应，然而步行的控制十分复杂，包括中枢命令、身体平衡和协调控制，涉及足、踝、膝、髋、躯干、颈、肩、臂的肌肉和关节协同运动。任何环节的失调都可能影响步态。正常步态具有稳定性、周期性和节律性、方向性、协调性及个体差异性[309]。然而，当人们存在疾病时，以上的步态特征将有明显的变化。

步行时需要全身肌肉参与，包括人体重心移位、骨盆倾斜旋转，以及髋、膝、踝关节伸屈及内外旋展等。使人体位移是一种复杂的随意运动。人在行走过程中，从一侧脚跟着地开始到该脚跟再次着地，构成 1 个步态周期。对指定的下肢而言，1 个步态周期的活动可分为支撑相和摆动相[310]。支撑相又分为脚跟着地、趾着地、支撑中期、脚跟离地、蹬离期和趾离地诸动作阶段。摆动相分为加速期、摆动期和减速期。常速行走时，支撑相约占整个步态周期的 60% ~65%，因此，当一侧下肢进入支撑相时，另侧下肢尚未离地，两下肢同时负重称为双肢负重期。双肢负重期约占全周期的 28.8%，占支撑相的 44.8%，支撑相的其他时间为单肢负重期。随着年龄的增长，单、双支撑相占步态周期的比例也随之增加。不同性别和身高的人，其支撑相和摆动相所占的比例无明显差异。

步行是人体通过和地面的相互作用，在一定的空间里，经历一定时间的机械运动。其运动规律可以通过生物力学的运动学和动力学参数加以描述[311]。

（1）步行周期及其术语

步行是周期性的动作，在 1 个动作周期中，根据腿部动作的特征，可以分为支撑阶段和

摆动阶段。从一侧足跟着地，到此侧足跟再次着地，为1个步行周期或称为1复步，其间每一足都经历了1个与地面接触的支撑期及离地挪动的摆动期（见图8-2）。支撑期具体包括5个环节，依次为足跟着地、足掌着地、支撑中期、足跟离地、足趾离地。摆动期则包括2个环节，即经历加速期至摆动中期，此时下肢处于垂直位；再经历减速期，终止于足跟着地。步行周期中，两足的支撑期长于摆动期，自一侧足跟着地至对侧足趾离地，约有15%的时间两足都处于支撑期，称为双侧支撑期。双侧支撑期的存在为步行的特征，此期消失，出现双足离地，为跑步的特征。

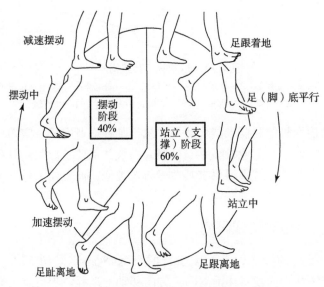

图8-2 步行的周期

（2）支撑阶段

支撑阶段具体由5个环节组成（见图8-3）：第一个环节为初始着地期，从足跟着地到足掌着地前；第二个环节为支撑反应期，从足掌着地到重心移至支撑脚中心前，足（脚）底平行；第三个环节为中点支撑期，从中点支撑到足跟离地前；第四个环节为支撑后期，从足跟离地到足趾离地前；第五个环节为摆动前期（推离期），指足离地阶段。

（3）摆动阶段

摆动阶段具体由2个环节组成（见图8-3），第一个环节为摆动早期阶段，即腿加速摆动阶段。这个阶段从足趾离地开始到摆动中期，足离地，屈髋带动屈膝，加速肢体向前摆动，直至摆动腿越过支撑腿时结束，结束阶段又称摆动中期，表现为平足摆动。第二个环节为摆动后期阶段，即腿减速摆动阶段（足下落），这个阶段从摆动中期开始到足跟着地结束。

8.1.3 蛇的伸缩运动机理研究

蛇的伸缩运动与一些昆虫的运动类似，是利用肌肉的收缩、伸张和动、静摩擦因数的不同而产生驱动力的。蛇在运动时，将身体的静止部分作为支点，另一部分伸缩，如此不断交替前行。蛇的伸缩运动涉及椎骨、肋骨、腹鳞和肌肉的共同作用，要实现伸缩运动，还必须满足以下几点：①蛇体的某一部分必须与接触面产生较大的静摩擦力和反作用力。②蛇体内的肌肉与骨骼联合作用，使蛇体弯曲、收缩或伸长，以改变头尾的距离。③蛇体腹鳞与接触面的接触方向、接触面积和接触力要不断变化。

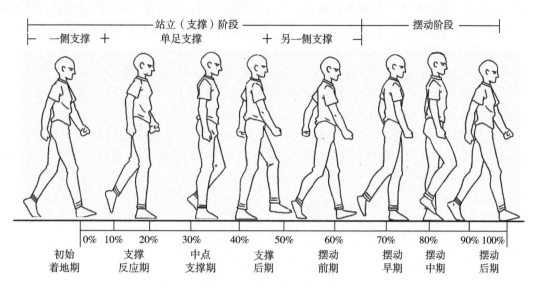

图 8 - 3　步行的阶段划分

　　人们在试验中发现，蛇的伸缩运动同样存在于垂直平面内[312]。在垂直平面内，蛇的伸缩运动原理与其在水平面内时相类似，都是基于身体弯曲幅度的变化，只是弯曲收缩和伸张的方向有所不同。一是在蛇体两侧形成水平的对称弯曲；二是在蛇体垂直方向形成弯曲。蛇的垂直伸缩运动比其水平伸缩运动速度要快，但稳定性较差，所能适应的环境也不同。蛇在伸缩过程中，由于其躯干脊椎骨有 $100 \sim 400$ 块，相邻脊椎骨可相对上下弯曲 $10° \sim 20°$，左右弯曲 $20° \sim 25°$，同时，蛇的腹鳞宽大、坚韧，并且具有反向逆止功能，正反两向摩擦系数差距较大，这就形成了蛇体伸缩运动的必备条件。

　　在实际运动过程中，蛇体总是根据腹部所接触的表面情况选择相对最佳的体形，弯曲幅度不一。蛇体的弯曲幅度和频率变化情况也会受到运动中紧张程度的影响。

　　蛇形机器人是仿照蛇的运动机理研制的，蛇形机器人的运动过程可划分为三个阶段：

　　（1）波峰产生阶段

　　控制节点 1 和节点 2 处的电动机，使第 1 节相对于尾部和第 1 节相对于第 2 节产生逆时针转动；控制节点 3 处的电动机，使第 2 节相对于第 3 节产生顺时针转动。当各电动机转过预先设定值，机器人将形成图 8 - 4（b）所示的体态。波峰产生在节点 2 上，比较图 8 - 4（a）和图 8 - 4（b），蛇形机器人向前运动了一个步距 Δx。控制各电动机的适当转角，以控制节点 2 上升的高度，在保证机体产生要求步距的条件下不使机器人整体因失稳而倾倒。

　　（2）波峰传递过渡阶段

　　波峰传递过渡阶段要将上一阶段产生的波峰从节点 2 平稳地传递到节点 3，这一阶段很容易使上一阶段产生的步距 Δx 减少或完全消失。为防止步距损失，各电动机的运动应遵循一定的规律，如图 8 - 4（c）所示，计算机控制节点 2 和节点 3 上的电动机沿逆时针旋转，节点 1 和节点 4 上的电动机沿顺时针旋转，以配合节点 2 和节点 3 运动，避免节点间的运动不协调造成运动阻力太大。节点 2 在波峰传递开始时并不立即向下运动，相反，节点 2 会以较小的速度向上运动，以消除节点 3 因向上运动而推动第 1 节和第 2 节向后运动而造成有效

步距 Δx 的损失；节点 3 则始终以较大的速度向上运动，节点 4 的电动机沿顺时针旋转，以减小节点 3 向上运动的阻力，这样在较短的时间内，节点 2、3、4 成为一条直线，完成过渡阶段的波峰传递，同时防止了有效步距 Δx 的损失，过渡阶段完成后的波形如图 8-4（c）所示。

（3）波峰传递阶段

波峰传递过渡阶段完成以后，改变节点 2 的运动方向，使其迅速下降，节点 3 保持原有的速度及运动方向不变。这样，节点 2 向下运动，节点 3 向上运动，波峰从节点 2 向节点 3 传递，其情况如图 8-4（d）所示。

重复上述过程，波峰将从节点 3 传递到节点 4。当蛇形机器人实现图 8-4（f）所示的体态时，就完成一个动作循环，机器人向前运动了一个步距 Δx[313]。重复上述运动和控制过程，蛇形机器人将在要求的运动方向上运动任意要求的行程。改变控制时序，蛇形机器人将向后运动。

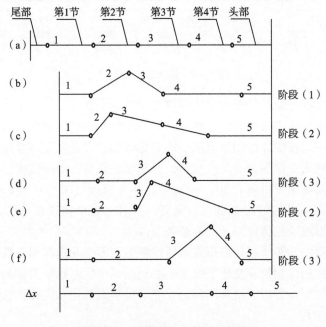

图 8-4　蛇形机器人运动机理图

8.2　仿生机械运动控制机理概述

在各种各样的仿生机械中，仿人机器人既是典型的代表，又是研究的热门，故以仿人两足步行机器人为对象进行介绍。

从结构形式来看，机器人一般采用空间开链结构，其各个关节的运动是独立的。为了实现机器人手臂末端点所需的运动轨迹，需要多关节之间实现运动协调[314]。因此，机器人控制系统要比普通机电装置的控制系统复杂得多，且具有以下几个特点：

①机器人的控制特点与结构运动学及动力学特性密切相关。机器人手爪的状态可以在各种坐标下进行描述，应根据需要选择不同的参考坐标系并做适当的坐标变换，经常需要求解运动学正问题和逆问题。除此之外，还要考虑惯性力、外力（包括重力）、哥氏力、向心力

的影响。

②一个简单的机器人至少有 3~5 个自由度，比较复杂的机器人有十几个，甚至几十个自由度。每个自由度一般包含一个伺服机构，这些伺服机构必须协调起来，组成一个多变量的控制系统。

③应把多个独立的伺服系统有机地协调起来，使其按照人的意志行动，甚至赋予机器人一定的"智能"，这个任务只能由计算机来完成。因此，机器人控制系统必须是一个计算机控制系统。

④描述机器人状态和运动的数学模型是一个非线性模型，随着机器人状态的不同和外力的变化，其参数也在变化，各变量之间还存在耦合。因此，仅仅利用位置闭环是不够的，还要利用速度闭环甚至加速度闭环。此外，机器人控制系统中还经常使用重力补偿、前馈、解耦或自适应控制等方法。

⑤机器人的动作往往可以通过不同的方式和路径来完成，因此，还存在一个"最优"的问题。高级机器人可以用人工智能的方法，用计算机建立起庞大的信息库，借助信息库进行控制、决策、管理和操作。根据传感器和模式识别的方法，机器人获得对象及环境的工况，按照给定的指标要求，自动选择最佳的控制规律。

传统的自动机械以自身的动作为重点，而工业机器人的控制系统更看重本体与操作对象的相互关系。作为工业机器人来说，无论其能以多高的精度控制手臂，若不能夹持并操作物体到达目的位置，那么就失去了存在价值与实际意义。

所以，机器人控制系统是一个与运动学和动力学原理密切相关的、时变的、耦合的、非线性的多变量控制系统。由于它的特殊性，一些经典控制理论和现代控制理论都不能硬性照搬使用，而应当随着实际工作情况的不同，灵活采用各种不同的控制方式。

仿人机器人面对着复杂的作业环境，且同时集成着移动功能、操作功能，以及人机交互功能，这种状况决定了仿人机器人研究的核心理念，即完美实现仿人机器人在人类所处的环境中去协助甚至代替人类完成某些功能及任务，并与人类和谐共处。这是在目前传统机器人研究相对成熟的阶段进行仿人机器人研究的一个重要原因，同机器人学研究的理念也是完全统一的[315]。

要实现上述研究理念，就必须实现仿人机器人在复杂环境下的运动，特别是实现仿人机器人在复杂非结构化地形下的适应能力，这是仿人机器人研究的一个重要目标。

仿人机器人在复杂环境下的运动规划可以分为两个子任务：一是移动规划，二是操作规划。相对于移动规划，仿人机器人的操作规划目前仅局限于一些简单的任务作业，如上肢的目标抓取及移动、简单的人机协作作业等。因此，仿人机器人的运动规划目前主要集中在移动规划领域，本处所说的仿人机器人运动规划即特指其移动规划。

仿人机器人运动规划主要有 3 种类型，分别是：①无环境约束下的运动规划；②局部环境约束下的运动规划；③复杂非结构化环境下的运动规划。下面分别予以说明。

无环境约束下的仿人机器人运动规划也就是通常所说的步态规划。步态是仿人机器人在步行过程中各个关节状态在时序和空间上的一种协调关系。不考虑环境约束的步态规划所需的规划参数（步幅、步频等）是规划前预先设定的已知条件。步态规划的目的是帮助仿人机器人实现稳定的步行，其步行通常具有周期性[316]。

局部环境约束下的仿人机器人运动规划是一种步态参数可变的步态规划，其所需参数通常由步行控制终端输入或者由仿人机器人根据机载传感器来获取。其目的是帮助仿人机器人实现可变步态参数的稳定步行，其步行通常不具备周期性。比如仿人机器人需要完成类似于上下台阶、转弯等稍微复杂的步行。

随着仿人机器人整体研究水平的提高，仿人机器人在复杂非结构化环境下的运动能力逐渐成为其运动规划领域新的热点。仿人机器人在复杂非结构化环境下的运动能力依赖于运动规划及控制系统。图8-5给出了在复杂环境下仿人机器人的运动规划及控制系统的一种递阶结构，其中的运动规划模块包括了足迹规划模块和足迹转换轨迹规划模块。这样的控制架构能够满足仿人机器人在复杂非结构化环境下的运动规划需求。

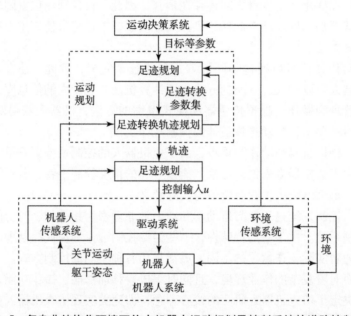

图8-5　复杂非结构化环境下仿人机器人运动规划及控制系统的递阶控制结构

8.3　仿生机械运动控制的方法

研究与探索仿生机械运动控制的软件和硬件问题，将有助于设计与选择适用的机器人控制器，并使机器人按规定的轨迹进行运动，以满足控制要求。机器人的控制方法很多，从大的方面来看，可分为轨迹控制和力控制两类。其中，力控制可进一步分为阻抗控制和混合控制。机器人控制技术是在传统机械系统控制技术的基础上发展起来的，这两种技术之间并无本质的不同，但由于机器人的结构大多是由连杆通过关节串联形式组成的空间开链机构，其各个关节的运动是独立的，为了实现末端点的运动轨迹，需要多关节之间实现运动协调。因此，机器人的控制虽然与机构运动学和动力学密切相关，但是比普通的自动化设备控制系统要复杂得多。

根据分类方法的不同，机器人的控制方式也有所不同。从总体上看，机器人的控制方式可以分为动作控制方式和示教控制方式。但若按被控对象来分，则机器人的控制方式通常分为位置控制、速度控制、力（力矩）控制、力和位置混合控制等，图8-6表示了机器人常用的分类方法及其结果。

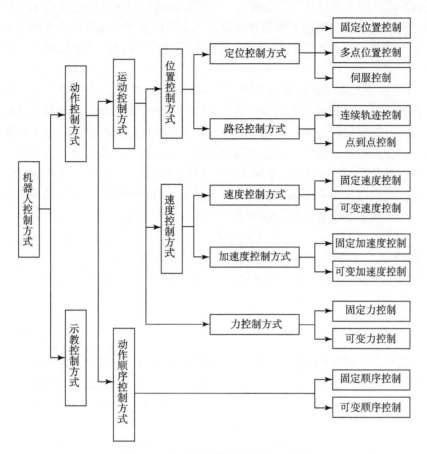

图 8 - 6　机器人控制方式分类示意图

8.3.1　机器人的位置控制

机器人的位置控制可分为点位（Point To Point，PTP）控制和连续轨迹（Continuous Path，CP）控制两种方式（如图 8 - 7 所示），其目的是使机器人各关节实现预先规划的运动，保证机器人的末端执行器能够沿预定的轨迹可靠运动。

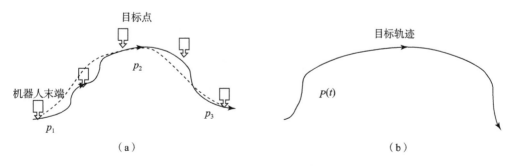

图 8 - 7　机器人的点位控制与连续轨迹控制

（a）PTP 控制；（b）CP 控制

PTP 控制要求机器人末端执行器能够以一定的姿态尽快而无超调地实现相邻点之间的运动，但对相邻点之间的运动轨迹不做具体要求，其主要技术指标是定位精度和运动速度。那些从事在印刷电路板上安插元件、点焊、搬运及上/下料等作业的工业机器人，采用的都是 PTP 控制方式。

CP 控制要求机器人末端执行器沿预定的轨迹运动，即可在运动轨迹上任意特定数量的点处停留。这种控制方式将机器人运动轨迹分解成插补点序列，然后在这些点之间依次进行位置控制，点与点之间的轨迹通常采用直线、圆弧或其他曲线进行插补。由于要在各个插补点上进行连续的位置控制，所以可能会在运动过程中发生抖动。实际上，由于机器人控制器的控制周期为几毫秒到 30 ms 之间，时间很短，可以近似认为运动轨迹是平滑连续的。在机器人的实际控制中，通常是利用插补点之间的增量和雅可比逆矩阵求出各关节的分增量，各电动机再按照分增量进行位置控制。各关节的分增量可表示为：

$$dq = J^{-1}dx \tag{8-1}$$

式中，J^{-1} 代表雅可比逆矩阵；dx 表示机器人末端位置的移动增量。

CP 控制的主要技术指标是轨迹精度和运动的平稳性，从事弧焊、喷漆、切割等作业的机器人，采用的都是 CP 控制方式。

8.3.2　机器人的速度控制

机器人在进行位置控制的同时，有时还需进行速度控制，使机器人按照给定的指令，控制运动部件的速度，实现加速、减速等一系列转换，以满足运动平稳，定位准确等要求。这就如同举重运动员的抓举过程，要经历宽拉、高抓、支撑蹲、站起等一系列动作一样，不可一蹴而就，从而以最精简省力的方式，将目标物平稳、快速地托举至指定位置。为了实现这一要求，机器人的行程要遵循一定的速度变化曲线。图 8-8 所示为机器人行程的速度-时间曲线。

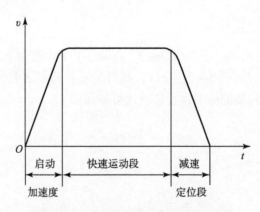

图 8-8　机器人行程的速度-时间曲线

8.3.3　机器人的力（力矩）控制

对于从事喷漆、点焊、搬运等作业的机器人来说，一般只要求其末端执行器（喷枪、焊枪、手爪等）沿某一预定轨迹运动，运动过程中机器人的末端执行器始终不与外界任何物体接触，这时只需对机器人进行位置控制即可完成预定作业任务。而对于那些应用于装配、加工、抛光、抓取物体等作业的机器人来说，工作过程中要求其手爪与作业对象接触，并保持一定的压力，因此，对于这类机器人，除了要求准确定位之外，还要求控制机器人手部的作用力或力矩，这时就必须采取力或力矩控制方式。力（力矩）控制是对位置控制的补充，控制原理与位置伺服控制的原理基本相同，只不过输入量和反馈量不是位置信号，而是力（力矩）信号，因此，机器人系统中必须装有力传感器。

在机器人技术领域，比较常用的机器人力（力矩）控制方法有阻抗控制、位置/力混合控制、柔顺控制和刚性控制四种[317]。力（力矩）控制的最佳方案是以独立的形式同时控制力和位置，通常采用力/位混合控制。机器人要想实现可靠的力（力矩）控制，需要有力传感器的介入，大多情况下使用六维（三个力、三个力矩）力传感器，由此，有三种力控制系统方案：

（1）以位移控制为基础的力控制系统

以位移控制为基础的力控制方式，是在位置闭环之外再加上一个力的闭环。在这种控制方式中，力传感器检测输出力，并与设定的力目标值进行比较，力值的误差经过力/位移变化环节转换成目标位移，参与位移控制。这种控制方式构成的控制系统如图 8 - 9 所示。图中 P_s 和 Q_s 分别为机器人的手部位移和操作对象的输出力。需要指出的是，以位移为基础的力控制很难使力和位移都得到令人满意的结果。在采用这种控制方式时，要设计好机器人手部的刚度，如刚度过大，微小的位移都可能导致很大的力变化，严重时会造成机器人手部损坏。

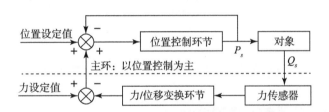

图 8 - 9　以位移控制为基础的力控制系统框图

（2）以广义力控制为基础的力控制系统

以广义力控制为基础的力控制方式是在力闭环的基础上再加上位置闭环。通过传感器检测机器人手部的位移，经过位移/力变换环节转换为输入力，再与力的设定值合成之后作为力控制的给定量。这种控制方式构成的控制系统如图 8 - 10 所示。图中 P_c、Q_c 分别为操作对象的位移和机器人手部的输出力。该控制方式的特点在于可以避免小的位移变化引起过大的力变化，对机器人手部具有保护作用。

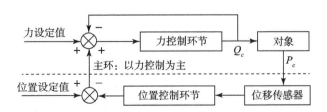

图 8 - 10　以广义力控制为基础的力控制系统框图

（3）以位控为基础的力/位混合控制系统

机器人在从事装配、抛光、轮廓跟踪等作业时，要求其末端执行器与工件之间建立并保持接触。为了成功进行这些作业，必须使机器人具备同时控制其末端执行器和接触力的能力。目前正在使用的大多数机器人基本上都是一种刚性的位置伺服机构，具有很高的位置跟踪精度，但它们一般都不具备力控制能力，缺乏对外部作用力的柔顺性，这一点极大地限制了机器人的应用范围。因此，研究适用于位控机器人的力控制方法具有很高的实用价值。以位控为基础的力/位混合控制系统的基本思想是当机器人的末端执行器与工件发生接触时，其末端执行器的坐标空间可以分解成对应于位控方向和力控方向的两个正交子空间，通过在相应的子空间分别进行位置控制和接触力控制来达到柔顺运动的目的。这是一种形象直观而概念清晰的方法。但由于控制的成功与否取决于对任务的精确分解和基于该分解的控制器结构的正确切换，因此，力/位置混合控制方法必须对环境约束作精确建模，而对未知约束环境则无能为力[318]。

力/位混合控制系统由两大部分组成，分别为位置控制部分和力控制部分，其系统框图如图8-11所示。

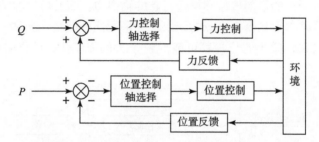

图8-11　以位控为基础的力/位混合控制系统框图

8.3.4　机器人的示教—再现控制

示教—再现（Teaching - Playback）控制是机器人的一种主流控制方式。为了让机器人完成某种作业，首先由操作者对机器人进行示教，即教机器人如何去做。在示教过程中，机器人将作业时的运动顺序、位置、速度等信息存储起来。在执行任务时，机器人可以根据这些存储的信息再现示教的动作。

示教分直接示教和间接示教两种，具体介绍如下：

（1）直接示教

该示教方式是操作者使用安装在机器人手臂末端的操作杆，按给定运动顺序示教动作内容，机器人自动把作业时的运动顺序、位置和时间等数值记录在存储器中，作业时再依次读出存储的信息，重复示教的动作过程。采用这种方法通常只能对位置和作业指令进行示教，而运动速度需要通过其他方法来确定。

（2）间接示教

该示教方式是采用示教盒进行示教。操作者通过示教盒上的按键操纵完成空间作业轨迹点及有关速度等信息的示教，然后通过操作盘用机器人语言进行用户工作程序的编辑，并存储在示教数据区。再现时，控制系统自动逐条取出示教命令与位置数据，进行解读、运算并做出判断，将各种控制信号送到相应的驱动系统或端口，使机器人忠实地再现示教动作。

采用示教—再现控制方式时，不需要进行矩阵的逆变换，也不存在绝对位置控制精度的问题。该方式是一种适用性很强的控制方式，但是需由操作者进行手工示教，要花费大量的精力和时间。特别是在因产品变更导致生产线变化时，要进行的示教工作十分繁重[319]。现在人们通常采用离线示教法，即脱离实际作业环境生成示教数据，间接地对机器人进行示教，而不用面对实际作业的机器人直接进行示教了。

8.4　机械手的运动控制算法

仿生机械是一种在很大程度上具有类人功能的自动装置，特别是其中的机器人、机械手及多功能假手等更是如此。所以，要使仿生机械能够代替人类去从事某种作业，运动机能是值得特别关注的因素。

机械手的运动控制基本上可归纳为三种类别，即位置控制、速度控制和力控制，而位置控制是手臂运动控制的最基本控制方式。位置控制要考虑如何使手爪从现时位置移动到目标位置，比较简单的控制方式是点位控制，比较复杂而效果较好的控制方式是轨迹控制。一个好的轨迹控制应同时包含位置与姿态的控制，并且所执行的实际轨迹应是连续而光滑的。

当机械手手爪按工作要求沿一定路线运动时，若给定手部相对于机架的一系列位置和姿态，则需要求出各运动副中运动参数的所有可能解，以便选择控制方案，从而使手部实现预定路线的运动。

8.4.1　简易位置控制算法——空间单元法

为了确定多关节机械手手臂的位置和姿态，需要求出作为目标值的各关节转动角度，而这就转化为求解非线性方程组的数学问题。采用传统的数学计算方法，会因空间坐标变换矩阵的连乘运算得出一组多变量的三角函数方程式，这些方程式即便采用电子计算机进行求解运算，也要花费相当多的时间，往往导致机械手的实时控制难以实现。

有关采用电子计算机对多关节机械手进行实时控制的实用方法很多，空间单元法就是其中简便易行的一种位置控制算法。

（1）空间单元法的基本思想

空间单元法的基本思想是将机械手（或假手）的作业空间按一定精度要求划分成若干立方体单元，在进行机械手（或假手）实时控制过程中，当手部运动到目标点位置时，可利用包围该点的立方体单元的八个顶点（格子点）所相应的各关节转角通过空间线段的定比分割原理进行实时插补，迅速求出机械手（或假手）手部在目标点位置上的各关节角度，并把其计算结果存入计算机内。

设取如图 8 - 12 中的 P_0 点为机械手（或假手）手部的移动目标点，包围该点的立方体单元的 8 个格子点分别为 M_0、M_1、M_2、M_3、M_4、M_5、M_6、M_7。单元体边长取为一个单位。P_0 点对该立方体单元原点 M_0 的坐标为 (m_0, m_1, m_2)。若如图那样取点 N_1、N_2、$\cdots$、N_6，那么从机械手（或假手）手部参考坐标系原点 O（肩部）到 N_1、N_2、$\cdots$、N_6 各点的向量 N_1、N_2、$\cdots$、N_6，是含有各关节转动角度并以它作为元素的，并且可用各格子点向量 M_0、M_1、M_2、M_3、M_4、M_5、M_6、M_7 加以表示。

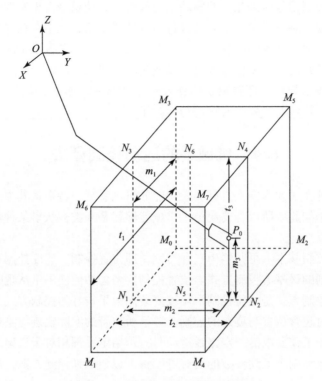

图 8 – 12　手部作业空间分割单元

根据空间解析几何有向线段定比分割原理, 可有:

$$M_1 N_1 = N_1 - M_1 = t_1 (M_0 - M_1) \tag{8-2}$$

移项得:

$$N_1 \approx t_1 (M_0 - M_1) + M_1 = t_1 M_0 + (1 - t_1) M_1 = t_1 M_0 + m_1 M_1 \tag{8-3}$$

同理可得:

$$N_2 \approx t_1 M_2 - m_1 M_4 ; \quad N_3 \approx t_3 M_3 + m_1 M_6 \tag{8-4}$$

$$N_4 \approx t_1 M_5 + m_1 M_7 ; \quad N_5 \approx t_2 N_1 + m_2 N_2 \tag{8-5}$$

$$N_6 \approx t_2 N_3 + m_2 N_4 \tag{8-6}$$

以及

$$P_0 \approx t_3 N_5 + m_3 N_4 \tag{8-7}$$

于是可得下列关系式:

$$P_0 = t_1 t_2 t_3 M_0 + m_1 t_2 t_3 M_1 + m_2 t_1 t_3 M_2 + m_3 t_1 t_2 M_3 +$$
$$m_1 m_2 t_3 M_4 + m_3 m_2 t_1 M_5 + m_3 m_1 t_2 M_6 + m_3 m_2 m_1 M_7 \tag{8-8}$$

式中, $t_i = 1 - m_i$, $0 \leqslant m_i \leqslant 1$, $0 \leqslant t_i \leqslant 1$ ($i = 1, 2, 3$)。

因为式 (8-8) 中各向量均含有各关节转角并以它为元素, 并且 P_0 位置也是由这些关节转角决定的, 所以该式可用来表示目标点 P_0 处的机械手 (或假手) 手部各关节转角的计算式。

从式 (8-8) 可以看出, 该式只有简单的数值四则运算, 计算时间明显缩短, 从而能够实现实时计算, 因而能够满足人们对机械手 (或假手) 手部进行实时位置控制的要求。

为了深入具体地讨论空间单元法，采用该法就所介绍的 6 自由度假手做各种情况下的模拟计算。为讨论方便起见，在假手移动的整个过程中，选取手部始终保持水平向前的一种姿势。当空间单元边长 $D = 50.0$ mm 时，任取空间 10 个位置，分别采用空间单元法（可解近似解）和矩阵间接位置求解法（可解精确解）进行了计算，计算结果表明：

①空间单元法在机械手（或假手）手部姿态计算上带来的偏差很小，反映在手部动坐标轴 x_6、y_6、z_6 的方向余弦上的偏差一般不大于千分之一，还原成角度偏差即为不超过 $0.2°$。

②空间单元法在机械手（或假手）手部位置上的偏差在整个移动过程中的各个位置上是不同的，并且在 x、y、z 三个方向上的大小也是不同的。但是，偏差是有一定范围的。

（2）空间单元法计算误差分布规律探讨

为了进一步研究空间单元法简化计算带来的偏差，分单元边长固定和单元边长变化两种情况进行相关计算，以寻求误差分布规律。

1）单元边长固定

取单元边长 $D = 50.0$ mm 固定不变。具体做法是在假手作业空间中，按各种典型情况分别定出起始点 A 和终点 B，并按路程最短方式作出两点间直线位移曲线，再沿此位移曲线按要求的步长划分若干中间点，最后就依次由 A 运动到 B，完成整个移动过程。为了更好地进行对比，对每一路线分别采用间接位置求解法和空间单元法进行计算，并用直接位置求解法还原。

图 8 – 13 所示为单元边长 $D = 50.0$ mm 条件下的一种计算误差分布规律的典型曲线图。经过大量的计算可以看出，对所研究的全臂假手，当空间单元边长固定为 $D = 50.0$ mm 时，空间单元法的计算误差存在如下规律：

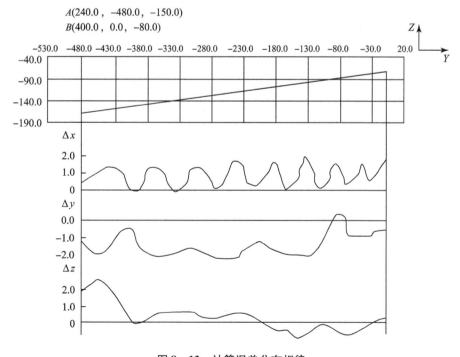

图 8 – 13　计算误差分布规律

（单元边长 $D = 50.0$ mm）

①在整个假手作业范围内，计算误差大小与手部所处的位置有关。当手部位于作业范围的边缘部分时，误差相对大一些；而在非边缘部分时，误差相对小一点。这种差别在手部取作业范围上下两边缘，即 z 轴方向坐标绝对值较大时，比较明显。

②一般情况下，沿 z 轴方向的误差远比沿 x、y 轴方向的误差要小。

③沿 x、y 轴方向的误差一般不大于 2.5 mm，沿 z 轴方向的误差一般不大于 1.0 mm。

2）单元边长不同

由于空间单元法是通过划分空间单元，并利用空间线段的定比分割原理来求解目标点相应关节转角的，所以，其计算精度与所取空间单元边长的大小自然有着密切关系。

为了讨论计算精度与单元边长的关系，取三种边长为：$D_1 = 50.0$ mm、$D_2 = 37.5$ mm、$D_3 = 25.0$ mm，其边长比为 $D_2 : D_1 = 3 : 4$，$D_3 : D_1 = 1 : 2$，并用这三种不同大小的单元对同一位移路线进行比较计算，以观察误差变化的情况。具体计算步骤与单元边长固定的情况相同。

图 8-14 所示为上述三种不同单元边长的典型误差比较图。

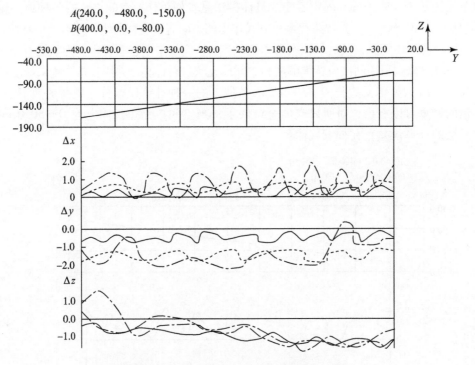

图 8-14　三种不同单元边长的典型误差比较图

图中，点画线表示边长 $D_1 = 50.0$ mm；虚线表示边长 $D_2 = 37.5$ mm；实线表示边长 $D_3 = 25.0$ mm。通过大量计算可以看出，计算误差与边长有如下关系：

①空间单元法的计算误差与所取单元边长有密切关系，随着边长的缩短，误差会迅速减小。如：

$D = 50.0$ mm 时，x 轴方向误差 ≤ 2.5 mm；

$D = 37.5$ mm 时，x 轴方向误差 ≤ 1.2 mm；

$D = 25.0$ mm 时，x 轴方向误差 ≤ 0.5 mm。

②随着单元边长的减小，误差的波动情况也趋平缓。

③随着单元边长的减小，误差趋于单边性。如当 $D = 25.0$ mm 时，Δx 基本上呈正值，Δy 呈负值，Δz 则趋于零。

④不同大小的空间单元具有相应不同的计算精度。

综上所述，大量的计算表明：空间单元法能有效避免繁复的间接位置求解，简化计算程序；且可按不同用途划分相应精度大小的空间单元，使之具有适当的计算精度。所以，空间单元法是一种适合微型计算机实时控制的简易算法，特别是当假手功能日益完善，自由度不断增多，从而使间接位置求解更加困难时，空间单元法的优点会更加显著。

必须指出，只有当机械手手臂足够长，而格子点间距取得足够小的情况下，上述近似式的计算误差才较小。据有关研究文献介绍，当机械手手臂长为 1 500 mm、格子点间距取为100 mm 时，与精确计算值比较，最大误差为 5%。

8.4.2　运动轨迹控制算法

机械手的位置控制问题是研究如何使机械手手爪从现时位置移动到目标位置。但在许多实际操作中（如电弧焊、端茶杯等），不仅要求机械手手爪能够准确到达目标位置，而且还对其整个运动轨迹及姿态都有所要求。在这种情况下，采用简单的点位控制是不能满足所需要求的。因此，要研究轨迹控制问题。

手臂运动轨迹控制应该是同时包括手爪位置和姿态的控制，并且所执行的实际轨迹也应该是连续、光滑的曲线。目前，轨迹控制算法种类繁多，如线性插补法、逼近法等都得到了广泛应用。

（1）计算目标轨迹

以图 8 – 15 所示机械手为例，研究将抓着物体的机械手手臂从起点 A 移动到终点 E 的方法。

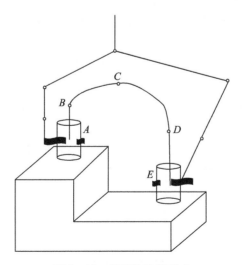

图 8 – 15　目标轨迹的形成

由图 8 – 15 可知，为了避免机械手在运动途中与周围物体（如台座）相碰，必须预先设计好手爪的运动轨迹图形，接着将该轨迹分割成若干区段，并选取中间分割点为途中点，然后通过计算机控制，使机械手依次自动经由这些途中点而到达最终目标点。但是，对于多关节机械手来说，采用计算机求解途中点对应的各关节角度，势必需要花费相当多的时间，所以应当尽可能地减少途中点的选取数量。具体来说，对图 8 – 15 所示机械手的情况，其计算步骤如下：

①按作业对象和要求，设置安全的轨迹和途中点，如为了避免机械手与台座相碰，在起点附近取向上点，而在最终目标点附近取下降点，并把手爪经过的 *ABCD* 各点连接成平滑的运动轨迹曲线。

②根据上述已知点，借助于机械手位置控制参数，运用矩阵法求出对应这些点的各关节角度的偏移量，并绘出各关节转动角度随时间变化的关系曲线，即 $\theta_i = f(t)$ 曲线图。如果该机械手具有 6 个关节（$i = 6$），那么可得 6 张表示各关节转动角度和时间的关系曲线图，如图 8 – 16 所示。

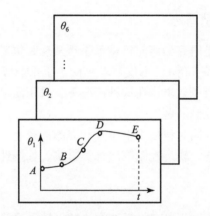

图 8 – 16　关节角度随时间变化的曲线

③用时间 t 的高次多项式分段拟合通过这些点的曲线，建立 $\theta_i = f(t)$ 的函数表达式。多项式的系数可根据机械手在各曲线区段运动的起始条件（如点 A 和 E 处的速度和加速度等于零）与连续性条件确定。

④最后，以这样求得的曲线作为目标轨迹，并使机械手各关节的伺服机构按上述要求进行动作，从而实现平滑过渡。

总之，为了沿着计算出来的轨迹曲线驱动机械手手臂，采用了把计算轨迹曲线作为目标值的伺服机构。也就是说，这种机械手的控制方法主要是把手臂关节的位置信号与目标值作比较，再把这个误差信号进行反馈，进而实现位置的伺服控制。

（2）轨迹控制的逐渐逼近法

设机械手手爪的绝对运动参数（指 x，y，z 及 l，m，n 等）用 x_j 表示，各关节运动副的运动控制变量用 q_n 表示。那么，它们之间的关系可用下列 j 个非线性方程组表示为：

$$x_j = F_j [q_n(t)] \tag{8-9}$$

反之，若上列函数的反函数存在，控制变量 q_n 能用绝对运动参数 x_j 的显函数表示，则有：

$$q_n(t) = g_n [x_j(t)] \tag{8-10}$$

显然，这个问题就是要求在已知初始形相与目标形相（包括位置和姿态）的前提下，来导出相应的轨迹控制算法，即确定各运动副中的运动控制变量。

相对而言，最方便的轨迹控制方式是按直线段进行控制。如图 8 - 17 所示，设初始形相为 $\boldsymbol{x}_k^0$，目标形相为 $\boldsymbol{x}_k^*$，则其位置向量关系可表示为

$$\boldsymbol{x}_k^* - \boldsymbol{x}_k(t) = \boldsymbol{y}_k(\boldsymbol{c}_k, t)\ (k = 1,\ 2,\ 3) \tag{8-11}$$

式中，$\boldsymbol{y}_k$ 为时间 t 的函数；$\boldsymbol{c}_k$ 为常数。那么，根据初始条件可得：

$$\boldsymbol{y}_k(\boldsymbol{c}_k, 0) = \boldsymbol{x}_k^* - \boldsymbol{x}_k^0 \tag{8-12}$$

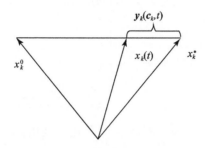

图 8 - 17　直线运动轨迹控制

另外，满足到达目标位置的条件为：

$$\lim_{t \to \infty} \boldsymbol{y}_k(\boldsymbol{c}_k,\ t) = \boldsymbol{0} \tag{8-13}$$

故式（8 - 11）可改写为：

$$\boldsymbol{x}_k^* - \boldsymbol{x}_k(t) = \boldsymbol{y}_k(\boldsymbol{c}_k, t) = \boldsymbol{c}_k u_k(t) = \boldsymbol{\delta x}_k(t) \tag{8-14}$$

显然，当 $t \to \infty$ 时，$\boldsymbol{\delta x}_k(t) \to \boldsymbol{0}$。

上式中 $u_k(t)$ 是由实际控制要求提出的，是时间 t 的三个相互独立的设定函数，且必须满足下列条件

$$\left.\begin{array}{l} t = 0,\ u_k(0) = 1 \\ t = \infty,\ u_k(\infty) = 0 \end{array}\right\} \tag{8-15}$$

属于这一类的设定函数有 $u_k(t) = \dfrac{1}{1+t}$、$\dfrac{1}{1+t^2}$、$\dfrac{1}{1+t^3}$ 等。

因此，当 $t = 0$ 时，存在

$$\boldsymbol{\delta x}_k(0) = \boldsymbol{x}_k^* - \boldsymbol{x}_k(0) = \boldsymbol{c}_k \tag{8-16}$$

此式说明 $\boldsymbol{c}_k$ 在几何上的意义为目标位置向量与初始位置向量之差。

于是，机械手将按照式（8 - 14）所表示的位置关系进行逐渐逼近控制。

下面讨论运动控制变量的求解。

设以矩阵 $\boldsymbol{D}_j$ 表示机械手手爪目标形相 $\boldsymbol{x}_j^*$ 与当前形相 $\boldsymbol{x}_j(t)$ 之差，那么就有：

$$\boldsymbol{x}_j^* - \boldsymbol{D}_j = \boldsymbol{F}_j[\boldsymbol{q}_n(t)] \tag{8-17}$$

$$\boldsymbol{q}_n(t) = \boldsymbol{G}_n[\boldsymbol{x}_j(t)] = \boldsymbol{G}_n[\boldsymbol{x}_j^* - \boldsymbol{D}_j] \tag{8-18}$$

另有

$$\boldsymbol{q}_n(t) = \boldsymbol{q}_n(0) + \boldsymbol{\delta q}_n(t) \tag{8-19}$$

式中，$\boldsymbol{q}_n(0)$ 为对应于手爪初始形相的各关节运动参数控制量，且为已知；$\boldsymbol{\delta q}_n(t)$ 为从初始形相达到当前形相时的运动参数控制增量。

于是，式（8 - 17）可改写为：

$$x_j^* - D_j = F_j[q_n(0) + \delta q_n(t)] \qquad (8-20)$$

若把上式右边按泰勒级数展开，可得如下近似式：

$$F_j[q_n(0) + \delta q_n(t)] \approx F_j[q_n(0)] + J[q_n(0)]\delta q_n(t) \qquad (8-21)$$

式中

$$J[q_n(0)] = \left(\frac{\partial F_j}{\partial q_n}\right)_{q_n = q_n(0)} = \begin{pmatrix} \dfrac{\partial F_1}{\partial q_1} & \dfrac{\partial F_1}{\partial q_2} & \cdots & \dfrac{\partial F_1}{\partial q_n} \\[2mm] \dfrac{\partial F_2}{\partial q_1} & \dfrac{\partial F_2}{\partial q_2} & \cdots & \dfrac{\partial F_2}{\partial q_n} \\[1mm] \vdots & \vdots & & \vdots \\[1mm] \dfrac{\partial F_j}{\partial q_1} & \dfrac{\partial F_j}{\partial q_2} & \cdots & \dfrac{\partial F_j}{\partial q_n} \end{pmatrix}_{q_n = q_n(0)} \qquad (8-22)$$

上式称为 $(j \times n)$ 雅可比矩阵。若有逆阵存在，则由式（8-20）和式（8-21）可写出

$$\delta q_n(t) = \overline{J}[x_j(0)][x_j^* - F_j[q_n(0)] - D_j] \qquad (8-23)$$

式中

$$\overline{J}[x_j(0)] = \left(\frac{\partial g_n}{\partial x_j}\right)_{x_j = x_j(0)} = \begin{pmatrix} \dfrac{\partial G_1}{\partial x_1} & \dfrac{\partial G_1}{\partial x_2} & \cdots & \dfrac{\partial G_1}{\partial x_j} \\[2mm] \dfrac{\partial G_2}{\partial x_1} & \dfrac{\partial G_2}{\partial x_2} & \cdots & \dfrac{\partial G_2}{\partial x_j} \\[1mm] \vdots & \vdots & & \vdots \\[1mm] \dfrac{\partial G_n}{\partial x_1} & \dfrac{\partial G_n}{\partial x_2} & \cdots & \dfrac{\partial G_n}{\partial x_j} \end{pmatrix}_{x_j = x_j(0)} \qquad (8-24)$$

称为 $(n \times j)$ 雅可比矩阵。

将式（8-23）进行一系列变换及整理后，可得：

$$\left. \begin{aligned} \delta q_n(t) &= \overline{J}[x_j(0)]\mu(t)\delta x_j \\ q_n(t) &= q_n(0) + \delta q_n(t) \\ \delta q_n(t + \Delta t) &= \overline{J}[x_j(t)]\mu(t + \Delta t)\delta x_j(t) \\ q_n(t + \Delta t) &= q_n(t) + \delta q_n(t + \Delta t) \end{aligned} \right\} \qquad (8-25)$$

式中，$\mu(t)$ 为 $(j \times j)$ 对角线矩阵，与设定函数 $u_k(t)$ 有关；δx_j 为 $(j \times 1)$ 列阵，与手爪的形相有关。

显然，式（8-25）即为使机械手手爪到达当前形相 $x_j(t)$ 时所需要的各运动控制变量的变化值。这样，经过多次重复，机械手手爪的形相就可逐渐逼近目标形相，直至达到所要求的偏差范围。

8.4.3 速度控制法

对机械手进行速度控制，就是要求按照已给定手爪绝对运动速度参数的实际情况，求解机械手各关节运动副中相对运动参数的变化规律。

如图 8-18 所示，$O_1 - x_1y_1z_1$ 为固定在机械手肩部的参考坐标系，$O_n - x_ny_nz_n$ 为固定在

手爪形心 P 处的坐标系，其原点线速度向量为 $\boldsymbol{\vartheta}$，角速度向量为 $\boldsymbol{\omega}$。向量 $\boldsymbol{\vartheta}$ 和 $\boldsymbol{\omega}$ 可分别沿手爪坐标系的 3 个坐标轴分解为 3 个速度向量元素。那么，若以 S 表示不在手爪坐标系上的包含有上述 6 个元素的向量，则可有：

$$\dot{S} = \begin{pmatrix} \boldsymbol{\vartheta} \\ \vdots \\ \boldsymbol{\omega} \end{pmatrix} \tag{8-26}$$

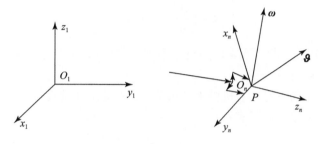

图 8-18　手爪坐标和 $\boldsymbol{\vartheta}$、$\boldsymbol{\omega}$ 向量

另外，以向量 $\boldsymbol{\theta}$、$\dot{\boldsymbol{\theta}}$ 分别表示各关节的转角和角速度。

于是，向量 $\dot{S}$ 和 $\dot{\boldsymbol{\theta}}$ 具有下列关系式

$$\dot{S} = J(\boldsymbol{\theta})\dot{\boldsymbol{\theta}} \tag{8-27}$$

式中，$J(\boldsymbol{\theta})$ 为雅可比矩阵。

由式（8-27）可得

$$\dot{\boldsymbol{\theta}} = J^{-1}(\boldsymbol{\theta})\dot{S} \tag{8-28}$$

于是，可以看出，若已知矩阵 $J(\boldsymbol{\theta})$，便可求得所需要的输入量 $\dot{\boldsymbol{\theta}}$。

下面进一步讨论矩阵 $J(\boldsymbol{\theta})$ 的计算方法。取图 8-19 所示的机械手坐标系，机械手的关节数为 6 个。设仅仅由机械手第 j 个关节以角速度 $\dot{\boldsymbol{\theta}}_j$ 绕本身轴线旋转时，在手爪坐标原点 O_7 引起的线速度向量和角速度向量分别取为 $\boldsymbol{\vartheta}_j$ 和 $\boldsymbol{\omega}_j$。若其他关节的角速度为零，则可有：

$$\boldsymbol{\vartheta}_j = (\boldsymbol{\mu}_j \times \boldsymbol{b}_{j7})\dot{\boldsymbol{\theta}}_j \tag{8-29}$$

$$\boldsymbol{\omega}_j = \boldsymbol{\mu}_j \dot{\boldsymbol{\theta}}_j \tag{8-30}$$

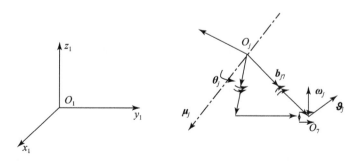

图 8-19　$J(\boldsymbol{\theta})$ 的计算法

式中，$\dot{\boldsymbol{\theta}}_j$ 表示角速度大小；$\boldsymbol{\mu}_j$ 表示机械手第 j 个关节角速度 $\dot{\boldsymbol{\theta}}_j$ 旋转方向的单位向量；$\boldsymbol{b}_{j7}$ 表示从第 j 个关节 O_j 到手爪形心坐标原点 O_7 的距离向量。

式（8 - 29）和式（8 - 30）的速度向量 $\boldsymbol{\vartheta}_j$ 和 $\boldsymbol{\omega}_j$，是以机械手肩部坐标系 $O_1 - x_1 y_1 z_1$ 为固定参考坐标系表示的。而由式（8 - 27）可知，需要写出沿手爪坐标系表示的速度向量 $\dot{\boldsymbol{S}}$。为此，若取将手爪坐标系（7）变换到肩部参考坐标系（1）的（3×3）旋转坐标变换矩阵为 $\boldsymbol{C}_{17}$，且存在 $\boldsymbol{C}_{17}^{-1} = \boldsymbol{C}_{17}^{\mathrm{T}}$，则可写出沿手爪坐标系表示的速度向量为

$$\dot{\boldsymbol{S}} = \boldsymbol{C}_{17}^{\mathrm{T}} \begin{pmatrix} \boldsymbol{\vartheta}_j \\ \boldsymbol{\omega}_j \end{pmatrix}, j = 1, 2, \cdots, 6 \tag{8 - 31}$$

显然，式（8 - 31）中的各元素即为机械手某个关节 j 以某个速度 $\dot{\boldsymbol{\theta}}_j$ 旋转时沿手爪坐标系发生的手爪运动速度分量。

对于图 8 - 19 所示的情况，若机械手各关节均以一定的角速度旋转，那么沿手爪坐标系发生的手爪运动速度分量可如下表示：

$$\dot{\boldsymbol{S}} = \boldsymbol{C}_{17}^{\mathrm{T}} \begin{pmatrix} \boldsymbol{\vartheta}_j \\ \boldsymbol{\omega}_j \end{pmatrix} = \boldsymbol{C}_{17}^{\mathrm{T}} \begin{pmatrix} \dfrac{\boldsymbol{\mu}_1 \times \boldsymbol{b}_{17}}{\boldsymbol{\mu}_1} & \dfrac{\boldsymbol{\mu}_2 \times \boldsymbol{b}_{27}}{\boldsymbol{\mu}_2} & \cdots & \dfrac{\boldsymbol{\mu}_6 \times \boldsymbol{b}_{67}}{\boldsymbol{\mu}_6} \end{pmatrix} \begin{pmatrix} \dot{\boldsymbol{\theta}}_1 \\ \dot{\boldsymbol{\theta}}_2 \\ \vdots \\ \dot{\boldsymbol{\theta}}_6 \end{pmatrix} \tag{8 - 32}$$

比较式（8 - 27）和式（8 - 32），便可求得矩阵 $\boldsymbol{J}(\boldsymbol{\theta})$ 的计算关系式为：

$$\boldsymbol{J}(\boldsymbol{\theta}) = \boldsymbol{C}_{17}^{\mathrm{T}} \begin{pmatrix} \dfrac{\boldsymbol{\mu}_1 \times \boldsymbol{b}_{17}}{\boldsymbol{\mu}_1} & \dfrac{\boldsymbol{\mu}_2 \times \boldsymbol{b}_{27}}{\boldsymbol{\mu}_2} \cdots \dfrac{\boldsymbol{\mu}_6 \times \boldsymbol{b}_{67}}{\boldsymbol{\mu}_6} \end{pmatrix} \tag{8 - 33}$$

显然，只要求出式（8 - 33）的逆矩阵 $\boldsymbol{J}^{-1}(\boldsymbol{\theta})$，并代入式（8 - 28），便可确定能够使手爪按照所要求动作运动的各关节轴的转动速度。

上面阐述了沿机械手手爪坐标系给出速度指令时，对各轴的转动速度进行具体计算的方法。下面叙述关于如何把上述方法用于机械手手爪位置控制的问题。

取在当前位置中，从固定在机械手肩部坐标系（1）的原点到手爪坐标系（7）的原点的位置向量为 $\boldsymbol{b}_{17}(\boldsymbol{\theta}_i)$，从坐标系（7）变换到坐标系（1）的坐标变换矩阵为 $\boldsymbol{C}_{17}(\boldsymbol{\theta})_i$，且这些量是已知的。另外，把在目标位置中的这两个量取为 $\boldsymbol{b}_{17}(\boldsymbol{\theta}_f)$ 和 $\boldsymbol{C}_{17}(\boldsymbol{\theta})_f$，而这些量是根据被抓取物体的位置和方向等决定。

设机械手手爪从现时位置移动到目标位置的时间为 T，则上述各量之间具有下列关系式：

$$\boldsymbol{\vartheta} = \dfrac{[\boldsymbol{C}_{17}(\boldsymbol{\theta})_i]^{\mathrm{T}} [\boldsymbol{b}_{17}(\boldsymbol{\theta}_f) - \boldsymbol{b}_{17}(\boldsymbol{\theta}_i)]}{T} \tag{8 - 34}$$

式中，$\boldsymbol{\vartheta}$ 表示在手爪坐标系的线速度向量。由式（8 - 34）可知，只要逐次算出从 $\boldsymbol{b}_{17}$ 起初位置开始的移位，并用手爪坐标系表示出来，就能够算出向量 $\boldsymbol{\vartheta}$。因而，利用式（8 - 28）也能够算出向量 $\dot{\boldsymbol{\theta}}$。

那么，各关节的相对运动参数向量 $\boldsymbol{\theta}$ 即可根据读取的现时值，通过下式求得：

$$\boldsymbol{\theta} = \boldsymbol{\theta}_1 + \int_0^t \dot{\boldsymbol{\theta}} \mathrm{d}t \tag{8 - 35}$$

8.5　思考与练习

1. 运动模拟研究生物运动的哪些几何性质?

2. 运动测定方法的分类及其特点是什么?

3. 运动分析系统由哪几个部分构成?

4. 在机器人步行周期中,什么是双侧支撑期?

5. 支撑阶段和摆动阶段分别包括几个环节?

6. 蛇形机器人的运动过程划分为哪三个阶段?

7. 机器人的结构一般采用空间开链结构,为了实现末端点的运动轨迹,其控制系统与普通机电装置的控制系统相比具有哪些特点?

8. 仿人机器人运动规划主要有哪几种类型?

9. 按轨迹控制方式分类,机器人的控制方式可以分为哪几类?

10. PTP 控制的主要技术指标是什么? 这种控制一般用在什么场合?

11. 力(力矩)控制方式一般用在什么场合?

12. 示教—再现控制包括哪两种控制方式,各有什么优缺点?

13. 机械手的运动控制基本上可归纳为哪三种类别?

14. 空间单元法的计算误差存在哪些规律?

15. 机械手手臂运动轨迹控制有哪些方式? 有哪些轨迹控制算法? 其特点是什么?

第 9 章

仿生机械创新设计的原理与方法

仿生机械大多是由一些简单、经典的机构组合而成的。在仿生机械设计过程中，设计人员按照其功能需求和作业性能，认真选择相应的机构，并经科学组合后加以实现。由于不同的机构存在着不同的结构特性与运动特点，往往会出现某种机构在实现某种预期功能的同时，还会带来一些难如人意的不足，换言之，就是不能达到设计要求的性能指标。因此，为了解决上述问题，必须进行仿生机械的创新设计。从本质上说，仿生机械创新设计就是根据仿生生物的特性，充分利用各种基本机构的良好性能，改善仿生机械产品的设计品质。而仿生机械创新设计的原理与方法则是根据创造学理论与技法，尤其是创新思维的概念与方法，通过创造性设计或创新性实践，对各类创造、创新活动的经验进行概括、总结、提炼而得到的一些有助于创造发明与创新突破的原理和方法，它们对仿生机械的设计与研制能够起到促进作用。

9.1 仿生机械创新设计概论

人类文明的历史是人类认识自然、改造自然的历史，也是人类认识自身、改造自身的历史。在文明火种传承、延续、发展的历程中，为了突破自身能力的局限，人类学会了制造和使用工具，从而使自身肢体与感官的功能得到拓展和延伸；人类还学会了思考和创新构想，从而使自身脑力与设计的功能得到提升和改善。纵观人类发明石刀、石斧、长矛、弓箭、火药、指南针、地动仪、印刷术、蒸汽机、飞机、轮船、汽车、计算机、人造卫星、航天飞机的历史，无一不是人类发明与创新设计的成果，尤其是各种创新设计功不可没，各种创新设计强化了人类的创新意识，丰富了人类的创新手段，开辟了人类的创新途径，提升了人类的创新能力。

无数事实证明，发明与创新是人类科技发达、经济繁荣的重要原因。随着科技创新对经济发展推动作用的不断增强，创新设计越来越受到人们的青睐与重视，而仿生机械作为近年来机械学科最为兴旺的分支，对其创新设计提出了更高的要求。

9.1.1 仿生机械创新设计的含义

创新是一个民族进步的灵魂，是国家兴旺发达的不竭动力。仿生机械的发展历程就是人们不断创新设计与不断创新实践的历程。在仿生机械的发展史上，设计师们从功能原理、材料结构、制造工艺、设计理论、研制方法等方面不断推出新理念和新成果，推动着仿生机械向更完美的境界、更丰富的层次发展。所谓仿生机械创新设计，就是充分发挥设计师的创新意识与创新才能，针对不同的仿生机械需求目标，基于仿生学的研究成果，利用各种创新理论与方法，以及各种专业知识与技术，进行创新设计，其目的是为人类社会提供富有新颖性和先进性、合理性和实用性的仿生机械类产品或系统[320]。

应当强调的是，创新与实用是仿生机械设计的重要原则，无论是完全创新的仿生机械产品设计，还是对已有的仿生机械产品做局部变更的改进型设计，或是对现有仿生机械产品做结构配置的增强型设计，着眼点都应该放在"创新"上。当前，仿生学的发展非常迅猛，仿生机械创新的内容和途径也更加广阔，因而仿生机械创新设计也就具有更加重大的意义。

9.1.2　仿生机械创新设计的特点

仿生机械创新设计除了其标志性的创新特点以外，还必须具有如下特点：

（1）独特性

仿生机械创新设计必须具有新颖别致、独辟蹊径的性质，也就是必须具有独特性。独特性又称突破性和求异性，它是仿生机械创新设计最为宝贵的特性之一。机械科学和生物科学的发展壮大要求仿生机械创新设计的成果不是对生物特征的刻板重复或简单模仿，而是要求在实现生物基本功能的基础上进行新发展、新突破，要求打破常规、抛弃惯例，提出独具卓识的新功能、新原理、新机构、新材料，在求异和突破中进行仿生机械产品的创新。

（2）推理性

推理性是指由已知探求未知，由现在探索未来，持续递进、不断发展的特性。仿生机械创新设计过程中，设计师们需要根据生物表现的某种现象或功能进行研究，开启创新设计的思路，由此及彼、由表及里、由浅及深地进行纵向、横向和逆向思考，对现有的仿生机械进行改进，或设计出全新的仿生机械产品。

（3）多向性

多向性是指设计师们需要从不同的角度出发去思考仿生机械创新设计的问题，通过发散思维（提出多种创新构想、方案，扩大选择余地）、换元思维（变换诸多设计要素中的某一个或某几个，增加设计方案的组合性、多样性）、转向思维（从受阻的思维方向及时转向，让设计思路灵活多变）、选优思维（不满足已有解决方案，再行寻优决策）等途径，以获得仿生机械创新设计的新思路和新方案。

（4）综合性

综合在一定程度上就是创新。在我们今天的世界里，各种有关仿生机械的新理念、新技术、新材料、新器件、新工艺、新方法层出不穷，这些都是设计师们进行仿生机械创新设计的基本素材和综合元素。设计师们应当善于进行综合思维，把已有生物的信息、现象、概念等，通过巧妙的综合，使之成为新的技术方案或新的实用产品。

（5）实用性

没有实用价值的仿生机械产品是没有市场应用前景的，也是没有生命力的。创新设计必须追求并突出实用性。任何形式的仿生机械创新设计成果都代表着设计师们的主观愿望和客观效果，这种主观愿望和客观效果的统一标志就是所获得的成果是否具有实用性，是否被市场接受。这种成果不能始终停留在创意设计上，而要具备明确的实用价值。对于仿生机械创新设计的设计师们来说，设计有利于社会发展、经济繁荣的仿生机械产品，使其具有实用性、有效性和可靠性，将能体现一定的社会价值和经济价值。

9.1.3 仿生机械创新设计的方法

仿生机械创新设计是设计师们的一种有目的、有计划、有组织的探索活动，它既需要一定的创新理论实施引领，也需要一定的创新方法进行指导[321,322]。各种创新方法是人们进行无数次创新探索与实践以后对规律性东西的理性归纳，这些理性成果之中的一部分将有效地指导设计师们开展仿生机械创新设计，帮助他们获得事半功倍的效果。

（1）综合创新原理

综合创新是指运用综合法则进行创新设计。大量成功的创新设计实例表明，综合就是创新，综合创新具有以下基本特征[321]：①综合能发掘已有仿生机械产品的研究潜力，并使已有仿生机械产品在综合过程中产生出新的产品；②综合不是将研究对象的各个构件进行简单的叠加或组合，而是通过创造性的综合使新型仿生机械产品的性能发生质的飞跃；③综合创造比起全新创造一种仿生机械产品在技术上更加可靠和可行。

（2）分离创新原理

分离创新原理是与综合创新原理思路相反的另一个创新原理，它是将仿生机械产品的各个构件进行科学的分解，便于人们抓住原仿生机械产品的主要矛盾或寻求某种特色设计。分离创新原理在创新设计过程中，提倡将原有机械打破并分解，而综合原理则提倡各部件组合和聚集。虽然两者思路相反，但相辅相成[322]。

（3）移植创新原理

移植创新原理是把原仿生机械的概念、原理和方法运用于另一个仿生机械产品中，并取得创造性成果的创新原理。移植创新原理的实质是借用已有的创造成果进行创新目标的再创造，并使现有仿生机械在新的条件下进一步延续、发挥和拓展，提升仿生机械产品的性能。

（4）压力创新原理

压力可以成为创新的动力。压力可以驱散人的懒惰性，激发强烈的事业心，提高求知欲和探索力[323]。

（5）刺激创新原理

广泛接受各种外界环境的刺激，善于吸纳各种生物界的基本知识和信息，对各种新奇刺激有强烈兴趣，并跟踪追击。

（6）希望创新原理

在完成某一特定仿生机械产品设计外，应当对现在的设计思路进行改进，不满足已有的经验和既成事实，不断追求仿生机械产品的完善化和理想化。

9.2 仿生机械创新设计的基本原理

9.2.1 仿生机械创新设计的组合原理与运用

（1）基本概念

仿生机械创新设计的组合原理是指将多个仿生机械的基本机构根据仿生机械整体的功能需求与作业特性，按一定原则或规律，有机、协调地进行组合，从而形成具有良好的运动学和动力学特性的新型仿生机械，即通过不同仿生机械或仿生机构的相互组合实现新型仿生机械的创新设计。

仿生机械组合式创新设计方法一般有两种形式：一是将多种仿生机械的不同机构有机融合成作业性能更加完善、运动形式更加丰富的新型仿生机械；二是将几种仿生机械的不同机构简单地组合在一起，参与组合的各仿生机械基本机构还保持着各自的特性，但需要在各个仿生机械基本机构之间进行运动或动作的协调控制，以实现组合的目的。虽然仿生机械组合创新产品是以已有的仿生机械基本机构为基础的，但组合后所实现的功能却是新型的，因此，通过不同仿生机械基本机构的合理组合同样可以获得发明与创新。

多种仿生机械的不同机构进行组合的方式多种多样，其中包括串联组合、并联组合、叠加组合、封闭组合，以及其他组合方式。

（2）串联组合与创新运用

1）定义

所谓串联组合，是指前一个机构的输出构件作为后一个机构的输入构件，并且这两个构件都是单自由度的。连接点可以设在前置机构中做简单运动的连架杆上，这样的串联机构称为Ⅰ型串联机构；连接点也可以设在前置机构中做平面复杂运动的构件上，这样的串联机构称为Ⅱ型串联机构。

2）创新运用实例

在图9-1中，铰链四连杆机构 ABCD 为前置机构，连杆机构 DEF 为后置机构。前置机构中的输出构件 CD 与后置连杆机构的输入机构 DE 固定，形成Ⅰ型串联。合理进行机构尺度综合后，可以获得滑块的特定运动规律。

在图9-2中，前置机构为平行四边形 ABCD，后置机构为由 Z_1、Z_2 组成的齿轮机构，齿轮机构中的内齿轮 Z_2 与平动的连杆固定，且圆心 O_2 位于连杆机构的轴线上，外齿轮 Z_1 的圆心 O_1 位于曲柄的平行线上，该机构形成Ⅱ型串联机构。

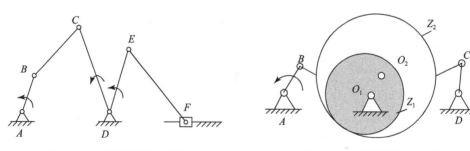

图9-1　Ⅰ型串联组合机构　　　　图9-2　Ⅱ型串联组合机构

（2）并联组合与创新运用

1）定义

所谓并联组合，是指由两个或多个基本机构并列布置。当参与组合的每个基本机构具有各自的输入构件而共有一个输出构件时，这样的并联机构称为Ⅰ型并联组合；当参与组合的各个基本机构有共同的输入和输出构件时，这样的并联机构称为Ⅱ型并联组合；当参与组合的各个机构有共同的输入构件，但却有各自的输出构件时，这样的并联机构称为Ⅲ型并联组合。

2）创新运用实例

图9-3所示为两个曲柄滑块机构的并联组合，其中两个曲柄连接在一起，属于共同的

输入构件，两个滑块各自输出往复移动，从而形成Ⅰ型并联组合机构。Ⅰ型并联机构可以实现惯性力的完全平衡或部分平衡，还可以实现分流。

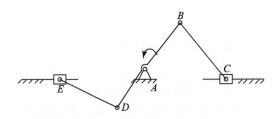

图9-3　Ⅰ型并联组合机构

图9-4所示为Ⅱ型并联机构，四个主动滑块的运动共同驱动一个曲柄机构输出，使曲柄机构具有独特的运动方式。Ⅱ型并联组合机构可以实现运动的合成。图9-5所示为Ⅲ型并联组合机构，共同的输入构件为主动带轮，共同的输出机构为滑块KF。

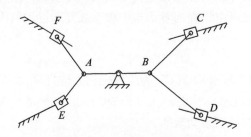

图9-4　Ⅱ型并联组合机构

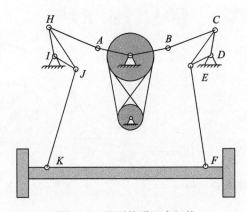

图9-5　Ⅲ型并联组合机构

（3）叠加组合与创新运用

1）定义

所谓叠加组合，是指在一个基础机构的某个运动构件上再安装一个或多个机构的组合形式。其中用于安装并支撑其他机构的构件称为基础构件，安装在基础构件上的可移动机构为附加机构。当动力源作用在附加机构上，同时附加机构的输出构件驱动基础机构的某个构件时，该叠加机构称为Ⅰ型叠加组合；当附加机构与基础机构各自存在单独的动力源，且最后由附加机构输出运动时，该叠加机构称为Ⅱ型叠加组合。

2）创新运用实例

在图9-6中，行星轮系为基础机构，蜗杆传动机构为附加机构，蜗杆传动机构安装在行星轮系的系杆上，附加机构的输出蜗轮与基础机构的行星轮连接在一起，为基础机构提供输入运动，带动系杆缓慢转动。

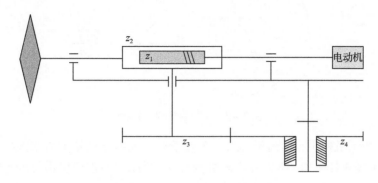

图9-6　Ⅰ型叠加组合机构

图9-7所示为一工业机械手。工业机械手的手指为开式运动链机构，安装在水平移动的气缸 B 上，而气缸 B 附加在传动机构的回转链轮 C 上，该链传动机构又叠加在"X"形连杆机构 D 的连杆上，使机械手的终端实现上下移动、回转运动、水平移动，以及机械手本身的手腕转动和手指抓取的多自由度、多方位动作效果，以适应各种场合的作业要求。

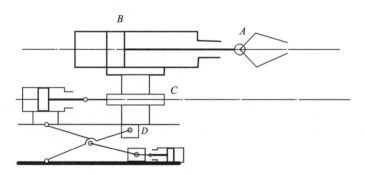

图9-7　叠加组合型工业机械手

（4）封闭组合与创新运用

1）定义

所谓封闭组合，是指一个二自由度机构中的两个输入构件或两个输出构件或一个输入构件和一个输出构件用单自由度构件连接起来，形成一个单自由度机构。其中，二自由度构件称为基础构件，单自由度构件称为附加构件。当一个单自由度的附加构件封闭基础机构的两个输入和输出运动时，称为Ⅰ型封闭组合；当两个单自由度的附加构件封闭基础构件的两个输入或输出运动时，称为Ⅱ型封闭组合；当一个单自由度的附加构件封闭基础构件的一个输入和一个输出运动时，称为Ⅲ型封闭组合。

2）创新运用实例

在图9-8所示机构中，二自由度的五连杆机构 OABCD 为基础机构，凸轮机构为封闭机构，五连杆机构的两个连架杆分别与凸轮和推杆机构固连，形成Ⅰ型凸轮连杆封闭组合机构。

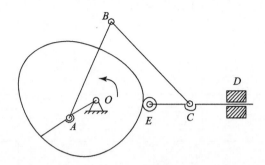

图 9 - 8　Ⅰ型封闭组合机构

在图 9 - 9 所示机构中，由齿轮 1、2、3 和系杆组成的差动轮系为基础机构，差动轮系的系杆和齿轮 1 经连杆机构 $ABCD$ 和齿轮机构 Z_1Z_2 封闭，四连杆机构与齿轮机构组成两个附加机构，形成Ⅱ型齿轮连杆封闭组合机构。

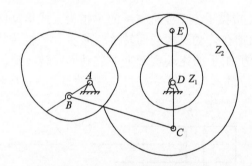

图 9 - 9　Ⅱ型封闭组合机构

在图 9 - 10 所示机构中，凸轮机构封闭了二自由度蜗杆机构的蜗轮传动（基础机构的输出运动）和蜗杆的移动（基础机构的一个输入运动），形成典型的Ⅲ型封闭组合机构[326]。

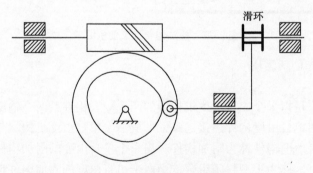

图 9 - 10　Ⅲ型封闭组合机构

（5）其他组合方式

1）混合组合法

所谓混合组合法，是指同时使用上述多种组合方式进行机构组合，以便在功能上有所突破和性能上有所改善，实现创新设计的最终目标。

2）附加约束组合法

所谓附加约束组合法，是指在多自由度机构中，通过人为添加约束，改变组合的方式及其效果，以便在功能上有所突破和性能上有所改善，实现创新设计的最终目标。

9.2.2　仿生机械创新设计的变异演化原理与运用

（1）基本概念

仿生机械创新设计中的变异演化原理是指对原设计的仿生机械中的某一个（或多个）组成元素进行合理的改变或变换，在保留原仿生机械较为优良部分的基础上，对不适应工作环境或使用条件的部分进行改进，使改善后的仿生机械功能更强、性能更优，适用性和实用性更好。因此，通过仿生机械变异演化原理获得的具有新功能和新性能的机构称为演化机构。这种演化机构既保留了原始仿生机械的部分功能，又增加了一些因适应使用环境变化而演化得来的功能，因而具有了比原始仿生机械更好的性能。

仿生机械变异演化的方法包括运动副的变异与演化、构件的变异与演化、机构的变异与演化、运动原理的移植。

（2）运动副的变异与演化

1）定义

运动副是构件与构件之间的可动连接，其作用是传递运动和动力，变换运动形式。运动副元素会影响机构传动运动的精度和动力传递的效率。研究运动副变异演化的方法和规律可以帮助设计师们改善原始机构的工作性能，开发具有新功能或新性能的机构。

2）创新运用实例

①扩大转动副。

扩大转动副主要是指将构成转动副的销轴和轴孔在直径尺寸上适当增大，而各构件之间的相对运动关系并没有发生改变。

图 9 - 11（a）所示为活塞泵的机构运动简图，图 9 - 11（b）所示是变异后的活塞泵。由图可以看出，变异后的机构与原始机构在组成原理上完全相同，只是构件的形状不一样。由偏心盘和圆环状连杆组成的转动副使连杆能够紧贴固定内壁运动，形成一个不断变化的腔体，这样更加有利于流体的吸入和压出。这种演化与变异的特点和优点在于：随着转动副的扩大，构件形状也发生了变异，分别由杆状变换成圆盘状和圆环状，受力状况和使用寿命得到改善。同时，圆环状连杆在固定的圆形体内做平面运动，形成不断交替变化的空间，可以更加完美地实现工作要求。

②扩大移动副。

扩大移动副主要是将构成移动副的滑块与导路的尺寸适当加大到能够把机构中其他运动副包含在其中，而构件间的相对运动关系并不发生改变。

图 9 - 12（a）所示为冲压机机构，其中移动副已经扩大到能将转动副 A、B 及 C 均包括在其中。曲柄 1（AB）通过连杆 2 带动冲头 3 做上下往复移动，实现冲压动作。将连杆头处设计成曲面形，使其与滑块内空间的圆弧形状相吻合，用于提高机构的刚度与稳定性。但该冲压机的机构运动简图是一个曲柄滑块机构，如图 9 - 12（b）所示。

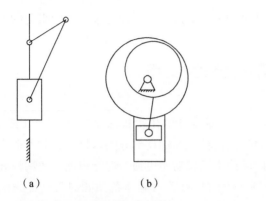

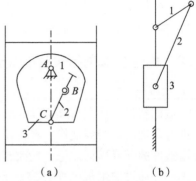

（a）　　　　（b）

图9-11　活塞泵转动副的扩大

（a）　　　　（b）

图9-12　移动副的扩大

③运动副形状的变异。

展直：将具有弧形的运动导路展开为直线形运动导路，从而实现机构的变形。例如，在图9-13（a）所示的曲柄摇杆机构中，如构造一个弧形槽，将滑块制成扇形结构并置于槽中（见图9-13（b）），这时机构的运动特性并未发生变换。如进一步将弧形槽变为直槽，将扇形滑块变为方形滑块，则转动副就变为移动副结构（见图9-13（c））。

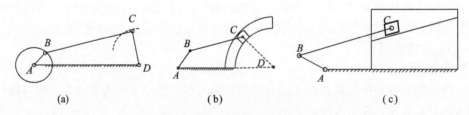

（a）　　　　　　（b）　　　　　　（c）

图9-13　运动副的展直变化

绕曲：如将楔块机构中下楔块的斜面（见图9-14（a））改为在移动平面上进行绕曲，就得到一盘形凸轮机构（见图9-14（b））。

重复再现：当运动副元素在机构的一个运动周期内重复再现时，原始机构就变为具有新功能的机构。图9-15所示的凸轮机构常用作钉扣机的纵向进给机构，它是将凸轮轮廓线进行重复再现，凸轮摆杆通过连杆机构带动工作台往复运功，凸轮轮廓线形状重复的次数则代表着钉扣的针数。

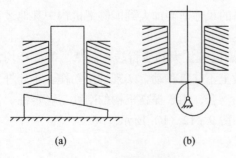

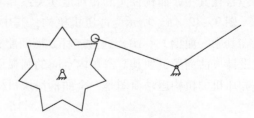

（a）　　　　（b）

图9-14　运动副的绕曲

图9-15　运动副的重复再现

（3）构件的变异与演化

1）定义

随着运动副尺寸与形状的变异，构件的形状也发生了相应的变化。这种变化有时很有意义，因为即便是在运动副不发生变化的条件下，仅构件进行变异也可以产生新机构或获得新功能。

2）创新运用实例

①构件形状的变异。

研究机构运动时，必须考虑各构件的运动空间问题，否则可能发生构件之间或构件与机架之间的运动干涉。在图 9 - 16（a）所示的曲柄滑块机构设计过程中，为了避免曲柄与启动机构箱体（图中未画出）发生碰撞，需要把曲柄 AB 进行折弯处理（见图 9 - 16（b））。

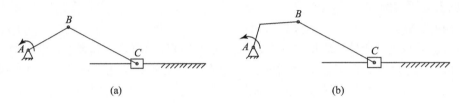

图 9 - 16 曲柄滑块构件形状的变异

同理，在摆动凸轮机构中，为了避免摆杆与凸轮轮廓线发生碰撞（见图 9 - 17（a）），经常把摆杆做成曲线或弯曲臂状（见图 9 - 17（b））。

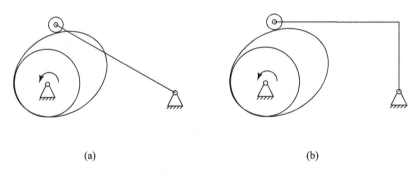

图 9 - 17 摆动凸轮构件形状的变异

②构件的合并与拆分。

构件变异与演化的途径还包括对机构中的某个构件进行合并与拆分，这种合并与拆分有助于设计新的机构或实现新的功能[327]。例如，共轭凸轮机构可以看作是主凸轮与副凸轮经合并而构成（见图 9 - 18（a）），但由于受到同步驱动装置与体积的限制，可将其经合并后变为图 9 - 18（b）所示机构。

（4）机构的变异与演化

1）定义

通过机构的变异与演化，人们可以获得具有相同机构简图、不同外形、不同功能，且能够满足机械仿生设计要求的机构。这样的机构虽然不是新机构，但却可能具有新功能或新性能，因而也是具有实用价值的。

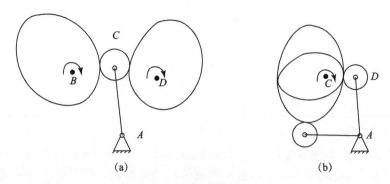

图 9 – 18　凸轮机构合并与拆分

2）创新运用实例

①机构的扩展。

机构的扩展是机构变异与演化的一种方式，它是指在原始机构的基础上，通过增加构件或与之相适应的运动副，用以改变机构的工作性能或开发新的功能。例如，图 9 – 19（a）所示导杆机构可以传递非匀速转动，但如果将导杆的摆动中心置于曲柄活动铰 B 的轨迹上（见图 9 – 19（b）），则所得机构传递的是匀速运动。

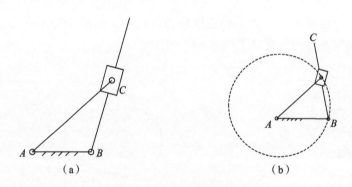

图 9 – 19　机构的扩展

②机构的倒置。

机构的倒置也是机构变异与演化的一种方式，包括机架的变换与主动构件的变换[328]。按照相对运动原理，倒置后的机构各构件的相对运动关系并没有发生改变，但是构件的运动规律发生了变化，从而满足不同的功能要求，还可以简化机构运动与动力分析方法。例如，含有一个移动副的四杆机构通过机架变换可以生成如图 9 – 20（a）所示的曲柄滑块机构、转动导杆机构、曲柄摇杆机构、定块机构；与之相似，将一般凸轮机构的主动件与机架变换可以生成如图 9 – 20（b）所示的反凸轮机构、浮动凸轮机构、固定凸轮机构。

③机构的等效变换。

机构的等效变换也属于机构变异与演化的一种方式，对于那些输入运动相同、输出运动也完全相同，但结构不同的一组机构来说，进行互相代换可以取得等效变换的效果。通过机构的等效变换，比较它们的受力状态、所占据的空间位置，以及零件的工艺性能等要素，用其中性能较为优良的机构代替性能不太理想的机构，可以帮助设计师们获得择优的机会，这

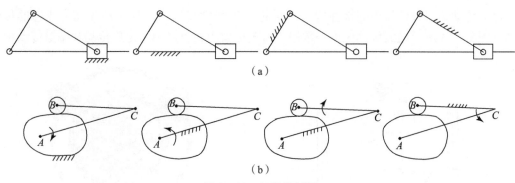

图 9 – 20　机构的倒置

也是仿生机械创新设计的一个很好途径。例如，图 9 – 21（a）表示尖底推杆偏心盘凸轮机构与曲柄滑块机构的等效代换，图 9 – 21（b）表示滚子摆杆偏心盘凸轮机构与曲柄摇杆机构的等效代替。上述实例均为运动副的等效代换。纤维材料通过扭曲与放松可具有缩短与伸长的特性，采用该材料制作成的移动连杆，可实现从动件的摆动，这是利用各种非刚性材料的特性进行机构运动功能代替，这样的方法称为简化机构的等效代换。

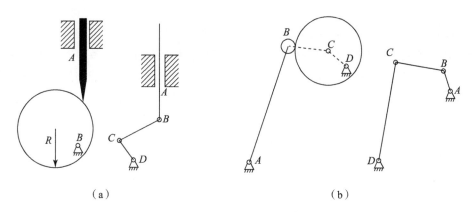

图 9 – 21　运动副的等效变换

（5）运动原理的移植

1）定义

将一些相同的运动原理运用到不同的机构中称为运动原理的移植。在很多情况下，机构运动原理的合理移植可以为仿生机械创新设计带来很好的效果。常用来进行移植的运动原理包括差动原理、谐波传动原理等。

2）创新运用实例

众所周知，啮合传动具有传动可靠、平稳、效率高等特点，但不利于远距离传动；普通平皮带传动虽可实现远距离传动，但因摩擦力的关系，传动不可靠、效率低。如果仿效啮合传动原理，把刚性带轮与挠性皮带设计成互相啮合的齿状，就产生了齿形带传动，即同步带传动。

例如，差动原理常用于齿轮系中，所得轮系称为差动轮系，该轮系可用于运动的合成或分解。图 9 – 22 所示为用于汽车后轮的差速机构。该机构的作用是把前置发动机输出的运动分解给两个后轮，使两个后轮的转动能够与汽车直行或拐弯运动相适应。这种差动运动的原理除了在齿轮机构中得到广泛应用以外，还可用于凸轮机构、螺旋机构、棘轮机构及槽轮机构等。

谐波传动是一种依靠中间挠性构件（柔轮）的弹性变形来实现运动和动力传递的传动方式。图 9 - 23 所示谐波传动原理经常用于齿轮传动中，也可用于螺旋传动和摩擦传动中。

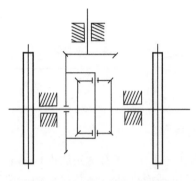

图 9 - 22　汽车后轮的差速机构

图 9 - 23　谐波齿轮传动机构

9.2.3　仿生机械创新设计的反求原理与运用

（1）基本概念

优异的仿生机械产品往往是设计师们采用一些非同一般的设计思路和技术手段成功研制的，所以它们才能优于其他产品的技术水平，体现出特色，展示出竞争力。仿生机械创新设计的反求原理是指针对不同的生物特性与功能进行深入的分析研究，特别是通过试验研究和模拟分析探索掌握其关键要素，在消化、吸收、移植的基础上，开发出与生物功能相近的仿生机械产品。因此，仿生机械创新设计反求原理强调应当在剖析研究生物功能、机理与特性的"求"上狠下功夫，吃透其中具体的运行原理或工作机制；在设计仿生机械产品时，力求在"改"和"创"上动脑筋、下功夫、求进展，以便在高起点上设计出高水平的仿生机械创新产品。

（2）设计思想反求

仿生机械创新设计的反求原理是探索其他仿生机械产品的设计思路，依据其他仿生机械产品蕴含的专业知识与成功经验来开发新的仿生机械产品[329]。实际上，各种仿生机械产品都是按一定的使用要求设计的，满足同样要求的仿生机械产品可能有不同的形式，所以，对仿生机械产品设计思想进行反求时，可通过对不同设计者研制的同类产品进行功能、结构、成本、使用性能等方面的对比分析，探索原仿生机械产品的设计思路，为开发新的仿生机械产品提供顶层设计方案。

（3）功能原理反求

仿生机械产品普遍是针对其功能要求进行设计的，满足功能需求是任何设计的起点。在功能分析的基础上，通过反求以了解现有原理方案的工作机制和机构组成，并进一步研究实现同样功能所需的原理解法。分析原理方案应首先掌握执行系统的特点，可从动力系统、传动系统、感知系统、控制系统、通信系统等方面进行逐项分析，并了解各系统之间的内在联系和机电接口。必须强调的是，分析产品各项功能时，要着重抓住主要功能，其中一些关键功能的解决对提升仿生机械创新设计的水平和特色能够起到决定性作用。例如，在肌电控制假手的研制中，设计师们发现，如果假手的手指开合机构按常规运动速度（角速度约 5 rad/s）

运动，其指端的捏紧力只能达到 5 N 左右，无法抓起物体。如要使捏紧力提高到 50 N，则在一定的功率下，手指开合机构的运动速度需要降低为原来的 1/10，即要使角速度达到 0.5 rad/s。设计中要求手指以较高速度快速靠近目标，靠近目标后，则需迅速降低速度，以提高捏紧力，只有解决了"速度转换"这个关键难题，人工假手才有真正的实用价值。

（4）结构形状与尺寸参数反求

仿生机械产品具体的结构形状和参数性能是实现其功能的重要保证，也与仿生机械产品的运动性能、工作能力、使用寿命有着密切关系。仿生机械产品的零部件是功能载体，只有各个零部件满足相关强度要求和刚度要求，并且设计零件的结构形状和尺寸参数与仿生生物的结构形状和尺寸参数保持一致，才能保证所设计的仿生机械产品的功能特性能够与原仿生生物相近或相似。

为了确定仿生机械产品的结构形状和尺寸参数，设计师们需要对仿生样本进行分解，由内到外，由局部到整体，通过测绘与计算确定各组成部分的形体尺寸，再根据仿生机械设计指标确定零件的精度等级，且对其进行优化，并将最终样图及技术文件完善起来。同时，还要考虑改善性能（如提高强度、刚度、精度、寿命，减少磨损、降低噪声等）、降低成本、提高安全性、可靠性等方面的措施。

（5）材料反求

要对仿生机械产品的主要工作性能（如强度、刚度、精度、寿命等）进行试验测定，掌握其设计要点和实施规范，并进行全面的性能试验，包括主要部件的几何精度、静刚度、主传动效率、空运转振动试验和频谱分析，以及噪声试验等。抓住了刚度和热变形的主要矛盾，并加以解决，新仿生机械产品的工作性能就会有很大的改善。

9.3　仿生机械创新设计的实际案例——四足机器人结构设计

机械结构是四足机器人整机系统的基础，为了保证四足机器人具有良好的动态特性和出色的负载能力，必须充分考虑机器人的机构设计理念及其方法，特别是对机器人的运动性能有较大影响的腿部结构设计。

本节详细介绍了笔者所在团队研制的仿生液压四足机器人的机械结构设计框架、设计思路和设计方法。首先通过对典型四足动物腿部骨骼和马体构造的解剖学研究，提炼出可供研制四足机器人借鉴的仿生设计要素，以初步确定四足机器人运动机构的相关参数；然后采用 Top-Down 的设计方法和模块化设计方案，以及分层装配技术，设计四足机器人腿部结构和整机结构；再通过开展典型四足动物及具有相似结构的四足机器人运动步态研究，进一步确定四足机器人运动时的步频、步长、抬腿高度，以及驱动元件的安装位置。为了分析腿关节采取不同安装方式时对机器人运动性能的影响，在机器人能够有效行走的前提下，寻找出更合理的关节配置方式，且借助虚拟样机技术，对采取不同关节配置方式的四足机器人进行仿真对比分析与性能综合评价；最后测试不同安装位置下的液压缸活塞杆的受力情况，从而对液压缸进行有效、合理的选型。

9.3.1　四足机器人结构设计概述

（1）四足机器人的总体性能要求及参数指标

本节的设计目标是研制一款有着四条机械腿的、高平衡性、高动态性、高适应性、高负载力、高性价比的仿生液压四足机器人（如图 9-24 所示）。该机器人可在高负载情况下在复杂地面上自如行走。鉴于其工作环境的复杂性和自身负载的特殊性，在其结构设计阶段，需要引入仿生设计的理念，合理设计身体比例，妥善规划步态空间，精心搭建液压系统，优化结构薄弱环节，减少应力集中现象，控制整机总体重量，在保证整体结构强度、刚度、稳定性的前提下减小质量、提高效率。此外，还要从理论和实践两个角度对液压缸活塞杆进行测算与调试，有效利用液压缸活塞杆的工作行程，扩大机器人腿部的可达域范围。

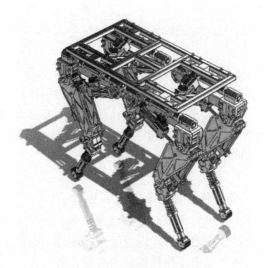

图 9-24　仿生液压四足机器人

仿生液压四足机器人机械结构设计的总体要求如下：

①整体尺寸按照马、骡等四足动物的特点进行仿生设计，选取合理的长、宽、高数值，同时，根据四足机器人执行任务的环境特点，确定机器人长度 ≤1 200 mm，宽度 ≤500 mm，高度 ≤1 000 mm，自重 ≤120 kg，最大负重 ≥60 kg。

②四足机器人采用一体化高功率密度的液压驱动单元，实现液压缸、伺服阀、传感器的一体化设计，能够输出 14 647 kg/m² 的系统压力，液压阀的响应频率能达到 200 Hz。

③四足机器人具有步行、对角小跑、失稳瞬间的平衡快速调节等功能，最高移动速度 ≥4 km/h，最大行走坡度 ≥30°，行走速度为 0.5 m/s。

④四足机器人自带动力，无须外接动力线缆和通信线缆，并具有一定的抗惯性力、抗侧向冲击等扰动的平衡自恢复能力。

⑤四足机器人在身穿背心式操控服的工作人员的引导下，通过激光雷达跟踪，初步实现对引导人员的自动随行功能。

（2）四足机器人的设计目标

通过反复研究和认真比较国内外四足机器人的研究现状，确定拟研制的仿生液压四足机器人预期设计目标如下：

①四足机器人整机由躯体结构和腿部运动机构组成。其中，躯体部分采用框架式结构（见图 9-25），搭载驱动、传动、探测、控制、视觉、定位、导航、通信等多个子系统，要求机器人运动平稳，工作可靠，重心波动小，摆动幅度低，腿部结构能够尽量衰减足端与地

面的冲击，减小对机身敏感元器件的影响。

②结合国内外四足机器人项目的研发经验，前期阶段可以将四足机器人躯体结构外置在伴随小车上，在液压、控制、通信等子系统相关元器件集成化和小型化之后再决定如何进行全系统整合。腿部运动结构是四足机器人支撑重负、躯体平衡、步态转换、姿态调整等的基础和关键，是本章主要探讨的内容。

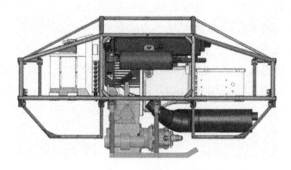

图 9－25　机器人躯体结构

③四足机器人腿部运动机构采用模块化思路进行设计，四条腿的零部件统一化和通用化，以方便后续的装拆、维护和实验。腿部零件先组成具有独立功能的组件和部件，再依据设计要求和使用特性装配整机，同类零件可互换使用，保证可靠性与通用性。

④四足机器人的每条单腿有大腿和小腿两个腿节，大腿采用夹板式设计，在关节处采用加强块保证强度的前提下，还为液压缸安装提供充足的活动余量和避让空间，同时可将液压管线和传感器线缆保护在内；小腿采用套筒式设计，增加一个被动的弹簧减震系统，以抵消和减弱机器人行进时足端不断敲击地面带来的腿部冲击；四足机器人的单腿具有三个自由度，其中髋关节处和膝关节处的自由度分别由两个 100 mm 行程的液压缸驱动，侧摆自由度由一个 85 mm 行程的液压缸驱动。

⑤四足机器人的单腿模块可通过连接框架构成双腿模块，并可通过调整连接框架及螺栓位置来快速实现不同四足动物的腿形变化模式（可达四种之多），这样就可用一台物理样机验证四足机器人在不同腿形配置时的优缺点，并进行具体评价，做到一机多用。

综合以上各项设计目标，对四足机器人的机械性能提出了以下具体要求：

①四足机器人应有足够的静态强度，能够在负重的情况下沿崎岖地面行走，并且在跌落或"马失前蹄"等突发情况下也不会发生严重损坏。

②四足机器人还应有足够的动态稳定性，使躯体在运动中甚至是侧滑、跌倒等突发情况下也足够稳定，以保护内部搭载的灵敏装置和易损子系统。

③四足机器人腿部应进行仿生设计和优化设计，使之能够有效利用材料，尽量减小质量。

④四足机器人应进行运动学和动力学分析，防止干涉，有合理的自由度分配，能进行合理的运动，能够与高功率密度的液压器件有机融合，为实现精确控制创造条件。

9.3.2　四足机器人运动参数的仿生学分析

在上述部分中，我们了解了引入仿生学知识对开发仿生液压四足机器人的重要性，然而如何将生物特性与优点融入四足机器人的机械结构设计之中，使其变得有血有肉、有魂有魄则是重点所在。

众所周知，生物具有的功能比迄今任何人工制造的机械装置都优越得多[330]。经过千百年的演化，哺乳类动物的骨骼结构、行走模式等已达到适应环境的最高水平。现代哺乳动物的骨骼结构特征、组成成分及密度分布都经受住了时间的长久考验，进化到了极为合理和极为完善的程度，具有很强的环境适应性。它们在合理受力的同时，还最大限度地优化了体积和重量。研究动物的骨骼，特别是四足哺乳动物的骨骼结构，在此基础上进行仿生构造，对开展仿生液压四足机器人结构设计的研究具有重要的指导作用和借鉴意义。

（1）步行动物腿足的生理特征与运动规律

自然界中，许多动物的运动都是以骨为杠杆、关节为枢纽、肌肉收缩为动力来完成的。物竞天择，适者生存，由于生存环境和运动方式的不同，动物的肢体也在向各种不同的类型演化，如图9-26所示。特别是哺乳动物中的灵长目，发展到猴和猿的阶段，已能直立行走，前肢已演化为手，原来走路的功能相对地消失了。

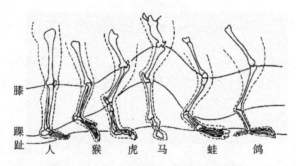

图9-26 不同动物的腿和足部形态

美国学者 Michael Mattesi 将哺乳动物分为跖行动物、趾行动物、蹄行动物三大类，并基于人类的解剖结构形象地画出了三类动物的运动形态原理图[331]，如图9-27所示。

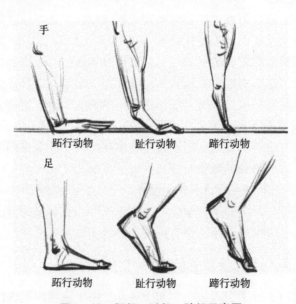

图9-27 跖行、趾行、蹄行示意图

跖行是指动物用脚板触地行走，缺少弹力，所以跑不快，如奔跑速度较慢的熊类和猿猴类动物。趾行是指动物利用趾部站立行走，这类动物前肢的掌部和腕部、后肢的趾部和跟部永远是离地的，都以善跑出名，如虎、豹、狗等爪类动物。蹄行是指动物利用指尖或趾甲来行动，四肢的指甲和趾甲不断扩大，逐渐退化成坚硬的"蹄"，如牛、羊、马等。

动物单腿的腿部关节布置形式通常有膝式和肘式两种，如图9-28所示，组合起来则有四种腿形配置，分别是前膝后肘型、前肘后膝型、全肘型和全膝型。通过观察人及部分动物的腿部构造，人们发现，后肢的"后膝"式关节配置（图9-29）可以极大地增大奔跑过程中脊柱弯曲成弓形时身体的可"压缩"程度，储存更多的弹性势能，进而爆发出更强的奔跑能力。

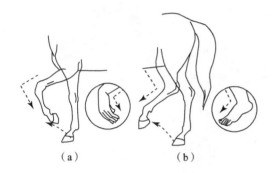

图9-28 膝式（a）和肘式（b）

图9-29 后膝式关节

从通常意义上讲，不同种类的动物，相当于利用不同的足部着地方式进而变相地改变了腿部比例，增加关节高度会增强其腿部的弹性并延长步幅的长度，从而提升该运动形态的一般速度。

（2）四足机器人仿生设计对象的选取

自然界中的四足动物种类繁多，形态不一，腿的构造也多种多样，为人们的仿生研究提供了数目众多的参考样本。国内外相关四足机器人研究大多以狗、马等典型四足动物为仿生对象。

本书介绍的仿生液压四足机器人，其研究目标是后勤保障、负重行走，要求能走善跑，地形适应性强。对比分析常见的四足动物，发现骡或马善于奔跑，并且耐力持久，适于承担负重和代步工作。人们对马已经做过大量解剖学及生物力学研究。因此，本书最终选择马为仿生研究对象，总结其骨骼和肌肉的结构特点与运动规律，为后续的四足机器人相关设计工作提供指导与帮助。

（3）马的解剖学研究

按照自然分类法，马属于动物界，脊索动物门，脊椎动物亚门，哺乳纲，奇蹄目，马科，马属，马种。众所周知，骨骼系统是动物维持生命必需的器官，并且为软的身体部位提供支撑与保护框架。马的全身包含205块骨骼（如图9-30所示），可以按照形状及功能的不同，分为五个类别。长骨，在运动中起支撑和杠杆作用，主要构成马的肢体；短骨，吸收震荡，主要构成连接部分，如膝盖、飞腓节等；扁骨，构成包含器官的体腔，如肋骨等；籽骨，埋置在肌腱之内；另外，还有一些保护中央神经系统的不规则骨头，如脊柱等。其中，长骨和短骨是最常见的两种，是我们进行四足机器人仿生研究的重点对象。

马全身的肌肉较多，科研人员主要研究的是与运动关系紧密联系的骨骼肌，即韧带和肌腱。韧带和肌腱，与骨骼系统一起，构成使马飞奔的"动力系统"。韧带是使各骨块相互连接的结缔组织，由弹性纤维索状物组成，连接骨头和骨头，起重要的连接和支撑作用。肌腱是肌腹两端的索状或膜状致密结缔组织，便于肌肉附着和固定于骨骼上。一块肌肉的肌腱分附在两块或两块以上的不同骨上，由于肌腱的牵引作用，使肌肉产生收缩，带动不同骨的运动。

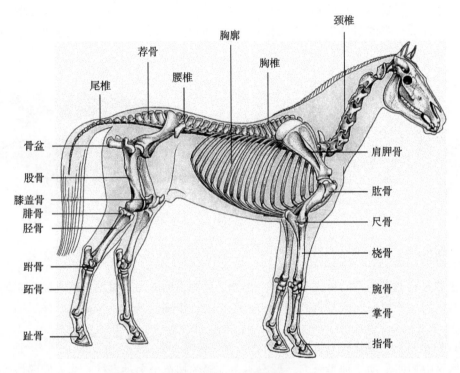

图 9 – 30　马的骨骼图

（4）马的仿生学探索

总体而言，除去髋（肩）关节以上的附肢骨骼，马的四肢可分为三部分，即髋（肩）关节至膝（肘）关节的大腿（臂）节、膝（肘）关节至踝（腕）关节的小腿（臂）节、踝（腕）关节至足（掌）端的足（掌）节，即三关节三腿节。马的前肢掌骨（或后肢跖骨）笔直向下延伸（如图 9 – 31 所示），大大增加了脚的长度；四肢的末端演化成单一的脚趾，减小了骨骼质量和奔跑负担；指骨（趾骨）最末端外围包裹着厚厚的角质化皮层，成为马蹄。行走奔跑时，以马蹄接触地面，为蹄行动物；为防止马蹄过度磨损，人们常给马钉上耐磨的马掌。

一般来说，动物腿部骨骼两端粗大，尤其是在关节连接处更加膨大，中间细长，且过渡变化均匀，如图 9 – 32 所示。这种结构能够有效地承受弯矩，且能在保证关节受力情况下防止应力集中，符合结构设计中的等强度原则。

在马的四肢骨骼末端，具备类似"弹簧腿"的特殊功能，如图 9 – 33 所示。马的指骨末端具有发达强韧的肌腱，不仅能将掌骨与指骨稳固地缠绕，还能使掌骨与指骨间灵活运动。马站立时，腕关节处于竖直的锁紧位置，可支撑其巨大的身躯和重量，保持站立休息状态；奔跑时，腕关节弯曲，并且指骨与掌骨最大可呈现约 90° 的弯曲（见图 9-34），在肌腱的牵拉与缩放下，能快速弯曲与伸直，配合着跨步奔跑，好像弹簧一般，能够蹬出大步，也能够向上跳跃。马在奔跑中，这种压缩和伸展结构可以有效地吸收震动和增加弹性，提高运动效率。

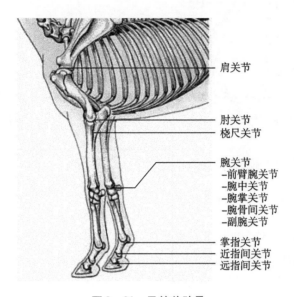

图 9-31 马的前肢骨

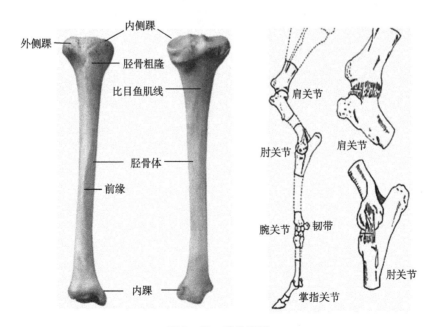

图 9-32 动物腿骨

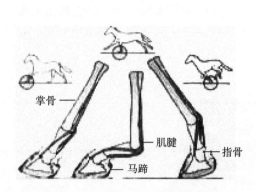

图 9 – 33 马前肢的"弹簧腿"功能

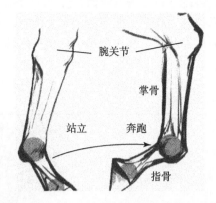

图 9 – 34 站立和奔跑时马腿的不同形态

9.3.3 四足机器人腿部结构参数的分析与确定

（1）四足机器人的腿节比例关系

步行动物的腿部比例直接关系到其关节高度、腿部弹性和步幅长度，对运动性能有很大影响。马具有较长的足（掌）节，良好的腿部比例关系保证马能以较大的步幅飞奔，因此，四足机器人的腿部比例应参照马腿进行科学的仿生设计，这对四足机器人能否获得良好的运动性能至关重要。

1）单腿数学模型

建立机器人右后腿的三腿节摆角关系如图 9 – 35 所示，其中 X 轴为前进方向，Y 轴为横摆方向，Z 轴为竖直起伏方向；单腿摆动 θ 角度后，从侧面 XOZ 看，三腿节在平面 $O(P_1)X_0P_0P'_0$ 上，如图 9 – 36 所示。

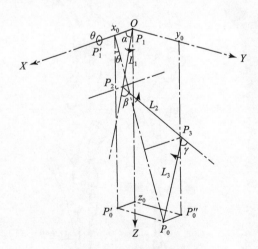

图 9 – 35 三腿节数学模型

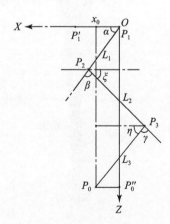

图 9 – 36 三腿节共面

该模型包含三个关节，其中 P_1 为臀关节，P_2 为膝关节，P_3 为踝关节，P_0 为足端；三个腿节中，$P_1P'_1$ 为连接机体的横滚侧摆件，大腿节 P_1P_2 长为 L_1，小腿节 P_2P_3 长为 L_2，末腿节 P_3P_0 长为 L_3；四个自由度中，臀关节 P_1 处有绕 X 轴的横滚侧摆 θ 和绕 Y 轴的俯仰摆

动 α 的两个自由度，膝关节 P_2 和踝关节 P_3 处各有绕 Y 轴的俯仰摆动 β 和 γ 两个自由度，分别由 4 个液压缸驱动。

由运动常识可知，设定逆时针为正，θ 外摆方向、α 和 β 逆时针方向为正，γ 顺时针方向为负。P_0 为足端位置，P_0' 和 P_0'' 分别为 P_0 在 XOZ 和 YOZ 平面上的投影，X_0、Y_0、Z_0 分别为 P_0 在 X、Y、Z 轴上的投影，可有：

$$|OX_0| = |P_0P_0''| \tag{9-1}$$

$$|OY_0| = |P_0P_0'| = |P_0X_0|\sin\theta \tag{9-2}$$

$$|OZ_0| = |P_0'P_1'| = |P_0X_0|\cos\theta \tag{9-3}$$

$$|P_0X_0| = L_1\sin\alpha + L_2\sin\xi + L_3\sin\eta \tag{9-4}$$

$$|P_0P_0''| = L_1\cos\alpha + L_2\cos\xi + L_3\cos\eta \tag{9-5}$$

$$\xi = \pi - (\alpha + \beta) \tag{9-6}$$

$$\eta = \alpha + \beta - \gamma \tag{9-7}$$

简化上述各式，可得足端点 P_0 在各坐标轴上的坐标 x_0、y_0、z_0 分别为：

$$x_0 = L_1\cos\alpha + L_2\cos(\alpha+\beta) + L_3\cos(\alpha+\beta-\gamma) \tag{9-8}$$

$$y_0 = [L_1\sin\alpha + L_2\sin(\alpha+\beta) + L_3\sin(\alpha+\beta-\gamma)]\sin\theta \tag{9-9}$$

$$z_0 = [L_1\sin\alpha + L_2\sin(\alpha+\beta) + L_3\sin(\alpha+\beta-\gamma)]\cos\theta \tag{9-10}$$

上述三式分别对 L_1、L_2、L_3 求偏导，可得 L_1、L_2、L_3 分别对 x_0、y_0、z_0 的影响因子为：

$$\frac{\partial x_0}{\partial L_1} = \cos\alpha, \quad \frac{\partial x_0}{\partial L_2} = \cos(\alpha+\beta), \quad \frac{\partial x_0}{\partial L_3} = \cos(\alpha+\beta-\gamma) \tag{9-11}$$

$$\frac{\partial y_0}{\partial L_1} = \sin\alpha\sin\theta, \quad \frac{\partial y_0}{\partial L_2} = \sin(\alpha+\beta)\sin\theta, \quad \frac{\partial y_0}{\partial L_3} = \sin(\alpha+\beta-\gamma)\sin\theta \tag{9-12}$$

$$\frac{\partial z_0}{\partial L_1} = \sin\alpha\cos\theta, \quad \frac{\partial y_0}{\partial L_2} = \sin(\alpha+\beta)\cos\theta, \quad \frac{\partial y_0}{\partial L_3} = \sin(\alpha+\beta-\gamma)\cos\theta \tag{9-13}$$

2）腿节优化目标及求解方法

为保证四足机器人腿部机构运动时具有足够的灵活性，仅研究腿节数是不够的，因为各腿节的长度对机器人总体运动性能的影响也很大，因此，在确定四足机器人腿部总体尺寸后，对每个腿节比例的合理分配也非常有必要。

在进行仿生四足机器人的腿节参数优化设计时，目标是尽可能扩大 XOZ 平面的运动空间，这是由于运动空间与腿部的运动能力呈正比关系。运动空间是指腿的足尖点可到达的区域范围，又称为足端可达域，其范围由关节转角和各腿节长度决定。x_0 为足端 P_0 在 X 轴方向所能达到的位置，即可达域，该参数影响四足机器人行走的步长，在步频不变的情况下直接关系到四足机器人的行走速度，是四足机器人至关重要的性能指标之一。

四足机器人腿部足端运动空间的求解方法主要有解析法、图解法和数值法等。其中，解析法过程比较繁杂，直观性差，一般只适用于关节数少于 3 的机器人；图解法直观性强，但也受到自由度数的限制，当关节数较多时，必须进行分组处理；数值法以极值理论和优化方法为基础，使用简单方便。随着计算机的广泛应用，对机器人工作空间的分析越来越倾向于采用数值方法。

本节将分别选取图解法和计算机辅助数值法来研究不同腿节比例对足端可达域的影响，

在满足总体性能要求的前提下，找到较优的腿节比例方案。

四足机器人各关节由液压缸驱动，由液压缸安装位置及四足动物右后腿腿节运动情况可得，在参数化研究初期，为了减小角度取值变化对研究对象的影响，可初步设定角度参数如下：$\theta = -45° \sim 45°$，$\alpha = 20° \sim 60°$，$\beta = 40° \sim 110°$，$\gamma = 30° \sim 100°$，以便采用统一的角度范围值来研究腿节比例对足端可达域的影响；同时，令 $\theta = 0°$，忽略肩部在 ZY 平面上旋转的关节，即腿部不在 XOZ 平面内做侧摆运动，只针对腿部在肩旋转关节处于中位状态时腿节对机器人足部 XZ 平面运动区域的影响进行分析。

3）图解法

如图 9-37 所示，图解法求解四足机器人足端空间面积的过程，是指从足端开始，由下至上，逐步图解求出其工作区域。

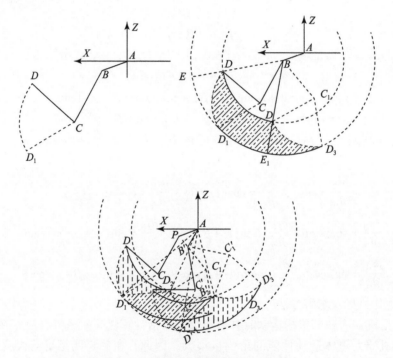

图 9-37　图解法求解足端空间面积

然后，通过图形分割办法求得阴影部分面积，可有：

$$S_{DD'_1D'_3D'_2D_2} = S_{DD_1D_2} + S_{D_2D_1D'_1D'_2} + S_{D'_2D'_1D'_3} = 0.635\pi L_2 L_3 + 0.251\pi L_1 L_2 \qquad (9-14)$$

4）Matlab 仿真

为减少计算量和缩短仿真时间，可将计算过程分两步进行：

①令 $L_1 = 0$，即将三腿节退化为两腿节，设 $m = L_2/(L_2 + L_3)$，$L_2 + L_3 = 1\,000$ mm，通过 Matlab 仿真，得到 m 不同取值时的足端可达域，如图 9-38 所示。

类似地，如图 9-39 所示，采用几何图形填补法可得可达域面积 S。

图 9-39（a）所示为 $m = 0.5$ 时足端可达域形状，由 4 条圆弧围成，其面积可通过式（9-15）和式（9-16）计算得到。

$$S_{P_{01}AP_{02}} = S_{BP'_{02}P'_{01}} \qquad (9-15)$$

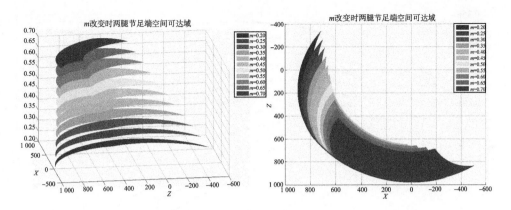

图 9 - 38　m 改变时的足端可达域

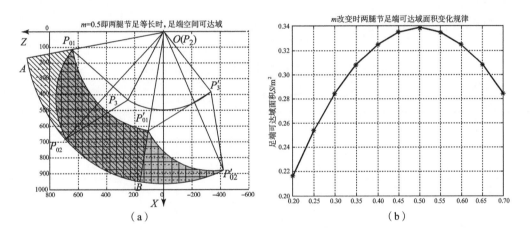

（a）　　　　　　　　　　　　　　　（b）

图 9 - 39　m 改变时的可达域面积 S

$$S_{P_{01}P_{02}P'_{02}P'_{01}} = S_{P_{01}P_{02}BP'_{01}} + s_{BP'_{02}P'_{01}} = S_{P_{01}AP_{02}} + S_{P_{01}P_{02}BP'_{01}} = S_{P_{01}ABP'_{01}} \qquad (9-16)$$

通过 Matlab 仿真得到 $S-m$ 的变化曲线如图 9 - 39（b）所示。显然，$m=0.5$，即第二腿节和第三腿节等长时，足端可达域最大。

②考虑到第一腿节 L_1 变化的影响，为减少仿真变量，给定 α 初始值为 $20°$，设参数 $p = L_1/(L_1+L_2+L_3)$，$m=L_2/(L_1+L_2+L_3)$，$L_1+L_2+L_3=10\,000$ mm，通过 Matlab 仿真，得到 p 和 m 不同取值时的足端可达域面积 S 变化规律，如图 9 - 40 所示。

由图 9 - 40 可以总结出如下规律：

①对于不同曲线，p 越小，S 越大，即第一腿节 L_1 所占的比例越小，足端可达域面积越大，这与韩宝玲、王秋丽等学者在六足仿生步行机器人研究中得出的结论相符[332]。

②对于同一条曲线，p 值固定时，S 随 m 取值变化，并且有最大值。即当第一腿节 L_1 所占总体比例固定时，可以通过改变第二、三腿节的比例关系达到最优的足端可达域，见表 9 - 1。

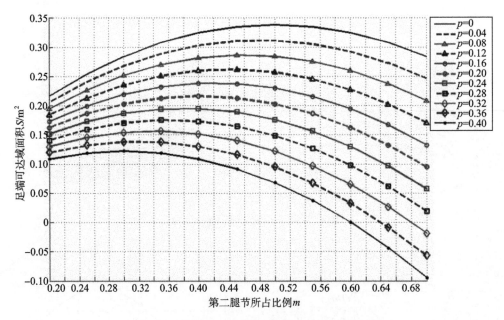

图 9 – 40　p 和 m 改变时可达域面积 S 的变化规律

表 9 – 1　S 取最大值时的 p 和 m 取值

第一腿节 比例 p	第二腿节 比例 m	第三腿节 比例 $1-p-m$	第一腿节 比例 p	第二腿节 比例 m	第三腿节 比例 $1-p-m$
0	0.50	0.50	0.24	0.38	0.38
0.04	0.47	0.45	0.28	0.36	0.36
0.08	0.45	0.47	0.32	0.35	0.33
0.12	0.45	0.47	0.36	0.32	0.32
0.16	0.42	0.42	0.40	0.30	0.30
0.20	0.40	0.40			

　　除去读图误差，由表 9 – 1 可知，第二腿节和第三腿节基本维持 1:1 的比例关系，这也印证了两腿节仿真及图解法结果的正确性。

　　最后，对比国内外现有同类四足机器人相关参数，在设计仿生液压四足机器人时，选用单腿两腿节三自由度的方案。考虑到四足机器人设计指标规定身高小于等于 1 m，最终取单腿节长为 400 mm。

　　（2）四足机器人的关节配置方式

　　对于四足机器人而言，其腿部关节的布置形式极为重要，决定着机器人的运动学和动力学性能[333]。四足机器人的关节配置方式多样，以单腿两腿节三自由度四足机器人为例，单腿的腿部关节形式有膝式关节和肘式关节两种，如图 9 – 41 所示。将这两种关节组合起来，则有四种关节配置方式，分别是全肘式、全膝式、前膝后肘式和前肘后膝式，如图 9 – 42 所示。

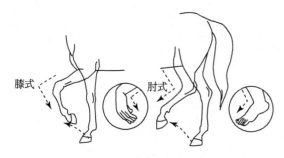

图 9－41　膝式和肘式关节

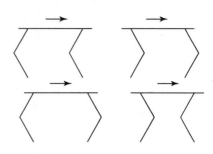

图 9－42　四种关节配置方式

目前，国内外处于实验阶段和已经公布样机的四足机器人中，四种配置形式的都有，都可以实现基本的行走功能。其中，BigDog2008、LittleDog、AIBO、HyQ、Biosbot、AiDIN 等采用前肘后膝型；波士顿动力公司最新研制的 AlphaDog Proto 和 LS3 均采用前膝后肘型；Bisam 和 BigDog2005 采用全膝型；TekkenⅡ、Puppy、KOLT 等则采用全肘型。

本节设计的仿生液压四足机器人采用前肘后膝型，同时采用模块化设计思路，通过快速装拆相同模块，实现四种不同关节配置。该设计思路的优点在于，可在一款样机上验证多种关节配置，实现一机多用，从而节省研制成本，缩短研制时间。

（3）四足机器人的关节摆角范围

四足机器人每个关节的活动范围决定了其能够实现的步态，进而决定了四足机器人所能应对的工作环境。关节活动范围过小，会导致机器人运动能力下降，效率变低；关节活动范围过大，则会发生干涉、出现运动死角等问题，所以确定运动范围对四足机器人的功能实现至关重要。

在机器人运动过程中，腿部关节的摆动可以分解为两个方向的运动，即前进方向和侧向方向的运动。在前进方向上，足部抬起的高度不是脱离地面即可，而是要能够达到一定高度，这样才能在崎岖不平的地面上行走，并跨越地面上的障碍，这就要求小腿与大腿的最小夹角能够达到足够小的数值。在侧向方向上，机器人需要能够对侧向的冲击迅速做出反应，这时足部应当能够迅速地向侧向后撤，腿部也应当能够迅速地侧向支撑，保持稳定，此时腿部与躯干构成的角度在保证互不干涉的前提下应尽可能大。

结合以上所述四足机器人腿部关节摆角的设计理念与要求，在进行机器人的运动规划之前，需要对运动过程中单腿的不同形态有所了解。如图 9－43 所示，P_{h1}、P_{h2}、P_{h3} 为髋关节位置，P_{k0}、P_{k1}、P_{k2}、P_{k3} 为膝关节位置，P_{f0}、P_{f1}、P_{f2}、P_{f3} 为足端位置，姿态（0）为机器人站立不动的初始姿态，如 $\triangle P_{h1}P_{k0}P_{f0}$ 所示；姿态（1）为机器人前腿迈出一步后的姿态，如 $\triangle P_{h1}P_{k1}P_{f1}$ 所示；姿态（2）为机器人后腿迈出一步、身体前移造成前腿拖后的姿态，如 $\triangle P_{h1}P_{k2}P_{f1}$ 所示；姿态（3）为机器人前腿迈步、中足端离地最高时的姿态，如 $\triangle P_{h2}P_{k3}P_{fh}$ 所示。通常，称姿态（1）和（2）为支撑相，姿态（3）为摆动相，四足机器人正常行进过程中，由三个腿形交替变化，（1）→（2）→（3）→（1）为一个周期，足端 P_{f1}、P_{f2} 的距离即为一个步长。

张秀丽、郑浩军等学者通过观察四足动物的运动规律，基于简化和便于控制的目的，提出如下假设：膝关节的运动对四足机器人步长没有贡献，机器人步长由髋关节的运动决

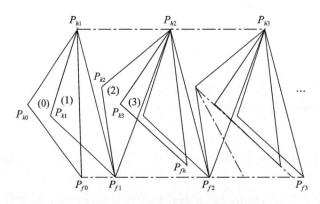

图 9 – 43　四足机器人运动中单腿形态

定[334]；膝关节运动的主要贡献是抬高摆动腿的足端高度，避免机器人运动时摆动腿出现搓地、绊跌等问题，摆动腿足端离地高度应该始终大于零；且由设计的膝髋关节运动关系可知，摆动腿最大离地高度位于摆动相中点。

　　若设定姿态（3）到姿态（2）和姿态（3）到姿态（1）所需的髋关节摆角相等，同时，依据四足动物站立时腿部姿态的特点，设定姿态（0）时大腿与小腿分别与垂直方向成30°夹角。利用 SolidWorks 的完全定义草图（如图 9 – 44 所示），可反解得到髋关节和膝关节摆角的幅值。

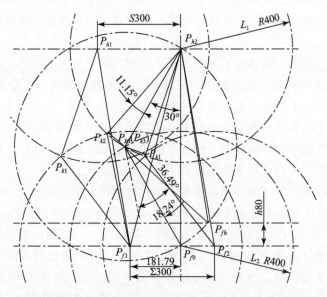

图 9 – 44　利用 SolidWorks 完全定义草图计算关节摆角

　　改变步长 S 可反求得到髋关节摆角幅值 A_h 的变化，改变抬腿高度 h 可求得膝关节摆角幅值 A_k 的变化，具体情况见表 9 – 2 和表 9 – 3。

表 9 - 2　髋关节摆角 A_h 与步长 S 的关系

S/mm	A_h/(°)	S/mm	A_h/(°)	S/mm	A_h/(°)
250	9.65	330	11.9	410	12.94
260	9.97	340	12.12	420	12.9
270	10.28	350	12.32	430	12.78
280	10.58	360	12.5	440	12.56
290	10.87	370	12.65	450	12.15
300	11.15	380	12.78	460	11.48
310	11.41	390	12.87	470	10.81
320	11.67	400	12.93	480	9.53

表 9 - 3　膝关节摆角幅值 A_k 与抬腿高度 h 的关系

h/mm	A_k/(°)	h/mm	A_k/(°)
10	2.75	50	12.18
20	5.31	60	14.27
30	7.72	70	16.29
35	8.87	80	18.24
40	10	90	20.13
45	11.1	100	21.97

已知 $L_1 = L_2 = 400$ mm，$v = 1.2$ m/s，$t = 0.5$ s，则 $S = vt/2 = 0.3$ m，根据经验，取摆腿高度 $h = 0.08$ m，可得 $A_h = 11.15°$，$A_k = 18.25°$。

（4）液压缸的安装位置

四足机器人各关节的运动由液压缸驱动，选定的液压系统部分参数如下：

①系统额定压力为 21 MPa，额定流量为 30 L/min，油箱容积为 100 L，压力脉动小于 0.1 MPa，功率为 11 kW，采用冷却机冷却，保证油温在 60 ℃以下。

②液压伺服油缸为单杆双作用活塞缸，公称压力为 25 MPa，液压缸内径为 25 mm，活塞杆外径为 16 mm，液压缸最短和最长外形长度为 342.5 ~ 442.5 mm，最大负载为 10 kN，活塞杆行程为 100 mm，活塞杆的最大运动速度为 170 mm/s 左右，液压缸最大需用流量为 5 L/min，位移传感器的分辨率为 1 μm。

③电液伺服阀的供油压力为 21 MPa，额定流量为 5 ~ 10 L/min，频响大于 100 Hz。

伺服阀安装在缸体上，活塞位移传感器外置，电液伺服阀、液压缸、活塞位移传感器和力传感器共同组成伺服油缸总成。

由以上参数，可求得液压缸极限推力和拉力分别为：

$$F_{推} = 21 \text{ MPa} \times \pi \times (12.5 \text{ mm})^2 = 10\ 303.125 \text{ N} \approx 10 \text{ kN} \qquad (9 - 17)$$

$$F_{拉} = 21 \text{ MPa} \times \pi \times \left[(12.5 \text{ mm})^2 - (8 \text{ mm})^2 \right] = 6\ 082.965 \text{ N} \approx 6 \text{ kN} \qquad (9 - 18)$$

常规电动机驱动可以直接通过传动系统作用在关节转轴上，而选择液压系统为直线驱动，因此必须计算最小作用力臂，以保证液压系统的有效性。另外，在实际工作环境中，四足机器人可能会受到较大的冲击力，因此需要分析恶劣环境下机器人腿部的受力情况。

为了模拟极限受力工况，假设四足机器人从 1 m 的高度坠落到坚硬的岩石路面或者水泥路面上，且只有两条腿着地。岩石路面或水泥路面的缓冲时间为 0.2 ~ 0.3 s，这里取 0.3 s。根据 $s = at^2/2$，其中 $s = 1$ m，$a = g = 10$ m/s^2，可以得出机器人下落的时间和落地时的速度：$t = 0.447$ s，$v = 4.47$ m/s，则缓冲加速度为 $a = 4.47/0.3 = 14.9$（m/s^2）。设四足机器人自身质量与载荷的总和为 160 kg，根据 $F = ma$，可得出地面施加给机器人的缓冲力约为 2 380 N。为了保证所设计的结构能够承受足够大的力，取安全系数为 2，即所受的缓冲力为 4 760 N。因机器人至少有两条腿同时着地，所以每条腿垂直方向的受力为 2 380 N，将该力作为机器人承受力的最大值。

定义侧摆关节力矩为 M_1，大腿与侧摆连接处的力矩为 M_2，大腿与小腿连接处的力矩为 M_3，腿节长度分别为 L_1、L_2、L_3，质量分别为 m_1、m_2、m_3，夹角分别为 θ_1、θ_2、θ_3，则广义平衡方程为：

$$M_1 = \frac{1}{2}m_2 L_2 \cos\theta_2 \cos\theta_1 - m_3 g \left[L_2 \cos\theta_2 \cos\theta_1 + \frac{1}{2}L_3 \cos(\theta_2 - \theta_3)\cos\theta_1 \right] +$$
$$F\left[L_2 \cos\theta_2 \cos\theta_1 + L_3 \cos(\theta_2 - \theta_3)\cos\theta_1 \right] \tag{9-19}$$

$$M_2 = \frac{1}{2}m_2 L_2 \sin\theta_2 - m_3 g \left[L_2 \sin\theta_2 + \frac{1}{2}L_3 \sin(\theta_2 - \theta_3) \right] +$$
$$F\left[L_2 \sin\theta_2 + L_3 \sin(\theta_2 - \theta_3) \right] \tag{9-20}$$

$$M_3 = FL_3 \sin(\theta_2 - \theta_3) - \frac{1}{2}M_3 g L_3 \sin(\theta_2 - \theta_3) \tag{9-21}$$

其中，F 为地面缓冲力。液压缸活塞杆所能够产生的推力扭矩必须大于等于上式的 M_i。下面对液压缸的推力力矩进行推导。

图 9 - 45 和图 9 - 46 所示分别为机器人髋关节和膝关节液压缸安装位置的示意图。根据图中所示的几何关系，可以计算出液压缸的推力力矩与安装角度和位置的关系如下：

$$c_1^2 = a_1^2 + b_1^2 - 2a_1 b_1 \cos\left(\frac{\pi}{2} + q_1 + e_{11}\right) \tag{9-22}$$

$$c_1(q_1) = \sqrt{a_1^2 + b_1^2 + 2a_1 b_1 \cos(q_1 + e_{11})} \tag{9-23}$$

$$\beta_1 = \arccos\left(\frac{a_1^2 + c_1^2 - b_1^2}{2a_1 c_1}\right) \tag{9-24}$$

$$l_{\text{eff1}} = a_1 \sin(\beta_1) = a_1 \sin\left[\arccos\left(\frac{a_1^2 + c_1^2 - b_1^2}{2a_1 c_1}\right) \right] \tag{9-25}$$

$$c_2(q_2) = \sqrt{a_2^2 + b_2^2 + 2a_2 b_2 \cos(q_2 + e_{21} + e_{22})} \tag{9-26}$$

$$\beta_2 = \arccos\left(\frac{a_2^2 + c_2^2 - b_2^2}{2a_2 c_2}\right) \tag{9-27}$$

$$L_{\text{eff2}} = a_2 \sin(\beta_2) = a_2 \sin\left[\arccos\left(\frac{a_2^2 + c_2^2 - b_2^2}{2a_2 c_2}\right) \right] \tag{9-28}$$

则机器人髋关节和膝关节的推力力矩分别为：

$$\tau_1(q_1) = F_{\text{cyl}} L_{\text{eff1}} = F_{\text{cyl}} A_1 \sin\left[\arccos\left(\frac{a_1^2 + c_1^2 - b_1^2}{2a_1 c_1}\right) \right] \tag{9-29}$$

$$\tau_2(q_2) = F_{cyl}L_{eff2} = F_{cyl}a_2\sin\left[\arccos\left(\frac{a_2^2 + c_2^2 - b_2^2}{2a_2c_2}\right)\right] \tag{9-30}$$

式中，F_{cyl} 为忽略摩擦力情况下液压缸的有效推力，四足机器人能有效运动的前提是：

$$\tau_1(q_1) \geqslant M_2, \quad \tau_2(q_2) \geqslant M_3 \tag{9-31}$$

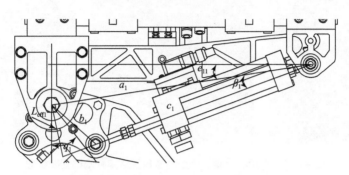

图 9 – 45　髋关节液压缸安装位置示意图

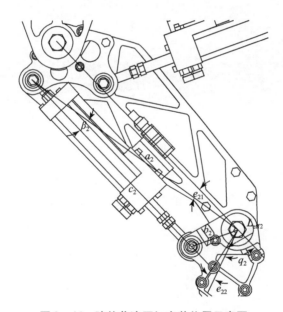

图 9 – 46　膝关节液压缸安装位置示意图

代入各已知参数，可以求得推动机器人腿部侧摆的液压缸活塞杆的安装位置应为距离轴承轴线 36 mm 处，推动大腿的液压缸活塞杆的安装位置应为距离关节 83 mm 处，推动小腿的液压缸活塞杆的安装位置应为距离关节 53 mm 处，如图 9 – 47 所示。

选用液压缸的额定压强为 21 MPa，内径为 16 mm，外径为 25 mm，经计算，其最大推力：

$$F = 21 \times 10^6 \times [3.14 \times (12.5^2 - 8^2) \times 10^{-6}]N = 6\,083\ N \tag{9-32}$$

最大承受压力为 10 kN，这表明所选液压缸能够推动四足机器人在恶劣环境下行走。

液压缸采用独立设计理念。如图 9 – 48 所示，液压缸外形长度为 342.5 ~ 442.5 mm，液压缸工作行程为 100 mm，内筒的外径为 25 mm，活塞杆径为 16 mm。液压缸活塞杆端轴承内径 17 mm，厚度为 10 mm。有一个进油口和一个出油口，位置设计在一侧，以减小液压缸另一侧面的尺寸，便于安装在腿部夹板之间。再在进出油口并列的位置处安装位置感应器。

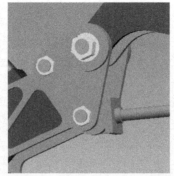

图 9 - 47　小腿、大腿、侧摆的液压缸活塞杆端部安装位置

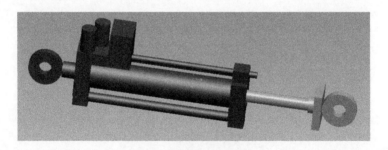

图 9 - 48　液压缸建模

图 9 - 49 所示为机器人大腿的最大活动范围和最小活动范围。由图可以看出，大腿的活动范围完全能够满足 120°的开角要求，能够保证机器人实现相应的步态。

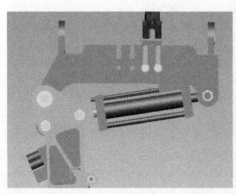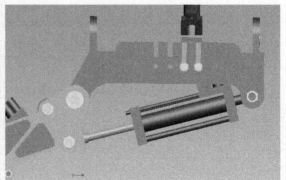

图 9 - 49　大腿活动开角

确定液压缸的位置之后，可进行其活动范围校核，即需要确定液压缸能够完成机器人行走需要的活动范围。通过调整面板的细节形状，例如将直角边改为圆弧、将连接位置外移等等，使液压缸在活动中不与面板的连接件发生碰触。经过调试，液压缸完全能够推动四足机器人的相关腿节在预定的范围内自如活动。

（5）液压缸的工作行程

髋关节和膝关节处安装的液压缸直接关系到四足机器人腿部机构设计的合理性和行走的效率，故作为规划和优化的重点。在确定机器人腿节长度及液压缸的安装位置之后（如图9-50所示），就可以根据机器人对关节转角的要求来确定液压缸的工作行程、安装位置，并开展行程规划，这些工作主要依据以下原则进行：

①满足此前步骤（3）中对髋关节和膝关节摆角幅值的要求；

②满足此前步骤（4）中对液压缸安装位置与关节转轴距离即最小力臂的要求；

③零位姿态（0）时各液压缸长度均处于其最短和最长外形尺寸 342.5 ~ 442.5 mm 的正中，优先使用液压缸工作比较平稳、动作比较精确的中间区域，即 $L_{Hh0} = L_{Hh0} = 392.5$ mm；

④在液压缸行程变化过程中，尽量只沿轴线方向伸缩，减少晃动；

⑤从可靠性和精确性角度出发进行考虑，避开达到液压缸工作行程两端的极限位置，预计各留出 7.5 mm，即液压缸外形长度变化范围在 350 ~ 435 mm 为妥；

⑥在进行结构设计时增加机械限位，以使电限位失效后能继续起到保护作用，防止液压缸受到损伤。

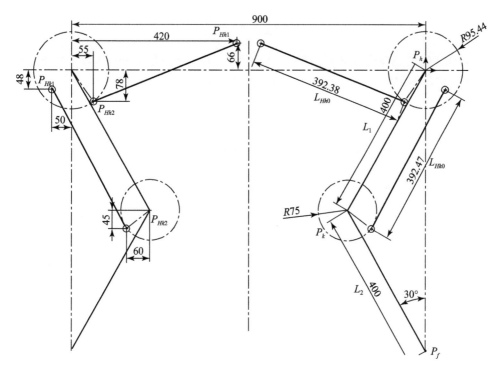

图9-50 液压缸安装位置

L_{Hh}—髋关节液压缸；L_{Hk}—膝关节液压缸；

P_{Hh1}—髋关节液压缸无杆腔一端活塞环的安装位置；

P_{Hh2}—髋关节液压缸有杆腔一端活塞环的安装位置；

P_{Hk1}—膝关节液压缸无杆腔一端活塞环的安装位置；

P_{Hk2}—膝关节液压缸有杆腔一端活塞环的安装位置

髋关节液压缸的具体行程规划如图 9 - 51 所示。髋关节液压缸处于零位时的长度为 $L_{Hh0} = 392.38$ mm，对角小跑时，满足髋关节摆角幅值 A_h 的液压缸外形长度变化范围是 374.92 ~ 410.75 mm，即液压缸的实际工作行程为 35.83 mm。

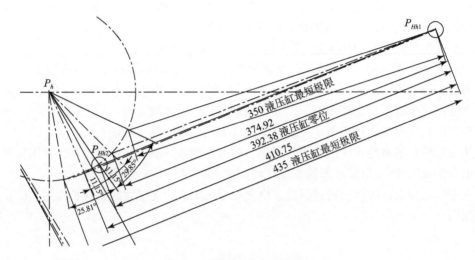

图 9 - 51 髋关节液压缸行程规划

膝关节液压缸的具体行程规划如图 9 - 52 所示。膝关节液压缸处于零位时的长度 $L_{Hk0} = 392.47$ mm，对角小跑时，满足膝关节摆角幅值 A_k 的液压缸外形长度变化范围为 368.68 ~ 415.27 mm，即液压缸的实际工作行程为 46.59 mm。

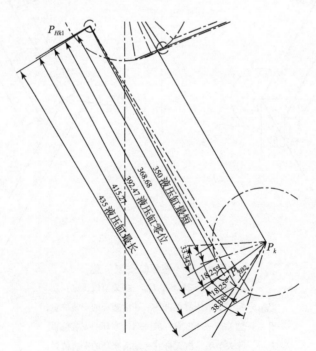

图 9 - 52 膝关节液压缸行程规划

从可靠性和精确性的角度出发进行考虑，避开达到液压缸工作行程两端的极限位置，预计各留出 7.5 mm，即液压缸外形长度变化范围在 350 ~ 435 mm 为好。以零位为起始位置，髋关节液压缸达到其最短外形长度 350 mm 时，极限摆角为 29.85°，达到其最长外形长度 435 mm 时，极限摆角为 25.81°，髋关节允许的最大摆动角度为 55.66°；膝关节液压缸达到其最短外形长度 350 mm 时，极限摆角为 33.34°，达到其最长外形长度 435 mm 时，极限摆角为 36.38°，膝关节允许的最大摆动角度为 69.72°。

（6）四足机器人运动学仿真

为了验证上述参数计算的正确性，建立如图 9 - 53 所示的四足机器人单腿简易虚拟样机模型，并设置约束、施加载荷，求解液压缸受力、行程、速度等参数。

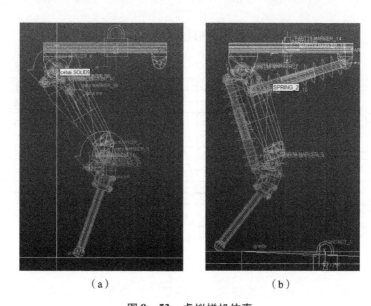

（a）　　　　　　　　　　　　　（b）

图 9 - 53　虚拟样机仿真

（a）单腿悬挂实验；（b）单腿着地弹跳实验

依据前面所述关节转角幅值、运动假设，可得髋关节和膝关节驱动函数，如图 9 - 54 所示。

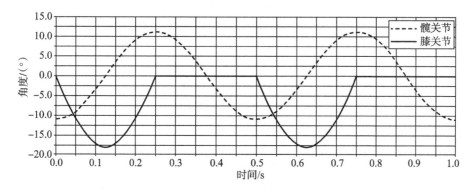

图 9 - 54　髋关节和膝关节驱动函数

图 9 - 53（a）显示的是模拟单腿悬挂实验场景，从该实验可测得液压缸行程位移和速度曲线，如图 9 - 55 和图 9 - 56 所示，与前面结论一致。

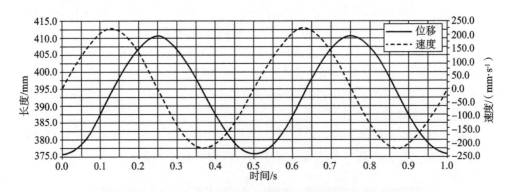

图 9 – 55　髋关节液压缸位移和速度曲线

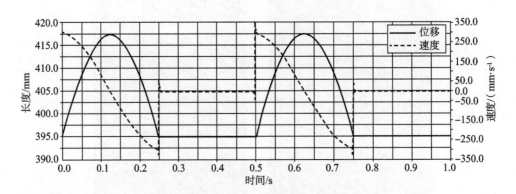

图 9 – 56　膝关节液压缸位移和速度曲线

图 9 – 53 （b）显示的是单腿着地弹跳实验场景，从该实验中可测得髋关节液压缸和膝关节液压缸最大受力分别为 6 kN 和 3.6 kN，均在初选液压缸的额定推力之内。

9.3.4　四足机器人腿部结构设计

至此，将开展仿生液压四足机器人的结构设计，在设计过程中将采用 Top – Down 设计方法、模块化设计理念和分层装配技术，依据前期参数确定的结果，首先建立四足机器人单腿布局草图，规划侧摆、大腿、小腿等相关模块的相互关系，然后深入开展结构设计的细化与优化工作，详细阐述关键零部件的构思出发点、设计过程及优缺点，最后按照"零件→组件→部件→整件"分层装配成四足机器人的虚拟样机整机。

（1）设计方法与设计思路

1）Top – Down 设计方法

传统的设计方法是首先设计好单个零件，再输入零件之间的几何约束关系，最后装配成产品，这称为自底向上（Bottom – Up）的设计方法。如果在装配过程中发现某些零件不符合要求，就要对零件进行重新设计，重新装配，再发现问题，进行修改，如此反复。Bottom – Up 设计方法既不支持产品从概念设计到详细设计的过程，又不支持零件设计过程中的信息传递。如果在设计前期没有一个完善的规划和全局的考虑，将会导致设计阶段工作重复冗余，大量浪费时间和人力资源，导致设计工作效率降低。

产品设计是一个由抽象到具体的逐步细化过程，应当首先建立顶层设计规划，并将该规划逐级向下传递作为设计准则，逐步分解、细化和求解，称之为自顶向下（Top‐Down）的设计方法。Top‐Down 设计方法符合工程师的思维过程，能够支持完整的产品功能结构表达，支持产品多层次抽象表达和子系统间的并行设计，尤其便于实现分层装配，是一种设计开发新产品的合理和高效的设计方法[335]。Top‐Down 的设计过程可分为以下几步：

①从产品功能要求出发，先设计出初步方案，考虑约束驱动建立装配结构草图，即布局草图，同时从全局角度考虑产品的零部件模块划分。

②通过设计计算，确定每个设计参数，然后进行零件的详细设计，通过集合约束求解，将零件装配成产品。

③对设计方案进行详细分析之后，返回修改不满意之处，直到获得满足功能要求的产品。

Top‐Down 设计方法在零件设计初期就充分考虑零件与零件之间的约束和定位关系，可以有效地与模块化设计理念结合，以合理拆分零部件，进而实现单个零件的详细设计，为后续的分层装配提供了条件与支持。

2）模块化设计理念

模块化设计是在对一定范围内的不同功能或相同功能同性能、不同规格的产品进行功能分析的基础上，划分并设计出一系列功能模块，通过模块的选择和组合来构成不同产品，以满足市场不同需求的一种设计方法[336]。

具体到机械产品的设计、加工、装配、维护等阶段，模块化设计理念具有以下优点：

①简化机械设计过程，缩短产品制造周期。

②相同零件和相同模块多，易于简化工艺，方便加工，利于实现批量生产。

③可以有效避免误装配。

④便于维护保养和降低维护成本。由于模块化产品是由一些具有互换性的标准化、通用化的模块集合而成的，如发生故障，只需将发生故障的模块换下即可，从而提高维修速度，缩短修理周期。

⑤从整体上看，模块化设计不仅能降低成本，还利于实现产品的标准化、系列化和通用化。

3）分层装配技术

一台机械产品往往由成百上千个零件组成，并且种类繁多，在装配过程中极易发生误装现象。为了便于组织装配工作，必须将产品分解为若干个可以独立进行装配的单元，通常可划分为零件、合件、组件、部件、整件五个等级。零件是组成机械和参加装配的最基本单元，大部分零件都是预先装成组件、部件等，再进行总装；合件是比零件大一级的装配单元，以一个基准零件和少数零件组合在一起，成为不可拆卸或者需后续合并加工的零件组合；组件是若干个零件与合件的组合，组件和部件都是比较常见的装配体子单元；部件是由一个基准件和若干个组件、合件和零件组成的，往往具有独立的功能；整件是由上述全部装配单元组成的产品整体。

基于 Top‐Down 设计方法和模块化设计理念的分层装配技术，在设计初期统筹把握整机的层次结构，划分为合理模块，在详细设计和加工完成后，按照"零件→组件→部件→整件"的零件组织结构层次，先装配成具有独立功能的组件或子部件，然后分层组装成整机。这种分层装配方法与实际装配过程相符，利用计算机进行虚拟装配的可视化方式，可以有效地展示、指导和改进实际产品的装配工作，提前发现并避免装配错误，并通过改进设计来降低装配难度，提高装配效率。

（2）建立布局草图

经过统筹考虑后，划分四足机器人的零件组织层级和模块，如图 9 – 57 所示。

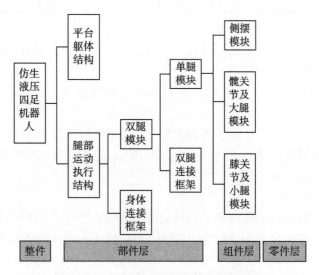

图 9 – 57　仿生液压四足机器人模块划分

接下来分别对具有完整功能的单腿部件、双腿部件进行装配结构布局的草图设计。

1）单腿部件的布局草图

四足机器人的单腿部件包含了侧摆、髋关节及大腿、膝关节及小腿三个主要子组件，再加上其他连接件，共同构成具有相对完整功能的一个系统。根据上一节确定的前期参数，合理布置液压缸及相应安装连接块的位置后，即可完成单腿布局草图，如图 9 – 58 所示。

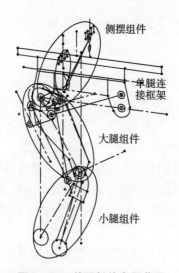

图 9 – 58　单腿部件布局草图

　　其中，将液压缸安装位置等相关参数导入后，即可画出关键零件的大致外形，如侧摆组件、大腿组件和小腿组件的布局草图，分别如图 9-59 ~ 图 9-61 所示。

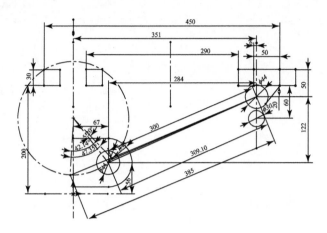

图 9-59　侧摆组件布局草图

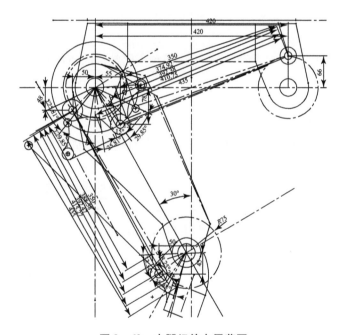

图 9-60　大腿组件布局草图

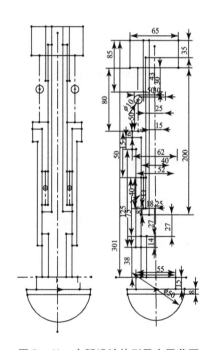

图 9-61　小腿设计外形及布局草图

　　2）双腿部件的布局草图

　　通过仿生研究和腿形配置分析可以发现，无论四足机器人采用哪种腿形配置，其两条前腿和两条后腿都是一致的。四足机器人采取模块化设计理念，用类似于"搭积木"的办法，以单腿部件为基本模块可以极为方便地构建双腿模块，布局如图 9-62 所示。

　　以双腿部件为模块，通过不同的朝向组合即可完成如图 9-42 所示的全肘式、全膝式、前膝后肘式和前肘后膝式四种腿形配置，布局如图 9-63 所示。

　　这种"模块化"的四足机器人腿部结构在设计、加工、装配、调试、维护等不同阶段都具有较大的优势，具体如下：

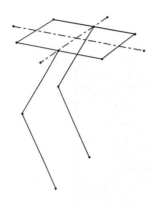

图 9 - 62　双腿模块示意图

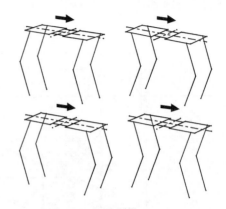

图 9 - 63　四种腿形机器人布局

①替换性强，各不同腿形的机器人都以单腿部件为基本模块，有助于减少加工、装配、调试时的工作量，提高加工和装调效率，降低维护成本；

②可快速拆装，按照"零件→组件→部件→整件"的组织层级逐个模块化，各模块之间用螺栓连接，便于拆装与运输；

③一机多用，通过简单调换双腿部件的朝向，即可快速组成四种不同腿形的四足机器人物理样机，性价比高。

（3）单腿模块结构设计

不论是四足动物还是四足机器人，其卓越的运动性能都是通过腿来实现和完成的，腿部设计是四足机器人结构设计的重中之重，腿部结构的优劣直接关系到机器人整体的运动性能。

动物的运动是以骨为杠杆，关节为枢纽，肌肉收缩为动力来完成的。四足机器人将以高密度液压驱动系统为"肌肉"，以超硬铝关节连接块（以钢为转动轴）为"关节"，以硬铝结构件为"骨"，三者协调设计，构成机器人的运动动力、传递和执行部分。

经过自由度整合，拟研制的仿生液压四足机器人腿部有髋关节和膝关节两个关节，有侧摆、髋关节和膝关节前后摆动三个主动自由度，小腿节有一个模拟"弹簧腿"的被动自由度。下面按照从髋关节到腿部末端再到机器人整体的顺序依次展开四足机器人详细的结构设计。

9.3.5　机器人髋关节及大腿组件设计

四足机器人的大腿组件位于侧摆组件和小腿组件之间，起到承上启下的作用，位置与作用十分关键。相比而言，大腿的受力没有小腿恶劣，但其上通过髋关节与驱体框架连接，其下通过膝关节与小腿连接，它既是髋关节液压缸和膝关节液压缸的固定端，又是传递受力和支撑身体的主体，受力点很多，工作任务十分艰巨。骡、马等四足动物大都具有粗壮的大腿骨骼和发达的大腿肌肉，使其可以稳定地站立和快速地运动。因此，需要对四足机器人的大腿进行合理、可靠的结构设计。

四足机器人髋关节及大腿组件的结构如图 9 - 64 和图 9 - 65 所示，由髋关节轴、髋关连接块、髋关节液压缸、橡胶垫柱、大腿侧板、连接柱、套筒、角位移传感器、摩擦垫等17 种零件组成，采用"夹板式"结构将液压缸容纳于两侧板之间，减轻腿部臃肿状态，并减轻自重；同时，还仿照动物关节在两端增加关节连接块，在有效固定液压缸的同时，还能够承受一定的冲击力。通过仿生设计，使其受力合理。经测算，髋关节及大腿部件的质量约为 3.6 kg。

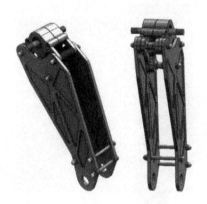

图 9 - 64　髋关节及大腿组件

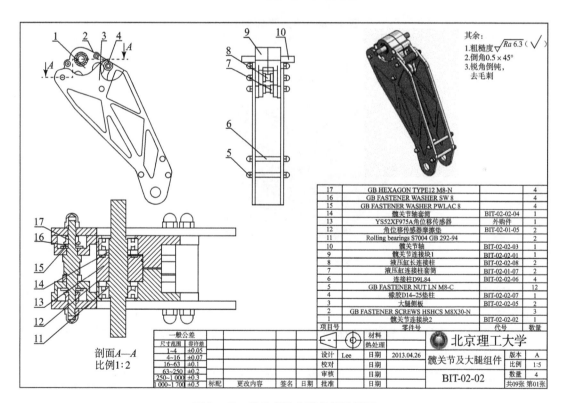

图 9 - 65　髋关节及大腿组件装配图

髋关节及大腿组件的装配过程如下：首先，将髋关节轴依次穿过角位移传感器、摩擦垫等，并将液压缸耳环分别穿过各自的连接柱，再通过螺栓将两个互为镜像成对使用的髋关节连接块连接起来，构成髋关节主体；其次，将两块大腿侧板通过固定螺母固定在髋关节连接块两侧，既作为大腿的承重部分，又保证液压缸在其中有足够的活动空间；最后，将大腿侧板下端穿过膝关节轴，通过膝关节固定螺母和连接柱锁紧。这样既保证了液压缸和轴系的可靠连接，又减小了大腿的质量，为液压缸往复运动和后期布线留下了充足空间，实现了轻量化和可靠性设计的协调统一。

（1）髋关节连接块的设计

左右布置的两个髋关节连接块互为镜像，如图9-66所示，它们成对使用，其作用与膝关节连接块相同，在此不做赘述。髋关节连接块上的连接孔位较多，如图9-67所示，依功能和作用可分为以下几类：

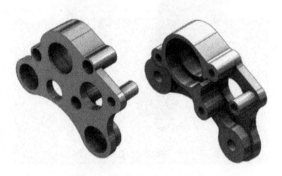

图9-66　髋关节连接块图

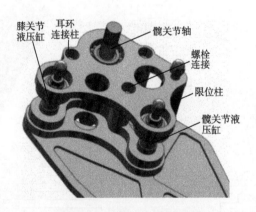

图9-67　髋关节连接块孔位

①螺栓连接过孔，通过3个螺栓连接两个互为镜像、成对使用的髋关节连接块，构成髋关节的主体；

②髋关节轴孔，为髋关节轴系的轴承、角位移传感器等提供安装位置和包覆保护，方便轴系的轴向和周向固定；

③液压缸耳环连接柱过孔，固定髋、膝关节液压缸耳环连接柱，并夹紧耳环端面，防止液压缸晃动；

④限位柱过孔，限位柱外包覆橡胶套，为液压缸提供机械限位，并加以减震保护。

（2）大腿侧板的设计

四足机器人的大腿侧板如图9-68所示，制造材料为7075超硬铝，厚8 mm，两侧对称挖去2.5 mm深的减重槽，以减小质量。

图 9 - 68　大腿侧板

9.3.6　机器人膝关节及小腿组件设计

　　小腿组件是四足机器人与地面接触过程中最先受力的结构，也是直接的受力部位，承受的冲击载荷较大，且复杂多变。在机器人行走过程中，足部与地面接触形式复杂，有剧烈摩擦、振动等。同时，特殊地形环境如雪地、泥沼等，也会极大影响小腿组件的工作状况。因此，小腿组件的结构设计要求形状柔顺，表面光滑，稳健可靠，特别是抗冲击性能要强，能够同时适应各种恶劣多变的工作环境。

　　依据仿生学的研究可知，动物腿部骨骼两端粗大，尤其是在关节连接处更加膨大，中间细长，且过渡变化均匀，这种结构能有效地承受弯矩，还能在关节受力情况下有效防止应力集中。笔者在四足机器人的结构设计中也沿用了此种理念，机器人膝关节及小腿组件的结构如图 9 - 69 及图 9 - 70 所示，由膝关节轴、膝关节连接块、膝关节液压缸、角位移传感器、小腿内外筒、小腿内外筒弹簧、足端及足端橡胶垫等 29 种零件组成。为了改善小腿组件抗震、抗冲击的性能，采用双弹簧作为腿部的缓冲减震装置，两弹簧作用相反，外筒弹簧为减震弹簧，内筒弹簧用于衰减外筒弹簧被压缩回弹时的冲击。足端压力传感器及橡胶垫可以方便地更换。膝关节及小腿组件的质量约为 3.8 kg。

图 9 - 69　膝关节及小腿组件

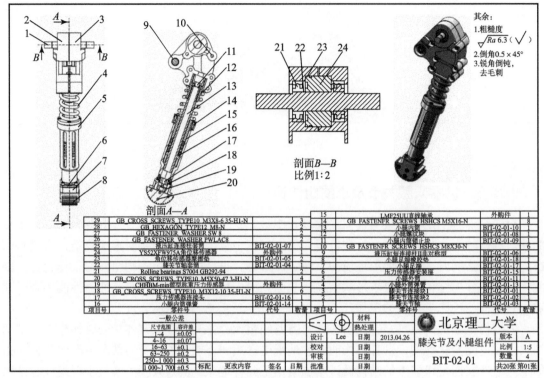

其余：
1. 粗糙度 $\sqrt{Ra\,6.3}$（√）
2. 倒角 $0.5 \times 45°$
3. 锐角倒钝，去毛刺

剖面 B—B
比例 1:2

剖面 A—A

29	GB_CROSS_SCREWS TYPE10 M3X8-6 35-H1-N		3
28	GB_HEXAGON TYPE12 M8-N		2
27	GB FASTENER_WASHER SW 8		2
26	GB FASTENER_WASHER PWLAC8		2
25	液压缸缸接柱套筒	BIT-02-01-07	2
24	YS52XFW975A角位移传感器		1
23	角位移传感器滑擦垫	BIT-02-01-05	2
22	膝关节轴套筒	BIT-02-01-04	1
21	Rolling bearings S7004 GB292-94		2
20	GB_CROSS_SCREWS TYPE10 M5X50-47 3-H1-N		4
19	CHBBM-min微型称重压力传感器	外购件	1
18	GB_CROSS_SCREWS TYPE10 M3X12-10 35-H1-N		6
17	压力传感器连接头	BIT-02-01-16	1
16	小腿内筒弹簧	BIT-02-01-12	1
项目号	零件号	代号	数量

15	LMF25LUU直线轴承	外购件	1
14	GB FASTENFR_SCREWS HSHCS M5X16-N		8
13	小腿内筒	BIT-02-01-10	1
12	小腿螺纹块	BIT-02-01-08	1
11	小腿内筒螺纹块	BIT-02-01-09	1
10	GB FASTENFR SCREWS HSHCS M8X30-N		6
9	液压缸缸接柱II非对称型	BIT-02-01-06	1
8	小腿足端橡胶垫	BIT-02-01-18	1
7	膝关节轴	BIT-02-01-17	1
6	压力传感器安装座	BIT-02-01-15	1
5	小腿外筒	BIT-02-01-11	1
4	小腿外筒弹簧	BIT-02-01-13	1
3	膝关节连接块I	BIT-02-01-01	1
2	膝关节连接块2	BIT-02-01-02	1
1	膝关节轴	BIT-02-01-03	1
项目号	零件号	代号	数量

一般公差				材料			北京理工大学		版本	A
尺寸范围	容许差			热处理						
1~4	±0.05									
4~16	±0.07		设计	Lee	日期	2013.04.26	膝关节及小腿组件		比例	1:5
16~63	±0.1		校对		日期				数量	4
63~250	±0.2		审核		日期		BIT-02-01			
250~1 000	±0.3		批准		日期					
1 000~1 700	±0.5	标配	更改内容	签名	日期				共20张 第01张

图 9 – 70　膝关节及小腿组件装配图

　　膝关节及小腿组件装配过程如下：首先，将膝关节轴依次穿过角位移传感器、摩擦垫等，再将膝关节液压缸耳环穿过连接柱，通过螺栓将两个互为镜像、成对使用的膝关节连接块连接起来，构成膝关节主体；其次，将小腿内筒上端的方形连接块卡在膝关节连接块下部的方形槽内，通过紧固件拧紧，防止运动过程中内筒转动；同时，小腿内外筒之间也设计了六边形导向槽，防止运动过程中内外筒的相对转动，保证了足端的朝向不会错动；再次，在小腿内筒上从下到上依次套上外筒弹簧、滑动轴承、内筒弹簧和小腿外筒，构成小腿的主体部分，此时，外筒弹簧和内筒弹簧的弹力方向相反，既保证小腿的承重减震效果，又避免减震起作用之后外筒快速回弹时产生噪声的问题；最后，将橡胶足端放入小腿足端后，通过螺栓与小腿外筒固连，既改善了足端与地面的接触效果，又十分方便更换维护。

　　（1）膝关节连接块的设计

　　左右布置的两个膝关节连接块互为镜像，如图9–71所示，成对使用，主要有以下作用：

图 9 – 71　膝关节连接块

①提高强度，保证关节处轴系、液压缸安装部位牢固可靠，扣合安装方式简单方便，易于装拆维护；

②为膝关节液压缸耳环、轴系轴承、角位移传感器等提供安装位置和包覆保护，方便轴系的轴向和周向固定；

③其上设置机械限位，如图9-72所示，将液压缸的长度限制在350~435 mm范围内，提高了系统的安全性和可靠性，又可作为角位移传感器的绝对零点，方便调试。

图9-72 膝关节连接块机械限位

（2）小腿双向弹簧减震系统的设计

通过仿生学研究可知，马的小腿具有"弹簧腿"的功能，为此，特别在四足机器人的小腿节上设有一个模拟马的小腿结构的被动自由度，经过对比弹簧、气压、液压等不同减震方式的优缺点，决定采取比较成熟的弹簧减震方式来实现这种"弹簧腿"功能。具体设计情况如图9-73所示。

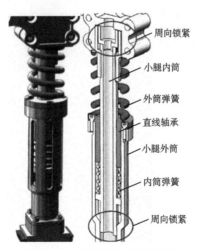

周向锁紧
小腿内筒
外筒弹簧
直线轴承
小腿外筒
内筒弹簧
周向锁紧

图9-73 小腿双向减震机构

小腿包含一套被动伸缩的双向弹簧减震机构，内筒弹簧和外筒弹簧分别通过小腿内筒和小腿外筒起作用，初始平衡状态时，两弹簧均被压缩，弹力方向相反；小腿足端装有易于拆换的橡胶垫，既可以增加足端与地面的摩擦力，又起到部分缓冲减震作用，保护足端力传感器。

大部分足式机器人的小腿减震设计都只考虑接地时的瞬时冲击减震问题，而忽略了小腿离地时冲击力消失，弹簧快速回弹造成的撞击，这种撞击会影响小腿零部件的使用寿命，容易造成足端力传感器等电子元器件损坏。本设计针对上述问题，进行如下设计：当四足机器人快速行走或者奔跑时，地面对机器人足部有较大的瞬时冲击力，经过足端橡胶垫的初步吸收，形成缓冲，使小腿外筒相对于小腿内筒向上运动，外筒弹簧压缩量增大，内筒弹簧压缩量减小，可吸收地面对足部的冲击，起到缓冲和减震的作用；当足端离开地面时，瞬时冲击力消失，使小腿外筒相对于小腿内筒向下运动，外筒弹簧压缩量减小，内筒弹簧压缩量增大，此时内筒弹簧可以保证外筒不会很快地恢复平衡位置，进而避免运动中的撞击和噪声。

（3）小腿内外筒的设计

内外筒零件是小腿的主体组成部分，上连膝关节，下接足端，内部还装有一套双向弹簧减震系统的直线滑动执行机构。在后续步态实验时，还可能需要在外筒上安装足端压力传感器，因此，在设计时就必须分为两种情况考虑：如图9-74所示，一种是整体式外筒，下端直接连接足端，稳健可靠，方便前期实验；另一种是分离式外筒，内部可安装压力传感器，为后期步态实验和重心调整实验提供反馈。

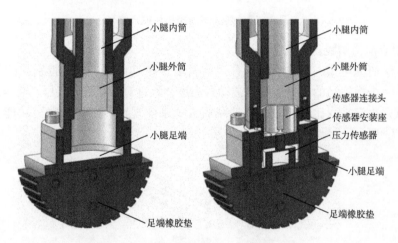

图9-74 小腿外筒整体式和分离式装配效果

内筒的主要作用是导向和约束弹簧，使之沿直线运动，长杆中空式设计是为了便于足端传感器走线，防止电缆裸露在腿部外面而影响足部运动，或被外部树枝等杂物勾拌；在外筒的设计上，也充分考虑了刚度、强度和重量等方面因素的影响，采用圆筒外形是为了易于进行车削加工。外筒侧面均布着六条减重槽（如图9-75所示），既能减小质量，又能随时观察内筒弹簧的运动状况，还充满了质感和艺术美。

（4）小腿内外筒弹簧的设计

弹簧是一种利用材料的弹性形变进行缓冲、复位、储能的机械零件。四足机器人小腿内、外筒弹簧采用圆柱螺旋压缩弹簧，如图9-76所示，弹簧常用的设计方法有公式计算法和查表法两种。

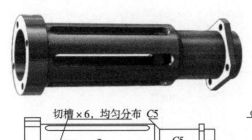

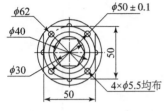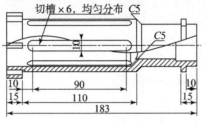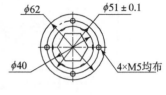

图 9 - 75　小腿外筒

图 9 - 76　小腿内外筒弹簧

小腿弹簧的设计可采用式（9 - 33）~式（9 - 35）计算。

$$\tau = \frac{8FD_2K}{\pi d^2} = \frac{8FKC^3}{\pi D_2^2} \leqslant \tau_p \tag{9 - 33}$$

$$f = \frac{8FD_2^2 n}{Gd^4} \tag{9 - 34}$$

$$k = \frac{F}{f} = \frac{Gd^4}{8D_2^2 n} \tag{9 - 35}$$

经过计算和详细设计后，完成小腿内外筒弹簧的设计。设计结果如图 9 - 77 所示。

（5）足端的设计

马四肢的末端演化成单一脚趾，为了防止马蹄的过度磨损，常给马钉上马掌。四足机器人小腿的足端也模仿马蹄进行设计，如图 9 - 78 所示，因其直接与地面接触，受力复杂且极易磨损，还要经受长期反复冲击和震动，故机器人足端采用可拆卸式设计方案。

如图 9 - 79 所示，小腿的足端部分主要由两部分组成，足端连接件的材料为 7075 超硬铝，上端面通过 M5×16 的内六角圆柱头螺栓与小腿外筒连接，下端面通过 M5×50 的十字槽沉头螺钉与足端橡胶垫夹紧紧固。这样既可保证机器人足端具有足够的强度，又可在足端橡胶垫磨损或损坏后，快速拆换。

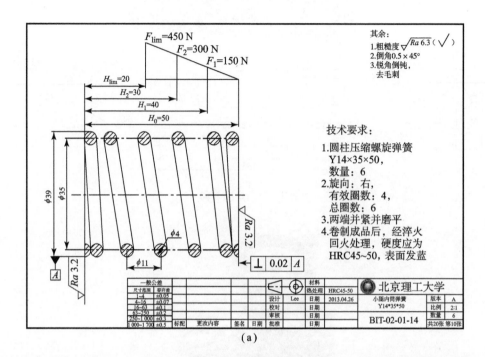

（a）

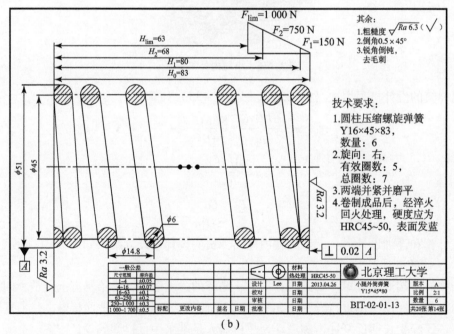

（b）

图 9-77　小腿内（a）、外（b）筒弹簧设计图

图 9 - 78　小腿足端　　　　　　　　图 9 - 79　小腿足端爆炸图

9.3.7　机器人腿部侧摆组件设计

四足机器人行走在崎岖路面上，不可避免地会受到外界的侧向冲击力，其控制系统必须通过相应的功能结构对此做出快速反应并进行姿态调整，以保持自身的稳定行走，该功能结构主要就是侧摆组件系统。侧摆组件设计的好坏直接影响到四足机器人受侧向冲击后的姿态调整等实际性能。

四足机器人侧摆组件的装配情况如图 9 - 80 和图 9 - 81 所示，分为左置和右置（LFRB 和 RFLB）两种，其所有零件的设计参数完全一样，只是装配时调整了方向。侧摆组件通过装配时的孔位调整实现了两液压缸的空间避让；同时，在侧摆轴上还设计了锁紧孔，可根据需要用紧定螺栓将侧摆轴锁死，操作十分简单和方便。

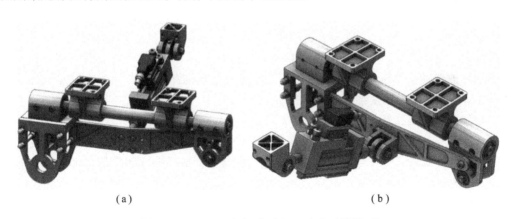

（a）　　　　　　　　　　　　　　　（b）

图 9 - 80　LFRB（a）和 RFLB（b）侧摆组件

侧摆组件包括髋关节侧摆连接块、侧摆轴、侧摆轴支撑座、髋关节液压缸连接块、侧摆侧板、侧摆液压缸安装座、髋关节侧摆连接块侧板等 28 种零件，其装配过程如下：

首先，将侧摆轴穿过髋关节侧摆连接块、侧摆轴支撑座和髋关节液压缸连接块，两端通过轴端挡圈固定，构成侧摆运动轴系，模拟四足动物胯部的侧摆运动。其次，侧摆侧板通过螺栓等紧固件固定在髋关节侧摆连接块和髋关节液压缸连接块上，再通过螺栓固定在侧摆液压缸安装座上。最后，液压缸两端通过转动副分别连接在侧摆液压缸安装座和侧摆液压缸安装座上，模拟四足动物的胯部肌肉，驱动侧摆轴绕自身轴线转动。

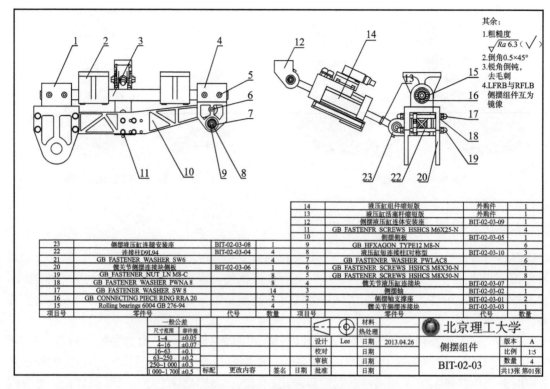

图9-81 侧摆组件装配图

14	液压缸组件缩短版		外购件	1
13	液压缸活塞杆缩短版		外购件	1
12	侧摆液压缸连体安装座		BIT-02-03-09	1
11	GB FASTENFR SCREWS HSHCS M6X25-N			4
10	侧摆侧板		BIT-02-03-05	1
9	GB HEXAGON TYPE12 M8-N			6
8	液压缸短连接柱I对称型		BIT-02-03-10	3
7	GB FASTENER WASHER PWLAC8			6
6	GB FASTENER SCREWS HSHCS M8X30-N			4
5	GB FASTENER SCREWS HSHCS M8X50-N			8
4	髋关节液压缸连接块		BIT-02-03-07	1
3	侧摆轴		BIT-02-03-02	1
2	侧摆轴支撑座		BIT-02-03-01	2
1	髋关节侧摆连接块		BIT-02-03-03	1

23	侧摆液压缸连腿安装座	BIT-02-03-08	1
22	连接柱D9L94	BIT-02-03-04	1
21	GB FASTENER WASHER SW6		4
20	髋关节侧摆连接侧板	BIT-02-03-06	1
19	GB FASTENER NUT LN M8-C		8
18	GB FASTENER WASHER PWNA 8		8
17	GB FASTENER WASHER SW 8		14
16	GB CONNECTING PIECE RING RRA 20		2
15	Rolling bearings 6004 GB 276-94		4
项目号	零件号	代号	数量

其余:
1.粗糙度 $\sqrt{Ra\,6.3}$ ($\checkmark$)
2.倒角0.5×45°
3.锐角倒钝,去毛刺
4.LFRB与RFLB侧摆组件互为镜像

一般公差	
尺寸范围	容许差
1~4	±0.05
4~16	±0.07
16~63	±0.1
63~250	±0.2
250~1 000	±0.3
1 000~1 700	±0.5

		材料		北京理工大学		版本	A
		热处理					
设计	Lee	日期	2013.04.26	侧摆组件		比例	1:5
校对		日期				数量	4
审核		日期		BIT-02-03			
标配	更改内容	签名	日期	批准	日期	共13张 第01张

（1）侧摆轴的设计

如图9-82（a）所示，侧摆轴是四足机器人整个侧摆组件运动的枢纽，采用中空的7075超硬铝棒加工而成，中空直径为ϕ10 mm，最大外径为ϕ30 mm，呈阶梯状。图9-82（b）所示为侧摆轴支撑座，它一方面将侧摆组件固定在机器人躯体上，另一方面，可在需要时通过紧定螺栓锁紧侧摆轴，避免侧摆轴转动。

（2）髋关节侧摆连接块的设计

髋关节侧摆连接块是侧摆组件和大腿组件的中间连接件，如图9-83所示。四足机器人的髋关节侧摆连接块采用组合式设计，由不同部分组合而成，便于侧摆侧板和髋关节轴的安装和维护。拆卸机器人大腿时，只需通过简单的装拆即可实现机器人大腿组件和侧摆组件的替换；同时，组合式的连接块设计也方便连接柱侧摆侧板的加工与装配，实现侧摆组件的独立安装与固定；连接块上设有锁紧孔，可用M8×50的紧定螺栓将侧摆轴锁死，根据实际需要灵活使用，可在某些项目实验时增强机器人的行走稳定性。

（3）液压缸耳环的安装方式

液压缸耳环的安装方式有以下两种：

①髋关节和膝关节连接块都是由左右两块组成的，左右两块的设计参数相同，互成镜像关系，成对使用。安装时将左右连接块扣合，以便将液压缸耳环夹紧在中间，连接柱呈两端不对称的阶梯状，采用从两端往中间安装的方式Ⅰ。其安装情况如图9-84所示。

以髋关节处的装配情况为例，将连接柱穿过耳环顶至轴肩处，装入套筒后，两侧用髋关节左右连接块夹紧，并用螺母垫片锁止，最后在大腿和小腿组件装配时再盖上侧板，并用盖母锁紧。

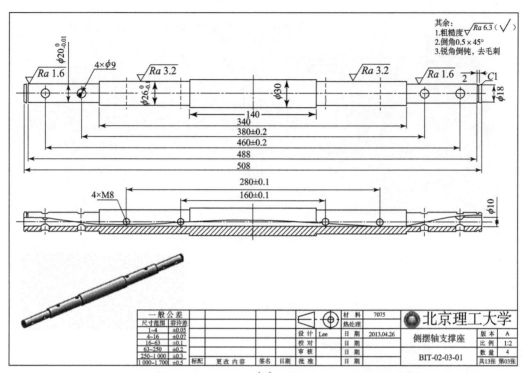

（a）

（b）

图 9 – 82 侧摆轴和支撑座

图 9 – 83 髋关节侧摆连接块

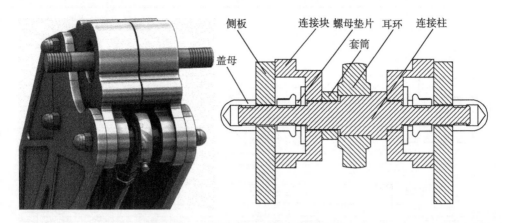

图 9 – 84   液压缸耳环连接柱安装方式 I

②侧摆组件空间有限，且无复杂轴系的固定问题，其连接柱呈两端对称的阶梯状，这时可采用如图 9 – 85 所示的从单侧穿入的安装方式 Ⅱ，即先放入套筒 1 和耳环，再将连接柱穿过套筒 1 和耳环后，装入套筒 2，两端用螺母垫片锁紧即可。

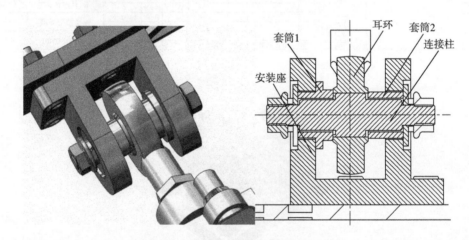

图 9 – 85   液压缸耳环连接柱安装方式 Ⅱ

（4）侧摆液压缸的空间避让

为了扩大侧摆液压缸的活动空间，并防止碰撞，应当尽量统一零件设计参数，以简化加工和装配。侧摆侧板和安装座采用统一设计，只是通过装配时的孔位调整来实现上述目标，其具体情况如图 9 – 86 所示。

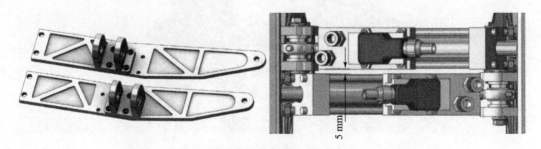

图 9 – 86   侧摆液压缸安装座安装方式

需要注意的是，侧摆液压缸空间位置设计的同时，也要考虑作用效果的同一性，为此，应仔细考虑下述问题：

①侧摆液压缸作用线尽量靠近单腿部件的重心位置，保证左右两侧的推力到髋关节的力矩基本一致，因此不宜过远；

②侧摆液压缸耳环两侧用轴套顶紧，防止产生明显侧晃，并且在初期实验时可锁死侧摆液压缸，简化研制过程，后期研究时再松开，恢复原定功能。设计中取 5 mm 的余量。

9.3.8　机器人液压系统及其他元器件选型

（1）液压驱动系统

四足机器人采用的液压驱动系统及液压缸如图 9 - 87 和图 9 - 88 所示。

图 9 - 87　液压驱动系统

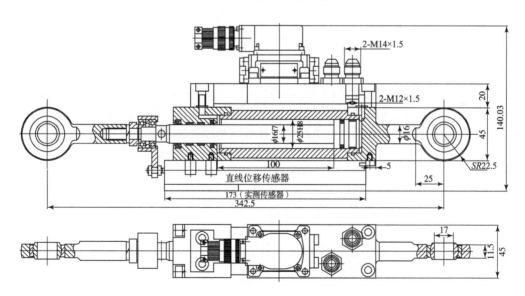

图 9 - 88　100 mm 行程液压缸示意图

该液压驱动系统包含液压缸、电液伺服阀、控制器、直线位移传感器等组件。电液伺服阀和进出油口均位于液压缸上方，在加工和安装时需严格控制液压缸两侧的尺寸，以方便安装；直线位移传感器安装在液压缸下方，导杆通过连接件与活塞杆相连，为液压控制系统提供位移和速度反馈。液压缸分 85 mm 行程和 100 mm 行程两种（如图 9 - 88 所示），除行程不同之外，其他参数基本相同，活塞杆直径为 16 mm，缸体内腔直径为 25 mm。四足机器人全身共有 12 个自由度，需要 85 mm 行程液压缸 4 个，用于驱动侧摆组件；还需要 100 mm 行程液压缸 8 个，用于驱动机器人四条腿上的各个髋关节和膝关节。

（2）直线位移传感器

直线位移传感器如图 9-89 所示，其安装形式示意图则如图 9-90 所示，传感器通过 M4 螺钉安装固定于液压缸上。

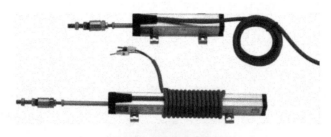

图 9-89　直线位移传感器

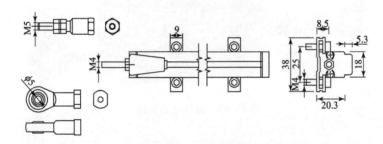

图 9-90　直线位移传感器安装形式示意图

（3）角位移传感器

角位移传感器的外观及尺寸如图 9-91 所示，其结构类似于滚动轴承，四足机器人的髋、膝关节轴穿过内孔与角位移传感器的内圈同步转动，角位移传感器的外壁与髋、膝关节连接块构成过渡配合，并在底部增加摩擦垫，使外圈与连接块不存在相对转动。将角位移传感器隐藏在连接块内部，可以有效避免运动中的磕绊对其造成损坏，提高使用寿命，另外，其拆卸也相对比较简单。

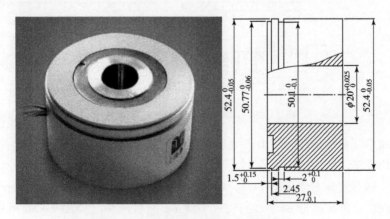

图 9-91　角位移传感器及其安装尺寸

（4）直线轴承

由于四足机器人小腿的被动自由度是约束在内外筒之间的直线运动，故采用圆柱形滑动轴承；考虑到实际使用环境和安装过程，采用带圆形法兰端面的 LMF 25UU 直线轴承，如图 9 – 92 所示。直线轴承的外圈套在小腿的外筒内，通过 4 个 M5 × 16 螺钉将法兰盘与外筒锁紧，小腿内筒则穿过直线轴承，构成移动副。

图 9 – 92　LMF 25UU 圆法兰型直线轴承

（5）压力传感器

如图 9 – 93 所示，四足机器人采用了合金钢制的 CHHBM – min 微型单螺纹杆称重传感器，该传感器具有尺寸小、高度低、全密封，适用于空间有限场合等优点。其底部有固定螺纹孔，顶部有单螺纹杆，通过中间转接件两端固定，可用于测量机器人足端压力的变化情况，为控制系统策略调整提供反馈。

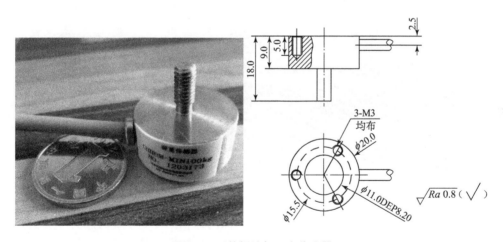

图 9 – 93　单螺纹杆压力传感器

9.3.9　机器人单腿整体结构设计

（1）单腿部件的设计

将四足机器人的小腿组件、大腿组件和侧摆组件通过侧摆轴系、髋关节轴系和膝关节轴系组装起来，即构成如图 9 – 94 所示的机器人单腿部件。该部件是构成仿生液压四足机器人的基本模块单元，其各组成部分将在后续章节进行详细介绍。

图 9 – 94　单腿部件模块

（2）侧摆轴系的设计

如图 9 – 95 所示，四足机器人的侧摆轴系通过侧摆轴与 2 个连接块和 2 个安装座连接，连接块和安装座分别从两侧对称安装，再通过安装座底部固定于连接框架上。

图 9 – 95　侧摆轴系

侧摆轴系的剖面如图 9 – 96 所示，其中 1 为深沟球轴承 6004，2 为髋关节侧摆连接块，3 为侧摆轴锁紧螺钉，4 为侧摆轴支撑座，5 为安装座与轴的锁紧螺钉，6 为侧摆轴，7 为髋关节液压缸连接块，8 为轴端挡圈。侧摆轴从两侧穿过两个侧摆轴支撑座后，用锁紧螺钉将安装座与轴进行固定，再通过连接螺栓将安装座固定于机体框架上，保证侧摆轴与机体无相对转动；深沟球轴承、髋关节侧摆连接块、髋关节液压缸连接块，安装在侧摆轴的两端，并在端面以轴端挡圈进行限位，构成侧摆转动副的主体。

（3）髋关节轴系的设计

如图 9 – 97 所示，髋关节轴系将侧摆组件、大腿组件、液压缸连接构成转动副，这种模拟四足动物胯部的结构可为四足机器人行走提供髋关节驱动力矩。

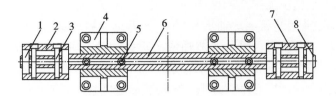

图 9 - 96 侧摆轴系剖面示意图

图 9 - 97 髋关节轴系图

髋关节轴系的剖面情况如图 9 - 98 所示，其中，1 为 M16 圆顶螺母，2 为 M16 弹簧垫片，3 为髋关节轴套，4 为角接触球轴承 S7004，5 为髋关节轴套筒，6 为角位移传感器，7 为摩擦垫，8 为髋关节轴，9 为髋关节侧摆连接块。安装时，将髋关节轴依次穿过髋关节轴套、侧摆连接块、角接触球轴承、髋关节轴套筒、角位移传感器、摩擦垫等，再通过垫片和螺母将两个互为镜像、成对使用的髋关节连接块扣合并固定起来。其中，髋关节轴套压紧侧摆连接块后，顶在角接触球轴承的内圈上，使之无相对转动；角接触球轴承的外圈与髋关节连接块采用过盈配合，也使之无相对转动，这样即构成了髋关节转动副的主体。

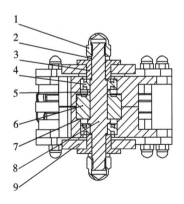

图 9 - 98 髋关节剖面示意图

（4）膝关节轴系的设计

如图 9 - 99 所示，膝关节轴系连接大腿组件、小腿组件和膝关节液压缸等，以构成转动副，从而模拟四足动物的膝盖，为四足机器人的行走提供膝关节驱动力矩。

膝关节轴系的剖面情况如图 9 – 100 所示，其中，1 为 M16 圆顶螺母，2 为 M16 弹簧垫片，3 为膝关节轴套，4 为角接触球轴承 S7004，5 为角位移传感器，6 为摩擦垫，7 为大腿侧板，8 为膝关节轴。安装时，将膝关节轴依次穿过膝关节轴套、大腿侧板、角接触球轴承、角位移传感器、膝关节轴套筒、摩擦垫等，再通过垫片和螺母将两个互为镜像、成对使用的膝关节连接块扣合并固定起来。其中，膝关节轴套压紧大腿侧板后，顶在角接触球轴承的内圈上，使之无相对转动；角接触球轴承的外圈与膝关节连接块采用过盈配合，也使之无相对转动，这样即构成了膝关节转动副的主体。

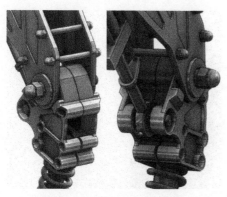

图 9 – 99   膝关节轴系图

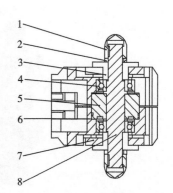

图 9 – 100   膝关节轴系剖面示意图

9.3.10   四足机器人整体结构设计

如图 9 – 101 所示，先将四足机器人的膝关节及小腿组件、髋关节及大腿组件、侧摆组件及液压缸等附件装配为单腿部件模块，再将两个单腿部件模块通过双腿连接框架连接起来，即可构成双腿模块，如图 9 – 102 所示，双腿部件自成一体，功能完整。

图 9 – 101   单腿部件模块

图 9 – 102   双腿部件

装配时，可利用机器人的身体连接框架将两个双腿部件按不同方式连接紧固，即可组合成全膝式、全肘式、前膝后肘式、前肘后膝式 4 种关节配置形式，这样组合出的四足机器人的整机机构如图 9 - 103 所示。其中，前肘后膝式机器人整机大致尺寸为 $(L \times W \times H)$ 1 110 mm $\times$ 511 mm $\times$ 995 mm，不计入液压驱动系统的总质量约为 75 kg，重心位置为 $(0, -300, 0)$。

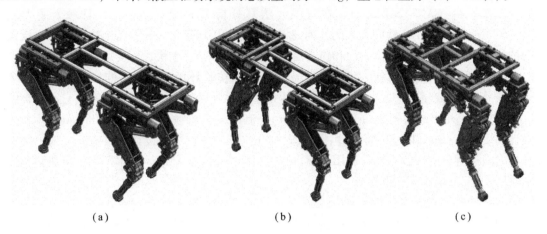

（a）　　　　　　　　　　　　（b）　　　　　　　　　　　　（c）

图 9 - 103　仿生液压四足机器人整机结构

（a）全膝（肘）式；（b）前膝后肘式；（c）前肘后膝式

9.3.11　四足机器人结构的受力分析

现基于 ANSYS Workbench 进行四足机器人相关内容的有限元分析，共分为结构静力分析、疲劳寿命分析和优化设计三个部分。首先利用 Static Structure 模块和 Fatigue Tool 工具进行静力分析和疲劳寿命分析，校核四足机器人现有结构件的刚度和强度是否满足设计要求，为完善结构设计提供理论依据和改进措施；其次，以机器人大腿侧板为研究对象，利用 Shape Optimization 模块依据减重原则进行形状拓扑优化，确定零件外部形状，然后利用 Design Xplorer 模块进行多目标参数优化设计，在减小质量和减小变形的原则下，优化侧板厚度和减重槽深度两个参数，最终完成大腿侧板的优化设计。

（1）有限元分析方法

1）FEA 与 CAE

有限元分析（Finite Element Analysis，FEA）是利用数学近似的方法来模拟真实物理系统的几何和载荷工况。该方法主要采用离散体"单元"逼近真实物理系统，由于单元中未知量的个数是有限的，因此称之为"有限单元"。有限元分析中，每一个单元都有确定方程来描述在一定载荷下的响应，模型中所有单元响应的"和"给出了设计的总体响应。

1950—1960 年期间，学术界和工业界的研究人员共同建立起了结构分析有限元法，迄今已有半个多世纪的历史。该分析方法与蓬勃发展的计算机技术相结合，就产生了计算机辅助工程（CAE）技术。

随着 CAE 技术在工业应用领域不断沿广度和深度发展，它在提高产品设计质量、缩短产品设计周期、节约产品研制成本等方面发挥了越来越重要的作用。目前，CAE 分析的对象已由单一的零部件拓展到系统级的装配体，如飞机、汽车等整机的仿真分析。同时，其分析领域不再局限于结构力学，已拓展到流体力学、热力学、电磁学、多场耦合等更加丰富的物理空间。同时，CAE 分析不再仅仅是专职分析人员的工作，广大工程设计人员参与 CAE 分析已成为必然。

2）ANSYS Workbench

作为 ANSYS 公司在 2002 年开发的新一代产品研发平台，ANSYS Workbench 不但继承了 ANSYS 经典平台（ANSYS Classic）在有限元仿真分析上的所有功能，而且融入了 UG、Pro/E、SolidWorks 等 CAD 软件强大的几何建模功能和 ISIGHT、BOSS 等优化软件在优化设计方面的优势，此外，其图形化界面和仿真流程直观、易学、上手快，深受用户喜爱。

ANSYS Workbench 作为新一代多物理场协同 CAE 仿真环境，其独特的产品构架和众多支撑性产品模块为产品整机、多场耦合分析提供了非常优秀的系统级解决方案。它所包含的 3 个主要模块：几何建模模块（DesignModeler）、有限元分析模块（DesignSimulation）和优化设计模块（DesignXplorer）将设计、仿真、优化集于一体，便于设计人员随时进入不同功能模块之间进行双向参数的互动调用，使得与仿真相关的人、部门、技术及数据可在同一环境中协同工作。

对于设计师来说，仅需简单的设置即可使 SolidWorks 与 ANSYS Workbench 相关联，如图 9 - 104 所示，利用 SolidWorks 2012 完成实体建模后，转入 ANSYS Workbench 14.0 进行相关分析，十分方便；二者可实现双向模型参数的链接、共享、继承和使用，可在协同环境中将来自不同建模软件的零部件组装成一个装配体加以分析（图 9 - 105）；更令人高兴的是，SolidWorks 与 Workbench 都采用基于 parasolid 内核的建模方式，不存在模型转换失真的棘手问题。

图 9 - 104 SolidWorks 2012 与 ANSYS Workbench 14.0 的关联接口

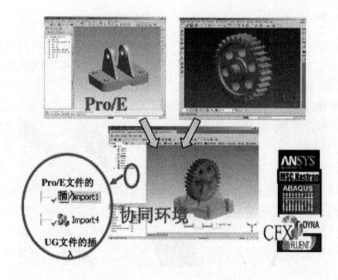

图 9 - 105 利用 ANSYS Workbench 协同处理 Pro/E 和 UG 文件

3）仿真分析目的

设计与仿真是一个否定之否定的过程，二者互为对方提供仿真对象和优化方向，在一次次不断否定中达到结构的完善与优化（如图 9 - 106 所示），这就是一个比较完善的产品开发前期过程。

图 9 - 106　机械优化设计流程

具体到有限元分析领域，常用的有以下三种：

①结构静力学分析：它是结构有限元分析的根本基础和主要内容，有着十分重要的实际意义。静力分析主要计算在固定载荷作用下结构的响应，通过静力分析，设计人员可以校核结构的刚度和强度是否满足设计要求。

②结构动力学分析：它主要考虑随时间变化的力载荷及其对阻尼和惯性的影响。主要分析类型包括模态分析（Modal）、谐响应分析（Harmonic Response）、随机振动分析（Random Vibration）、瞬态动力学分析（Flexible Dynamic）和疲劳分析（Fatigue）等。

③优化设计：它是一种寻求并确定最优设计方案的技术，ANSYS Design Xplorer 是功能强大且方便易用的多目标优化模块。常用的有拓扑优化设计和形状优化设计两种，后文将以四足机器人大腿侧板为研究对象展开优化设计。

（2）有限元分析实例

静力学分析只计算固定载荷下结构的响应。为了充分验证四足机器人相关结构设计的可靠性，依据前文所述，取地面对足端的极限支持力为 2 380 N。结合前文介绍的液压缸安装位置，计算可得髋关节液压缸推力 F_{hip}、膝关节液压缸推力 F_{knee} 及小腿弹簧弹力 F_{spring} 的大小，如式（9 - 36）所示。

$$F_{hip} = 4\,872\ N,\ F_{knee} = 3\,317\ N,\ F_{spring} = 2\,532\ N \tag{9 - 36}$$

利用上述已知条件，使用 ANSYS Workbench 的 Static Structural 模块即可对仿生液压四足机器人的关键零部件进行静力分析。常见步骤分为：导入模型、设置材料属性、划分网格、施加约束和载荷、求解和后处理，如图 9 - 107 所示。

1）小腿外筒的应力分析

小腿外筒是小腿的主体零件，按照上述步骤将"小腿外筒整体 . sldprt"导入，然后划分网格、施加约束和载荷，设置相关仿真参数后求解，通过后处理模块可以得到应力分布，

图 9-107　结构静力学分析步骤

如图 9-108 所示。实验显示最大应力仅为 30.422 MPa（筒壁切槽圆角处），远小于所用铝材的屈服强度极限 280 MPa；最小安全因子 9.203 7，远远大于常取值 3，说明小腿外筒的设计可完全满足四足机器人的静态刚度和强度的相关要求。

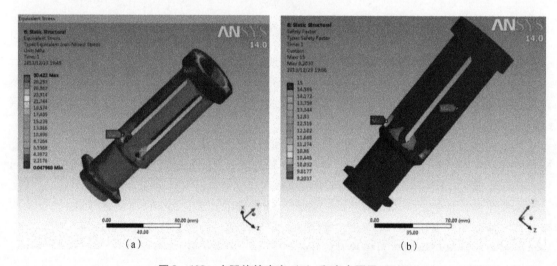

（a）　　　　　　　　　　　　　　　　（b）

图 9-108　小腿外筒应力（a）和安全因子（b）

2）关节连接块的应力分析

髋关节和膝关节连接块作为髋关节和膝关节的重要组成部分，受力情况复杂并承受较大转矩，内部还安装有轴承、角位移传感器等关键件。为了确保其设计符合结构刚度和强度的相关要求，需对其进行静力分析。其形变和应力结果如图 9-109 和图 9-110 所示。

如图 9-109 所示，最大形变为 0.057 mm（小腿内筒方形固定槽远端），对比整体尺寸可见在可接受范围内；最大应变为 $4.444\ 3 \times 10^{-4}$ mm/mm，说明整体应变非常小，这表明膝关节连接块的刚度较好，可以有效地保护内部的角位移传感器等易损零部件。

由图 9-110 可见，最大应力为 87.537 MPa，远小于所用铝材的屈服强度极限 280 MPa；最小安全因子 2.855 9，仍然非常接近于安全因子的常取值 3，这说明整体应力安全因子较高。此外，膝关节连接块成对使用，可以有效提高可靠性；在应力较高区域增加的加强筋，对改善应力的效果非常明显。髋关节连接块在结构上与膝关节连接块类似，都采用了镜像扣合并对称使用，通过螺钉紧固，经分析也满足设计要求。

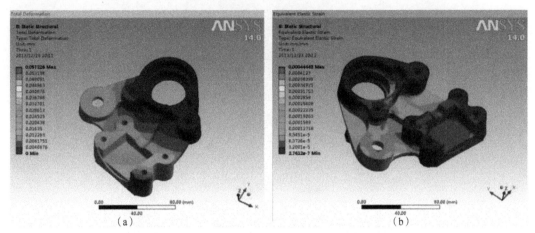

图 9 – 109　膝关节连接块形变（a）和应变（b）

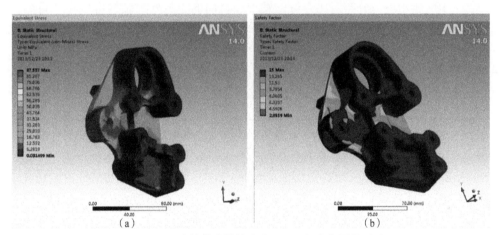

图 9 – 110　膝关节连接块应力（a）和安全因子（b）

3）结构疲劳的寿命分析

据统计，疲劳破坏是机械零件失效的主要原因之一，在机械零件失效中大约有 80% 以上属于疲劳破坏。按照循环应力的大小，疲劳可分为应力疲劳和应变疲劳；按照加载循环次数，又可分为高周疲劳和低周疲劳。高周疲劳是在载荷的循环次数较高（如 $10^4 \sim 10^9$）的情况下产生的，应力通常尚未达到材料的极限强度，适用于应力疲劳（Stress – based）情况；低周疲劳是在循环次数相对较低时发生的，最大循环应力大于材料的屈服应力，发生塑性变形，适用于应变疲劳（strain – based）情况。

在四足机器人行走或奔跑过程中，足端周期性地与地面接触和分离，作用时间短，瞬时冲击大，导致小腿外筒受到来自弹簧弹力的循环重复作用。因此，除刚度、强度不足导致零件被破坏之外，弹力循环加载带来的疲劳破坏也将是小腿外筒失效的一大因素。

通过加载 Workbench 的 Fatigue Tool 工具，设置 Analysis Type 为 Stress Life，再设置 Stress Component 为 Equivalent（Von Mises），然后插入 Safety Factor，并设置 Design Life 为 1e +006 cycles，求解后可得对应设计寿命为 100 万次时的安全系数，结果如图 9 – 111 所示。

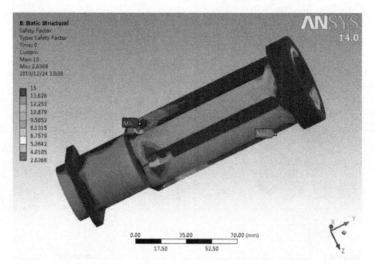

图 9 – 111　设计寿命为 100 万次的安全系数

与图 9 – 109 所示应力分布对比，可以发现：目前的小腿外筒结构可以在严苛的受力下安全运行 100 万次；应力集中区域和疲劳易破坏区域基本在同一位置，但都符合设计要求，只需在生产加工中加以注意，避免对该处的额外破坏。

4）大腿侧板的优化设计

在产品概念（初期）设计阶段，如果是全新产品或较大程度上的改形设计，则可能存在以下问题：一是虽有现成产品，但其是否是最优结构尚不可考；二是缺乏足够的成功经验以供借鉴。在以上情况下，人们很难采取有效手段来快捷、准确地确定产品初始构形，而基于 CAE 技术发展起来的拓扑优化和多目标参数优化设计技术在解决这类问题方面拥有明显优势。

ANSYS Workbench 的 Shape Optimization 模块允许用户在给定的载荷条件下，从减小质量的角度出发，决定哪些材料可以去除及去除多少。因此，人们可以在设计初期给出零件的粗略外形，然后通过 Shape Optimization 模块执行形状拓扑优化，确定可去除材料的边界，结合工艺性、审美观等其他要求即可得到零件外形；然后通过进一步参数优化，获得符合要求的零件结构设计结果。

ANSYS Workbench 的 Design Xplorer 模块是一个功能强大、方便易用的多目标优化模块，主要应用于产品详细设计阶段。其基本原理是以参数化的方式建立 CAE 模型（设计参数），在满足所设定的设计要求的条件下（约束函数），运用各种优化算法进行迭代计算，求得目标函数的极值，从而得到最优设计方案。

大腿侧板作为四足机器人大腿最重要的组成部分，承受着两个关节连接块传递过来的液压缸作用力，其作用十分关键。因此，选择以大腿侧板作为优化对象进行分析，对阐述有限元方法的重要性与适用性十分得当。通过分析大腿侧板的具体情况，可将其优化设计问题描述如下：大腿侧板的质量和变形随着几何模型的变化而逐步实现优化。

由于形状拓扑优化阶段的目标是重量，设计变量是外形；多目标参数优化阶段的目标是质量和变形，其中质量是大腿侧板最重要的设计目标，设计变量则是侧板厚度和减重槽深度，约束函数是始终满足材料的应力要求。为此，首先建立侧板的粗略外形（如图 9 – 112 所示），在此阶段仅仅确定了大腿侧板的准确固定孔位和受力位置等。

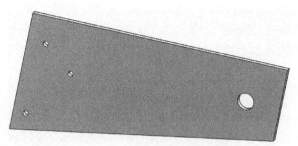

图 9 - 112　大腿侧板初始粗略外形

①形状拓扑优化。

建立大腿侧板形状拓扑优化的流程如图 9 - 113 所示，其中 A 为几何模型导入，B 为静力分析模块，C 和 D 为形状优化设计模块。

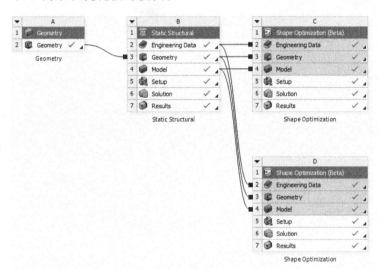

图 9 - 113　大腿侧板形状拓扑优化流程

依次划分网格、施加约束和受力后，静力分析模块（B）显示大腿侧板上大部分区域的应力非常小，如图 9 - 114 所示。

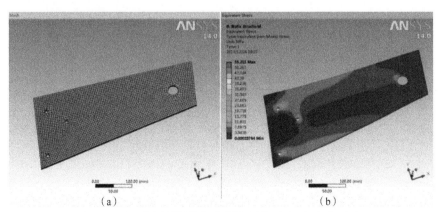

（a）　　　　　　　　　　　（b）

图 9 - 114　大腿侧板优化前网格划分（a）和应力（b）

这些应力非常小的区域就是 Shape Optimization 的目标区域，分别设置缩减的目标量为 25%、40%、50% 和 60%，求解后可得 Shape Optimization 的建议减重结果如图 9 – 115 所示。其中，橙色区域代表可以去除的材料，褐色区域是边缘，灰色区域是建议保留的材料。

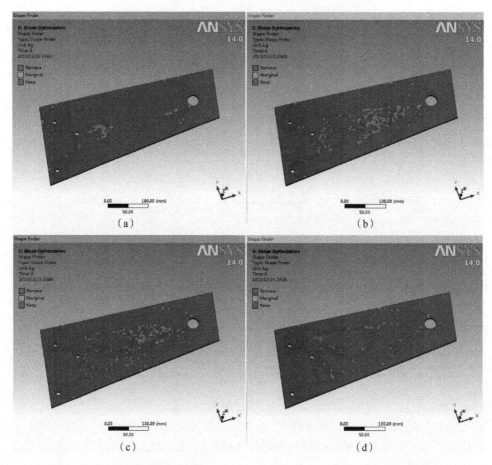

图 9 – 115　大腿侧板优化减重 25%（a）、40%（b）、50%（c）和 60%（d）

结合工艺性、审美观等其他设计经验和设计要素，最终完成大腿侧板的设计，其结果如图 9 – 116 所示。

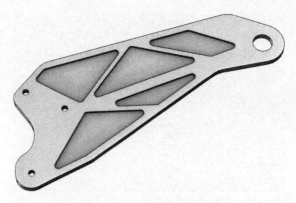

图 9 – 116　大腿侧板外形设计

经过上述步骤，可初步设计大腿侧板的厚度为 8 mm，单侧减重槽深度为 1 mm，大腿侧板重 0.972 kg，经静力分析，其形变和应力如图 9 – 117 所示。

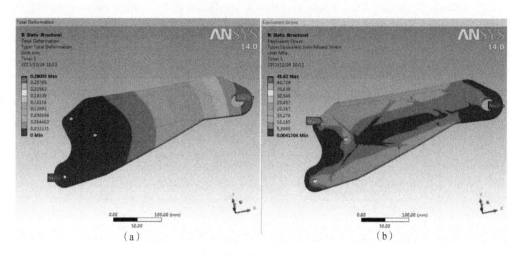

(a) (b)

图 9 – 117　参数优化前的形变（a）和应力（b）

由图 9 – 117 可知，大腿侧板的最大形变为 0.290 08 mm，变形量值较小；加强筋处的应力非常小，说明加强筋的位置设置合理，效果明显；最大应力为 45.82 MPa，最小安全因子大于 6，说明尚未充分利用材料，且质量太大，需继续进行优化减重。

②目标参数优化。

在 Design Xplorer 中建立多目标参数优化的流程如图 9 – 118 所示，其中 A 为几何模型导入，B 为静力分析模块，C 为多目标参数优化设计模块。

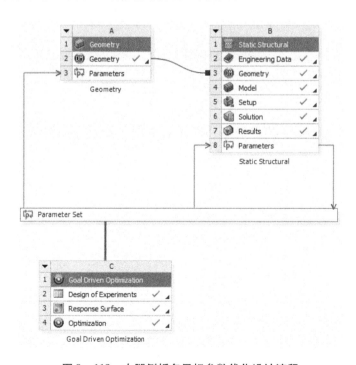

图 9 – 118　大腿侧板多目标参数优化设计流程

在 Parameter Set 中可查看该优化问题涉及的 2 个输入参数和 3 个输出参数，输入参数 P1 – ds_depth_cut 和 P2 – ds_thickness_cut 分别表示减重槽处和侧板单侧再往下切的深度，输出参数 P3 – Geometry Mass、P4 – Equivalent Stress Maximum 和 P5 – Total Deformation Maximum 分别表示零件质量、最大应力和最大变形量，如图 9 – 119 所示。

	A	B	C	D
	ID	Parameter Name	Value	Unit
1				
2	⊟ Input Parameters			
3	⊟ 🧊 Geometry (A1)			
4	ⓟ P1	ds_depth_cut	1.74	
5	ⓟ P2	ds_thickness_cut	1.8025	
*	ⓟ New input parameter	New name	New expression	
7	⊟ Output Parameters			
8	⊟ 🗖 Static Structural (B1)			
9	ⓟ P3	Geometry Mass	0.48892	kg
10	ⓟ P4	Equivalent Stress Maximum	73.655	MPa
11	ⓟ P5	Total Deformation Maximum	0.58621	mm
*	ⓟ New output parameter		New expression	
13	Charts			

图 9 – 119　输入/输出参数设置

完成上述步骤之后，可在 Goal Driven Optimization 的 Design of Experiment 中设置输入参数的上下限边界。该参数变化范围的具体含义是，大腿侧板厚度的变化范围是 4 ~ 8 mm，减重槽处厚度的变化范围是 2 ~ 4 mm，具体情况如图 9 – 120 所示。

	A	B
1	Property	Value
2	⊟ General	
3	Units	
4	Type	Design Variable
5	Classification	Continuous
6	Units	
7	Type	Design Variable
8	Classification	Continuous
9	⊟ Values	
10	Initial Value	1.5
11	Lower Bound	1
12	Upper Bound	2
13	Use Manufacturable Values	☐
14	Initial Value	1
15	Lower Bound	0.005
16	Upper Bound	1.995
17	Use Manufacturable Values	☐

图 9 – 120　输入参数 P1 和 P2 上下限

为了获得更多的设计点，即获得更多的输入参数组合，可设置 Design of Experiment 的 Design Type 为 Face – Centered，Template Type 为 Enhanced，总共将自动生成 17 个设计点，其取值和对应的输出参数结果如图 9 – 121 所示。

通过 Response Surface 可以查看各输出参数组成的响应面，即输出参数 P3、P4、P5 对应于输入参数 P1 和 P2 的计算结果，如图 9 – 122 所示。

	A	B	C	D	E	F
1	Name	P1 - ds_depth_cut	P2 - ds_thickness_cut	P3 - Geometry Mass (kg)	P4 - Equivalent Stress Maximum (MPa)	P5 - Total Deformation Maximum (mm)
2	1	1.5	1	0.64179	54.943	0.45178
3	2	1	1	0.70007	53.889	0.40451
4	3	1.25	1	0.67093	54.512	0.43614
5	4	2	1	0.58352	60.326	0.52234
6	5	1.75	1	0.61266	59.222	0.48314
7	6	1.5	0.005	0.79668	43.952	0.3782
8	7	1.5	0.5025	0.71924	47.326	0.41057
9	8	1.5	1.995	0.48691	82.044	0.57842
10	9	1.5	1.4975	0.56435	69.494	0.50627
11	10	1	0.005	0.85495	45.654	0.34057
12	11	1.25	0.5025	0.74837	46.845	0.38782
13	12	2	0.005	0.7384	45.759	0.4327
14	13	1.75	0.5025	0.6901	47.754	0.43801
15	14	1	1.995	0.54518	87.181	0.51428
16	15	1.25	1.4975	0.59349	65.423	0.47636
17	16	2	1.995	0.42864	94.846	0.67727
18	17	1.75	1.4975	0.53522	67.325	0.5428

图 9 – 121　设计点取值

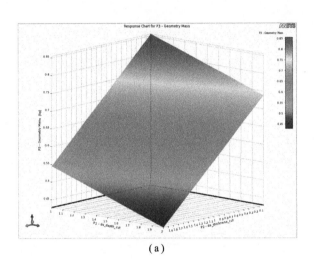

（a）

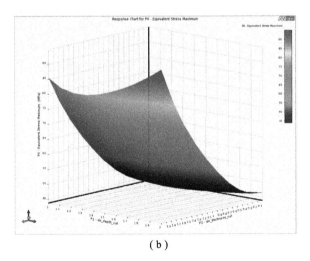

（b）

图 9 – 122　各输出参数响应面

（a）P3 – Geometry Mass 的响应面；

（b）P4 – Equivalent Stress Maximum 的响应面

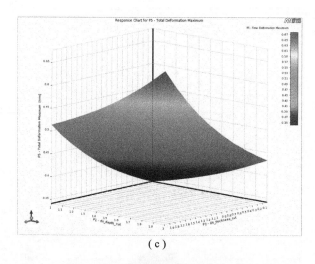

（c）

图 9 – 122　各输出参数响应面（续）

（c）P5 – Total Deformation Maximum 的响应面

由图 9 – 122 可知，目标参数 P3、P5 与输入参数 P1、P2 的变化趋势相反，即减小质量，则减小了壳体的强度，就意味着增加变形的可能，反之亦然。因此必须设置目标参数优先级才能得到最终结果。在 Optimization 中设置优化目标，可得基于目标的候选设计表，如图 9 – 123 所示。

	A	B	C	D	E	F
		P1 - ds_depth_cut	P2 - ds_thickness_cut	P3 - Geometry Mass (kg)	P4 - Equivalent Stress Maximum (MPa)	P5 - Total Deformation Maximum (mm)
2	⊟ Optimization Domain					
3	Lower Bound	1	0.005			
4	Upper Bound	2	1.995			
5	⊟ Optimization Objectives					
6	Objective	No Objective	No Objective	Minimize	No Objective	Minimize
7	Target Value					
8	Importance			Higher		Default
9	Constraint Handling					
10	⊟ Candidate Points					
11	Candidate A	1.3584	1.9927	☆ 0.50378	82.049	✕ 0.55746
12	Candidate B	1.1408	1.9844	☆☆ 0.53043	82.066	⇀ 0.52841
13	Candidate C	1.74	1.8025	☆☆ 0.48892	79.773	✕ 0.5876

图 9 – 123　优化目标及候选设计点

此时可依据质量最小原则选择 Candidate C 为设计点，利用 Parameter Set 将其设为当前设计点 Update 之后，大腿侧板厚度为 4.4 mm，减重槽处厚度为 2.52 mm，质量为 0.488 9 kg。由此可见，大腿侧板的质量减小了 49.7%；经静力分析，大腿侧板的最大变形为 0.586 2 mm，变形率约为 0.15%，仍在可接受范围内；其对应的应力和安全因子如图 9 – 124 所示。

由图 9 – 124 可知，大腿侧板的最大应力 73.655 MPa，仅在三个固定孔处出现，其他地方的应力均在 50 MPa 以下；最小安全因子为 3.801 5，比较接近于常取值 3，证明这样处理使材料的利用更加合理。

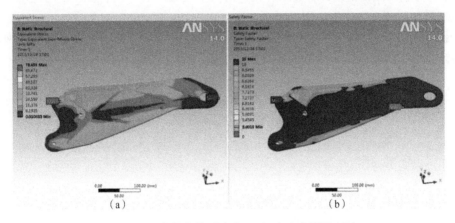

图9-124　参数优化后应力（a）和安全因子（b）

综上所述，本节基于 ANSYS Workbench 进行有限元分析，分为结构静力分析、疲劳寿命分析和优化设计三部分。在结构静力分析中，利用 Static Structure 模块对具有代表性的小腿外筒和关节连接块进行了静力分析，获得了其应力、应变图，经分析得知，四足机器人的关键零部件满足刚度和强度的设计要求，证明其静力学特性良好；在疲劳寿命分析中，利用 Fatigue Tool 工具，对承受来自弹簧弹力循环重复作用的小腿外筒进行了疲劳寿命分析，得知目前的结构可以在严苛的受力情况下安全运行 100 万次，经久耐用，具有较高的工作可靠性；在优化设计中，以大腿侧板为研究对象，首先利用 Shape Optimization 模块依据减重原则进行了形状拓扑优化，确定了零件的合理外形；然后利用 Design Xplorer 模块进行了多目标参数优化设计，在满足刚度和强度设计要求的前提下，使大腿侧板减重 49.7%，实现了对材料的高效利用。

9.4　思考与练习

1. 列举仿生机械的基本构成元素，并举例分析对应的生物特征。
2. 分析并比较各类仿生机械创新设计原理的特点。
3. 举例说明仿生机械创新设计组合原理的作用与特点。
4. 分析并比较仿生机械创新设计组合原理各具体实施方法的区别。
5. 举例说明仿生机械创新设计变异演化原理的特征与作用。
6. 请列举一种基于仿生机械创新设计变异演化原理开发的新型仿生机械产品及其特性。
7. 试分析仿生机械创新设计组合原理与变异演化原理的区别与作用。
8. 详尽分析某一生物的一种功能特性或运动原理，并依据仿生机械创新设计的反求原理设计一种仿生机械。
9. 依据仿生机械创新设计的组合原理对某一在用的仿生机械产品进行结构改进，以实现新的功能。
10. 依据仿生机械创新设计的变异演化原理对某一在用的仿生机械产品进行结构改进，以实现新的功能。

11. 分析仿生机械创新设计各类原理在当前仿生机械产品开发、设计中的使用频率，比较各类原理对科研开发工作的作用与影响。

12. 比较当前国内外仿生机械创新设计理论与方法的优缺点与发展趋势，反思国内存在的发展缺陷，以促进国内仿生机械创新设计的快速、优质发展。

参 考 文 献

[1] 王国彪，陈殿生，陈科位，等. 仿生机器人研究现状与发展趋势 [J]. 机械工程学报，2015，51（13）：27－44.

[2] 文志江，冯方平. 仿生机械学研究进展 [J]. 广东科技，2017，26（4）：89－90.

[3] 于晓红. 仿生设计学研究 [D]. 吉林大学，2004.

[4] 中国科学院生物物理研究所. 生物的启示：仿生学四十年研究纪实 [M]. 北京：科学出版社，2008.

[5] 汪久根，鄢建辉. 仿生机械结构设计 [J]. 润滑与密封，2003（2）：35－36.

[6] 毕千，徐敏. 仿生机械学发展综述 [J]. 武夷科学，2008，24（1）：157－161.

[7] 李林. 多足仿生机器蟹结构设计及实验研究 [D]. 哈尔滨工程大学，2010.

[8] 邱长伍. 面向任务的全维移动双臂机器人运动规划方法研究 [D]. 上海交通大学，2010.

[9] Hassler A. Therapeutic and training device for the shoulder joint：US，US6824498 [P]. 2004.

[10] 王树新，李群智，丁杰男，等. 外科手术机器人从操作手：CN，CN 100336640 C [P]. 2007.

[11] 张志华. 机器鱼尾鳍运动学研究与控制系统设计 [D]. 中国海洋大学，2003.

[12] 邓爱华. 科学家聚焦仿生学 [J]. 科技潮，2004（4）：8－11.

[13] 曹福成. 仿生学推动潜艇驶入新世纪 [J]. 国防技术基础，2001（4）：18－18.

[14] 高飞. 形状记忆合金丝驱动的矢量喷嘴设计及其控制研究 [D]. 哈尔滨工业大学，2010.

[15] 迁三郎，杉江升. 仿生学浅说 [M]. 北京：科学出版社，1982.

[16] 林良明. 仿生机械学 [M]. 上海：上海交通大学出版社，1989.

[17] 李云江. 机器人概论 [M]. 北京：机械工业出版社，2011.

[18] 努丁. 肌肉骨骼系统基础生物力学 [M]. 北京：人民卫生出版社，2008.

[19] 陶祖莱. 生物流体力学 [M]. 北京：科学出版社，1984.

[20] 刘德峰. 两栖多足机器人通讯定位及相关技术研究 [D]. 哈尔滨工程大学，2008.

[21] 熊翔，颜国正，丁国清，等. 基于蛇类生物的仿生变体机器人运动学研究 [J]. 光学精密工程，2001，9（4）：330－333.

[22] 陈东良. 仿生机器蟹两栖步行机理与控制方法研究 [D]. 哈尔滨工程大学，2006.

[23] 王刚. 多足仿生机械蟹步态仿真及样机研制 [D]. 哈尔滨工程大学，2008.

[24] 王周焰. 复杂系统的信息评估 [D]. 上海交通大学，2001.

[25] 王丰超，王立平，梁新成，等. 智能化喷涂机器人研究进展 [J]. 航空制造技术，

2015 (9).

[26] 国家 863 计划智能机器人专家组. 机器人博览 [M]. 北京：中国科学技术出版社，2001.

[27] 刘陈方，宋少云. 仿生机器人的研究综述 [J]. 武汉轻工大学学报，2010，29 (4)：21 - 25.

[28] 杜鹏东. 仿生学及生物力学研究综述 [J]. 林业机械与木工设备，2013 (9)：17 - 21.

[29] 小川. 军用仿生机器人——人类智慧的战场应用 [J]. 兵器，2014 (8)：16 - 21.

[30] 佚名. 高智能化仿生机器人的军事应用 [DB/OL]. http：//www. sohu. com/a/195792078_ 788378. 2017 - 10 - 01.

[31] 穆光宗. 老龄化问题：可持续发展面临的新挑战——基于苏州的个案研究 [J]. 南方人口，2002，17 (3)：58 - 64.

[32] 彬彬. 不可思议的动物"伪装术" [J]. 科技信息：山东，2013 (16)：6 - 7.

[33] 解放. 战场伪装让你看不见 [J]. 当代军事文摘，2006 (2).

[34] 杨照金，崔东旭. 军用目标伪装隐身技术概论 [M]. 北京：国防工业出版社，2014.

[35] 史小敏，苏怀东. 前景广阔的生物伪装术 [N]. 解放军报，2005.

[36] 董群. 生物分级结构功能材料的制备及性能研究 [D]. 上海交通大学，2008.

[37] 范志勤，郝守身. 化学通讯在动物性行为中作用的探讨 [J]. 动物学报（Current Zoology），1979 (3)：90 - 97.

[38] 袁美兰，陈小燕. 动物的通讯方式 [J]. 生物学教学，2013，38 (3)：67.

[39] 苏春良. 动物通信妙无穷 [J]. 国防科技，2002 (8)：77.

[40] 佚名. "蜂舞"法则 [J]. 江苏企业管理，2017 (10)：29.

[41] 丁启明. 产品造型设计中的形态仿生研究 [D]. 合肥工业大学，2007.

[42] 李封. 基于肌电信号的机械手控制模式的研究 [D]. 东北大学，2006.

[43] 普通动物学 [M]. 北京：高等教育出版社，1983.

[44] 殷名称. 鱼类生态学 [M]. 北京：中国农业出版社，1995.

[45] 谭宏德. "两栖人"的尝试 [J]. 航海，1981 (1)：43.

[46] 扬丽. PU 泡沫塑料用于人工鳃制造 [J]. 聚氨酯工业，1987 (1)：55.

[47] 王超飞，佟金. 两栖纲无尾目典型动物优异生物特性及其工程仿生应用 [J]. 农机化研究，2009，31 (11)：22 - 25.

[48] 赵昊，王振华. 浅谈仿生设计在伞具中的应用和发展 [J]. 大众文艺，2013 (24)：105 - 106.

[49] 左玉河，李书源. 图说富于启迪的技术发明 [M]. 长春：吉林出版集团有限责任公司，2012.

[50] 黄纯颖，唐进元，黄纯颖，等. 机械创新设计 [M]. 北京：高等教育出版社，2000.

[51] 徐坚，张晓艳，谭帅霞，等. 仿生高分子材料研究的新进展 [C]. 中国化工学会 2006 年年会暨全国第二届化工新材料学术技术报告会论文集（摘要）中国科学院化学研究所，2006：9 - 10.

[52] 邓燕，王程，文鹏，等. 推进模式机器鱼运动仿真研究 [J]. 科研，2016 (5)：227.

[53] 黄有著. 仿生形态与设计创新 [J]. 发明与革新，2001 (4)：14 - 15.

[54] 严正，郭江华，乔莹洁．论仿生在工业设计中的应用［J］．西北职教，2007（6）：61．

[55] 张祥泉．产品形态仿生设计中的生物形态简化研究［D］．湖南大学，2006．

[56] 解春香．汽车造型仿生设计研究［M］．昆明：昆明理工大学，2008．

[57] 薄其芳．形态仿生在产品设计中应用研究［D］．山东轻工业学院，2009．

[58] 王强．行为与仿生——动物行为在创意产品设计中的应用研究［D］．华东理工大学，2008．

[59] 王艳娥．两类生物模型的定性分析及数值模拟［D］．陕西师范大学，2011．

[60] 张靖靖．形态仿生在产品设计中的应用［J］．湖北师范学院学报（哲学社会科学版），2010，30（1）：55－58．

[61] 苏扬．动物世界14"天才建筑师"蜜蜂［J］．阅读，2015（Z4）．

[62] 仝雷，孙雪梅．孕育希望的鸟巢——2008年北京奥运会中国国家体育场方案［J］．建筑设计管理，2003（5）：43－45．

[63] 江雷．从自然到仿生的超疏水纳米界面材料［J］．化工进展，2003，22（12）：60－65．

[64] 刘伟，袁修干．人的视觉－眼动系统的研究［J］．人类工效学，2000，6（4）：41－44．

[65] 克拉克．节肢动物生物学［M］．北京：科学出版社，1985．

[66] 王坚．听觉科学概论［M］．北京：中国科学技术出版社，2005．

[67] 陈小平．声音与人耳听觉［M］．北京：中国广播电视出版社，2006．

[68] 胡登翔．听不见的声音——次声波［J］．现代物理知识，2007（3）：9－11．

[69] 陈典成．鱼类的听觉和嗅觉［J］．中国水产，1985（8）：26．

[70] 任媛媛，魏永祥．三叉神经感觉对嗅觉的影响［J］．中华耳鼻咽喉头颈外科杂志，2011，46（9）：783－786．

[71] 方向生．基于电子鼻技术的电气火灾预警系统研究［D］．浙江大学，2007．

[72] 颜亮．闻香识英雄［J］．生命世界，2004（5）：6－7．

[73] 张贵东．基于芯片技术的嗅觉生理系统的研究［D］．浙江大学，2005．

[74] 马金勇．直通科普大世界阅读丛书．奥秘世界大探索［M］．合肥：安徽美术出版社，2014．

[75] 栗原坚三．趣谈味觉与嗅觉的奥秘［M］．上海：上海科学普及出版社，2004．

[76] 许广桂，骆德汉，陈益民，等．仿生嗅觉传感技术的研究现状与进展［J］．制造业自动化，2007，29（12）：7－10．

[77] 中国化工仪器网．化学所在仿生材料研究领域取得新进展［J］．功能材料信息，2012（4）：44－45．

[78] 许兰杰．神奇的"生物钢"——仿蜘蛛丝纤维［J］．江苏丝绸，2006（2）：6－8．

[79] 沈世德．实用机构学［M］．北京：中国纺织工业出版社，1997．

[80] 唐家玮，马喜川．平面连杆机构运动综合［M］．哈尔滨：哈尔滨工业大学出版社，1995．

[81] 李艳莉，张海燕．常用间歇机构及其在印刷包装行业中的应用［J］．今日印刷，2008

（2）：89 – 91.

[82] 梁燕飞．机械基础［M］．北京：清华大学出版社，2005.

[83] 杨可桢，程光蕴，李仲生．机械设计基础［M］．北京：高等教育出版社，2006.

[84] 吴昊，吴学伟．空间机构自由度分析及教学探索［J］．教育教学论坛，2013（33）：243 –245.

[85] 邹慧君，楼鸿棣．高等机械原理［M］．北京：高等教育出版社，1990.

[86] 佚名．机械设计基础［M］．北京：清华大学出版社，1989.

[87] 张策．机械原理与机械设计（上册）［M］．北京：机械工业出版社，2011.

[88] 向成宣．常用机构的结构识别及结构方案的创新方法研究［D］．重庆大学，2003.

[89] 张于贤，陈德淑，廖振方，等．空间机构自由度计算［J］．重庆大学学报：自然科学版，2003，26（9）：53 – 55.

[90] 陶丽花．平面机构自由度计算的活动构件数量问题［J］．山东工业技术，2017（9）：242.

[91] 孙开元，骆素君．常见机构设计及应用图例［M］．北京：化学工业出版社，2010.

[92] 徐卫国，聂荣兴．局部自由度及其应用［J］．机械设计与制造，2005（5）：39 – 40.

[93] 许西惠．浅析机械工程中的虚约束［J］．长春理工大学学报：高教版，2007（2）：47 +164 – 165.

[94] 杨兰生．仿生机构中运动副的基本形态［J］．哈尔滨理工大学学报，1991（1）：1 – 7.

[95] 张晓红．机械设计基础项目式教程［M］．北京：清华大学出版社，2013.

[96] 丁俊健．机械设计基础［M］．北京：北京师范大学出版社，2011.

[97] 邹慧君，高峰．现代机构学进展［M］．2 版．北京：高等教育出版社，2011.

[98] 李瑞琴．机械原理#：#Theory of machines and mechanisms［M］．北京：国防工业出版社，2011.

[99] 陈继生，张彩丽．自动机械的凸轮机构运动规律及其通用性研究［J］．机械设计与制造，2008（3）：221 –222.

[100] 陈春颖．用矢量方程图解法作机构的速度分析［J］．河北旅游职业学院学报，1999（1）：29 –31.

[101] 张春林，余跃庆．高等机构学［M］．北京：北京理工大学出版社，2006.

[102] 袁华强．新型可控变胞式码垛机器人机构设计与分析［D］．广西大学，2014.

[103] 孙晋永，阎树田．一种解空间机构运动分析问题的新方法［J］．兰州理工大学学报，2002，28（4）：54 –57.

[104] 白师贤等．高等机构学［M］．上海：上海科学技术出版社，1988.

[105] 李卉卉．"记里鼓车"之相关问题研究［J］．史林，2005（3）：89 – 95.

[106] 许鸿涛．仿生学在建筑设计中的运用［J］．建材世界，2014（s2）．

[107] 潘癹．师法自然的新实验——从自行车概念设计实践看仿生设计［J］．北京电力高等专科学校学报：社会科学版，2010，27：122.

[108] 赵子都．自适应控制技术及应用［J］．自动化博览，1996（1）：11 – 12.

[109] 晋崔豹．古今注·中华古今注·苏氏演义［M］．北京：商务印书馆，1956.

［110］田保珍．形态仿生设计方法研究［D］．西安工程大学，2007．

［111］马祖礼．生物与仿生［M］．天津：天津科学技术出版社，1984．

［112］孙久荣．动物行为仿生学［M］．北京：科学出版社，2013．

［113］周士林．人类的飞行梦——飞机发明之前的航空活动［J］．环球飞行，2003（2）：72 – 73．

［114］施祥云，董淑亮．竹子与超高建筑［J］．建筑工人，2012（10）：56．

［115］舒斯榕，江崇元．中银大厦：贝聿铭的收山作品［J］．艺术生活，2003（2）：11 – 13．

［116］杨玉涛．贝聿铭的设计方法及启示［J］．城市建设理论研究：电子版，2012（30）．

［117］周小儒，徐少春，高洁．仿生设计学在日常生活用品设计中的应用探究［J］．中国美术教育，2005（1）：46 – 49．

［118］罗移峰．浅谈工业产品中的仿生设计［J］．重庆科技学院学报（社会科学版），2011（8）：130 – 131．

［119］杜鸿．轿车车身造型仿生设计研究［D］．西南交通大学，2010．

［120］宋端树，朱宇博．现代家具设计中仿生应用之探究［J］．包装工程，2009，30（3）：146 – 148．

［121］邓欢琴．论灯具设计中的仿生学［J］．设计，2012（2）：50 – 52．

［122］陈渝，杨保建．技术接受模型理论发展研究综述［J］．科技进步与对策，2009，26（6）：168 – 171．

［123］张红华，纪鹏．服装仿生设计及其解构升华［J］．美与时代月刊，2004（6）：75 – 77．

［124］褚启勤，江山，丁承民．生命系统理论在新型制造模式中的应用初探［J］．中国机械工程，1996（1）：7 – 9．

［125］孙世元，任露泉，佟金，等．仿生钢布兜式铲斗的研究［J］．农业机械学报，1993（4）：18 – 22．

［126］程霜梅．波纹形曲面仿生推土板表面数学建模及优化设计［D］．吉林大学，2004．

［127］车仁生．仿生测试理论与仪器工程［J］．中国机械工程，2000，11（3）：241 – 244．

［128］程刚．并联式仿生机械腿结构设计及动力学研究［D］．中国矿业大学，2008．

［129］产文良，张文凡，罗琴．逆向工程技术在模具雕刻加工中的应用［J］．工具技术，2008，42（7）：78 – 80．

［130］段彦静，孙文磊．逆向工程在医学上的应用［J］．中华现代影像学杂志，2005．

［131］张瑞娟．仿生膜传感器的制备及其性能的研究［D］．延边大学，2010．

［132］房岩，孙刚，丛茜，等．仿生材料学研究进展［J］．农业机械学报，2006，37（11）：169 – 173．

［133］Werasak，Udomkichdecha，彭金平．材料在制备方法、流动性、生物医学应用以及对气候环境的影响等方面的挑战［J］．国外科技新书评介，2015（7）：6 – 7．

［134］阎锡蕴．纳米材料新特性及生物医学应用［M］．北京：科学出版社，2015．

［135］何创龙，王远亮，杨立华，等．骨组织工程天然衍生细胞外基质材料［J］．中国生物工程杂志，2003，23（8）：11 – 17．

[136] 孙毅. 仿生学研究的若干重要进展 [J]. 图书情报导刊, 2006, 20 (11): 143 – 144.

[137] 张学骜, 刘长利, 王建方, 等. 仿珍珠层自组装制备 PTPGDA/SiO₂ 纳米复合薄膜 [C]. 全国高分子学术论文报告会, 2005.

[138] 张学骜, 吴文健, 王建方. 贝壳珍珠层中文石晶体择优取向动态分析 [J]. 科学通报, 2007, 52 (17): 2089 – 2092.

[139] 罗程. CaCO 晶体的体外模拟生长过程及机理研究 [D]. 浙江大学, 2007.

[140] 王少华. 影响天然彩丝结构和性能的因素探讨 [D]. 苏州大学, 2009.

[141] 孙梦捷. 基于同步辐射技术研究丝素蛋白干纺纤维的结构与性能 [D]. 东华大学, 2013.

[142] 赵峰, 尹玉姬, 宋雪峰, 等. 壳聚糖 – 明胶网络/羟基磷灰石复合材料支架的研究——制备及形貌 [J]. 中国修复重建外科杂志, 2001, 15 (5): 276 – 279.

[143] 庞龙, 胡蕴玉, 颜永年, 等. 杂化改性后快速成型支架对骨缺损修复的实验研究 [J]. 创伤外科杂志, 2007, 9 (3): 257 – 260.

[144] 张睿. 超顺磁性纳米多孔活性复合人工骨修复兔桡骨缺损的实验研究 [D]. 广州医科大学, 2014.

[145] 邱雪宇. 聚乳酸/羟基磷灰石纳米复合材料的制备与性质 [D]. 中国科学院长春应用化学研究所, 2005.

[146] 付召明. 碳纳米管作用下淀粉样蛋白片段的组装和外场中纳米水的组装 [D]. 复旦大学, 2011.

[147] 张金超, 刘丹丹, 周国强, 等. 纳米材料在组织工程中的应用 [J]. 化学进展, 2010, 22 (11): 2232 – 2237.

[148] 李雪盛, 黄金中. 人鼻中隔软骨细胞和新型与改性聚乳酸支架在软骨组织工程的应用前期研究 [D]. 第一军医大学, 2001.

[149] 庞晓军, 黄军章, 刘国勇, 等. 肿瘤基因治疗研究进展 [J]. 药学实践杂志, 2006, 24 (1): 4 – 6.

[150] 汤伟. 磁性阳离子纳米脂质体的制备及表征 [D]. 中南大学, 2008.

[151] 蔺存国, 郑纪勇, 张金伟, 等. 基于材料自身特性对生物污损进行抑制的机理与设计 [C]. 中国海洋湖沼学会第十次会员代表大会 2012 海洋腐蚀与生物污损学术研讨会摘要集. 2012.

[152] 张金伟, 郑纪勇, 王利, 等. 仿生防污材料的研究进展 [J]. 中国材料进展, 2014, 33 (2): 86 – 94.

[153] 戴春祥, 胡庆夕, 方明伦. 快速制造领域中的前沿学科——仿生制造 [J]. 机械制造, 2004, 42 (1): 7 – 9.

[154] 戴春祥, 胡庆夕, 方明伦. 现代制造与生物医学的交叉学科——仿生制造——从快速制造技术谈起 [J]. 智能制造, 2003 (9): 12 – 14.

[155] 师汉民. 论仿生制造 [J]. 中国机械工程, 1998, 9 (1): 51 – 54.

[156] 宗光华, 毕树生. 关于 21 世纪初我国仿生机械与仿生制造的若干思考 [J]. 中国机械工程, 2001, 12 (10): 1201 – 1204.

[157] 宋伟. 基于快速原型制造技术的缺损颅骨修补研究 [D]. 吉林大学, 2009.

[158] 叶春婷，黄耀熊，邹海燕，等．聚乙烯醇－胶原凝胶研制及作为组织替代材料的生物相容性 [J]．中国组织工程研究，2008，12（1）：153 – 156.

[159] 沈伟伟．仿生设计的思维模式探究 [J]．艺海，2011（8）：100 – 101.

[160] 李骁，贺健康，赵倩，等．水凝胶复合丝素蛋白薄膜支架的设计与快速成形制造 [C]．全国快速成形与制造学术会议，2011.

[161] 张德远，蔡军，李翔，等．仿生制造的生物成形方法 [J]．机械工程学报，2010，46（5）：88 – 92.

[162] 余珞珈，魏著谱，见文，等．快速成型技术与新产品开发 [J]．金属加工（冷加工）冷加工，2011（14）：59 – 61.

[163] 武净，李勇．快速成型技术及其发展现状 [J]．才智，2012（31）：67.

[164] 刘红光，杨倩，刘桂锋，等．国内外 3D 打印快速成型技术的专利情报分析 [J]．情报杂志，2013，32（6）：40 – 46.

[165] 郑卫国，颜永年．快速成形技术的原理、应用与发展 [J]．智能制造，2001（6）：3 – 6.

[166] 楼祺洪．3D 打印技术的原理和分类 [J]．光电产品与资讯，2013，4（5）．

[167] 王辉，王灏．大型 fdm 原理的 3d 打印机，Large fdm principle 3d printer：CN，CN 203418764 U [P]．2014.

[168] 陈新平，黄笔武．一种立体光刻快速成型光敏树脂及制备方法：CN 102436145 A [P]．2012.

[169] 史玉升，钟庆，陈学彬，等．选择性激光烧结新型扫描方式的研究及实现 [J]．机械工程学报，2002，38（2）：35 – 39.

[170] 王修春，魏军，伊希斌，等．3D 打印技术类型与打印材料适应性 [J]．信息技术与信息化，2014（4）：84 – 86.

[171] 张路，赵文志．不同生物支架材料修复骨缺损的性能与评价 [J]．中国组织工程研究，2010，14（51）：9679 – 9682.

[172] 刘海峰．改性壳聚糖－明胶网络及其在组织工程中的应用 [D]．天津大学，2003.

[173] 张涛，王臻，卢建熙，等．个体化人工骨双循环系统的仿生制造 [J]．中国矫形外科杂志，2005，13（5）：355 – 357.

[174] 李兰娟，黄建荣，朱琼，等．人工肝支持系统治疗重型肝炎 13 例报告 [J]．中华传染病杂志，1997，16（1）：47 – 48.

[175] 王静．浅析机电一体化技术的现状和发展趋势 [J]．同煤科技，2006，27（4）：41 – 42.

[176] 吴宗泽．机械结构设计 [M]．北京：机械工业出版社，1988.

[177] 丁立．探究机械结构设计中的创新设计 [J]．工业，2016（9）：253.

[178] 申琼，何勇．仿生机械手结构设计与分析 [J]．东华大学学报（自然科学版），2002，28（1）：37 – 40.

[179] 刘洪军．走近机器人 [M]．长春：吉林人民出版社，2012.

[180] 陶宝祺．智能材料结构 [M]．北京：国防工业出版社，1997.

[181] 周昌春，方跃法，叶伟，等．6 – RRS 超冗余驱动飞行模拟器的性能分析 [J]．机械

工程学报，2016，52（1）：34 - 40.

[182] 何秀芸，李树军，郝广波. 超欠驱动仿生机械手的机构设计与实验研究［J］. 机械设计，2009，26（12）：35 - 38.

[183] 何广平，陆震，王凤翔. 欠驱动机器人的动力学耦合奇异研究［J］. 航空学报，2005，26（2）：240 - 245.

[184] 白平. 基于拓展全息矩阵的变胞机构创新设计研究［D］. 武汉轻工大学，2015.

[185] 张晓峰. 基于 MATLAB 仿壁虎机器人步态规划研究与运动仿真［D］. 南京航空航天大学，2010.

[186] 曲选辉，于广华. 新材料产业发展现状及趋势［J］. 中国科技投资，2008（10）：32 - 35.

[187] 韩瑜，许燕玲，花磊，等. 六轴关节机器人系统结构及其关键技术［J］. 上海交通大学学报，2016，50（10）：1521 - 1525.

[188] 王健强，程汀. SCARA 机器人结构设计及轨迹规划算法［J］. 合肥工业大学学报自然科学版，2008，31（7）：1026 - 1028.

[189] 尤波，张永军，毕克新. PUMA560 型机器人逆运动学问题的解析解［J］. 哈尔滨理工大学学报，1994（4）：6 - 10.

[190] 徐呈艺，李业农，张佳兴，等. 基于 AutoCAD 的 PUMA560 机器人运动学正解分析［J］. 煤矿机械，2012，33（11）：97 - 99.

[191] 刘极峰，丁继斌. 机器人技术基础［M］. 北京：高等教育出版社，2012.

[192] 电动机械手结构设计［EB/OL］. http：//www. docin. com/p - 1536806135. html. 2014. - 06. 16.

[193] 唐德栋. SCARA 机器人本体设计、轨迹规划及控制的研究［D］. 哈尔滨理工大学，2002.

[194] 张红. SCARA 机器人小臂结构特性分析［D］. 天津大学，2008.

[195] 郑东鑫. SCARA 机械手系统设计与规划控制研究［D］. 浙江大学，2011.

[196] 陈成. 六自由度工业机器人虚拟设计及仿真分析［D］. 南京信息工程大学，2013.

[197] 郭洪红. 工业机器人技术［M］. 西安：西安电子科技大学出版社，2012.

[198] 孙杏初，钱锡康. PUMA - 262 型机器人结构与传动分析［J］. 机器人，1990（5）：51 - 56.

[199] 罗天洪，马力. 六自由度 PUMA 机器人的运动仿真［EB/OL］. http：//www. docin. - com/p - 1726952562. html. 2015. 06. 05.

[200] 张金荣，曹长修，王东，等. 基于高斯 RBF 神经网络的可伸缩机械臂系统动态建模与仿真［J］. 中南民族大学学报（自然科学版），2007，26（3）：51 - 54.

[201] 宋延东，屠卫星. 汽车底盘构造、性能与维修［M］. 北京：北京航空航天大学出版社，2010.

[202] 机器人本体结构［EB/OL］. https：//wenku. baidu. com/view/e506ac11f5335a8102d22- 0a5. html？from = search. 2015. 03. 12.

[203] 谢广明，范瑞峰，何宸光. 机器人概论［M］. 哈尔滨：哈尔滨工程大学出版社，2013.

［204］ 靳桂华，姚俊杰．机器人手腕机构分析及优化设计［J］．北方工业大学学报，1990（1）：62－70.

［205］ 高井宏幸．工业机械人的结构与应用［M］．北京：机械工业出版社，1979.

［206］ 肖连风，安永辰．PT－600 弧焊机器人的仿真［C］．中国机械工程学会机构学学术讨论会，1990.

［207］ 刘极峰，易际明．机器人技术基础（附光盘）［M］．北京：高等教育出版社，2006.

［208］ 周伯英．工业机器人设计［M］．北京：机械工业出版社，1995.

［209］ 李团结．机器人技术［M］．北京：电子工业出版社，2009.

［210］ 合田周平，木下源一郎同．机器人技术［M］．北京：科学出版社，1983.

［211］ 钱济国．回转型机械手手指的设计及夹持误差分析［J］．制造技术与机床，2003（4）：22－24.

［212］ 孙树栋．工业机器人技术基础［M］．西安：西北工业大学出版社，2006.

［213］ 马纲，王之栎．工业机器人常用手部典型结构分析［J］．机器人技术与应用，2001（2）：31－32.

［214］ 陶晔．组合模块化机器人机械手爪的设计研究［D］．东南大学，2004.

［215］ 张毅，罗元，郑太雄．移动机器人技术及其应用［M］．北京：电子工业出版社，2007.

［216］ 申景金．一种新型六足仿生虫的结构设计与动力学分析［D］．南京航空航天大学，2008.

［217］ 代良全．类壁虎机器人步态规划研究及运动控制系统研制［D］．南京航空航天大学，2008.

［218］ 刘静，赵晓光，谭民．腿式机器人的研究综述［J］．机器人，2006，28（1）：81－88.

［219］ 黄俊军，葛世荣，曹为．多足步行机器人研究状况及展望［J］．机床与液压，2008，36（5）：187－191.

［220］ 罗孝龙，罗庆生，韩宝玲，等．仿生六足机器人多电动机控制系统的研究与设计［J］．计算机测量与控制，2008，16（4）：491－493.

［221］ 崔馨丹．模块化自重构机器人仿生运动规划与控制［D］．哈尔滨工业大学，2013.

［222］ 刘艳娜．两足步行机器人的步态规划及 SimMechanics 建模［D］．杭州电子科技大学，2011.

［223］ 黄涛．四足步行机器人的步态规划与实现［D］．郑州轻工业学院，2007.

［224］ 季宝锋．两栖多足机器人虚拟样机技术研究［D］．哈尔滨工程大学，2008.

［225］ 张久雷．双电动机驱动的六足直立式步行机器人的设计［J］．青岛理工大学学报，2014，35（2）：118－122.

［226］ 赵小川，罗庆生，韩宝玲．基于 Webots 仿真软件的仿生六足机器人机构设计与步态规划［J］．系统仿真学报，2009，21（11）：3241－3245.

［227］ 王斌锐，谢华龙，高成，等．含闭链异构双腿行走机器人动力学建模与求解［J］．东北大学学报（自然科学版），2005，26（9）：832－835.

［228］ 苏军．多足步行机器人步态规划及控制的研究［D］．华中科技大学，2004.

［229］邱郡．基于关节软骨仿生设计的多孔软骨材料制备及连接实验研究［D］．上海交通大学，2006.

［230］单位中国有色工程设计研究总院，成大先．机械设计手册［M］．北京：化学工业出版社，2016.

［231］Andy．金属材料与热处理教学改革与实践初探［J］．2011.

［232］程志毓，钟萍，汪洋，等．小家电用水性纳米陶瓷涂层的现状及发展趋势［J］．广东化工，2012，39（11）：79-80.

［233］Andy．金属材料机械性能试验［M］．北京：国防工业出版社，1983.

［234］李凤雷．镍/聚丙烯酸酯类聚合物复合体系的力学性能研究［D］．南京工业大学，2005.

［235］曾志长，李耀庄，唐毓．FRP复合材料及其在工程结构加固修复中的应用［J］．四川建筑，2008，28（1）：183-186.

［236］施刚，石永久，王元清．超高强度钢材钢结构的工程应用［J］．建筑钢结构进展，2008，10（4）：32-38.

［237］方前锋，朱震刚，葛庭燧．高阻尼材料的阻尼机理及性能评估［J］．物理，2000，29（9）：541-545.

［238］林萍华，卢震，苏华钦．防振合金的研制现状及其减振机理［J］．现代冶金，1989（6）：17-19.

［239］郭涵，邹祖军，史腾骏．阻尼比的选取对抗震分析的影响［J］．四川建材，2014（4）：53-55.

［240］苏仁政．四大构造让鸟儿飞翔［J］．初中生世界，2012（10）：28-29.

［241］佚名．运动规律——鸟禽类飞翔［DB/OL］．百度文库，2015.

［242］邵照坡，王志成．动画运动规律［M］．南京：南京大学出版社，2015.

［243］郝银凤．基于仿生学的变体机翼探索研究［D］．南京航空航天大学，2012.

［244］迈法德恩．Discovery Education探索·科学百科．中阶.1级.A1，鸟类的飞翔［M］．广州：广东教育出版社，2012.

［245］陈伟．动画运动规律［M］．北京：清华大学出版社，2013.

［246］张爱华，钱柏西．动画运动规律［M］．上海：上海人民美术出版社，2015.

［247］佚名．动画运动规律［DB/OL］．百度文库，2016.

［248］黄兴芳．动画原理［M］．上海：上海人民美术出版社，2011.

［249］理查德·威廉姆斯，威廉姆斯，Williams，等．原动画基础教程：动画人的生存手册［M］．北京：中国青年出版社，2006.

［250］徐卫．大雁为什么这样飞［J］．小学语文教学，2007（Z1）：125.

［251］张静骁．基于水下运动目标流场信息的仿生探测原理研究［D］．北京理工大学，2015.

［252］孙立军，著张丽．动画运动规律［M］．北京：京华出版社，2011.

［253］李林春．鱼类养殖生物学（上篇 鱼类形态与功能）［M］．北京：中国农业科学技术出版社，2007.

［254］颜翚．鱼类游动观测实验及运动分析［D］．哈尔滨工程大学，2008.

［255］潘明歌，冯毓嵩，梁恩瑞．动画运动规律［M］．北京：现代出版社，2008.

［256］佚名．四足动物的运动规律［DB/OL］．百度文库，2015.

［257］丛红艳．动画片中兽类动物基本运动规律［J］．西安工程大学学报，2005，19（3）：304－307.

［258］川ひろし．动画基础［M］．赵前，译．北京：科学普及出版社，2001.

［259］哈罗德·威特克，约翰·哈拉斯．动画的时间掌握（修订版）［M］．北京：中国电影出版社，2012.

［260］佚名．四肢动物的走路与跑步［DB/OL］．道客巴巴，2013.

［261］佚名．兽类的运动规律［DB/OL］．百度文库，2012.

［262］钱丹．朝圣之旅第十七站［J］．飞碟探索，2010（5）：32－33.

［263］中国野生动物保护协会．中国两栖动物图鉴［M］．郑州：河南科学技术出版社，1999.

［264］赵尔宓．中国蛇类 上册［J］，2006.

［265］王亮．蛇的知识大全［DB/OL］．豆丁网，2014.

［266］邓朝晖编写．毒蛇识别与蛇伤防治［M］．贵阳：贵州科技出版社，2007.

［267］刘延柱．蛇年话蛇行［J］．力学与实践，2013，35（5）：95－96.

［268］养蛇达人．您了解牛奶蛇的形态结构吗？［DB/OL］．毒蛇网，2018.

［269］崔春．仿生蛇的设计及其运动仿真［D］．哈尔滨工业大学，2009.

［270］陶诗秀，刘新叶．昆虫神奇的飞行本领［J］．绿色中国，2017（7）：74－75.

［271］让·沙林，管震湖．从猿到人［M］．北京：商务印书馆，1996.

［272］刘正清，梅璞．人体解剖学（第二版）［M］．长沙：湖南科学技术出版社，1998.

［273］罗昊．二维动画中人物运动规律及其作用研究［J］．安徽电子信息职业技术学院学报，2013（5）：16－18.

［274］王占春．小学体育教学法［M］．北京：人民教育出版社，1981.

［275］高超．浅谈"四年级急行跳远——助跑与踏跳"［J］．网络导报·在线教育，2011（1）：8.

［276］蔡自兴．机器人学基础（第2版）［M］．北京：机械工业出版社，2015.

［277］王永乐．复数法在平面机构运动分析中的应用［J］．哈尔滨科学技术大学科学报告会论文摘要汇编，1985（S1）：20.

［278］袁华强．新型可控变胞式码垛机器人机构设计与分析［D］．广西大学，2014.

［279］易伟，杨随先，徐礼钜．可调节型空间RSS′R机构刚体导引综合［J］．机械设计与研究，2005，21（6）：36－39.

［280］保罗．机械运动学与动力学［M］．上海：上海科学技术出版社，1989.

［281］刘松国．六自由度串联机器人运动优化与轨迹跟踪控制研究［D］．浙江大学，2009.

［282］王庭树编．机器人运动学及动力学［M］．西安：西安电子科学技术大学出版社，1990.

［283］宋健．开放式茄子采摘机器人关键技术研究［D］．中国农业大学，2006.

［284］辛洪兵，余跃庆．平面五杆并联机器人运动学导论［M］．北京：国防工业出版社，2007.

[285] 宋伟刚. 机器人学：运动学动力学与控制 [M]. 北京：科学出版社，2007.

[286] SaeedB. Niku. 机器人学导论：分析、系统及应用 [M]. 北京：电子工业出版社，2004.

[287] 郭小宝，罗振军，赵振. UR 机器人的运动学和奇异性分析 [J]. 装备机械，2017（1）.

[288] 张焕. 六自由度机器人结构设计、运动学分析及仿真 [D]. 西安理工大学，2004.

[289] 金万敏，牧野洋. 空间四杆机构运动分析 [J]. 东南大学学报（自然科学版），1983，13（4）：39 – 44.

[290] 吕晓俊. 机器人机构逆运动学问题的模块化算法研究 [D]. 东南大学，2006.

[291] 曾华森. 基于回转变换张量法的 6R 喷涂机器人轨迹规划研究 [D]. 华南理工大学，2008.

[292] 郑红梅，邬亚兰. 6R 机器人正运动学分析方法研究 [J]. 机械设计与制造，2014（3）：5 – 7.

[293] 庄育锋，王品. 空间五杆 RCRCR 机构的位移分析 [J]. 北京邮电大学学报，2013，36（3）：108 – 112.

[294] 马克・W・斯庞. 机器人建模和控制 [M]. 北京：机械工业出版社，2016.

[295] 谈世哲，杨汝清. 基于 SCARA 本体的开放式机器人运动学分析与动力学建模 [J]. 组合机床与自动化加工技术，2001（10）：22 – 24.

[296] 唐德栋，尤波，刘少刚. SCARA 教学机器人的结构设计及运动学分析 [J]. 林业机械与木工设备，2002，30（3）：13 – 15.

[297] 刘树青. 仿生机械壁虎、腱（柔索）驱动的理论研究及初步应用 [D]. 南京航空航天大学，2004.

[298] 李永刚，宋轶民，冯志友，等. 基于牛顿欧拉法的 3 – RPS 并联机构逆动力学分析 [J]. 航空学报，2007，28（5）：1210 – 1215.

[299] 赵锡芳. 机器人动力学 [M]. 上海：上海交通大学出版社，1992.

[300] 霍伟. 机器人动力学与控制 [M]. 北京：高等教育出版社，2005.

[301] 余锋. 基于虚拟样机技术的专用机器人动力学研究 [D]. 兰州理工大学，2003.

[302] Angeles J. Fundamentals of Robotic Mechanical Systems：Theory，Methods，and Algorithms [M]. Springer，2003.

[303] 安凯，马佳光. 机械臂末端速度加速度的快速运算 [J]. 光电工程，2013（10）：85 – 89.

[304] 蔡自兴. 机器人学 [M]. 北京：清华大学出版社. 2000.

[305] 王宁侠，魏引焕，郑甲红，等. 机械设计基础 [M]. 北京：机械工业出版社，2013.

[306] 喻洪流，李盼盼，李继才，等. 全机械功能代偿假手指：CN，CN 201743801 U [P]，2011.

[307] 钱竞光，宋雅伟，叶强，等. 步行动作的生物力学原理及其步态分析 [J]. 南京体育学院学报（自然科学版），2006，5（4）：1 – 7.

[308] 古恩鹏，刘爱峰，金鸿宾，等. 步态分析在临床骨科与康复中的应用 [J]. 中国中西医结合外科杂志，2011，17（3）：335 – 336.

[309] 刘蓉，黄璐，李少伟，等. 基于步态加速度的步态分析研究 [J]. 传感技术学报，2009，22（6）：893－896.

[310] 李国强. 人体行走时不同负重方式对足底压力影响的研究 [D]. 天津科技大学，2013.

[311] 李世明. 运动生物力学理论与方法 [M]. 北京：科学出版社，2006.

[312] 刘金国，王越超，李斌，等. 蛇形机器人伸缩运动仿生研究 [J]. 机械工程学报，2005，41（5）：108－113.

[313] 卢亚平，宋天麟. 仿生蛇形机器人的设计及研究 [J]. 微型机与应用，2013（18）：70－72.

[314] 赵川，张鹏超，潘晓磊，等. 机器人的运动轨迹插值方法研究与分析 [J]. 制造技术与机床，2016（6）：65－69.

[315] 陆志远. 仿人机器人手臂的似人运动轨迹规划研究 [D]. 东南大学，2014.

[316] 付根平，杨宜民，李静. 仿人机器人的步行控制方法综述及展望 [J]. 机床与液压，2011，39（23）：154－159.

[317] 王立玲. 工业机器人的力/位置模糊控制策略研究 [D]. 河北大学，2005.

[318] 刘劲松. 机器人力控制宏/微操作器系统及其在精密装配中的应用 [D]. 哈尔滨工业大学，1995.

[319] 赵凤申. 焊接机器人手部示教控制方法研究 [D]. 浙江大学，2006.

[320] 于秀欣. 论仿生设计的原创性方法在现代创新设计中的应用 [J]. 艺术百家，2006（2）：93－95.

[321] 彭文生，李志明，等. 机械设计 [M]. 北京：高等教育出版社，2009.

[322] 陈秀宁，顾大强. 机械设计 [M]. 北京：高等教育出版社，2010.

[323] 张帆. 从秦汉器物中挖掘文化元素运用到产品创新设计的研究 [D]. 天津理工大学，2012.

[324] 肖云龙. 创造学 [M]. 长沙：湖南大学出版社，2004.

[325] 方孝贞. 对开发智力基本原理的初步探讨 [J]. 科学学与科学技术管理，1984（3）：38－41.

[326] 应富强，顾大强. 机械设计竞赛与指导 [M]. 北京：科学出版社，2014.

[327] 张美麟，阎华，张莉彦. 机械基础课程设计 [M]. 北京：化学工业出版社，2002.

[328] 张春林. 机械创新设计（第2版）[M]. 北京：机械工业出版社，2007.

[329] 隋宝石. 仿生学原理在机械设计中的应用 [J]. 机电工程技术，2004，33（12）：10－11.

[330] 李霞，佟建. 浅议仿生元素在工业设计中的应用与审美要求 [J]. 时代教育，2011（3）：82.

[331] 马特斯姜浩. 力——动物原画概念设计：Force：animal drawing [M]. 北京：人民邮电出版社，2012.

[332] 韩宝玲，王秋丽，罗庆生. 六足仿生步行机器人足端工作空间和灵活度研究 [J]. 机械设计与研究，2006，22（4）：10－12.

[333] 韩宝玲，李欢飞，罗庆生，等. 四足机器人腿型配置的仿真分析与性能评价 [J]. 计

算机测量与控制，2014，22（4）．

[334] 张秀丽．四足机器人节律运动及环境适应性的生物控制研究 [D]．清华大学，2004．

[335] 陈鹏，曾文武．基于 Pro/Engineer 的 Top‐Down 设计研究与实践 [J]．煤矿机械，2009，30（8）：209‐210．

[336] 岑华，张娜．模块化设计——绿色设计的一种创新思维 [J]．生态经济，2008（5）：162‐165．